建筑结构新规范系列培训读本

建筑地基处理技术规范理解与应用

（按 JGJ 79—2012）

滕延京　主编

中国建筑工业出版社

图书在版编目(CIP)数据

建筑地基处理技术规范理解与应用/滕延京主编.
北京：中国建筑工业出版社，2013.2
建筑结构新规范系列培训读本
ISBN 978-7-112-15122-6

Ⅰ.①建… Ⅱ.①滕… Ⅲ.①地基-基础(工程)-技
术规范-教材 Ⅳ.①TU47-65

中国版本图书馆CIP数据核字(2013)第029149号

为了便于工程技术人员正确理解和应用新修订的《建筑地基处理技术
规范》JGJ 79—2012，请参加规范编制的编委专家编写本书，介绍规范条
文和编制的有关情况，重点讲解了新版规范修订的原则、修订内容、依据
及适用范围，使设计人员能正确理解和应用规范进行工程设计和施工。

本书可供从事岩土工程及相关科研、教学、设计和施工的科技工作者
以及大专院校师生学习参考。

* * *

责任编辑：杨 允 王 梅 咸大庆
责任设计：张 虹
责任校对：张 颖 赵 颖

建筑结构新规范系列培训读本
建筑地基处理技术规范理解与应用
(按 JGJ 79—2012)
滕延京 主编
*
中国建筑工业出版社出版、发行（北京西郊百万庄）
各地新华书店、建筑书店经销
北京红光制版公司制版
北京市安泰印刷厂印刷
*
开本：787×1092毫米 1/16 印张：20¾ 字数：500千字
2013年4月第一版 2013年4月第一次印刷
定价：56.00元
ISBN 978-7-112-15122-6
(23104)

本书编写组成员

主编：滕延京

成员：张永钧　闫明礼　张　峰　张东刚　袁内镇　侯伟生
　　　叶观宝　白晓红　郑　刚　王亚凌　水伟厚　郑建国
　　　周同和　杨俊峰

各章执笔人

目　录

绪　言

　　根据住房和城乡建设部建标〔2009〕88 号文要求，中国建筑科学研究院会同有关勘察、设计、施工、科研、大专院校等单位对国家行业标准《建筑地基处理技术规范》JGJ 79—2002 进行修订。参加工作的单位为：中国建筑科学研究设计院、机械工业勘察设计研究院、湖北省建筑科学研究设计院、福建省建筑科学研究院、上海现代建筑设计集团申元岩土工程有限公司、中化岩土工程股份有限公司、中国航空规划建设发展有限公司、天津大学、同济大学、太原理工大学、郑州大学综合设计研究院。修订组由 15 人组成。

　　规范编制组经广泛调查研究，认真总结实践经验，参考国外先进标准，与国内相关标准协调，并在广泛征求意见的基础上，修订《建筑地基处理技术规范》JGJ 79—2002。

　　2009 年 9 月召开了修订组成立暨第一次工作会议，住房和城乡建设部标准定额司派员出席了会议。会上讨论和安排了本规范的修订内容、工作分工及进度计划。修订工作开始以后，修订组共召开全体会议 5 次，专题研讨会 2 次，修订组对所有重要的修订内容进行了深入细致的讨论，并与相关标准规范取得基本一致的意见。2010 年 9 月形成规范征求意见稿，规范征求意见稿发往全国有关勘察、设计、施工、检测、科研、大专院校单位 205 个（其中设计院 73 个，科研单位 22 个，大专院校 49 个，检测单位 25 个，施工单位 36 个）和个人共计 300 份，并在网上发布征求意见通知和征求意见稿，共征集到单位和个人对规范修订的意见和建议 835 条。修订组根据征集到的意见进行了修改，于2011 年 3 月形成了送审稿，并通过了主编单位的审查。

　　本次修订工作的修订原则是：

　　1. 在原规范设计原理、加固工法基础上，按处理后地基的工作性状对章节内容重新编排，改变按处理工法编排章节过多的困难，使之与勘察、设计、施工、检测工作的联系更加紧密。

　　2. 反映近年来地基基础领域科研方面成熟的成果，反映原规范实施以来设计和工程实践的成功经验。

　　3. 补充完善充实原设计规范中的部分内容。

　　4. 与相关规范协调，提高变形计算和耐久性设计水平。

　　主要修订内容：

　　1. 增加处理后的地基应满足建筑物承载力、变形和稳定性要求的规定；

　　2. 增加采用多种地基处理方法综合使用的地基处理工程验收检验的综合安全系数设计要求；

　　3. 增加地基处理采用的材料，应根据场地环境类别符合有关标准对耐久性设计的要求；

　　4. 增加处理后的地基整体稳定分析方法；

　　5. 增加加筋垫层下卧层验算设计方法的说明；

6. 增加真空和堆载联合预压处理的设计、施工要求；

7. 增加高夯击能的设计参数；

8. 增加复合地基承载力考虑基础埋深修正的有粘结强度增强体桩身强度验算方法；

9. 增加建筑工程采用水泥土搅拌桩复合地基处理的施工设备能力要求；

10. 增加多桩型复合地基设计施工要求；

11. 增加注浆加固内容；

12. 增加微型桩加固内容；

13. 增加检验与监测内容；

14. 增加复合地基增强体单桩静载荷试验要点；

15. 增加处理后地基静载荷试验要点；

16. 调整复合地基承载力和变形计算表达式；

17. 调整复合地基变形计算经验系数。

《建筑地基处理技术规范》JGJ 79—2002修订送审稿审查会于2011年4月21～22日在北京召开。审查委员一致肯定本规范的修订工作，认为两年多来修订组通过广泛调查、分析研究，在完善规范内容、保证质量、与相关规范协调等方面做了大量工作。《建筑地基处理技术规范》JGJ 79—2002修订送审稿进一步明确了各种处理地基的使用范围和计算方法，概念清楚，设计人员容易掌握；在全面修订的基础上，增加了处理地基的耐久性设计、处理地基的稳定性计算、真空和堆载联合预压处理、多桩型复合地基、注浆加固、微型桩加固、检验与监测等内容，能满足工程实践的需要；并完善了加筋垫层、高能级强夯、复合地基承载力和变形计算、处理地基的载荷试验等内容。修订后的规范内容更加充实和完善，在保证工程质量的基础上适当提高了地基处理工程的可靠性设计水平，反映了我国地基处理技术的特点和技术先进性。规范总体上达到国际先进水平。

地基处理技术，总是在建筑物利用天然地基而不满足设计的地基承载力、地基变形或稳定要求，以及基坑工程中降低地下水位引起地面沉降、地基土开挖引起支护结构侧向变形过大、承压水引起基底土隆起，或者在既有建筑加固改造中进行地基加固等情况时使用。近十年来，随着我国城市化进程以及地下空间的开发利用，可供建筑使用的土地面积的减少，以及人们对居住环境要求的提高，需要进行地基处理的土地面积在增加，而且地基处理的技术要求和难度都在增加。我国科技工作者在地基处理的科学研究以及工程实践中，对原有的地基处理工法提出了进一步的改进，又提出了新的地基处理方法，结合这次修订工作对规范条文进行了修订。本次规范修订增加的内容都是工程中需要解决的问题而对规范内容的充实和补充，对重要的内容均进行了专题研究，并多次会议讨论取得基本一致意见后成文。有些条文的规定在试验验证上还不充分，但给出了相对安全的要求和规定，保证工程需要。

地基处理工程设计的基本概念可认为有如下认识：

1. 处理后的地基，其承载力和变形的测试指标与天然地基基本一致时，长期荷载作用的变形比天然地基要大；

2. 由于土的成因或应力历史不同，相同的天然地基土性指标，采用相同的地基处理工艺，处理后的地基性状不尽相同，可能存在较大差异；

3. 采用多种地基处理方法综合使用，其最终结果不一定是"1＋1＝2"；

4. 地基处理的效果，根据有限数量的竖向承载力、变形的检验结果评价满足设计要求时，平面或竖向的不均匀也可能引起建筑物裂缝等问题，检测技术的局限性可能使工程存在某些隐患；

5. 地基处理工艺较成熟，不同的施工队伍的施工质量不尽相同；

6. 采用强夯、振冲、挤密等施工工艺，处理施工结束，场地土恢复期较短又马上进行基础施工时，基础结构可能出现开裂或影响耐久性的微裂缝。

针对上述设计的基本概念，地基处理工程应有相应的设计对策：

1. 地基处理工程在结果验证的基础上，对承载力、变形设计指标的取值，应比天然地基严格。由于地基处理工程检验的载荷板尺寸一般比天然地基试验的大，考虑到长期荷载作用效应的影响，本次规范修订对处理后的地基载荷试验，地基承载力特征值根据不同的地基处理方法按变形取值时应取不大于 s/b 或 s/d 等于 0.01 所对应的压力（s 为静载荷试验承压板的沉降量；b 和 d 分别为承压板宽度和直径），对有经验的地区，可按当地经验确定相对变形值，但原地基土为高压缩性土层时相对变形值的最大值不应大于 0.015。

2. 地基处理工程设计采用的工程地质勘察报告，应重视对土的成因和应力历史进行评价。现在大部分工程地质勘察报告内容不完整，甚至这部分内容缺失，增加了地基处理工程设计参数取值的不确定性，以至于对处理后结果的评价与实际差异较大，应进一步重视此工作，提高岩土工程勘察报告的质量。

3. 多种地基处理方法综合使用的处理效果评价，应采用接近于工程实际效果的大载荷板试验评价，消除和减少采用各单一处理方法检验结果进行整体处理效果评价的缺欠。

4. 处理后的地基验收检验，不仅应进行竖向承载力和变形处理效果的检验评价，还应对处理的均匀性检验评价，才能保证工程质量。本次修订对处理后地基的检验增加了均匀性检验的要求，对复合地基增强体增加了施工后桩体密实度（对散体材料桩）和完整性（对有粘结强度增强体）检验的要求，对有粘结强度增强体增加了单桩承载力检验要求。

5. 一个成熟的施工工艺，应有严格的现场操作程序。由于目前工程管理对施工工艺的监督以及施工队伍自己的管理不到位，国家对专利技术或专有技术的保护不到位，致使某些好的施工技术，由于施工队伍素质，没有掌握其关键技术的控制，致使地基处理的施工质量达不到设计要求，或出现质量事故。例如长螺旋钻压灌混凝土成桩工艺，提拔时应带压力灌注混凝土才能形成较大的桩端阻力和桩侧阻力。某些队伍为了抢进度或为了节省混凝土，先提拔再实施压灌，桩端阻力明显降低；在提拔过程中如果速度过快，可能节省混凝土，但桩的侧阻力明显比带压力灌注、提拔速度慢的要低，对于不同的土质条件应掌握提拔速度、灌注压力的施工参数，才能保证质量。所以，对新的地基处理工艺使用时不能掌握关键工艺施工要点，施工质量大不相同。地基处理工程的施工管理很重要，此次修订规范条文保留了施工管理要求的条文。

6. 采用强夯、振冲、挤密等施工工艺，使原地基土层产生扰动，处理施工结束后马上进行基础施工，原地基土的应力恢复以及土颗粒接触的微调整，可能会产生附加沉降，严重时可使基础产生开裂或微裂缝，该情况已在工程中多次出现。其问题的根本原因在于：施工后检测结果满足设计要求，并不等于满足结构施工要求。处理工程的地基土间歇时间，因施工工艺对土的扰动恢复有关，规范条文在各工法中均有规定，工程中应严格遵守。

在 1991 年版和 2002 年版的地基处理技术规范中，章节编排的主线是以地基处理工法为主的方式。采用这种编排方式的优点是各章节编排格式统一，每章可分为一般规定、设计、施工、质量检验；每个工法可能有多种地基处理效果，可在条文里表达。例如振冲碎石桩法，既可用于松散砂土的挤密，消除地基土的液化，又可用于复合地基的竖向增强体；灰土挤密桩法既可用于消除黄土的湿陷性，又可用于复合地基的竖向增强体；水泥搅拌桩法、旋喷桩法既可用于复合地基的竖向增强体，又可用于隔水帷幕使用等。但作为规范编排也出现了一些困难，主要表现在我国科技人员发明了若干新的地基处理工法，特别是作为复合地基的竖向增强体使用，许多工法是在原工法基础上的改进。如果按原规范的编排方法，章节过多，且各章内容重复率过高。本次规范修订，提出了按处理后的地基性状进行章节划分的原则，即把章节编排为：1. 总则，2. 术语和符号，3. 基本规定，4. 换填垫层，5. 预压地基，6. 压实和夯实地基，7. 复合地基，8. 注浆加固，9. 微型桩加固，10. 检验与监测等。这样可把相同概念的处理技术归纳，把大量有关竖向增强体处理工法放入复合地基一章，解决了章节编排的困难，同时突出了"建筑地基"的特点，可使设计、施工、检测的工程技术人员可按处理后的地基工作特性把控有关技术要点，有的放矢。但这样的编排方式也有不足，主要表现在：当把一个工法放入主要处理目的时，这个工法的其他处理效果的表达比较困难，与章节内容似乎不协调。例如水泥搅拌桩、旋喷桩作为复合地基的竖向增强体，写入复合地基一章，其可作为基坑支护的隔水帷幕使用的内容只能作简单表达；振冲碎石桩，作为复合地基的竖向增强体，写入复合地基一章，其可用于松散砂土的挤密，消除地基土的液化的内容只能在该章一般性表达；灰土挤密桩作为复合地基的竖向增强体，写入复合地基一章，其可用于消除黄土的湿陷性的内容只能在该章一般性表达。对于仅需消除地基土的液化或消除黄土的湿陷性的处理内容，原编制了"挤密地基"一节，编写下来，与复合地基一章的内容重复率过高，本次修订定稿时取消了，但其内容仍很重要。水泥搅拌桩、旋喷桩作为基坑支护的隔水帷幕使用的内容在《建筑基坑支护技术规程》JGJ 120 中有更详尽的设计、施工要求的规定；在复合地基基本要求中规定必须消除地基土的湿陷性、可液化性等，应根据《湿陷性黄土地区建筑规范》GB 50025 以及《建筑抗震设计规范》GB 50011 的有关要求进行处理效果的检验和评价。

处理后的地基性状对该地基的适用范围、地基的承载力和变形验算方法、处理后地基检验要点等工程设计、施工、检测要素密切相关。换填垫层地基，适用于浅层地基处理，地基的承载力和变形特征是在满足下卧土层地基承载力的基础上确定换填厚度和范围，一般无需再进行下卧层承载力验算。因其一般用于采用独立基础和条形基础的中低层建筑，地基变形的计算工况较简单，检验时对换填土层的密实度控制严格，垫层的承载力检验采用载荷板试验。

预压地基适用于处理淤泥质土、淤泥、冲填土等饱和黏性土地基，对非饱和地基土也可采用堆载预压处理，提高承载力，减少地基变形。由于预压地基采用的处理工艺为堆载预压、真空预压、真空和堆载联合预压，其地基可达到的地基承载力与施加的预压荷载大小和地基土压密时间效应有关。一般用于场地处理，直接作为建筑物地基适用于中低层房屋。其地基承载力呈现上高下低的性状。为了减少房屋的总体沉降量，可采用超载预压的处理方法。由于弹性半无限体地基的受力特点，预压地基是在有限压缩层内满足地基承载力和变形要求的地基，当基础埋深加大，地基承载力有所降低。所以作为建筑地基使用，其承载力和地基变形的检验评价应在设计标高进行。

强夯地基适用于处理碎石土、砂土、低饱和度的粉土与黏性土、湿陷性黄土、素填土和杂填土等地基。其处理深度和处理后地基的均匀性与夯击能、夯实工艺、夯点布置、夯击遍数有关。作为建筑地基使用，强夯地基是在有限压缩层内满足地基承载力和变形要求的地基，基础埋深加大，地基承载力有所降低。所以作为建筑地基使用，其承载力和地基变形的检验评价应在设计标高进行。强夯地基破坏了原地基土的结构，应在恢复期后才能进行基础施工。

强夯置换处理地基适用于处理对变形要求不严格的高饱和度的粉土与软塑～流塑的黏性土地基。由于土的性质决定，强夯置换处理地基墩体着底情况的质量非常重要，一般适用于作为多层房屋的地基使用。当强夯置换施工换填的石料最终可形成 2.0m 以上厚度的硬壳层时，这种地基可按复合地基设计，否则应按墩式基础设计。

压实地基适用于处理大面积填土地基。由于填筑厚度大，除分层控制压实质量外，其地基变形存在累积效应，即地基变形计算时应计入上部填土荷载引起的下卧土层变形。压实地基的均匀性与采用的施工设备和施工工艺有关，一般应进行平面和竖向的检验进行评价。压实地基的承载力评价还应注意其湿陷性的影响，必要时应进行浸水载荷试验评价。

挤密地基适用于松散土层的密实处理，砂土消除液化、消除土的湿陷性等的地基处理。挤密地基处理后的承载力应进行载荷板试验，其均匀性应通过静力触探、动力触探等检验判定。检验结果的评价可靠性与检验位置有关，且处理后地基的液化判定、湿陷性评价等方法和标准有待进一步研究。

复合地基按其定义，应满足增强体和地基共同承担荷载的要求。当地基土为欠固结土、膨胀土、湿陷性黄土、可液化土等特殊性土时，设计采用的增强体和施工工艺应满足处理后地基土和增强体共同承担荷载的技术要求。所以，复合地基设计前，应在有代表性的场地上进行现场试验或试验性施工，以确定设计参数和处理效果。对散体材料复合地基增强体应进行密实度检验；对有粘结强度复合地基增强体应进行强度及桩身完整性检验。复合地基承载力的验收检验应采用复合地基静载荷试验，对有粘结强度的复合地基增强体尚应进行单桩静载荷试验。

注浆加固处理地基是将土壤固化材料通过压力或施工机械与土壤搅拌或注入，提高原地基土的承载力、变形或渗透特性的地基处理方法。常用于多层房屋的地基处理，或用于软土地基地铁隧道或地下工程地基土的超前处理、基坑工程为减少周边环境影响以及地下水渗透影响的超前处理等工程，对于既有建筑地基加固也可采用。注浆加固地基应根据处理要求进行相应的承载力、变形、渗透特性以及处理效果均匀性的检验。

微型桩加固主要应用于场地狭小，大型机械施工困难的地基处理工程，对于地震等震损建筑物以及既有建筑的地基基础加固处理也有大量应用，本次修订也将此内容列入规范。微型桩加固应按加固目的进行桩的承载力、变形特性检验，桩体材料设计尚应满足耐久性设计要求。

我国《建筑地基处理技术规范》已有二版，1991 年版和 2002 年版，此次修订的为 2012 年版。新规范是在原规范基础上总结科研和工程实践经验基础上制订的，代表了我国地基处理技术的先进水平。工程实践永远是规范编制的基础，规范修订应赋予新技术发展的空间。

20 世纪 80 年代末开始的复合地基处理技术的工程实践，已使该技术设计理论逐渐成熟，大量应用于高层和多层建筑地基处理，此次规范修订已把这些成熟的经验写入，使这些新技术能在工程实践中正确使用。

由于地质条件的复杂性和科研水平的限制，目前地基处理技术的设计计算方法并不能完全解决地基基础设计的全部问题，许多问题还要靠构造措施和信息法施工解决；同时工程建设的需要也会对地基处理技术提出新的问题。因此地基处理技术规范会随着工程需要和科研工作的深化不断进行修订，增加相应的内容，充实完善。

为了便于工程技术人员正确理解和应用 2012 版规范，请参加规范编制的编委编写本书，将规范条文和编制的有关情况介绍给大家，使设计人员能正确理解和应用规范进行工程设计和施工。本书可供从事岩土工程及相关科研、教学、设计和施工的科技工作者以及大专院校师生学习参考。

由于时间仓促，编写错误在所难免，敬请来函来信，编者均会作出满意答复。

第一章 总　　则

《建筑地基处理技术规范》总则的内容包括以下四个方面：

1. 地基处理工程设计、施工控制的总原则

地基处理工程技术控制的总原则是：贯彻执行国家的技术经济政策，做到安全适用、技术先进、经济合理、确保质量、保护环境。

国家规范制定的不同时期，体现了国家当时的技术经济水平。"安全适用、技术先进、经济合理"的内容，随时代发展、科技进步和经济实力提高，在不同时期也在不断变化。地基处理技术规范目前已有 1991 年版、2002 年版两个版本。1991 年版地基处理技术规范是在 1989 年版国家规范体系采用了概率极限状态设计方法，在基础设计中采用了荷载和抗力分项安全系数的基础上，按照国家标准《建筑地基基础设计规范》GBJ 7—89 的设计原则进行处理地基的承载力、变形、稳定性计算。1991 年版地基处理技术规范是国内第一本全面规范地基处理的设计、施工、质量检验工作的国家行业标准，体现了我国地基处理技术的水平和技术先进性。2002 年版地基处理技术规范是在国家标准《建筑地基基础设计规范》GB 50007—2002 进一步明确了地基基础设计中概率极限状态设计方法的荷载组合条件和适用范围，强调按变形控制设计的原则的基础上，增加了强夯置换法、水泥粉煤灰碎石桩法、夯实水泥土桩法、水泥土搅拌法（干法）、石灰桩法和柱锤冲扩桩法等地基处理方法的设计和施工规定；对换填法、预压法、强夯法、振冲法、土或灰土挤密桩法、砂石桩法、深层搅拌法、高压喷射注浆法和复合地基载荷试验要点等内容作了修改、补充和完善；保持原规范体系不变，提高了变形计算设计水平。本次修订，按处理后的地基性状进行了章节安排，进一步明确了各种处理地基的使用范围和计算方法；在全面修订的基础上，增加了处理地基的耐久性设计、处理地基的稳定性计算、真空和堆载联合预压处理、多桩型复合地基、注浆加固、微型桩加固、检验与监测等内容；并完善了加筋垫层、高能级强夯、复合地基承载力和变形计算、处理地基的载荷试验等内容。修订后的规范内容更加充实和完善，在保证工程质量的基础上适当提高了地基处理工程的可靠性设计水平。

本次修订工作，对有充分研究和工程实践的处理方法，均在保证工程安全的条件下，给出较具体的计算分析方法和施工、检验要求；对工程急需解决，试验和工程实践的数据较少的处理方法，把保证工程安全的条件放在首位，给出了偏于安全的设计、施工、检验技术要求。

任何建筑物都通过基础，将上部结构的各种作用传给地基，处理后的建筑地基的功能要保证建筑物的稳定和正常使用要求。《工程结构可靠性设计统一标准》GB 50153—2008 对结构设计应满足的功能要求作了如下规定：（1）能承受在正常施工和正常使用时可能出现的各种作用；（2）保持良好的使用性能；（3）具有足够的耐久性能；（4）当发生火灾时，在规定的时间内可保持足够的承载力；（5）当发生爆炸、撞击、人为错误等偶然事件

时，结构能保持必需的整体稳固性，不出现与起因不相称的破坏后果，防止出现结构的连续倒塌。按此规定，根据地基工作状态地基设计时应当考虑：（1）在长期荷载作用下，地基变形不致造成承重结构的损坏；（2）在最不利荷载作用下，地基不出现失稳现象；（3）具有足够的耐久性能。

因此，地基基础设计应注意区分上述三种功能要求，在满足第一功能要求时，地基承载力的选取以不使地基中出现较大塑性变形为原则，同时还要考虑在此条件下各类建筑物可能出现的变形特征及变形量。由于地基土的变形具有长期的时间效应，与钢、混凝土、砖石等材料相比，它属于大变形材料，从已有的大量地基事故分析，绝大多数事故皆由地基变形过大且不均匀所造成的。故在规范中明确规定了按变形设计的原则、方法；对于一部分地基基础设计等级为丙级的建筑物，当按地基承载力设计基础面积及埋深后，其变形亦同时满足要求时，可不进行变形计算。

对于处理后的建筑地基，要满足上述功能要求，必须按处理后的地基性状进行地基基础设计。处理后的建筑地基，满足建筑物在长期荷载作用下的正常使用要求必须满足下列条件：首先应满足承载力计算的有关规定，同时应满足地基变形不大于地基变形允许值的要求；对建造在处理后的地基上受较大水平荷载或位于斜坡上的建筑物及构筑物，尚应满足地基稳定性验算要求。

《工程结构可靠性设计统一标准》GB 50153—2008 在设计使用年限和耐久性一节中用强条规定"工程结构设计时，应规定结构的设计使用年限"。对该条强制性条款的执行，本次修订后的地基处理规范规定：地基处理所采用的材料，应根据场地类别符合有关标准对耐久性设计与使用的要求。大量工程实践证明，地基在长期荷载作用下承载力有所提高，但处理采用的有粘结强度的材料应根据其工作环境满足耐久性设计的要求。《工业建筑防腐蚀设计规范》GB 50046 对工业建筑材料的防腐蚀问题进行了规定，《混凝土结构设计规范》GB 50010 对混凝土的防腐蚀和耐久性提出了要求，应遵照执行。

2. 地基处理工程的技术先进性，施工可行性和经济性指标

地基土随成因、应力历史、颗粒组成、化学成分等不同，即使原位测试指标相同，其力学性质也有一定差异；同时，在同一地基内土的力学指标离散性一般较大，加上暗塘、古河道、山前洪积、溶岩等许多不良地质条件，必须强调因地制宜的原则。天然地基如此，地基处理的设计、施工应充分掌握这些特性，在保证处理后的地基满足工程正常使用要求的前提下，尽量采用地方材料和当地成熟的地基处理工艺，通过多方案的比对，选择最佳的地基处理方法。

地基处理技术水平的评价，应该采用技术经济的评价方法，即满足技术先进性、施工可行性和合理经济指标的要求。各地区的原材料情况、成熟施工技术和设备情况各异，必须因地制宜。一项好的地基处理工程成果，必须满足技术先进、施工可行、经济合理三项指标。

3. 本规范的适用范围

中国幅员广阔，湿陷性黄土、膨胀土、多年冻土等特殊土分布各异。根据多年建设经验，已编制了湿陷性黄土设计规范、膨胀土设计规范、冻土地基设计规范等。本规范基于这种情况，主要针对工业与民用建筑（包括构筑物）的地基处理提出设计原则、计算方法、施工技术和质量检验方法等，对于特殊土地基处理尚应符合有关规范的规定。处理地

基的抗震设计原则应满足抗震设计规范的有关规定；机械动力基础的地基处理应满足动力基础设计规范的要求。

这里指出，某些特殊土地基设计还没有专门规范规定，对这些特殊土地基的处理应根据原位测试结果和当地工程经验，结合工程要求进行；对于该地区无工程经验的地基处理工法，应进行必要的现场试验，根据测试结果评价其适用性，在试点工程的基础上，取得工程经验，再行推广使用。

4. 地基处理技术规范与相关规范的协调原则

2010 年版国家规范修订，相应的规范均有重大原则调整，地基处理技术规范已结合相关规范的修订，作为通用原则，不作重复。所以《建筑地基处理技术规范》的使用条件，必须结合相应规范配套使用，处理地基的设计原则应符合《建筑地基基础设计规范》GB 50007 的规定，荷载取值应符合《建筑结构荷载规范》GB 50009 的规定；基础的计算尚应符合《混凝土结构设计规范》GB 50010 和《砌体结构设计规范》GB 50003 的规定。其他房屋建筑结构的地基处理，应结合结构特性和建筑物对地基变形的适应能力，满足有关长期荷载作用下的正常使用要求。由于地基处理工程的经验性以及现场试验的重要性，对于有粘结强度加固材料的强度设计，计算时结构重要性系数不应小于 1.0，也不应在荷载作用标准值取值取小于 1.0 的荷载调整系数。

地基处理工程的安全性，设计计算方法的适用性十分重要。工程施工结束后必须进行必要的检验，检验合格后才能进行基础施工。设计人员应充分考虑，利用建筑物在长期荷载作用下建筑物的沉降观测以及地基反力、基础内力的监测结果，积累经验，实现地基处理的精品工程。

参 考 文 献

[1] 国家标准，砌体结构设计规范 GB 50003—2011. 北京：中国建筑工业出版社，2011
[2] 国家标准，建筑地基基础设计规范 GB 50007—2011. 北京：中国建筑工业出版社，2012
[3] 国家标准，建筑结构荷载规范 GB 50009—2012. 北京：中国建筑工业出版社，2012
[4] 国家标准，混凝土结构设计规范 GB 50010—2010. 北京：中国建筑工业出版社，2011
[5] 国家标准，建筑抗震设计规范 GB 50011—2010. 北京：中国建筑工业出版社，2010
[6] 国家标准，岩土工程勘察规范 GB 50021—2001. 北京：中国建筑工业出版社，2001
[7] 国家标准，湿陷性黄土地区建筑规范 GB 50025—2004. 北京：中国建筑工业出版社，2004
[8] 国家标准，工业建筑防腐蚀设计规范 GB 50046—2008. 北京：中国计划出版社，2008
[9] 国家标准，工程结构可靠性设计统一标准 GB 50153—2008. 北京：人民出版社，2009
[10] 国家标准，建筑地基基础工程施工质量验收规范 GB 50202—2002. 北京：中国计划出版社，2002
[11] 国家标准，土工合成材料应用技术规范 GB 50290—98. 北京：中国计划出版社，1998
[12] 国家标准，土工试验方法标准 GB /T50123—1999. 北京：中国计划出版社，1999
[13] 国家标准，混凝土结构耐久性设计规范 GB /T50476—2008. 北京：中国建筑工业出版社，2008
[14] 行业标准，建筑桩基技术规范 JGJ 94—2008. 北京：中国建筑工业出版社，2008
[15] 行业标准，既有建筑地基基础加固技术规范 JGJ 123—2012. 北京：中国建筑工业出版社，2013

第二章 术 语

　　"复合地基"一词从 20 世纪 60 年代开始使用以来，国内科研人员也做了若干工作，但作为基本概念，国内学术界仍有不同的认识。早期的复合地基主要是指在天然地基中设置碎石桩以及石灰桩、搅拌桩形成的人工地基，随着加固体粘结特性的增强，国内又研制了各类强度的增强体形成的复合地基。随着土工合成材料在工程建设中的广泛应用，又出现了水平向增强体复合地基的概念。本规范"复合地基"术语，强调建筑工程使用的"复合地基"的概念，即部分土体被增强或被置换，而形成的由地基土和增强体共同承担荷载的人工地基。因此，对于地基土为欠固结土、膨胀土、湿陷性黄土、可液化土等特殊土时，设计时要综合考虑土体的特殊性质，选用适当的增强体和施工工艺，保证在建筑物正常使用期间，地基土和增强体共同承担荷载的设计要求。

　　为区别水平向增强体形成的复合地基。本规范所指"复合地基"，仅指由竖向增强体形成的复合地基。

参 考 文 献

[1]　建筑地基基础设计规范 GB 50005—2011. 北京：中国建筑工业出版社，2012
[2]　建筑地基基础设计规范的理解与应用. 北京：中国建筑工业出版社，2012

第三章 基 本 规 定

修订后的《建筑地基处理技术规范》JGJ 79 在基本规定中应重点理解下列内容：地基处理设计的总原则；处理地基的承载力基础埋深修正、处理地基的整体稳定性分析、处理地基承载力的偏心荷载作用验算、多种地基处理方法综合使用的检验、地基处理的耐久性设计、地基处理的技术经济观点等。

一、地基处理设计的总原则

建筑地基处理设计的核心问题是使建造在处理地基上的建筑物满足地基承载力、地基变形和稳定性要求。所谓"建筑地基"是指建筑物下的地基，区别于堆场地基、路基等，其地基主要受力层的承载力与上部结构和基础的荷载传递特性和刚度有关，其地基变形不仅与地基处理层有关，还与下卧层有关，处理地基的稳定性计算也需考虑地基处理层与其下卧层土的计算参数的不同。

规范第 3.0.5 条规定：处理后的地基应满足建筑物地基承载力、变形和稳定性要求，地基处理的设计尚应符合下列规定：（1）经处理后的地基，当在受力层范围内仍存在软弱下卧层时，应进行软弱下卧层地基承载力验算；（2）按地基变形设计或应作变形验算且需进行地基处理的建筑物或构筑物，应对处理后的地基进行变形验算；（3）对建造在处理后的地基上受较大水平荷载或位于斜坡上的建筑物及构筑物，应进行地基稳定性验算。

换填垫层设计是按下卧土层的承载力要求确定换填厚度，不再存在软弱下卧层地基承载力验算问题。对压实、夯实、注浆加固地基及散体材料增强体复合地基等应按处理后地基土压力扩散角，按现行国家标准《建筑地基基础设计规范》GB 50007 的方法验算。对有粘结强度的增强体复合地基，增强体设计时，桩端一般应选择好的持力层，一般工程并不存在软弱下卧层地基承载力验算问题。由于有黏结强度复合地基设计采用的增强体的强度、刚度变化范围较大，目前对复合地基的整体破坏模式以及有软弱下卧层时的破坏机理尚未深入研究，本次修订尚未给出具有粘结强度的增强体复合地基软弱下卧层地基承载力验算的计算表达式。

有些学者按照有粘结强度增强体复合地基的荷载传递特性，为解决有粘结强度的增强体复合地基的桩端持力层选择问题，提出按实体深基础法验算软弱下卧层地基承载力，这对于增强体刚度及强度较大的条件是合理的。首先，地基的软弱下卧层地基承载力验算应归结为地基承载力设计的概念上，即地基承载力的选取以不使地基中出现较大塑性变形为原则，同时还要考虑在此条件下各类建筑可能出现的变形特征及变形量，所以应按埋深修正后软弱下卧层的地基承载力特征值作为评价标准；其次，基底附加压力的荷载传递应符合桩土荷载传递特性。根据数值分析的结果，材料刚度和强度较大的增强体复合地基，传递到增强体桩端地基土的附加应力扩散角在 $\varphi/3 \sim \varphi/4$ 之间，通过工程算例说明取 $\varphi/4$ 作为刚性桩复合地基的附加应力扩散角进行工程校核偏于安全。

1. 实体深基础法验算刚性桩复合地基的软弱下卧层地基承载力的数值分析结果 1

计算参数见表 3-1，CFG 桩复合地基计算模型见图 3-1，CFG 桩复合地基自重应力场（实体桩法加荷前）见图 3-2，CFG 桩复合地基竖向应力场（实体桩法加荷后）见图 3-3。

土层计算计算参数 表 3-1

地层	厚度（m）	重度（kN/m³）	压缩模量（MPa）	内聚力（kPa）	内摩擦角（°）
粉质黏土	5.2	18.5	6.0	15	17
细砂	2.0	19.0	8.0	0	25
粉质黏土	2.0	19.0	4.0	5	13
淤泥质土	2.5	18.6	2.4	12	6
淤泥	5.5	18.1	2.0	10	5
粉土	2.6	19.6	7.0	11	16
细砂	5.0	19.7	15	0	28
褥垫层	0.2	21.0	25	0	35
CFG 桩	长 16.45	23	—	—	—
筏形基础	厚度 600mm	25	—	—	—

注：板上作用荷载：竖向 180kPa，水平荷载 36kPa；CFG 桩材料的摩擦系数取 0.55，对应的内摩擦角 29°，基础混凝土弹性模量 3×10^7 MPa。

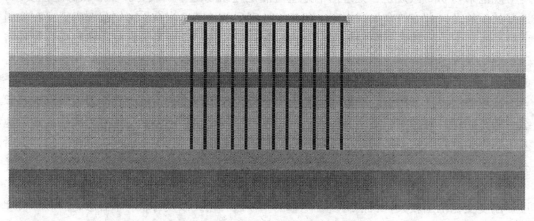

图 3-1 CFG 桩复合地基计算模型

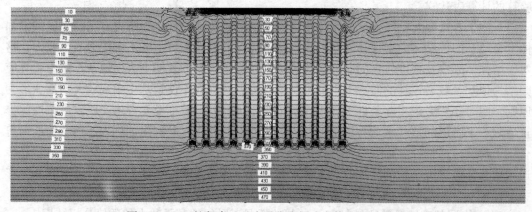

图 3-2 CFG 桩复合地基自重应力场（实体桩法加荷前）

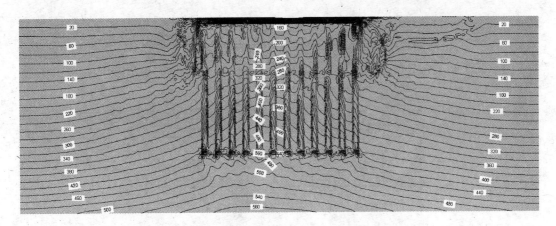

图 3-3　CFG 桩复合地基竖向应力场（实体桩法加荷后）

　　基础尺寸 24.0m×24.0m，桩端位于粉土层，桩长 16.45m，加固区地基土的加权摩擦角 12.12°，土体自重压力 312.8kPa。考虑加固材料的自重和基础自重，施加 180kPa 附加应力后的有限元计算结果，桩端土层竖向压力为 462kPa；加固土体 φ 值加权平均值 12°，按 $\varphi/4$ 扩散时，桩端土的平均应力 469.3 kPa；按 $\varphi/3$ 扩散时，桩端土的平均应力：462.4kPa。

　　本算例得到的结果可知按 $\varphi/3$ 作为扩散角计算的基底附加应力结果与数值模拟得到结果比较接近。

　　2. 实体深基础法验算刚性桩复合地基的软弱下卧层地基承载力的数值分析结果 2

　　(1) 地基地层情况见表 3-2。

地基地层情况　　　　　　　　　　　　　　　　表 3-2

土层	平均厚度 (m)	γ(kN/m³)	e	I_L	c(kPa)	φ(°)	E_s(MPa)	q_s(kPa)	q_p(kPa)	f_{ak}(kPa)
①黏土	14.0	19.0	0.86	0.49	26	20	10	21	0	150
②砂土	6.0	20.0	—	—	0	32	25	22	600	250
③黏土	5.0	19.0	—	—	28	22	12	—	—	180
④砂土	10.0	20.0	—	—	0	35	40	—	—	300

　　注：无下地水。

　　(2) CFG 桩设计情况

　　基础板尺寸 30m×30m，基础板厚 1m，要求处理后的地基承载力特征值大于 250kPa。基础板下均匀布置 CFG 桩：桩身强度 C20，桩径 420mm，桩长 15m，间距 2m。

$R_a = u\Sigma q_{si}l_i + q_p A_p = 499.83\text{kN}$，取 $R_a = 490\text{kN}$。

$m = 0.035$，$\beta = 0.9$，故复合地基承载力为：

$f_{spk} = mR_a/A_p + \beta(1-m)f_{sk} = 252.8\text{kPa} > 250\text{kPa}$，满足设计要求。

　　(3) 计算模型简图（图 3-4）

　　(4) CFG 桩复合地基自重应力场（考虑基础板及桩本身重量，未施加外部荷载）

　　桩端平面处地基的平均压力：$P_{cz15} = 320\text{kN/m}^2$。

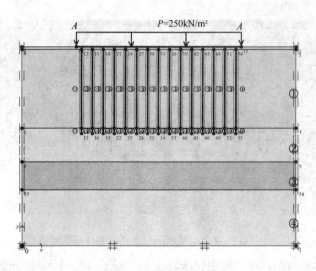

图 3-4　计算模型简图

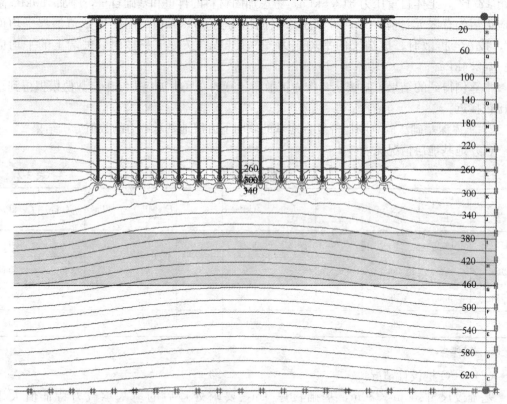

图 3-5　地基自重应力场

（5）CFG 桩复合地基应力场（施加 $P=250\text{kN/m}^2$ 荷载后）

桩端平面处地基的平均压力：$P_{kz15}=530.0\text{kN/m}^2$。

（6）CFG 桩桩底附加应力

CFG 桩桩底平面处地基的附加应力为（$z=15\text{m}$ 处）：$P_{kz15}-P_{cz15}=530-320=210\text{kPa}$。

（7）CFG 桩桩底平面的附加应力计算

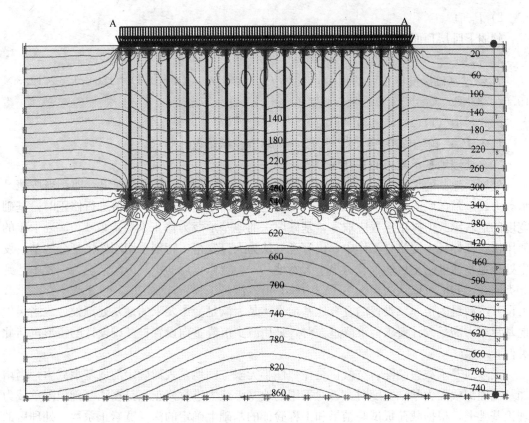

图 3-6 复合地基应力场

1) 假设外加荷载按 θ 角扩散，θ 按 $\varphi/4$：

φ 为 CFG 桩深度范围内的摩擦角加权平均数，即 $\varphi = (14 \times 20 + 1 \times 32)/15 = 20.8°$。
P 取 250kN/m^2，$A = 30\text{m}$，$z = 15.0\text{m}$，

$$P_{z1} = P \times A \times A/(A + 2 \times z \times \tan\theta)^2$$
$$= 250 \times 30 \times 30/(30 + 2 \times 15 \times \tan(20.8/4))^2 = 210\text{kN/m}^2$$

2) 假设外加荷载按 θ 角扩散，θ 按 $\varphi/3$：

φ 为 CFG 桩深度范围内的摩擦角加权平均数，即 $\varphi = (14 \times 20 + 1 \times 32)/15 = 20.8°$。
P 取 250kN/m^2，$A = 30\text{m}$，$z = 15.0\text{m}$

$$P_{z2} = P \times A \times A/(A + 2 \times z \times \tan\theta)^2$$
$$= 250 \times 30 \times 30/(30 + 2 \times 15 \times \tan(20.8/3))^2 = 198\text{kN/m}^2$$

由此可知按 $\varphi/4$ 作为扩散角计算的基底附加应力结果与数值模拟得到结果比较接近。

(8) 验算软弱下卧层

软弱下卧层顶部，$z = 20\text{m}$，软弱下卧层需满足 $P_z + P_{cz} \leqslant f_{az}$。

1) P_z 值

按 $\varphi/4$ 理论计算，得到传至 CFG 桩桩端的附加应力为 210kN/m^2。因从桩端到软弱下卧层顶面的距离小于基础宽度的四分之一，故扩散角取 $0°$，那么传至软弱下卧层顶部（$z = 20\text{m}$）的附加应力，可取为 $P_z = 210\text{kN/m}^2$。

2）P_{cz}值

软弱下卧层顶面的竖向压力 $P_{cz}=405\text{kN/m}^2$。

3）f_{az}值

f_{ak} 经过基础深度修正后的值为，$f_{az}=f_{ak}+\eta_{d}\times\gamma_{m}\times(d-0.5)=180+1.6\times19.3\times19.5=782\text{kPa}$。

因此，由（1）、（2）、（3）可知：

$P_{z}+P_{cz}=405+210=615\text{kPa}\leqslant f_{az}=782\text{kPa}$。满足设计要求。

二、处理地基承载力的基础埋深修正

处理后地基的承载力深、宽修正问题在 2002 版规范中已有明确规定，即：当按地基承载力确定基础底面积及埋深而需要对本规范确定的地基承载力特征值进行修正时，基础宽度的地基承载力修正系数应取零，基础埋深的地基承载力修正系数应取 1.0。近十年的使用情况良好。本次修订工作中，仍有意见认为太过安全，特别采用刚性桩复合地基，发生处理地基深度修正后的承载力小于天然地基深、宽修正后的承载力的情况。工程中遇到此类问题，我们可以认为当天然承载力验算可以满足工程设计要求时，该工程不存在承载力设计不满足的情况，设置的复合地基增强体是为满足变形要求的地基处理设计。当天然地基承载力满足设计要求但沉降过大时，采用减少沉降量而设置桩基础设计的情形也与此类似。

天然地基承载力的深、宽修正是在弹性半无限空间地基表面确定的地基承载力，当增加基础埋深或加大基础宽度时，可对采用的地基承载力进行修正，是在浅基础极限承载力理论基础上，根据载荷板试验结果和工程验证的基础上确定的深、宽修正系数。处理后的地基承载力的深、宽修正应在满足承载力修正的理论基础上进行。复合地基一般仅在基础下或较少的基础外处理面积设置增强体，在竖向荷载作用下产生较小的侧向挤出，难以形成整体被动区抗力，并不满足浅基础极限承载力理论的边界条件。因此按基础埋深的地基承载力修正系数取 1.0 的验算结果，对于工程设计是安全的结果。

压实填土地基，如果处理的面积足够大，填土的施工质量严格控制，可以满足承载力修正的条件。本次修订对这种处理地基规定：基础宽度的地基承载力修正系数应取零；基础埋深的地基承载力修正系数，对于压实系数大于 0.95、黏粒含量 $\rho_{c}\geqslant10\%$ 的粉土，可取 1.5；对于干密度大于 2.1t /m³ 的级配砂石，可取 2.0。

预压处理地基、强夯处理地基，处理的面积可以足够大，但其地基的特点是存在土的密实程度表面高，下部低的情况，地基承载力的空间分布，也存在表面高，下部低的情况。这种地基在表面确定的承载力，基础埋深增加后，存在地基承载力降低的情况，不宜进行承载力按土性的埋深修正，仅考虑埋深竖向荷载的作用，可采用 1.0 的埋深修正系数。采用 1.0 的埋深修正系数时，还应充分注意此时的地基承载力取值应是该埋深标高处的试验结果。基础宽度的地基承载力修正数值较小，不应考虑。

复合地基的情况更复杂一些。首先，复合地基承载力的确定应是在设计的基础标高上进行，不论复合地基增强体施工是在地面进行，再开挖至设计标高，还是先开挖接近设计标高，再进行增强体施工，这种检测结果除去载荷板尺寸大小的影响，已包含弹性半无限空间地基土卸荷再加荷的有利影响，即已存在部分埋深对承载力提高的因素。当载荷板尺寸足够大，接近实际基础尺寸时，应该即是考虑基础埋深的地基承载力。2002 版规范规定，此时基础宽度的地基承载力修正系数取零，基础埋深的地基承载力修正系数取1.0，使用十年来情况良好，本次规范修订仍采用相同的规定。

三、处理地基的整体稳定性分析

处理后的地基需进行整体稳定性分析包括以下几种情况：（1）受较大水平荷载或位于斜坡上的建筑物及构筑物；（2）由于不同施工段基础底标高差异较大，采用临时支挡支护；（3）已建使用的建筑物周边进行深基坑施工等。

预压地基、压实填土地基、强夯处理地基、注浆加固地基等处理地基的整体稳定性分析方法可按天然地基同样的方法，并应采用地基处理后的土性参数。考虑处理后的地基土工程性质与天然地基土工程性质的差异，稳定安全系数的最低要求从1.2提高到1.3。各种稳定分析方法对同一工程，同样土性参数，得到的稳定安全系数不同，这是工程界一致的认识。规范规定的最低稳定安全系数是针对瑞典圆弧滑动法分析的，采用其他稳定分析方法时最低稳定安全系数的要求应相应提高。

建造在复合地基上的建筑物稳定性分析方法，对砂桩、碎石桩复合地基，可将砂桩、碎石桩材料的抗剪强度指标按面积置换率折算为复合土的抗剪强度指标，进行计算分析，国内外均有实际工程应用的实例；但对于有粘结强度增强体复合地基，其稳定计算方法有不同的认识，工程应用中出现直接把有粘结强度增强体材料的抗剪强度指标按砂桩、碎石桩复合地基同样的计算方法处理，以致得到的稳定安全系数偏高，看似满足设计要求，而工程出现塌方事故的情况。国内学术界对这个问题进行了热烈的讨论，得到了许多一致的认识。首先对失稳机理的认识，可认为是：由于增强体没有钢筋等韧性材料，在滑动力的作用下，桩体受弯产生裂缝，以致桩体断裂，整体抗滑作用降低并逐渐发展，以致形成连续滑动面。对这样的破坏工况进行分析，目前国内也做过许多研究工作。

本次修订规范组对处理地基的稳定分析方法进行了专题研究。天津大学在《软土地基上复合地基整体稳定计算方法》专题报告中，对同一工程算例采用传统的复合地基稳定计算方法、英国加筋土及加筋填土规范计算方法、考虑桩体弯曲破坏的可使用抗剪强度计算方法、桩在滑动面断开处发挥摩擦力的计算方法、扣除桩分担荷载的等效荷载法、等效砂桩法等进行了对比分析。采用考虑滑动面以上桩侧摩阻力的计算方法和等效砂桩法时，计算得到的安全系数与考虑桩体弯曲破坏的等效抗剪强度的计算方法得到的安全系数比较接近。提出了可采用考虑桩体弯曲破坏的等效抗剪强度计算方法、扣除桩分担荷载的等效荷载法、等效砂桩法进行软土地基上复合地基的整体稳定性的建议。并提出了不同计算方法对应不同最小安全系数取值的建议。以下是该报告内容的简要介绍。

1. 软土地基上复合地基整体稳定计算方法[20]

（1）传统的复合地基稳定计算方法

目前国内对软土地基上采用各种加固体的复合地基进行整体稳定分析时均采用传统的复合地基稳定计算方法，即采用极限平衡法并假定圆弧滑动面，沿滑动面上桩体和土体产生剪切破坏，如图3-7所示。

传统方法进行复合地基稳定分析时，采用桩体与土形成的复合土层的抗剪强度，分别由桩与桩间土两部分强度组成，即按土体与桩体平面面积加权按下式计算：

$$S_{sp} = (1-m)c_u + mS_p\cos\alpha$$

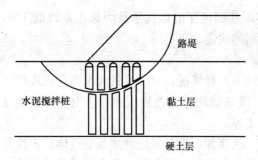

图 3-7 复合地基支承路堤稳定性圆弧滑动面

式中　S_{sp}——复合地基综合抗剪强度；

　　　S_p——桩体的抗剪强度；

　　　α——滑弧切线与水平线的夹角；

　　　c_u——桩间土的不排水抗剪强度；

　　　m——桩面积置换率。

（2）英国 BS 8006 规范法[17]

英国加筋土及加筋填土规范（《Code for practice for strengthened/reinforced soils and other fills》BS 8006：1995)[17]对于桩-网支承路堤的整体稳定提出了建议方法，将滑动面经过的桩的作用按下法考虑，如图 3-8 所示，即滑动面以下桩的竖向承载力作为阻滑力作用在滑动面上，而不是考虑其桩体截面抗剪强度。

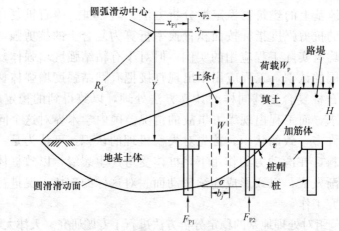

图 3-8　英国 BS 8006 桩承式路堤整体稳定计算方法

（3）等效抗剪强度法

郑刚等[14]提出了考虑桩体弯曲破坏的等效抗剪强度计算方法，即对桩由抗弯强度控制其抗滑贡献的桩，考虑桩体首先发生弯曲破坏而不是剪切破坏的可能性，将其发挥抗弯强度提供的抗滑贡献等效为桩与滑动面相交的桩身截面上由等效抗剪强度提供的抗滑贡献，由此确定相应的等效抗剪强度，以桩体等效抗剪强度与滑动面上土体抗剪强度计算复合抗剪强度，采用二维极限平衡法来进行复合地基的整体稳定分析。桩弯曲破坏复合地基整体稳定计算模式如图 3-9 所示。

（4）等效荷载法

桩土应力比是在荷载作用下，复合地基表面处桩顶的应力 σ_p 与桩间土的应力 σ_s 的比值，即桩土应力比定义为：

$$n = \frac{\sigma_p}{\sigma_s}$$

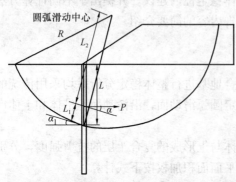

图 3-9　桩弯曲破坏复合地基整体稳定计算模式

桩土应力比反映了复合地基桩土荷载分担

特性，是复合地基沉降计算、承载力设计的重要指标。针对复合地基稳定性分析，基于桩土应力比概念提出了扣除桩分担荷载的等效荷载法，即在分析软土地基上复合地基的整体稳定性时，不考虑刚性桩对地基的加固效应，仅考虑刚性桩复合地基的荷载分担效应，将复合地基的稳定性转化为在等效荷载（即土分担荷载）作用下天然地基的稳定性问题。减小的这部分路堤填土荷载等于刚性桩分担的那部分荷载，可通过桩土应力比来计算。

（5）摩擦接触法

根据桩体弯曲破坏导致路堤失稳的机理，假定路堤发生整体稳定破坏的瞬间，所有桩均沿滑动面处发生破坏并形成滑动面处的上下两个桩段，将上、下桩段在滑动面处因桩身轴力 N 产生的摩擦力 f 作用在滑动面上，以此来考虑桩对路堤稳定的抗滑贡献，其计算模式见图 3-10。其中 R 为滑动圆弧的半径，α 为滑弧切线与水平线的夹角。

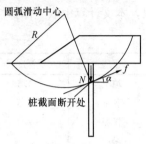

图 3-10　桩支承路堤整体稳定分析方法

（6）等效砂桩法

中国建筑科学研究院地基所提出了等效砂桩法。该法将刚性桩等效为具有一定摩擦角的砂桩，摩擦角由桩弯曲破坏后的桩体材料摩擦系数确定，然后采用极限平衡法进行路堤的整体稳定性分析。

2. 典型算例的选取

为了探讨不同计算方法在分析软土地基上复合地基的整体稳定性问题时的合理性和适用性，以京津城际高速铁路刚性桩复合地基支承路堤为例，建立了三个典型算例。

（1）算例一

1）计算模型

计算模型剖面、平面如图 3-11、图 3-12 所示。计算模型中路堤顶面宽度 23m，路堤高度 5m，边坡比（坡率）1:1.5。路堤分五层填筑，每层填土高度 1.0m。路基侧向边界限制其两个水平方向的位移，底边界限制竖向及两个水平方向的位移。

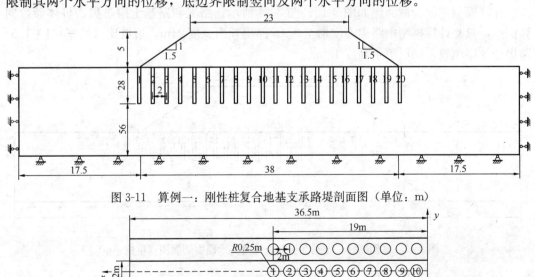

图 3-11　算例一：刚性桩复合地基支承路堤剖面图（单位：m）

图 3-12　算例一：刚性桩复合地基支承路堤桩编号（单位：m）

2）路堤和路基土体

边坡、路堤稳定分析通常采用的土体本构模型为摩尔-库仑模型，本文亦采用了摩尔-库仑模型。计算模型中路堤填土弹性模量 30MPa，泊松比 0.3，黏聚力 15kPa，摩擦角 28°。路基土体的泊松比取为 0.35，各土层不排水抗剪强度及其他参数如表 3-3 所示。对于土体弹性模量，参照天津、上海等软土地区关于土体压缩模量与弹性模量的相关研究成果，本文计算中取土体弹性模量为 4 倍土体压缩模量。

数值模拟路基土体的强度参数   表 3-3

土层	层底深度（m）	w（%）	c（kPa）	φ（°）	E_{s1-2}（MPa）
填土	1.5	—	10	5	5.0
黏土	2.5	33	20	4.25	3.4
淤泥	7.0	39.6	8.6	6.2	3.0
淤泥	12.0	54.6	9.4	5.9	2.1
淤泥质黏土	16.5	40.3	14.6	11.2	3.0
粉土	84.0	21.6	13	33.5	12.1

3）桩体

为考虑不同刚度桩体对路堤稳定性的影响，计算模型中分别考虑了如下两类：

桩体：第一类刚性桩：具有较高抗压、抗剪强度，但抗（拉）弯能力很低的素混凝土桩；第二类刚性桩：抗压、抗剪、抗（拉）弯均较强的钢筋混凝土桩。

算例中桩直径 0.5m，桩长 28m，桩间距 2.0m，桩身采用 C30 混凝土。其中，素混凝土桩受弯承载力为 50kN·m，受剪承载力为 266kN。钢筋混凝土桩均匀配置 10ϕ25 Ⅱ级钢筋，ϕ8@150 箍筋，其受弯承载力为 189kN·m，受剪承载力 469kN。桩体泊松比为 0.2，弹性模量为 30GPa。桩顶未考虑设置土工格栅水平向加筋体。

（2）算例二

计算模型剖面、截面仍如图 3-13、图 3-14 所示。路堤和路基土层参数、桩体参数同算例一，只是计算模型中路堤高度增至 8m，路堤顶面宽度 24m，边坡比（坡率）1∶1.5。路堤分 8 层填筑，每层填土高度 1.0m。

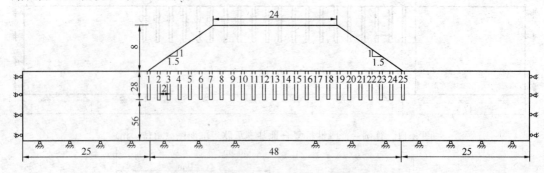

图 3-13 算例二、三：刚性桩复合地基支承路堤剖面图（单位：m）

（3）算例三

计算模型剖面、截面如图 3-13、图 3-14 所示。路基土层参数见表 3-4，路堤土体参数和桩体参数同算例一。计算模型中路堤高度增至 8m，路堤顶面宽度 24m，边坡比（坡率）

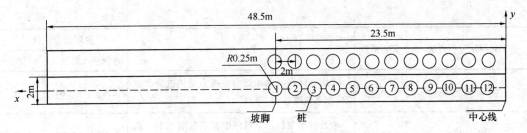

图 3-14　算例二、三：刚性桩复合地基支承路堤桩编号（单位：m）

1：1.5。路堤分 8 层填筑，每层填土高度 1.0m。

数值模拟路基土体的强度参数　　　　　表 3-4

| 土层 | 层底深度（m） | w（%） | 固结快剪标准值 | | E_{s1-2}（MPa） |
			c（kPa）	φ（°）	
杂填土	3	30.0	8.0	16.0	3.59
粉质黏土	7	33.5	7.5	13.0	1.79
淤泥质黏土	13	41.8	10.1	12.0	1.76
粉质黏土	17	25.6	12.0	22.0	4.76
粉质黏土	23.5	38.6	20.0	12.8	3.98
粉砂土	27.5	23.0	7.0	31.0	12.86
粉质黏土	35.5	23.9	33.0	13.2	3.87
粉质黏土	43.5	27.5	22.7	12.7	8.00
粉质黏土	49.5	25.1	10.0	20.0	4.75
粉砂	62	17.8	13.3	30.2	15.25
粉质黏土	80	20.0	30.0	15.0	6.50

3. 不同计算方法的对比分析

表 3-5 为素混凝土桩和钢筋混凝土桩支承路堤时采用不同计算方法的路堤稳定安全系数。从表 3-5 中可以看出，对两类刚性桩支承路堤进行整体稳定性分析时，有如下现象：

不同简化稳定分析方法对应的路堤稳定安全系数　　　　　表 3-5

| 简化稳定分析方法 | 安全系数 | 方　法　要　点 | 稳定安全系数 | | |
			算例一	算例二	算例三
传统复合地基稳定分析方法	K_1	桩体取混凝土抗剪强度和土弹性模量	2.84	2.05	2.06
等效抗剪强度法	K_3	桩体取考虑桩体弯曲破坏的等效抗剪强度；滑弧外取桩体平均等效抗剪强度；桩体取土弹性模量	1.53	1.09	1.51
英国 BS 8006 规范方法	K_4	考虑作用在滑动面上的桩竖向轴力的阻滑作用	1.96	1.49	2.06
等效荷载法	K_5	扣除桩分担荷载后的等效路堤荷载作用在天然地基上	1.537	1.197	1.68

简化稳定分析方法	安全系数	方 法 要 点	稳定安全系数		
			算例一	算例二	算例三
摩擦接触法	K_6	考虑桩体在滑动面处由摩擦力提供抗滑贡献（摩擦系数取 0.31[19]）	2.10	1.64	2.20
等效砂桩法	K_7	刚性桩断裂后，材料间摩擦系数取 0.55，折算内摩擦角取 29°	1.495	1.20	1.52
$K_1 - K_3$	—	—	1.31	0.96	0.55
$K_4 - K_3$	—	—	0.43	0.40	0.55
$K_5 - K_3$	—	—	0.007	0.107	0.17
$K_6 - K_3$	—	—	0.57	0.55	0.69
$K_7 - K_3$	—	—	-0.035	0.11	0.01

注：以上简化稳定分析方法均采用极限平衡法进行计算。

（1）采用传统的复合地基稳定计算方法和摩擦接触法时，路堤稳定安全系数明显偏高；采用其他几种方法计算时，路堤稳定安全系数显著小于上述两种方法；

（2）采用扣除桩分担荷载的等效荷载法、考虑滑动面以上桩摩阻力法和考虑桩体弯曲破坏的等效抗剪强度法时路堤稳定安全系数较为接近。

（3）采用考虑桩体弯曲破坏的等效抗剪强度法时，钢筋混凝土桩支承路堤时的稳定安全系数比素混凝土桩支承路堤时的稳定安全系数高，说明提高桩体的抗弯强度和刚度可以在一定程度上提高路堤的整体稳定性。

（4）等效砂桩法计算得到的安全系数与等效抗剪强度法、等效荷载法、考虑滑动面以上桩摩阻力法得到安全系数相近。

三个算例中，采用英国 BS 8006 方法分析刚性桩支承路堤稳定安全系数与采用考虑桩体弯曲破坏的可使用抗剪强度计算方法的安全系数差值分别为 0.43、0.40、0.55；采用考虑滑动面以上桩侧摩阻力的计算方法和等效砂桩法时，计算得到的安全系数与考虑桩体弯曲破坏的等效抗剪强度的计算方法得到的安全系数比较接近。由此可建议 5 种计算方法的安全系数，见表 3-6。

中国建筑科学研究院地基所采用 Geoslope 计算软件的有限元圆弧滑动法对某一实际工程采用砂桩复合地基加固以及采用刚性桩加固进行了稳定性分析对比[21]。砂桩的抗剪强度由砂桩的密实度确定，刚性桩的抗剪强度指标由桩折断后的材料摩擦系数确定。对比分析结果说明，如果考虑刚性桩折断，采用材料摩擦性质确定抗剪强度指标，刚性桩加固后的稳定安全系数与砂桩复合地基加固接近（不考虑砂桩排水固结作用）。计算中刚性桩加固的桩土应力比在不同位置分别为堆载平台面处 7.3～8.4，坡面处 5.8～6.4。砂桩复合地基加固，当砂桩材料的内摩擦角取 30°，不考虑砂桩排水固结作用的稳定系数为 1.06；考虑砂桩排水固结作用的稳定系数为 1.29。采用 CFG 桩复合地基加固，CFG 桩断裂后，材料间摩擦系数取 0.55，折算内摩擦角取 29°，计算的稳定系数为 1.05。该报告同时对某建筑处理地基进行了稳定性分析，比较了采用 CFG 桩或混凝土桩加固，采用材料的摩擦性质确定的抗剪强度指标；以及采用加固土体复合的抗剪强度指标计算结果，可知两种计算结果基本一致。以下是该工作的主要内容。

路堤稳定性简化分析方法及对应安全系数建议值　　　　　　　　　　表 3-6

对应规范	简化稳定分析方法	地基情况	计算采用的地基平均固结度及强度指标	安全系数
公路[15]	等效抗剪强度法 等效荷载法 等效砂桩法	地基土渗透性较差、排水条件不好	取 $U=0$，采用直剪固结快剪或三轴固结不排水剪指标	1.20～1.40
			按实际固结度，采用直剪固结快剪或三轴固结不排水剪指标	1.40～1.60
		地基土渗透性较好、排水条件良好	取 $U=1$，采用直剪固结快剪或三轴固结不排水剪指标	1.45～1.65
			取 $U=1$，地基土采用快剪指标	1.35～1.55
	英国 BS 8006 规范方法	地基土渗透性较差、排水条件不好	取 $U=0$，采用直剪固结快剪或三轴固结不排水剪指标	1.60～1.75
			按实际固结度，采用直剪固结快剪或三轴固结不排水剪指标	1.80～1.95
		地基土渗透性较好、排水条件良好	取 $U=1$，采用直剪固结快剪或三轴固结不排水剪指标	1.85～2.00
			取 $U=1$，地基土采用快剪指标	1.75～1.90
铁路[16]	等效抗剪强度法	—		1.15～1.25
	等效荷载法 等效砂桩法	—		1.35～1.45
	英国 BS 8006 规范方法	—		1.70～1.80

（1）Geoslope 有限元圆弧滑动法与瑞典圆弧滑动法计算结果比较

计算采用的土层数据见图 3-17。

天然边坡稳定计算结果见图 3-15。计算结果表明，Geoslope 有限元圆弧滑动法与瑞典圆弧滑动法可以得到基本一致的稳定系数。

砂桩加固后边坡稳定计算结果见图 3-16。从计算结果可知，对于砂桩加固后的边坡稳定分析，采用 Geoslope 有限元法与圆弧滑动法分析的滑面位置不尽相同，但稳定系数计算结果接近。

（2）路堤工程复合地基加固的算例

计算剖面如图 3-17 所示。

砂桩加固地基桩土应力比，堆载顶面处 4.57～5.03，坡面处 4.98～5.52，堆载平台处 6.39～6.91。CFG 桩加固地基桩身上部普遍出现断桩后根据混凝土摩擦角取值不同桩土应力比计算结果见表 3-7，稳定计算结果见图 3-18～图 3-22。

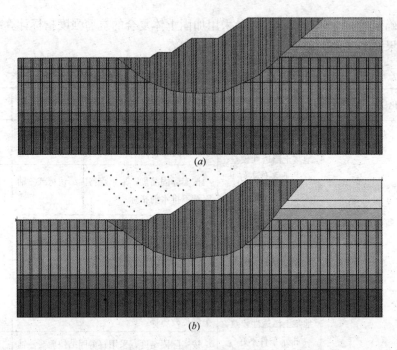

图 3-15　天然边坡计算结果

（a）稳定系数 1.008，有限元法；（b）稳定系数 1.115，圆弧滑动法

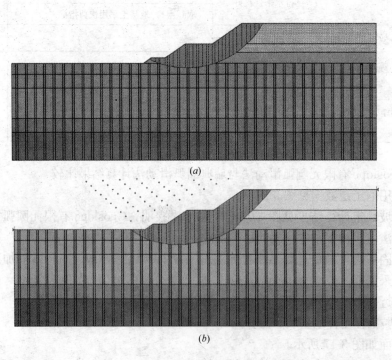

图 3-16　砂桩加固后边坡稳定计算结果

（a）稳定系数 1.425，有限元法；（b）稳定系数 1.462，圆弧滑动法

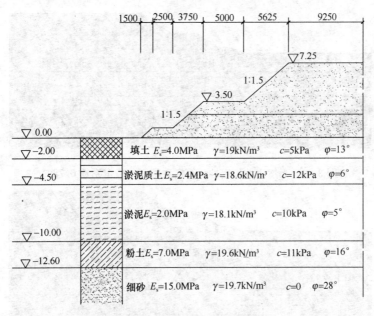

图 3-17　工程地质剖面和计算参数

桩土应力比计算结果　　　　　　　　　　　　　　　　　表 3-7

混凝土摩擦角取值（°）	堆载顶面	坡面	堆载平台
20	4.55～4.74	4.50～6.0	6.84～7.39
33	4.57～5.02	5.78～6.18	7.2～7.56
35	4.81～5.35	5.38～6.37	7.58～8.43
40	4.87～5.46	5.6～6.65	7.9～8.54

可以看出，桩土应力比随混凝土摩擦角取值增大而增大，同时与桩顶部以上堆载的大小有关系，桩顶部堆载越大，其桩土应力比越小。

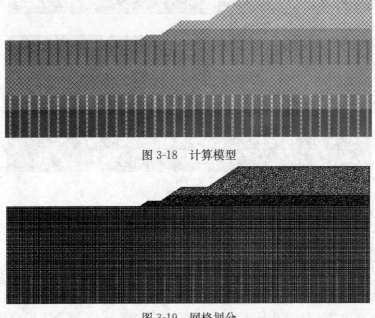

图 3-18　计算模型

图 3-19　网格划分

25

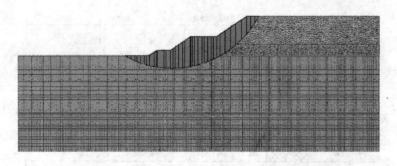

图 3-20　天然边坡稳定性计算潜在滑面（稳定系数 0.729）

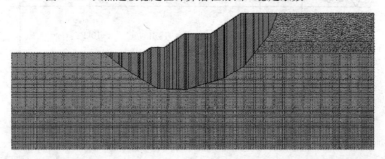

图 3-21　砂桩加固地基后边坡稳定性计算潜在滑面（稳定系数 1.062）

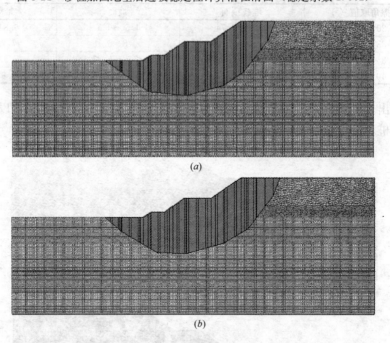

(a)

(b)

图 3-22　CFG 桩加固地基后边坡稳定性计算潜在滑面

（a）混凝土摩擦角取 29°，稳定系数 1.054；（b）混凝土摩擦角取 20°，稳定系数 1.020

（3）建筑工程复合地基加固稳定分析的算例

计算参数见表 3-8。天然地基计算结果见图 3-23～图 3-25；砂桩加固地基稳定性实体桩法计算结果见图 3-26～图 3-28，复合土层法计算结果见图 3-29～图 3-31；刚性桩复合地基加固地基稳定性实体桩法计算结果见图 3-32～图 3-34，复合土层法计算结果见图

3-35～图 3-37。

地层	厚度 (m)	重度 (kN/m³)	压缩模量 (MPa)	内聚力 (kPa)	内摩擦角 (°)
粉质黏土	5.2	18.5	6.0	15	17
细砂	2.0	19.0	8.0	0	25
粉质黏土	2.0	19.0	4.0	5	13
淤泥质土	2.5	18.6	2.4	12	6
淤泥	5.5	18.1	2.0	10	5
粉土	2.6	19.6	7.0	11	16
细砂	5.0	19.7	15	0	28
褥垫层	0.2	21.0	25	0	35
砂桩	长 16.45	21	18	0	28
CFG 桩	长 16.45	23	38	0	29
筏形基础	厚度 600mm	25	3.0×10^7	5000	42

注：板上作用荷载：竖向 180kPa，水平荷载 36kPa。砂桩及 CFG 桩的桩距 1.5m×1.5m。砂桩及 CFG 桩参数采用面积加权平均法输入，其中：实体桩按桩间距宽度上的面积置换率加权平均，复合地层则采用桩间距面积置换率加权平均。

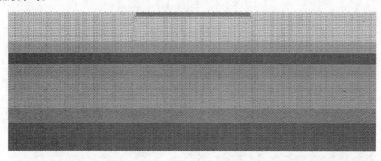

图 3-23　天然地基计算模型

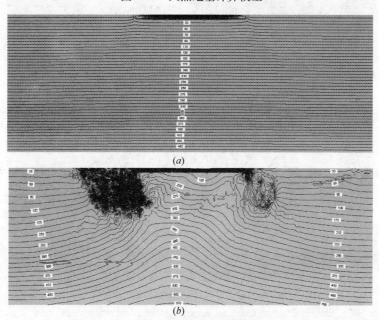

(a)

(b)

图 3-24　天然地基自重应力场

(a) 加荷前；(b) 加荷后

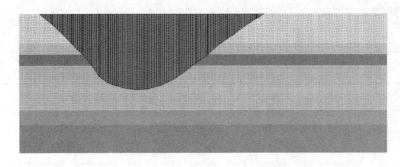

图 3-25　天然地基稳定性计算潜在滑面（稳定系数 1.128）

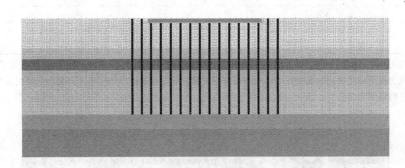

图 3-26　砂桩复合地基计算模型（实体桩法）

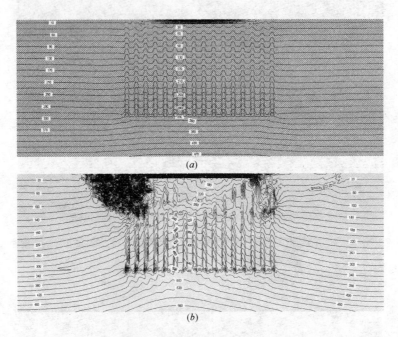

图 3-27　砂桩复合地基自重应力场

（*a*）实体桩法加荷前；（*b*）实体桩法加荷后

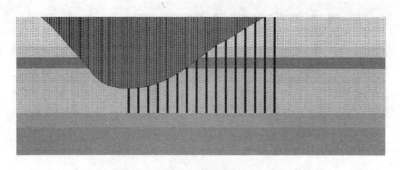

图 3-28 砂桩加固地基后稳定性计算潜在滑面
（实体桩法，稳定系数 1.200，桩土应力比 1.22～2.51）

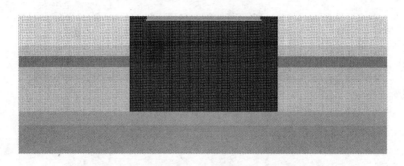

图 3-29 砂桩复合地基计算模型（复合地层法）

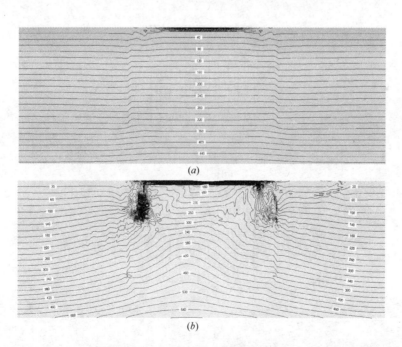

图 3-30 砂桩复合地基自重应力场
（a）复合地层法加荷前；（b）复合地层法加荷后

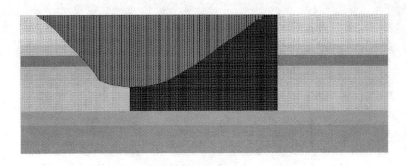

图 3-31　砂桩加固地基后稳定性计算潜在滑面

（复合地层法，稳定系数 1.269）

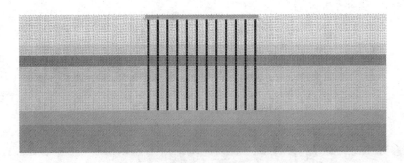

图 3-32　CFG 桩复合地基计算模型

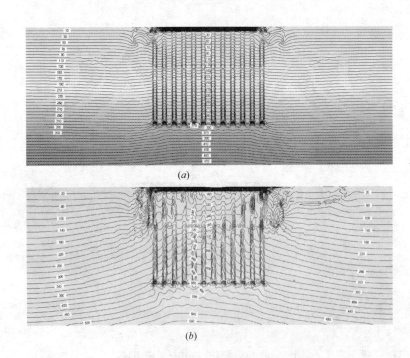

（a）

（b）

图 3-33　CFG 桩复合地基自重应力场

（a）实体桩法加荷前；（b）实体桩法加荷后

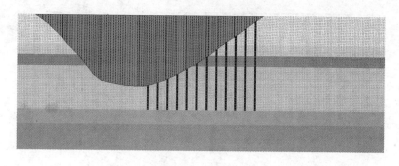

图 3-34　CFG 加固地基后稳定性计算潜在滑面
（稳定系数 1.269，桩土应力比 3.52～7.75）

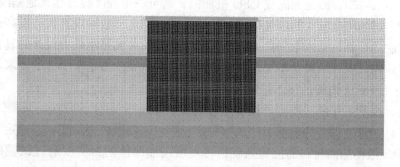

图 3-35　CFG 桩复合地基计算模型

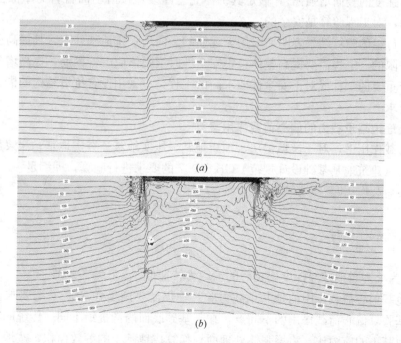

图 3-36　CFG 桩复合地基自重应力场
（a）复合地层法加荷前；（b）复合地层法加荷后

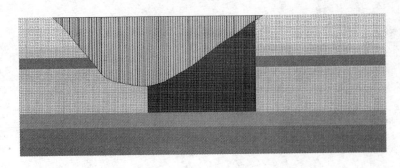

图 3-37　CFG 桩加固地基后稳定性计算潜在滑面
(复合地层法，稳定系数 1.254)

由计算结果可知，砂桩加固或 CFG 桩加固，均可一定程度提高建筑地基的稳定系数。但对于不配钢筋的刚度较大的增强体，与砂桩比较，稳定系数并没有大的提高；实体桩法与复合土层法的计算结果也十分接近。该算例结果表明，满足承载力设计的复合地基，如果存在稳定问题，验算结果并不一定满足整体稳定安全系数不小于 1.3 的要求，桩距需调整为 1.4m×1.4m 才能满足整体稳定设计要求。

事实上，规范工作的基本点，既要给出保证工程安全的分析方法，又要方便简化计算。本次修订规定处理后的地基上建筑物稳定分析可采用圆弧滑动法，其稳定安全系数不应小于 1.30。散体加固材料的抗剪强度指标，可按加固体的密实度通过试验确定，这是常用的方法。胶结材料抵抗水平荷载和弯矩的能力较弱，其对整体稳定的作用（这里主要指具有胶结强度的竖向增强体），假定其桩体完全断裂，按滑动面材料的摩擦性能确定抗剪强度指标，对工程验算是安全的。

规范修订组的验算结果表明，采用无配筋的竖向增强体地基处理，其提高稳定安全性的能力是有限的。工程需要提高整体稳定安全性时增强体应配置钢筋，提高增强体的抗剪能力，对于重要的工程或对于安全性要求高的工程，应采用设置抗滑结构的措施，满足稳定安全性要求。

四、处理地基承载力的偏心荷载作用验算[22]

偏心荷载作用下，对于换填垫层、预压地基、压实地基、夯实地基、注浆加固等处理后地基可按《建筑地基基础设计规范》GB 50007 的要求进行验算，即满足：

当轴心荷载作用时

$$P_k \leqslant f'_a \tag{3-1}$$

当偏心荷载作用时

$$P_{kmax} \leqslant 1.2 f'_a \tag{3-2}$$

式中　f'_a 为处理后地基经深度修正后的承载力特征值。

复合地基偏心荷载作用的地基承载力验算，仍需要满足式（3-2）的要求。复合地基与天然地基验算偏心荷载作用的不同点，在于基础底面的抵抗矩不同。传统的算法是按照增强体与地基土的应力比，将增强体处理面积换算成地基土的等效面积，按地基计算的方法计算桩土荷载分担以及是否满足偏心荷载作用要求。如果复合地基增强体布置是均匀布置，这种计算相对简单。但对于非均匀布桩的设计，采用这种方法就比较繁琐。所以，应推导出一般的表达式，便于设计人员操作。

有关有粘结强度增强体复合地基承载力偏心荷载作用的验算，目前规范还没有推荐具体算法，工程应用时应采用安全的控制方法。以下是按照规范有关地基承载力计算的取值原则，按照基底反力线性分布的假定，推导的有粘结强度增强体复合地基偏心荷载作用下桩、土荷载分担，以及最大桩、土应力控制条件的建议。

1. 复合地基承载力

$$f_{skk} = \lambda m \frac{R_a}{A_p} + \beta(1-m)f_{sk} \tag{3-3}$$

式中　f_{sk}——处理后桩间土的承载力特征值。

2. 考虑深度修正后

$$f'_a = \lambda m \frac{R_a}{A_p} + \beta(1-m)f_{sk} + \gamma_m(d-0.5)$$

$$= \lambda m \frac{R_a}{A_p} + \left[\frac{\gamma_m(d-0.5)}{f_{sk}} + \beta(1-m)\right]f_{sk} \tag{3-4}$$

3. 由于 R_a 的确定原则采用现场静载荷的试验方法，试验时应在工程使用的条件下进行，所以不应再考虑深度修正对单桩承载力提高的影响。而对于地基土，由于埋深效应，可以考虑 $\gamma_m(d-0.5)$ 的自重压力的影响。

4. 以下的推导过程为未考虑深度修正的结果，考虑深度修正时，需将式（3-3）中 f_{sk} 换算为：

$$\frac{\frac{\gamma_m(d-0.5)}{f_{sk}} + \beta(1-m)}{\beta(1-m)} f_{sk} = \left[1 + \frac{\gamma_m(d-0.5)}{f_{sk} \cdot \beta(1-m)}\right] \cdot f_{sk} \tag{3-5}$$

下面为推导过程：

对于有一定粘结强度增强体复合地基，由于增强体布置不同，分担偏心荷载时增强体上的荷载不同，应同时对桩、土作用的力加以控制，满足建筑物在长期荷载作用下的正常使用要求。

复合地基的桩土受力可按线性反力分布的假定分析。基本假定：

(1) 基底反力为线性分布；

(2) 弯矩作用下，基础仅发生转动。

天然地基上矩形独立基础基础底面抵抗矩

$$W = \frac{1}{6}bL^2 \tag{3-6}$$

式中　W——基础底面抵抗矩（m³）；

　　　L——力矩作用方向的基础底面边长（m）；

　　　b——垂直力矩作用方向的基础底面边长（m）。

桩基础任意桩在弯矩作用下的荷载增量：

$$\Delta Q_{ix} = \frac{x_i}{\sum\limits_{i=1}^{n} x_i^2} \cdot M_x \tag{3-7}$$

式中　x_i——桩 i 至桩群形心的 y 轴轴线的距离（m）；

　　　M_x——偏心方向承台所受力矩（kN·m）；

　　　ΔQ_{ix}——在 x 向力矩作用下，第 i 根桩的桩顶反力（kN）。

对于复合地基的受力形式，可推出：

$$M_x = P_{max} \cdot W - A_p \cdot \frac{\Delta P_{n\pm}}{x_n} \cdot \sum_{i=1}^{n} x_i^2 + \frac{\Delta Q_{n桩}}{x_n} \cdot \sum_{i=1}^{n} x_i^2$$

$$= P_{max} \cdot W + \left(\frac{\Delta Q_{n桩}}{x_n} - A_p \cdot \frac{\Delta P_{n\pm}}{x_n} \right) \sum_{i=1}^{n} x_i^2 \tag{3-8}$$

式中　　M_x——y 方向力矩（kN·m）；

P_{max}——仅受弯矩作用下，承台范围内最大基底压力（kPa）；

$\Delta Q_{n桩}$——仅受弯矩作用下，第 n 根桩所承受作用力（kN）。

由位移协调条件和计算假定，可推出：

$$\frac{P_{max}}{\dfrac{L}{2}} = \frac{P_{n\pm}}{x_n} \tag{3-9}$$

$$\frac{\Delta Q_{n桩}}{x_n} = \frac{\Delta P_{n\pm} \cdot A_s \cdot \delta_p}{x_n \cdot \delta_s} = \frac{P_{max} \cdot \delta_p \cdot A_s}{\delta_s \cdot \dfrac{L}{2}} \tag{3-10}$$

式中　　δ_s——土的荷载分担比；

δ_p——桩的荷载分担比；

A_s——1 根桩所承担的地基处理面积中土体面积，$A_s = A - A_p$（m²）。

$$M_x = P_{max} \cdot W + \left(\frac{\Delta Q_{n桩}}{x_n} - A_p \cdot \frac{\Delta P_{n\pm}}{x_n} \right) \sum_{i=1}^{n} x_i^2 = P_{max} \left[W + \left(\frac{\delta_p \cdot A_s}{\delta_s \cdot \dfrac{L}{2}} - A_p \cdot \frac{2}{L} \right) \sum_{i=1}^{n} x_i^2 \right]$$

$$= \frac{P_{max}}{\dfrac{L}{2}} \left[W \cdot \frac{L}{2} + \left(\frac{\delta_p \cdot A_s}{\delta_s} - A_p \right) \sum_{i=1}^{n} x_i^2 \right] \tag{3-11}$$

可按两种情况分析其控制条件：

（1）复合地基增强体均匀布置，可推得在纯弯矩作用下，复合地基最大地基反力增量 $\Delta P_{\pm max}$ 和增强体最大单桩受力增量 $\Delta Q_{i桩}$ 分别为：

$$\begin{cases} \Delta P_{\pm max} = \dfrac{L}{2} \cdot \dfrac{M_x}{W \cdot \dfrac{L}{2} + (\dfrac{\delta_p \cdot A_s}{\delta_s} - A_p) \sum\limits_{i=1}^{n} x_i^2} \\[2em] \Delta Q_{i桩} = \Delta P_{\pm max} \cdot \dfrac{\delta_p \cdot x_i \cdot A_s}{\delta_s \cdot \dfrac{L}{2}} \end{cases} \tag{3-12}$$

式中　　$\Delta P_{\pm max}$——仅受弯矩作用下，基础底面所受最大基底压力（kPa）；

L——力矩作用方向的基础底面边长（m）；

b——垂直力矩作用方向的基础底面边长（m）；

W——基础底面抵抗矩，$W = \dfrac{1}{6} bL^2$（m³）；

x_i——桩 i 至桩群形心的 y 轴轴线的距离（m）；

$\Delta Q_{i桩}$——仅受弯矩作用下，第 i 根桩所承受作用力（kN）；

δ_s——桩间土荷载分担比，$\delta_s = \dfrac{f_{sk} \cdot A_s \cdot \beta}{f_{spk} \cdot A_e}$；

δ_p——增强体荷载分担比，$\delta_p = 1 - \dfrac{f_{sk} \cdot A_s \cdot \beta}{f_{spk} \cdot A_e} = \dfrac{m \cdot \dfrac{Q_a}{A_p} \cdot A_e}{f_{spk} \cdot A_e} = \dfrac{Q_a}{f_{spk} \cdot A_e}$；

A_s——1根桩所承担的地基处理面积中土体面积（m^2）；

A_e——1根桩所承担的地基处理面积（m^2）；

A_p——增强体断面面积（m^2）；

f_{sk}——加固后桩间土地基承载力特征值（kPa）；

f_{spk}——复合地基承载力特征值（kPa）。

可得到偏心荷载作用下，复合地基的桩土受力控制条件：

$$
\begin{cases}
P_{\pm max} = \Delta P_{\pm max} + \dfrac{(F+G)\delta_s}{A - nA_p} \\[3mm]
Q_{\text{桩max}} = \Delta Q_{\text{桩max}} + \dfrac{(F+G)\delta_p}{n}
\end{cases}
\tag{3-13}
$$

式中 A——基础底面积（m^2）；

F——上部结构传至基础顶面的竖向荷载（kN）；

G——基础自重和基础台阶上的土重（kN）；

n——基础下桩数；

（2）当复合地基增强体不均匀布置时，可按 $P_{\pm max}$ 等于 $1.2f_{sk}$ 的条件，推得增强体的分担弯矩：

复合地基上基础承受方向 x 的作用弯矩为 M_y，基底下的土体所承担的弯矩为 $M_{y\pm}$，基底下的增强体所承担的弯矩为 $M_{y\text{桩}}$：

$$
M_x = M_{x\pm} + M_{x\text{桩}}
\tag{3-14}
$$

同样

$$
M_y = M_{y\pm} + M_{y\text{桩}}
\tag{3-15}
$$

① 地基土的作用

$$
M_{y\pm} = \Delta P_{max} \cdot \left(W - A_p \cdot \frac{2}{L} \cdot \sum_{i=1}^{n} x_i^2 \right) = \left[1.2f_{sk} - \frac{(F+G)\delta_s}{A - nA_p} \right] \left(W - A_p \cdot \frac{2}{L} \cdot \sum_{i=1}^{n} x_i^2 \right)
\tag{3-16}
$$

② 增强体的作用

$$
M_{y\text{桩}} = \frac{\Delta Q_{n\text{桩}}}{x_n} \cdot \sum_{i=1}^{n} x_i^2
\tag{3-17}
$$

$$
Q_{\text{桩max}} = \left[(M_x - M_{x\pm}) \frac{x_i}{\sum\limits_{i=1}^{n} x_i^2} \right] + \frac{(F+G)\delta_p}{n} \leqslant 1.2R_a
\tag{3-18}
$$

上述控制条件满足复合地基中增强体、地基土受力均不超过其特征值的 1.2 倍的条件。

（3）算例分析

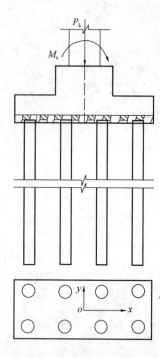

图 3-38 工程算例示意图

某工程采用 CFG 桩复合地基，采用钢筋混凝土独立基础，基础底面尺寸为 5300mm×2400mm，基础埋深 3.5m，其示意图见图 3-38。该地基天然地基承载力标准值 f_{ak} = 110kPa，要求处理后地基承载力特征值不小于 460kPa，根据其工程地质状况，对其采用 CFG 桩复合地基，CFG 桩桩径 400mm，桩长 18.0m，桩距为 1450mm×1480mm，该设计中单桩承载力特征值为 600kN，达到承载力要求。现针对如下几种荷载条件进行复合地基承载力验算：

① 相应于荷载效应标准组合时，上部结构传至基础顶面的竖向力 F_k = 5000kN，作用于基础底面的力矩 M_k = 0；

② 相应于荷载效应标准组合时，上部结构传至基础顶面的竖向力 F_k = 5000kN，作用于基础底面的力矩 M_k = 870kN·m。

③ 相应于荷载效应标准组合时，上部结构传至基础顶面的竖向力 F_k = 5000kN，作用于基础底面的力矩 M_k = 1200kN·m。

根据式（3-4），进行上述各条件下承载力的验算。

$$\delta_s = \frac{f_{sk} \cdot A_s \cdot \beta}{f_{spk} \cdot A} = \frac{110 \times (1.59 - 0.1256) \times 0.9}{460 \times 1.59} = 0.198;$$

$$\delta_p = 1 - \frac{f_{sk} \cdot A_s \cdot \beta}{f_{spk} \cdot A} = 1 - 0.198 = 0.802$$

轴心荷载作用：

$$\begin{cases} \Delta P_{\pm max} = 0 \\ \Delta Q_{桩max} = 0 \end{cases}$$

$$\frac{(F+G)\delta_s}{A - nA_p} = \frac{(5000 + 20 \times 3.5 \times 5.3 \times 2.4) \times 0.198}{5.3 \times 2.4 - 8 \times 0.12566} = 99.6 \leqslant f_a$$

$$\frac{(F+G)\delta_p}{n} = \frac{(5000 + 20 \times 3.5 \times 5.3 \times 2.4) \times 0.802}{8} = 590.5 \leqslant R_a$$

偏心荷载作用情况一：

$$P_{\pm max} = \frac{L}{2} \cdot \frac{M_x}{W \cdot \frac{L}{2} + (\frac{\delta_p \cdot A_s}{\delta_s} - A_p)\sum_{i=1}^{n} x_i^2}$$

$$= \frac{870 \times 2.65}{11.236 \times 2.65 + \left(\frac{0.802 \times 1.4644}{0.198} - 0.1256\right) \times 4 \times (0.74^2 + 2.22^2)}$$

$$= 14.7 \text{kPa}$$

$$Q_{桩max} = P_{max} \cdot \frac{\delta_p \cdot x_i \cdot A_s}{\delta_s \cdot \frac{L}{2}} = 14.7 \times \frac{0.802 \times 1.4644 \times 2.2}{0.198 \times 2.65} = 72.4 \text{kN}$$

地基土承载力验算：

$$P_{\pm max} + \frac{(F+G)\delta_s}{A - nA_p} = 14.7 + \frac{(5000 + 890.4) \times 0.198}{12.72 - 8 \times 0.12566} = 114.3 \text{kPa} < 1.2 f_{ak} = 132 \text{kPa}$$

$$Q_{桩max} + \frac{(F+G)\delta_p}{n} = 72.4 + \frac{5890.4 \times 0.802}{8} = 662.9\text{kN} < 1.2R_a = 720\text{kN}$$

偏心荷载作用情况二：

$$P_{土max} = \frac{L}{2} \cdot \frac{M_x}{W \cdot \frac{L}{2} + \left(\frac{\delta_p \cdot A_s}{\delta_s} - A_p\right)\sum_{i=1}^{n} x_i^2}$$

$$= \frac{1200 \times 2.65}{11.236 \times 2.65 + \left(\frac{0.82 \times 2.02}{0.18} - 0.12566\right) \times 4 \times (0.74^2 + 2.22^2)}$$

$$= 20.3\text{kPa}$$

$$Q_{桩max} = P_{max} \cdot \frac{\delta_p \cdot x_i \cdot A_s}{\delta_s \cdot \frac{L}{2}}$$

$$= 20.3 \times \frac{0.802 \times 2.22 \times 1.4644}{0.198 \times 2.65} = 100.9\text{kN}$$

地基土承载力验算：

$$P_{土max} + \frac{(F+G)\delta_s}{A - nA_p} = 20.3 + \frac{(5000+890.4) \times 0.198}{12.72 - 8 \times 0.12566} = 119.9\text{kPa} < 1.2f_{ak} = 132\text{kPa}$$

$$Q_{桩max} + \frac{(F+G)\delta_p}{n} = 100.9 + \frac{5890.4 \times 0.802}{8} = 691.3\text{kN} < 1.2R_a = 720\text{kN}$$

现根据上述假定条件计算结果，对桩、土承载力发挥比例做进一步分析，轴心荷载作用下以桩、土承载力特征值为限值，偏心荷载作用下以 1.2 倍桩、土承载力特征值为限值，见表 3-9。

不同荷载条件下桩、土承载力发挥水平对比　　　　　　　　　　表 3-9

对比项　　　　　　　荷载条件	条件一	条件二	条件三
土承载力发挥比例	0.905	1.039	1.09
土发挥比例增幅	—	0.134	0.185
桩承载力发挥比例	0.984	1.104	1.15
桩发挥比例增幅	—	0.12	0.166

由表 3-9 可见，无论轴心荷载还是偏心荷载作用，桩的承载力发挥水平均高于土的发挥水平。当弯矩增加时，土的承载力发挥水平增幅大于同等条件下桩的增幅，但无论何种荷载条件下，桩的承载力发挥水平都高于土的发挥水平，这一结果既反映了复合地基桩、土共同工作性状，又反映了偏心荷载作用下桩、土荷载分担变化规律。

从算例结果可知，复合地基偏心荷载的验算重要的控制条件是控制在偏心荷载作用下增强体的单桩受力不大于 1.2R_a，可满足地基承载力验算的长期荷载作用要求。对于对变形控制严格的工程，应采用双控指标，即单桩最大受力和地基土最大荷载均不大于其特征值的 1.2 倍。由于实际工程的复合地基设计参数，特别是地基土的承载力特征值、增强体单桩承载力特征值并未完全按照试验结果取值，而采用经验值设计，地基处理施工后进行验收检验，检验结果一般具有裕度。这种结果对于一般处理桩数较多且结构高宽比小于 3 的建筑物，偏心荷载作用不起控制作用；但对于结构高宽比较大且基础宽度较小，即所谓的板式高层建筑，采用墙下布桩，桩数较少时，此项计算结果可成为复合地基布桩的控制因素，应进行偏心荷载作用的验算，不满足时应采用增加桩数或扩大基础宽度的工程措施。

五、多种地基处理方法综合使用的检验

工程中往往存在采用单一地基处理方法的结果不能完全满足工程设计要求的情况，而采用两种或多种地基处理方法综合使用进行地基处理。例如回填土场地，采用强夯处理回填土，由于下卧土层含水量高，采用的强夯能量不能太大；强夯处理后，再采用水泥粉煤灰碎石桩复合地基加固地基，提高其承载力，减少地基变形；再如开山填沟场地平整后，对填沟场地进行夯实处理，但建筑物坐落在老土和填土交接地基上，夯实地基检验满足承载力要求，为防止建筑物倾斜，再采用水泥粉煤灰碎石桩复合地基加固地基，使处理地基变形均匀，满足设计。在上述情况下，地基处理后的检验，不仅应检验强夯后地基土的强度，还应检验其竖向和水平向的均匀性；对水泥粉煤灰碎石桩应检验其承载力和桩身完整性；对整体承载力检验不能仅采用夯实地基的承载力检验及水泥粉煤灰碎石桩检验承载力检验结果判定，而应再进行大尺寸承压板载荷试验确定。而对于天然地基土采用水泥粉煤灰碎石桩复合地基加固，当采用的施工工艺对地基土的扰动很小，而地基土又是正常固结或超固结状态时，仅采用水泥粉煤灰碎石桩承载力检验结果结合天然地基土的承载力结合地区经验确定复合地基承载力也是安全的。

检验采用多种地基处理方法综合使用的地基处理工程每一种方法处理后的检验由于其检验方法的局限性，不能代表整个处理效果的检验，地基处理工程完成后应进行整体处理效果的检验（例如进行大尺寸承压板载荷试验），其最小安全系数不应小于 2.0。

六、地基处理的耐久性设计

《工程结构可靠性设计统一标准》GB 50153—2008 在设计使用年限和耐久性一节中用强制性条文规定"工程结构设计时，应规定结构的设计使用年限"。对本条强制性条款的执行，本次修订后的地基处理规范规定：地基处理所采用的材料，应根据场地类别符合有关标准对耐久性设计与使用的要求。

地基处理采用的材料，一方面要考虑地下土、水环境对其处理效果的影响，另一方面应符合环境保护要求，不应对地基土和地下水造成新的污染。地基处理采用材料的耐久性要求，应符合有关规范的规定。《工业建筑防腐蚀设计规范》GB 50046 对工业建筑材料的防腐蚀问题进行了规定，对各种具有胶结强度的固化材料，包括水泥、水玻璃、生石灰、碱液等，均应在土性和水的化学成分及化学作用分析的基础上，考察其可逆反应的条件和可能性。对原污染土的处理，也应遵照这一原则，必要时应进行必要的试验确定。

《混凝土结构设计规范》GB 50010 对混凝土的防腐蚀和耐久性提出了要求，应遵照执行。对水泥粉煤灰碎石桩复合地基的增强体以及微型桩材料，应根据表 3-10 规定的混凝土结构暴露的环境类别，满足表 3-11 的要求。

混凝土结构的环境类别   表 3-10

环境类别	条　件
一	室内干燥环境； 无侵蚀性静水浸没环境

环境类别	条　件
二 a	室内潮湿环境； 非严寒和非寒冷地区的露天环境； 非严寒和非寒冷地区的与无侵蚀性的水或土壤直接接触的环境； 严寒和寒冷地区的冰冻线以下与无侵蚀性的水或土壤直接接触的环境
二 b	干湿交替环境； 水位频繁变动环境； 严寒和寒冷地区的露天环境； 严寒和寒冷地区冰冻线以上与无侵蚀性的水或土壤直接接触的环境
三 a	严寒和寒冷地区冬季水位变动区环境； 受除冰盐影响环境； 海风环境
三 b	盐渍土环境； 受除冰盐作用环境； 海岸环境
四	海水环境
五	受人为或自然的侵蚀性物质影响的环境

注：1　室内潮湿环境是指构件表面经常处于结露或湿润状态的环境；
　　2　严寒和寒冷地区的划分应符合现行国家标准《民用建筑热工设计规范》GB 50176 的有关规定；
　　3　海岸环境和海风环境宜根据当地情况，考虑主导风向及结构所处迎风、背风部位等因素的影响，由调查研究和工程经验确定；
　　4　受除冰盐影响环境是指受到除冰盐盐雾影响的环境；受除冰盐作用环境是指被除冰盐溶液溅射的环境以及使用除冰盐地区的洗车房、停车楼等建筑；
　　5　暴露的环境是指混凝土结构表面所处的环境。

结构混凝土材料的耐久性基本要求　　　　　　　　表 3-11

环境等级	最大水胶比	最低强度等级	最大氯离子含量（％）	最大碱含量（kg/m³）
一	0.60	C20	0.30	不限制
二 a	0.55	C25	0.20	3.0
二 b	0.50（0.55）	C30（C25）	0.15	
三 a	0.45（0.50）	C35（C30）	0.15	
三 b	0.40	C40	0.10	

注：1　氯离子含量系指其占胶凝材料总量的百分比；
　　2　预应力构件混凝土中的最大氯离子含量为 0.06％；其最低混凝土强度等级宜按表中的规定提高两个等级；
　　3　素混凝土构件的水胶比及最低强度等级的要求可以适当放松；
　　4　有可靠工程经验时，二类环境中的最低强度等级可降低一个等级；
　　5　处于严寒和寒冷地区二 b、三 a 类环境中的混凝土应使用引气剂，并可采用括号中的有关参数；
　　6　当使用非碱活性骨料时，对混凝土中的碱含量可不作限制。

可以说，地基处理工程的耐久性设计内容，我们积累的经验和数据还相当有限，尚需细致、深入的研究工作，系统解决。

七、地基处理工程的技术经济观点

安全适用、技术先进、经济合理、因地制宜、就地取材、保护环境和节约资源是地基处理工程应该采取的技术经济观点，符合国家的技术经济政策。因此地基处理工作在方案选择前、地基处理方法的确定、设计和施工、验收检验等工作中均应认真执行。

选择地基处理方案前应完成的工作，强调要进行现场调查研究，了解当地地基处理经验和施工条件，调查邻近建筑、地下工程、管线和环境情况等。

大量工程实例证明，采用加强建筑物上部结构刚度和承载能力的方法，能减少地基的不均匀变形，取得较好的技术经济效果。因此，对于需要进行地基处理的工程，在选择地基处理方案时，应同时考虑上部结构、基础和地基的共同作用，尽量选用加强上部结构和处理地基相结合的方案，这样既可降低地基处理费用，又可收到满意的效果。

在确定地基处理方法时，宜根据各种因素进行综合分析，初步选出几种可供考虑的地基处理方案，其中强调包括选择两种或多种地基处理措施组成的综合处理方案。工程实践证明，当岩土工程条件较为复杂或建筑物对地基要求较高时，采用单一的地基处理方法处理地基，往往满足不了设计要求或造价较高，而由两种或多种地基处理措施组成的综合处理方法可能是最佳选择。

地基处理是经验性很强的技术工作。相同的地基处理工艺，相同的设备，在不同成因的场地上处理效果不尽相同；在一个地区成功的地基处理方法，在另一个地区使用，也需根据场地的特点对施工工艺进行调整，才能取得满意的效果。因此地基处理方法和施工参数确定时，应进行相应的现场试验或试验性施工，进行必要的测试，以检验设计参数和处理效果。

地基处理工程是隐蔽工程。施工技术人员应掌握所承担工程的地基处理目的、加固原理、技术要求和质量标准等，才能根据场地情况和施工情况及时调整施工工艺和施工参数，实现设计要求。地基处理工程同时又是经验性很强的技术工作，根据场地勘测资料以及建筑物的地基要求进行设计，在现场施工中仍有许多与场地条件和设计要求不符合的情况，要求要及时解决。地基处理工程施工结束后，必须按国家有关规定进行质量检验和验收。

参　考　文　献

[1] 郑刚,刘力. 刚性桩加固软弱地基上路堤的稳定性问题(I)——存在问题及单桩条件下的分析[J]. 岩土工程学报,2010,32(11)：1648-1657.(ZHENG Gang, LIU Li. Stability Analysis of Embankment on Soft Subgrade Reinforced with Rigid Inclusions（Ⅰ）— Background and single pile analysis[J]. Chinese Journal of Geotechnical Engineering.（in Chinese））

[2] LIN H D, CHEN W C. Anisotropic strength characteristics of composite soil specimen under cubical triaxial conditions[J]. Journal of Mechanics,2007,23(1)：41-50.

[3] 曹卫平,陈云敏.台华高速公路路堤失稳原因分析与对策[J].岩石力学与工程学报,2007,26(7)：1504-1510.（CAO Wei-ping, CHEN Yun-min. Analysis of Sliding Failure Mechanism and Treatment for TaiHua Highway Embankment Slope over Soft Soils[J]. Chinese Journal of Rock Mechanics and Engineering, 2007, 26(7)：1504-1510.（in Chinese））

[4]　张卫民等. 粒料桩加固的软土地基上填筑路堤的稳定分析[J]. 铁道建筑，2007，11：46-49.（ZHANG Wei-min et al. Stability Analysis of Embankment on Soft Subgrade reinforced with Granular Piles[J]. Railway Engineering, 2007, 11：46-49.（in Chinese））

[5]　秦立新，王钊. 某线铁路软土路堤失稳分析[J]. 路基工程，2007(2)：42-43.（QIN Li-xin, Wang Zhao. Analysis of Sliding Failure of Railway Embankment Slope over Soft Soils [J]. Subgrade Engineering, 2007(2)：42-43.（in Chinese））

[6]　HAN J, HUANG J, PORBAHA A. 2D Numerical modeling of a constructed geosynthetic-reinforced embankment over deep mixed columns[A]. ASCE GSP 131, 2005, Contemporary Issues in Foundation Engineering.

[7]　HUANG J, HAN J, PORBAHA A. Two and three-dimensional modeling of DM columns under embankments[A]. ASCE GeoCongress[C], 2006.

[8]　NAVIN M P, FILZ G M. Numerical stability of embankments supported on deep mixed columns. ASCE GSP 152, Ground Modification and Seismic Mitigation, 2006.

[9]　BROMS B B. . Can lime/cement columns be used in Singapore and Southeast Asia？[A] 3rd GRC Lecture, Nov. 19, Nanyang Technological University and NTU-PWD Geotechnical research Centre, 1999, 214p.

[10]　MIYAKE M, WADA M, SATOH T. Deformation and strength of ground improved by cement treated soil columns[A]. Proceedings of the International Conference on Geotechnical Engineering Coastal Development[C]：GeoCoast'96, Yokohama, Japan, 1996, Vol. 1, pp. 369-372.

[11]　MIYAKE M, AKAMOTO H, WADA M. Deformation characteristics of ground improved by a group of treated soil[A]. Centrifuge 91[C]：Balkema, Rotterdam, 1991, pp. 295-302.

[12]　KITAZUME M, MARUYAMA K. Collapse failure of group column type deep mixing improved ground under embankment[A]. Proc. of the International Conference on Deep Mixing 05[C]：ASCE, 2005, pp. 245-254.

[13]　KITAZUME M, OKANO K, MIYAJIMA S. Centrifuge model tests on failure envelope of column type mixing method improved ground[J]. Soils and Foundations, 2000, 40(4)：43-55.

[14]　TERASHI M, TANAKA H, KITAZUME M. Extrusion failure of the ground improved by the deep mixing method[A]. Proceedings of the 7th Asian Regional Conference on Soil Mechanics and Foundation Engineering[C]：Haifa, Israel, 1983, Vol. 1, pp. 313-318.

[15]　郑刚，刘力. 刚性桩加固软弱地基上路堤的稳定性问题(II)-群桩条件下的分析[J]. 岩土工程学报，2010，32 (12)：1811-1820.（ZHENG Gang, LIU Li. Stability Analysis of Embankment on soft subgrade reinforced with rigid inclusions (II) -Study under the condition of group piles [J]. Chinese Journal of Geotechnical Engineering. (in Chinese））

[16]　刘力. 刚性桩加固路堤稳定分析方法研究[D]. 天津：天津大学，2010.（LIU Li. Research on the stability analysis of rigid pile supported embankment[D]. Tianjin：Tianjin university, 2010. ）

[17]　British Standard BS8006 [S]. Code of Practice for Strengthened/Reinforced Soils and Other Fills, 1995.

[18]　冯忠居，任文峰等. 公路路基特长箱涵顶进模拟试验[J]. 交通运输工程学报，2007，7(4)：74-78. （FENG Zhong-ju, REN Wen-feng et al. Simulation experiment about oversize box culvert jacked into highway subgrade[J]. Journal of Traffic and Transportation Engineering, 2007, 7(4)：74-78.（in Chinese））

[19]　JTGD30-2004 公路路基设计规范[S]. 2004.（JTGD30-2004 Specifications for Design of Highway Subgrades[S]. 2004（inChinese））

[20]　TB 1000 1—2005 铁路路基设计规范[S]. 2004.（TB10001-2005 Code for Design on Subgrade of railway[S]. 2005.（in Chinese））

[21]　中国建筑科学研究院地基所. Geoslope 计算软件的有限元圆弧滑动法稳定分析. 2010

[22]　滕延京,李建民. 偏心荷载作用下复合地基桩土荷载控制分析//第 12 届全国地基处理学术讨论会论文集,2012

[23]　工程结构可靠性设计统一标准 GB 50153—2008. 北京:中国建筑工业出版社,2009

[24]　混凝土结构设计规范 GB 50010—2010. 北京:中国建筑工业出版社,2011

第四章 换 填 垫 层

换填垫层是将基础底面下一定范围内的软弱土层或不均匀土层挖出，换填其他性能稳定、无侵蚀性、强度较高的材料，并夯压密实形成垫层。换填垫层是一种浅层地基处理方法，通过垫层的应力扩散作用，满足地基承载力设计。

一、换填垫层的作用与适用范围

换填垫层适用于处理各类浅层软弱地基，所谓浅层一般指处理深度不超过地面以下5m范围内，换填垫层一般换填厚度在3m以内；所谓软弱地基主要指由淤泥、淤泥质土、冲填土、杂填土或其他高压缩性土层构成的地基。

利用基坑开挖、分层换土回填并夯实，也可处理较深的软弱土层，但常因地下水位高而需要采取降水措施，或因开挖深度大而需要坑壁放坡占地面积大、施工土方量大、弃土多，或需要基坑支护等，使处理费用增高、工期拖长。因而换填垫层法一般只用于处理深度不大的各类软弱土层。

当软弱土地基承载力、稳定性和变形不能满足建筑物（或结构物）的要求，而软弱土层的厚度又不是很大时，采用换填垫层法能取得较好的效果。对于轻型建筑，采用换填垫层处理局部软弱土时，由于建筑物基础底面的基底压力不大，通过垫层传递到下卧层的附加压力很小，一般也可取得较好的经济效益。但对于上部结构刚度较差，体形复杂、荷载较大的建筑，在软弱土层较深厚的情况下，采用换填垫层仅进行局部软弱土层处理时，虽然可提高持力层的承载力，但是由于传递到下卧层的附加压力较大，下卧软弱土层在荷载作用下的长期变形可能依然很大，地基仍可能产生较大的变形及不均匀变形，因此一般不可采用该方法进行地基处理。

换填垫层适用于淤泥、淤泥质土、湿陷性黄土、膨胀土、冲填土、杂填土地基。换填材料一般为砂石、粉质黏土、灰土、粉煤灰或矿渣等工业废渣等。垫层的主要作用有：

1. 提高地基承载力

由于将基底下的软弱土挖去换填为抗剪强度较高的材料，使持力层的承载力提高。当采用加筋垫层时，筋材可进一步提高垫层的承载力。

2. 减少地基沉降量

一般地基浅层部分的沉降量在总沉降量中所占的比例是比较大的。以条形基础为例相当于基础宽度的深度范围内的沉降量约占总沉降量的50%左右。以低压缩性的材料置换软弱土层，就可以减少这部分土层的沉降量。同时由于垫层的应力扩散作用，使作用在垫层下的软弱土层上的附加压力减小，也减少了软弱下卧层的沉降量。另外如果采用加筋垫层，通过加筋的作用，减少不均匀沉降。

3. 加速软土排水固结

采用砂或砂石等粗颗粒材料形成垫层时，由于这些垫层材料的透水性大，软弱土层受压后，垫层可作为良好的排水通道，使垫层下面的软弱土层中的孔隙水压力迅速消散，从而加速垫层下软弱土层的固结，加速其强度的提高，避免其发生塑性破坏。采用加筋土垫层时，土工合成材料如采用排水性好的筋材也可形成良好的排水通道，加速土层的排水固结，提高土体强度。

4. 防止地基土冻胀

由于粗颗粒垫层的材料孔隙大，可切断软弱土层中毛细水的上升管道，从而防止寒冷地区冬季土中结冰造成的冻胀。这时，垫层底面应满足当地冻结深度的要求。

5. 消除膨胀土的胀缩作用

膨胀土具有吸水膨胀脱水收缩的特性。将基础底面下的膨胀土全部或部分换填为非水敏性材料的垫层，可消除膨胀土的胀缩作用，从而可避免膨胀土对建筑物的危害。

6. 消除湿陷性黄土的湿陷性

湿陷性黄土具有遇水下陷的特性。将基础底面下的湿陷性黄土全部或部分换填为非水敏性材料的垫层，可消除或部分消除湿陷性黄土的湿陷性，从而可避免湿陷性黄土对建筑物的危害。

二、换填垫层的设计

各种不同材料的垫层，虽然应力分布有所差异，但从试验结果和沉降观测资料分析，其承载力和沉降特点基本相同，所以各种材料的垫层都可近似地按砂垫层的计算方法计算。

垫层的设计不但要求满足建筑物对地基强度、稳定性和变形方面的要求，而且要符合耐久性要求和技术经济的合理性。

垫层设计的主要内容是确定垫层断面的合理厚度和宽度。对于垫层，既要求有足够的厚度来置换可能被剪切破坏的软弱土层，又要求有足够的宽度以防止垫层向两侧挤出。同时对于排水垫层，还要求垫层形成排水面，加速软弱土层的固结；对于防水垫层，则要求垫层形成防水面，起到隔水作用，防止下部水敏性土层遇水发生变形。

1. 砂和砂石垫层

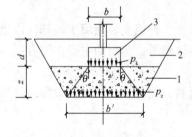

图 4-1　砂垫层应力分布示意图
1—垫层；2—回填土；3—基础

（1）砂垫层厚度的确定

砂垫层的厚度通常根据软弱土层的情况确定需要换填的深度，对于浅层软弱土厚度不大的工程，应置换掉全部软弱土。对需换填的软弱土层，首先应根据垫层的承载力确定基础的宽度和基底压力，再根据垫层下卧层的承载力，确定垫层的厚度，即作用在垫层底面处的总应力 p 不超过垫层底部软弱土层的地基承载力特征值（图 4-1）：

$$p = p_z + p_{cz} \leqslant f_{az} \tag{4-1}$$

式中　p ——垫层底面处的总压力值（kPa）；

　　　p_z ——相应于作用的标准组合时，垫层底面处的附加压力值（kPa）；

　　　p_{cz} ——垫层底面处土的自重压力值（kPa）；

　　　f_{az} ——垫层底面处经深度修正后的地基承载力特征值（kPa）。

下卧层顶面的附加压力值可以根据双层地基理论进行计算，但这种方法仅限于条形基础均布荷载的计算条件。也可以将双层地基视作均质地基，按均质连续各向同性半无限直线变形体的弹性理论计算。第一种方法计算比较复杂，第二种方法的假定又与实际双层地基的状态有一定误差。目前最常用的是应力扩散角法，该方法计算的垫层厚度虽比按弹性理论计算的结果略偏安全，但由于计算方法比较简便，易于理解又便于接受，故而在工程设计中得到了广泛的认可和使用。该方法垫层底面处的附加压力值 p_z 可按应力扩散角 θ 由式（4-2）和式（4-3）进行简化计算。

1）条形基础

$$p_z = \frac{b\,(p_k - p_c)}{b + 2z\tan\theta} \tag{4-2}$$

2）矩形基础

$$p_z = \frac{bl\,(p_k - p_c)}{(b + 2z\tan\theta)(l + 2z\tan\theta)} \tag{4-3}$$

式中　b——矩形基础或条形基础底面的宽度（m）；

l——矩形基础底面的长度（m）；

p_k——相应于作用的标准组合时，基础底面处的平均压力值（kPa）；

p_c——基础底面处土的自重压力值（kPa）；

z——基础底面下垫层的厚度（m）；

θ——垫层（材料）的压力扩散角（°），宜通过试验确定。无试验资料时，可按表4-1采用。

土和砂石材料压力扩散角 θ（°）　　　　　　　　　　表 4-1

$\dfrac{z}{b}$　换填材料	中砂、粗砂、砾砂、圆砾、角砾、石屑、卵石、碎石、矿渣	粉质黏土粉煤灰	灰土
0.25	20	6	28
≥0.50	30	23	

注：1. 当 $\dfrac{z}{b} < 0.25$ 时，除灰土取 $\theta = 28°$ 外，其他材料均取 $\theta = 0°$，必要时宜由试验确定；

2. 当 $0.25 < \dfrac{z}{b} < 0.5$ 时，θ 值可以内插；

3. 土工合成材料加筋垫层其压力扩散角宜由现场静载荷试验确定。

压力扩散角应随垫层材料及下卧土层的力学特性差异而定，可按双层地基的条件来考虑。四川及天津曾先后对上硬下软的双层地基进行了现场静载荷试验及大量模型试验，通过实测软弱下卧层顶面的压力反算上部垫层的压力扩散角，根据模型试验实测压力，在垫层厚度等于基础宽度时，计算的压力扩散角均小于 30°，而直观破裂角为 30°。同时，对照耶戈洛夫双层地基应力理论计算值，在较安全的条件下，验算下卧层承载力的垫层破坏的扩散角与实测土的破裂角相当。因此，采用理论计算值时，扩散角最大取 30°。对小于30°的情况，以理论计算值为基础，求出不同垫层厚度时的扩散角 θ。根据陕西、上海、北京、辽宁、广东、湖北等地的垫层试验，对于中砂、粗砂、砾砂、石屑的变形模量均在30～45MPa 的范围，卵石、碎石的变形模量可达 35～80MPa，而矿渣则可达到 35～70MPa。这类粗颗粒垫层材料与下卧的较软土层相比，其变形模量比值均接近或大于 10，扩散角最大取 30°；而对于其他常作换填材料的细粒土或粉煤灰垫层，碾压后变形模量可达到 13～20MPa，与粉质黏土垫层类似，该类垫层材料的变形模量与下卧较软土层的变形模量比值显著小于粗粒土垫层的比值，则可比较安全地按比值 3 来考虑，同时按理论值计算出扩散角 θ。灰土垫层则根据中国建筑科学研究院的试验及北京、天津、西北等地经验，按一定压实要求的 3∶7 或 2∶8 灰土 28d 强度考虑，取 θ 为 28°。因此，参照现行国家标准《建筑地基基础设计规范》GB 50007 给出表 4-1 中不同垫层材料的压力扩散角。

土夹石、砂夹石垫层的压力扩散角宜依据土与石、砂与石的配比，按静载荷试验结果确定，有经验时也可按地区经验选取。

设计时，先根据砂垫层的承载力特征值确定基础的宽度，再根据垫层底面软弱土层的承载力特征值定出砂垫层的厚度。砂垫层的承载力特征值一般要求通过现场原位静载荷试验确定，当无试验资料时，可按表 4-2 选用。

各种垫层的压实标准和承载力特征值　　　　　　　　　　　　　　　表 4-2

施工方法	换填材料类别	压实系数 λ_c	承载力特征值（kPa）
碾压振密或夯实	碎石、卵石	≥0.97	200～300
	砂夹石（其中碎石、卵石占全重的 30%～50%）		200～250
	土夹石（其中碎石、卵石占全重的 30%～50%）		150～200
	中砂、粗砂、砾砂、角砾、圆砾		150～200
	石屑		120～150
	粉质黏土	≥0.95	130～180
	灰土		200～250
	粉煤灰		120～150

注：1. 压实系数 λ_c 为土的控制干密度 ρ_d 与最大干密度 ρ_{dmax} 的比值；土的最大干密度宜采用击实试验确定；碎石或卵石的最大干密度可取 2.1～2.2t/m³；

　　2. 表中压实系数 λ_c 系使用轻型击实试验测定土的最大干密度 ρ_{dmax} 时给出的压实控制标准，采用重型击实试验时，对粉质黏土、灰土、粉煤灰压实标准应为压实系数 λ_c≥0.93，其他材料压实标准应为压实系数 λ_c≥0.94。

一般砂垫层的厚度为 1～2m，过薄的砂垫层（<0.5m）换填效果不显著，垫层的作用难以充分发挥，而太厚的砂垫层（>3m），施工可能有困难，经济上不合理。

（2）砂垫层宽度的确定

砂垫层的宽度除要满足应力扩散的要求外，还应考虑垫层侧面土的强度条件。当垫层四周侧面土质较软弱且垫层宽度不足时，垫层材料可能由于侧面土的强度不足或由于侧面土的较大变形而向侧面挤出，增大垫层的竖向变形，使基础沉降增大。当基础荷载较大，或对沉降要求较高，或垫层侧边土的承载力较差时，垫层宽度还应适当加大。

砂垫层的底宽 b' 可按应力扩散角 θ 从基础底面扩散到砂垫层底面的宽度确定，即

$$b' \geqslant b + 2z\tan\theta \tag{4-4}$$

应力扩散角 θ 按表 4-1 取值，当 $\frac{z}{b}$<0.25 时，按表 4-1 中 $\frac{z}{b}$=0.25 取值，当 0.25< $\frac{z}{b}$<0.5 时，θ 值可以内插。

底宽确定后，再根据开挖基坑要求的坡度延伸至地面，即可得到砂垫层的设计断面，同时垫层顶面每边超出基础底边缘不应小于 300mm（图 4-2）；整片垫层底面的宽度可根

据施工的要求适当加宽。

（3）砂垫层的变形计算

我国软黏土分布地区的大量建筑物沉降观测及工程经验表明，采用换填垫层进行局部处理后，往往由于软弱下卧层的变形，建筑物地基仍将产生过大的沉降量及差异沉降量。因此，对于比较重要的建筑物应进行基础沉降的验算，以保证地基处理效果及建筑物的安全使用。垫层地基的变形由垫层自身变形和下卧层变形组成。砂垫层在满足上述的设计条件下，在施工

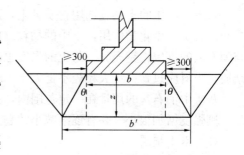

图 4-2　垫层宽度取值示意

期间垫层自身的压缩变形已基本完成，且量值很小，可以忽略垫层自身部分的变形值。垫层地基的变形可仅考虑其下卧层的变形。垫层下卧层的变形量可按现行国家标准《建筑地基基础设计规范》GB 50007 的规定进行计算。

对于垫层下存在软弱下卧层的建筑，在进行地基变形计算时应考虑邻近建筑物基础荷载对软弱下卧层顶面应力叠加的影响。当超出原地面标高的垫层或换填材料的重度高于天然土层的重度时，下卧层顶面承受换填材料本身的压力将超过原天然土层压力。如果超出较多，地基下卧层将产生较大的变形。如工程条件许可，宜尽早换填，以使由此引起的大部分地基变形在上部结构施工之前完成，并应考虑其附加荷载的不利影响。

（4）材料要求

砂、砂石垫层材料宜选用级配良好、质地坚硬的碎石、卵石、角砾、圆砾、砾砂、粗砂、中砂，也可采用采石场筛选碎石后的细粒废弃物即石屑，以中、粗砂为好，可掺入一定数量的碎卵石，但要分布均匀，不含植物残体、垃圾等杂质；对具有排水要求的砂垫层宜控制含泥量不大于 3％；采用粉细砂或石粉作为换填材料时，应掺入不少于总重量 30％的碎石或卵石以改善材料的级配状况，在掺加碎石或卵石使其颗粒不均匀系数不小于 5 并拌合均匀后，方可用于铺填垫层。砂石的最大粒径不宜大于 50mm，因为碎石过大会导致垫层本身的不均匀压缩。

对湿陷性黄土或膨胀土地基，不得选用砂、石等渗水材料垫层。

2. 灰土和素土垫层

（1）灰土垫层

灰土垫层是将基础底面下一定深度范围内的软弱土挖去，用一定体积比配合的灰土在最优含水量情况下分层夯实或压实而成。适用于处理 1～4m 厚的软弱土层，特别是湿陷性黄土地基。

灰土垫层厚度和厚度的确定，计算方法同砂石垫层。灰土垫层的承载力特征值宜通过现场载荷试验确定，当无试验资料时，可查表 4-2 取值。

灰土垫层的原材料是消石灰和土。石灰是一种无机的（矿物的）胶结材料，它不但能在空气中硬化，而且还能更好地在水中硬化。灰土垫层中石灰宜选用新鲜的消石灰，石灰消解（3～4）d 并筛除生石灰块后使用，其最大粒径不得大于 5mm，贮存期不超过 3 个月。消石灰的性质决定于其活性物质的含量，即 CaO 和 MgO 的含量百分率。CaO 和 MgO 含量越高，则石灰的活性越大，胶结力越强。灰土垫层中选用的消石灰应符合Ⅲ级以上标

准，通常灰土的最佳含灰率为 CaO+MgO 约达总量的 8%。

灰土垫层中的土料宜选用粉质黏土，这是因为灰土中的土不仅作为填料，而且重要的是与消石灰发生化学作用，土中的黏粒（<0.005mm）含量越多，其活性与胶结性越强，与消石灰的反应将越充分，灰土的强度也越高。土料不宜使用块状黏土，且不得含有松软杂质，土料应过筛且最大粒径不得大于 15mm。

灰土中消石灰的用量在一定范围内，其强度随灰量的增大而提高，但当超过一定限制后，则强度增加很小，并有逐渐减小的趋势。一般认为最佳灰土体积比是 2:8 和 3:7。

（2）素土垫层

素土垫层是将基础底面下一定深度范围内的软弱土挖去，然后回填素土分层夯实而成。素土垫层常用于处理湿陷性黄土和杂填土地基。

素土垫层厚度的确定同砂垫层。素土垫层宽度与垫层厚度有关，当垫层厚度<2m 时，基础外沿至垫层边沿不小于厚度的 1/3，且不小于 300mm；当垫层厚度>2m 时，可适当加宽且不小于 700mm。整片素土垫层超出基础外缘的宽度不得小于 1.5m；当垫层厚度大于 2m 时，宜适当加宽。

素土垫层中的土料一般以黏性土为主。土料中有机质含量不得超过 5%，且不得含有冻土或膨胀土。当含有碎石时，其最大粒径不宜大于 50mm。用于湿陷性黄土或膨胀土地基的粉质黏土垫层，土料中不得夹有砖、瓦或石块等。黏土及粉土均难以夯压密实，故换填时均应避免采用作为换填材料，在不得已选用上述土料回填时，也应掺入不少于 30%的砂石并拌和均匀后，方可使用。当采用粉质黏土大面积换填并使用大型机械夯压时，土料中的碎石粒径可稍大于 50mm，但不宜大于 100mm，否则将影响垫层的夯压效果。

3. 碎石和矿渣垫层

碎石和矿渣垫层因其垫层材料强度高，变形模量大，稳定性好，且垫层具有排水作用而在国内被广泛应用。

碎石和矿渣垫层的设计同砂垫层。

碎石垫层使用的碎石一般为 5～40mm 的自然级配碎石，含泥量不大于 5%。

矿渣垫层使用的矿渣是高炉冶炼生铁过程中所产生的固体废渣经自然冷却而形成。根据工程条件宜选用分级矿渣、混合矿渣及原状矿渣等。矿渣的稳定性是其是否适用于作换填垫层材料的最主要性能指标，试验结果证明，当矿渣中 CaO 的含量小于 45% 及 FeS 与 MnS 的含量≈1%时，矿渣不会产生硅酸盐分解和铁锰分解，排渣时不浇石灰水，矿渣也就不会产生石灰分解，则该类矿渣性能稳定，可用于换填。对中、小型垫层可选用 8～40mm 与 40～60mm 的分级矿渣或 0～60mm 的混合矿渣；较大面积换填时，矿渣最大粒径不宜大于 200mm 或大于分层铺填厚度的 2/3，且有机质及含泥总量不得超过 5%。重矿渣的强度与其松散重度有关，垫层使用矿渣的松散重度不应小于 11kN/m³。垫层设计、施工前应对所选用的矿渣进行试验，作为建筑物垫层的矿渣应按照国家标准《建筑材料产品及建材用工业废渣放射性物质控制要求》GB 6763 及现行国家标准《建筑材料放射防护卫生标准》GB 6566 的有关规定作为安全使用的标准，确认性能稳定并满足腐蚀性和放射性安全性的要求。对易受酸、碱影响的基础或地下管网不得采用矿渣垫层。大量填筑矿渣时，应经场地地下水和土壤环境的不良影响评价合格后，方可使用。在有充分依据或成功经验时，可采用质地坚硬、性能稳定、透水性强、无腐蚀性和无放射性危害的其他工业废渣材料，但应经过现场试验证明其经济技术效果良好及施工措施完善方可使用。

为防止基坑表层软弱土发生局部破坏而使上部结构基础产生附加沉降，一般在碎石和矿渣垫层底部设置一层 10～30mm 厚的砂垫层，砂料为中、粗砂。

4. 粉煤灰垫层

粉煤灰是燃煤电厂的工业放弃物。因其具有良好的物理力学性能，满足工程设计要求而用于垫层材料。粉煤灰垫层设计计算同砂垫层。

粉煤灰可分为湿排灰和调湿灰。按其燃烧后形成玻璃体的粒径分析，应属粉土的范畴。但由于含有 CaO、SO_3 等成分，具有一定的活性，当与水作用时，因具有胶凝作用的火山灰反应，使粉煤灰垫层逐渐获得一定的强度与刚度，有效地改善了垫层地基的承载能力及减小变形的能力。不同于抗地震液化能力较低的粉土或粉砂，由于粉煤灰具有一定的胶凝作用，在压实系数大于 0.9 时，即可以抵抗 7 度地震液化。用于发电的燃煤常伴生有微量放射性同位素，因而粉煤灰亦有时有弱放射性。作为建筑物垫层的粉煤灰应按照国家标准《建筑材料产品及建材用工业废渣放射性物质控制要求》GB 6763 及现行国家标准《建筑材料放射防护卫生标准》GB 6566 的有关规定作为安全使用的标准，粉煤灰含碱性物质，回填后碱性成分在地下水中溶出，使地下水具弱碱性，因此应考虑其对地下水的影响并应对粉煤灰垫层中的金属构件、管网采取防腐措施。粉煤灰垫层上宜覆盖 0.3～0.5m 厚的黏性土，以防干灰飞扬，同时减少碱性对植物生长的不利影响，有利环境绿化。粉煤灰垫层中采用掺加剂时，应通过试验确定其性能及适用条件。

5. 加筋土垫层

土工合成材料（Geosynthetics）是近年来随着化学合成工业的发展而迅速发展起来的一种新型土工材料，主要由涤纶、尼龙、腈纶、丙纶等高分子化合物，根据工程的需要，加工成具有弹性、柔性、高抗拉强度、低延伸率、透水、隔水、反滤性、抗腐蚀性、抗老化性和耐久性的各种类型的产品。如土工格栅、土工格室、土工垫、土工带、土工网、土工膜、土工织物、塑料排水带及其他土工合成材料等。由于这些材料的优异性能及广泛的适用性，受到工程界的重视，被迅速推广应用于河岸、海岸护坡、堤坝、公路、铁路、港口、堆场、建筑、矿山、电力等领域的岩土工程中，取得了良好的工程效果和经济效益。

用于换填垫层的土工合成材料，其品种与性能及填料，应根据工程特性和地基土质条件，按照现行国家标准《土工合成材料应用技术规范》GB 50290 的要求，通过设计计算并进行现场试验后确定。土工合成材料在垫层中主要起加筋作用，以提高地基土的抗拉和抗剪强度、防止垫层被拉断裂和剪切破坏、保持垫层的完整性、提高垫层的抗弯刚度。因此利用土工合成材料加筋的垫层有效地改变了天然地基的性状，增大了压力扩散角，降低了下卧天然地基表面的压力，约束了地基侧向变形，调整了地基不均匀变形，增大地基的稳定性并提高地基的承载力。由于土工合成材料的上述特点，将其用于软弱黏性土、泥炭、沼泽地区修建道路、堆场等取得了较好的成效，同时在部分建筑、构筑物的加筋垫层中应用，也取得了一定的效果。根据理论分析、室内试验以及工程实测的结果证明采用土工合成材料加筋垫层的作用机理为：（1）扩散应力，加筋垫层刚度较大，增大了压力扩散角，有利于上部荷载扩散，降低垫层底面压力；（2）调整不均匀沉降，由于加筋垫层的作用，加大了压缩层范围内地基的整体刚度，均匀传递到下卧土层上的压力，有利于调整基础的不均匀沉降；（3）增大地基稳定性，由于加筋垫层的约束，整体上限制了地基土的剪切、侧向挤出及隆起。

采用土工合成材料加筋垫层时，应根据工程荷载的特点、对变形、稳定性的要求和地基土的工程性质、地下水性质及土工合成材料的工作环境等，选择土工合成材料的类型、布置形式及填料品种，主要包括：（1）确定所需土工合成材料的类型、物理性质和主要的力学性质如允许抗拉强度及相应的伸长率、耐久性与抗腐蚀性等；土工合成材料应采用抗拉强度较高、耐久性好、抗腐蚀的土工带、土工格栅、土工格室、土工垫或土工织物等土工合成材料。（2）确定土工合成材料在垫层中的布置形式、间距及端部的固定方式。（3）选择适用的填料与施工方法等。垫层填料宜用碎石、角砾、砾砂、粗砂、中砂等材料，且不宜含氯化钙、碳酸钠、硫化物等化学物质。当工程要求垫层具有排水功能时，垫层材料应具有良好的透水性。在软土地基上使用加筋垫层时，应保证建筑物稳定并满足允许变形的要求。此外，要保证土工合成材料在垫层中不被拉断和拔出失效。同时还要检验垫层地基土的强度和变形以确保满足设计的要求。最后通过静载荷试验确定垫层地基的承载能力。

土工合成材料的耐久性与老化问题，在工程界均有较多的关注。由于土工合成材料引入我国为时不久，目前未见在工程中老化而影响耐久性。英国已有近一百年的使用历史，效果较好。合成材料老化有三个主要因素：紫外线照射、60~80℃的高温或氧化。在岩土工程中，由于土工合成材料是埋在地下的土层中，上述三个影响因素皆极微弱，故土工合成材料均能满足常规建筑工程中的耐久性需要。

在加筋土垫层中，主要由土工合成材料承受拉应力，所以要求选用高强度、低徐变性、延伸率适宜的材料，以保证垫层及下卧层土体的稳定性。在软弱土层采用土工合成材料加筋垫层，由合成材料承受上部荷载产生的应力远高于软弱土中的应力，因此一旦由于合成材料超过极限强度产生破坏，随之荷载转移而由软弱土承受全部外荷，势将大大超过软弱土的极限强度，而导致地基的整体破坏；进而地基的失稳将会引起上部建筑产生迅速与大量的沉降，并使建筑结构造成严重的破坏。因此用于加筋垫层中的土工合成材料必须留有足够的安全系数，而绝不能使其受力后的强度等参数处于临界状态。以免导致严重的后果。同时亦应充分考虑一旦因垫层结构的破坏对建筑安全的影响。

土工合成材料加筋垫层一般用于 z/b 较小的薄垫层，垫层厚度与宽度的确定同砂垫层设计。加筋土垫层所选用的土工合成材料尚应按下式进行材料强度验算。

$$T_p \leqslant T_a \tag{4-5}$$

式中　T_a——土工合成材料在允许延伸率下的抗拉强度（kN/m）；

　　　T_p——相应于作用的标准组合时，单位宽度的土工合成材料的最大拉力（kN/m）。

加筋土垫层的加筋体设置应符合下列规定：（1）一层加筋时，可设置在垫层的中部；（2）多层加筋时，首层筋材距垫层顶面的距离宜取 0.3 倍垫层厚度，筋材层间距宜取（0.3~0.5）倍的垫层厚度，且不应小于 200mm；（3）加筋线密度宜为 0.15~0.35。无经验时，单层加筋宜取高值，多层加筋宜取低值。垫层的边缘应有足够的锚固长度。

对土工带加筋垫层，设置一层土工筋带时，θ 宜取 26°；设置两层及以上土工筋带时，θ 宜取 35°。

利用太原某现场工程加筋垫层原位静载荷试验，对土工带加筋垫层的压力扩散角进行了测试与验算。试验中加筋垫层填土材料为碎石，粒径 $10\sim30$mm，垫层尺寸为 2.3m$\times$ 2.3m$\times0.3$m，基础底面尺寸为 1.5m$\times1.5$m。土工带加筋采用两种土工筋带：TG 玻塑复合筋带（A 型，极限抗拉强度 $\sigma_b=94.3$MPa）和 CPE 钢塑复合筋带（B 型，极限抗拉强度 $\sigma_b=139.4$MPa）。根据不同的加筋参数和加筋材料，将此工程分为 10 种工况进行计算。具体工况参数如表 4-3 所示。以沉降为 0.015 倍的基础宽度处的荷载值作为基础底面处的平均压力值，垫层底面处的附加压力值为 58.3kPa。基础底面处垫层土的自重压力值忽略不计。由式（4-3）分别计算加筋碎石垫层的压力扩散角值，结果列于表 4-3。

工况参数及压力扩散角   表 4-3

试验编号	A1	A2	A3	A4	A5	A6	A7	B6	B7	B8
加筋层数	1	1	1	1	1	2	2	2	2	2
首层间距（cm）	5	10	10	10	20	5	5	5	5	5
层间距（cm）	—	—	—	—	—	10	15	10	15	20
LDR（%）	33.3	50.0	33.3	25.0	33.3	33.3	33.3	33.3	33.3	33.3
$q_{0.015B}$（kPa）	87.5	86.3	84.7	83.2	84.0	100.9	97.6	90.6	88.3	85.6
θ（°）	29.3	28.4	27.1	25.9	26.5	38.2	36.3	31.6	29.9	27.8

注：LDR—加筋线密度；$q_{0.015B}$—沉降为 0.015 倍的基础宽度处的荷载值；θ—压力扩散角。

收集了太原地区 7 项土工带加筋垫层工程，按照表 4-3 给出的压力扩散角取值验算是否满足式（4-1）要求。7 项工程概况描述如下，工程基本参数和压力扩散角取值列于表 4-4。验算时，太原地区从地面到基础底面土的重度加权平均值取 $\gamma_m=19$kN/m³，加筋垫层重度碎石取 21 kN/m³，砂石取 19.5 kN/m³，灰土取 16.5 kN/m³，所用土工筋带均为 TG 玻塑复合筋带（A 型），η_d 取 1.5。验算结果列于表 4-5。

土工带加筋工程基本参数   表 4-4

工程编号	$L\times B$ （m）	d（m）	Z（m）	N	$B\times h$ （mm）	U（m）	H（m）	LDR （%）	θ（°）
1	46.0×17.9	2.83	2.5	2	25×2.5	0.5	0.5	0.20	35
2	93.5×17.5	2.80	1.2	2	25×2.5	0.4	0.4	0.17	35
3	40.5×22.5	2.70	1.5	2	25×2.5	0.8	0.4	0.20	35
4	78.4×16.7	2.78	1.8	2	25×2.5	0.8	0.17	35
5	60.8×14.9	2.73	1.5	2	25×2.5	0.6	0.4	0.17	35
6	40.0×17.5	5.43	2.5	2	25×2.5	1.7	0.4	0.33	35
7	71.1×13.6	2.50	1.0	1	25×2.5	0.5	—	0.17	26

注：L—基础长度；B—基础宽度；d—基础埋深；z—垫层厚度；N—加筋层数；b—加筋带宽度；h—加筋带厚度；U—首层加筋间距；H—加筋间距；其他同表 4-3。

工程编号：1—山西省机电设计研究院 13 号住宅楼（6 层砖混，砂石加筋）；2—山西省体委职工住宅楼（6 层砖混，灰土加筋）；3—迎泽房管所住宅楼（9 层底框，碎石加筋）；4—文化苑 E-4 号住宅楼（7 层砖混，砂石加筋）；5—文化苑 E-5 号住宅楼（6 层砖混，砂石加筋）；6—山西省交通干部学校综合教学楼（13 层框剪，砂石加筋）；7—某机关职工住宅楼（6 层砖混，砂石加筋）。

工程编号	p_k (kPa)	p_c (kPa)	p_z (kPa)	p_{cz} (kPa)	p_z+p_{cz} (kPa)	f_{azk} (kPa)	深度修正部分的承载力 (kPa)	f_{az} (kPa)	实测沉降		
									最大沉降 (mm)	最小沉降 (mm)	平均沉降 (mm)
1	140	53.8	67.0	102.5	169.5	70	137.6	207.6	10.0	7.0	8.3
2	140	53.2	77.8	73.0	150.8	80	99.75	179.75	—	—	—
3	220	51.3	146.7	82.8	229.5	150	105.5	255.5	72	63	67.5
4	150	52.8	81.8	87.9	169.7	80	116.25	196.25	8.7	7.0	7.9
5	130	51.9	66.2	81.1	147.3	80	106.25	186.25	4.2	3.5	3.9
6	260	103.2	120.6	151.9	272.1	120	211.75	331.75	—	—	—
7	140	47.5	85.1	67.0	152.1	90	85.5	175.5	—	—	—

6. 工程案例分析

场地条件：场地土层第一层为杂填土，厚度 0.7～0.8m，天然重度为 18.9 kN/m³；第二层为饱和粉土，作为主要受力层，其天然重度为 19 kN/m³，土粒相对密度 2.69，含水量 31.8%，干重度 14.5 kN/m³，孔隙比 0.881，饱和度 96%，液限 32.9%，塑限 23.7%，塑性指数 9.2，液性指数 0.88，压缩模量 3.93MPa。根据现场原土的静力触探和静载荷试验，结合当地经验综合确定饱和粉土层的承载力特征值为 80kPa。

工程概况：建筑物平面尺寸为 60.8m×14.9m，矩形基础，基础埋深 2.75m。基础底面处的平均压力 p_k 取 130kPa。

处理方法一：采用砂石材料进行换填。

（1）砂垫层厚度验算

已知：基础底面处的平均压力 $p_k=130$kPa，砂石材料的重度取 19.5kN/m³。基础埋深为 2.75m，地基承载力特征值为 80kPa，承载力修正系数取 1.0。

设 $z/b=0.25$，则垫层厚度 $z=3.73$m，按表 4-1 取压力扩散角 20°。

垫层底面处的自重应力为：

$$p_{cz} = 18.9 \times 2.75 + 19.5 \times 3.73 = 124.71\text{kPa}$$ 垫层底面的附加压力为：

$$p_z = \frac{bl\,(p_k - p_c)}{(b+2z\tan\theta)(l+2z\tan\theta)}$$

$$= \frac{60.8 \times 14.9(130-18.9 \times 2.75)}{(14.9+2 \times 3.73\tan 20°)(60.8+2 \times 3.73\tan 20°)} = 63.25\text{kPa}$$

砂石垫层底面下饱和粉土的地基承载力特征值为 80kPa，经深度修正后的地基承载力特征值为：

$$f_{az} = f_{ak} + \eta_d \gamma_m (d+z-0.5) = 80+1.0 \times 18.9 \times (2.75+3.73-0.5) = 193.02\text{kPa}$$

砂石垫层底面的总应力为：

$$p_{cz} + p_z = 124.71+63.25 = 187.96\text{kPa} < 193.02\text{kPa}$$

所以，砂石垫层取 3.73m 的厚度是可行的。

（2）砂石垫层底面尺寸确定

$$b' = b + 2z\tan 20° = 14.9+2 \times 3.73 \times \tan 20° = 17.61\text{m}$$

$$l'=l+2z\tan20°=60.8+2\times3.73\times\tan20°=63.5\text{m}$$

处理方法二：采用加筋砂石垫层。

加筋材料采用 TG 玻塑复合筋带（极限抗拉强度 $\sigma_b=94.3\text{MPa}$），筋带宽、厚分别为 25mm 和 2.5mm。回填材料为砂石，材料参数同上。

设垫层厚度 $z=1.5\text{m}$，双层加筋，压力扩散角取 35°。

垫层底面处的自重应力为：

$$p_{cz}=18.9\times2.75+19.5\times1.5=81.23\text{kPa}$$

垫层底面的附加压力为：

$$\begin{aligned}p_z&=\frac{bl(p_k-p_c)}{(b+2z\tan\theta)(l+2z\tan\theta)}\\&=\frac{60.8\times14.9(130-18.9\times2.75)}{(14.9+2\times1.5\tan35°)(60.8+2\times1.5\tan35°)}=66.1\text{kPa}\end{aligned}$$

垫层底面下饱和粉土的地基承载力特征值为80kPa，经深度修正后的地基承载力特征值为：

$$\begin{aligned}f_{az}&=f_{ak}+\eta_d\gamma_m(d+z-0.5)\\&=80+1.0\times18.9\times(2.75+1.5-0.5)=150.87\text{kPa}\end{aligned}$$

加筋砂石垫层底面的总应力为：

$$p_{cz}+p_z=81.23+66.1=147.33\text{kPa}<150.87\text{kPa}$$

所以，加筋砂石垫层的厚度取 1.5 m 可行。

首层加筋间距采用 0.6m，加筋带层间距拟采用 0.4m，加筋线密度拟采用 17%。

确定垫层的宽度：

由式（4-4）计算：

$$b'=b+2z\tan35°=14.9+2\times1.5\times\tan35°=17.0\text{m}$$

$$l'=l+2z\tan35°=60.8+2\times1.5\times\tan35°=62.9\text{m}$$

可得垫层底面尺寸为 17m×63m。该工程竣工验收后，观测到的最终沉降量为 3.9mm，满足变形要求。

两种处理方法进行对比，可知，使用加筋垫层可使垫层厚度比仅采用砂石换填时减少 60%。采用加筋垫层可以降低工程造价，施工更方便。

三、换填垫层的施工

1. 砂和砂石垫层

（1）砂和砂石垫层施工宜采用振动法，因为振动比碾压更能使粗颗粒材料密实，达到要求的密实度。但是，当下卧层为高灵敏度的软土，铺设第一层时不能采用振动能量大的机具以免扰动下卧层。常用的振动法有平振、插振、夯实、水撼等，各种方法的施工参数见表 4-6，没有当地施工经验时可参考。

上述施工方法要求在基坑内分层铺设垫层材料，逐层振动密实或压实以达到要求的密实度，分层厚度视振动力的大小而定，一般为 15～20cm。分层厚度可用样桩控制。施工时，应将下层的密实度检验合格后，再进行上层的施工。人工级配的砂石垫层，应将砂石拌和均匀后，再进行铺填密实。

（2）铺筑前应先进行验槽和清除浮土。坑（槽）壁必须稳定，防止塌土。如果基坑

（槽）两侧附近如有低于坑底标高的孔洞、沟、井和墓穴，应在铺筑垫层前加以填实。

（3）开挖基坑时，应避免坑底土层受扰动，可保留 180～220mm 厚的土层暂不挖去，待铺填垫层前再由人工挖至设计标高。必须避免扰动垫层下的软弱土层，防止因扰动而使土的结构破坏、强度降低，致使在建筑物荷载作用下的显著附加沉降产生。同时，基坑开挖后应及时回填，不得暴露过久、践踏、受冻或浸水。

砂和砂石垫层每层铺筑厚度及最佳施工含水量

表 4-6

振捣方式	每层铺筑厚度（mm）	施工时最佳含水量（%）	施工说明	备 注
平振法	200～250	15～20	用平板式振动器往复振捣	不宜用于细砂垫层或含泥量较大的砂垫层
插振法	振动器插入深度	饱和	1. 用插入式振动器； 2. 插入间距根据机械振幅大小确定； 3. 不应插入下部黏土层； 4. 插入振捣器完毕后所留的孔洞，应用砂填实	
水撼法	250	饱和	1. 注水高度应超过每次的铺筑面； 2. 钢叉摇撼捣实，插入点间距 100mm； 3. 钢叉分四齿，齿的间距 80mm，长 300mm，木柄长 90mm，重 40N	湿陷性黄土、膨胀土地区不得使用
夯实法	150～200	8～12	1. 用木夯或机械夯； 2. 木夯重 400N 落距 400～500mm； 3. 一夯压半夯，全面夯实	
碾压法	250～350	8～12	60～100kN 压路机往复碾压	1. 适应于大面积砂垫层施工 2. 不宜用于地下水位以下的垫层施工

注：在地下水位以下的垫层其最下层的铺筑厚度可比上表增加 50mm。

（4）砂、砂石垫层底面应尽量铺设在同一标高上。如果深度不同时，基坑底面应挖成踏步或斜坡搭接，各分层搭接位置应错开 0.5～1.0m 的距离；搭接处应振捣密实，施工应以先深后浅的顺序进行。

（5）捣实砂石垫层时，应注意不要破坏基坑底面和侧面土的强度。对于基坑下灵敏度大的地基土，在铺设砂石垫层前宜先铺设一层 15～20cm 厚的松砂，用木夯夯实，不得使用振捣器，以免破坏基底土的结构，然后进行垫层施工。

（6）水撼法施工时，每层须铺 25cm，铺砂厚度通过基槽两侧设置的样桩控制。砂层铺好后，灌水与砂面齐平，然后用钢叉插入砂中振摇十余次，使砂密实。如果砂已沉实，将钢叉拔出，在相距 10cm 处再插入砂中摇撼，直至该层砂全部沉实，经检验合格后进行第二层的铺设。不合格时必须再次插入摇撼，直至达到要求的密度。重复上述过程，直至设计标高为止。

（7）采用细砂作为垫层材料时，应注意地下水的影响，且不宜使用平振法、振捣法和水撼法。

2. 灰土和素土垫层

（1）灰土垫层

54

灰土垫层施工前必须验槽，如果发现基坑内有局部软弱土层时，应将软弱土挖出后用素土或灰土分层填实；如果发现基坑内有孔穴时，应先用素土或灰土分层填实。施工时，灰土要充分拌合均匀，并要控制好含水量，尽量在最优含水量下进行夯实或压实。现场含水量可控制在最优含水量 $w_{op} \pm 2\%$ 的范围内；当使用振动碾压时，可适当放宽下限范围值，即控制在最优含水量 w_{op} 的 $-6\% \sim +2\%$ 范围内。若土料湿度过大或过小，应分别予以晾晒、翻松、掺加吸水材料或洒水湿润以调整土料的含水量。

垫层分层铺设的厚度由使用的夯实机具确定，无经验时可参考表4-7。每层灰土夯打的遍数根据设计要求的干密度通过现场试验确定。

垫层分段施工时，上下两层灰土的接缝距离不得小于500mm，且不得在墙角柱基及承重窗间墙下接缝。接缝处的灰土必须夯实。

灰土最大虚铺厚度　　　　　　表 4-7

夯实机具类型	重量（kN）	虚铺厚度（mm）	备　　注
石夯、木夯	0.4～0.8	200～250	人力送夯，落距 400～500mm，一夯压半夯
轻型夯实机械	—	200～250	蛙式打夯机、柴油打夯机
压路机	60～100	200～300	双轮

灰土垫层不得在水下施工。因此当基坑底位于地下水位以下时必须采取排水措施，保证灰土垫层在无水条件下施工，且夯实后的灰土在3d内不得浸水。同时，灰土垫层铺筑完成后，应及时修建基础和回填基坑，或做临时遮盖，防止雨淋日晒。一旦遭受遇水浸泡，应将积水和松软灰土挖除并补填合格的灰土夯实。

（2）素土垫层

素土垫层材料一般为粉质黏土。为保证垫层的质量，必须在无水的基坑中回填，且夯（压）实施工时，土的含水量应接近最优含水量，现场可控制在最优含水量 $w_{op} \pm 2\%$ 的范围内；当使用振动碾压时，可适当放宽下限范围值，即控制在最优含水量 w_{op} 的 $-6\% \sim +2\%$ 范围内。最优含水量可按现行国家标准《土工试验方法标准》GB/T 50123 中轻型击实试验确定。在缺乏试验资料时，也可近似取 0.6 倍液限值；或按照经验采用塑限 $w_p \pm 2\%$ 的范围值作为施工含水量的控制值。若土料湿度过大或过小，应分别予以晾晒、翻松、掺加吸水材料或洒水湿润以调整土料的含水量。

素土垫层回填时应分层夯（压）实，每层的虚铺厚度见表4-7。填土夯（压）实后应达到要求的压实系数 λ_c，可参见表4-2取值。

3. 碎石和矿渣垫层

碎石和矿渣垫层施工时，将软弱土挖至设计深度后，一般应先设置一层中、粗砂砂垫层，经平板式振动器振实后，再分层铺设压实碎石或矿渣，或铺一层土工织物，并应防止基坑边坡塌土混入垫层中。压实方法一般为机械碾压法或平板振动法。机械碾压法适用于大面积施工，它是采用 60～120kN 的压路机或拖拉机牵引 50kN 的平碾对铺设厚度为300mm 的碎石或矿渣进行碾压。每层往复碾压4遍，且每次碾压均与前次碾压轮迹宽度重合一半。碾压时宜浇水湿润以利密实。平板振动法适用于小面积施工，它是用功率大于 1.5kW、频率为 2000 次/min 以上的平板振动器将铺设厚度为 200～250mm 的碎石或矿渣层进行往复振捣。振捣时间不小于60s，振捣遍数由试验确定，一般为 3～4 遍，每遍要做到交叉、错开和重叠。施工时，按铺设面积大小，以总的振捣时间来控制碎石或矿渣捣实的质量。

4. 粉煤灰垫层

粉煤灰垫层采用分层压实法施工。压实机具可使用平板振动器、蛙式打夯机、压路机或振动压路机等。机具选用应根据工程性质、设计要求和工程地质条件等确定。施工压实参数（最大干密度和最优含水量）可由室内轻型击实试验确定。压实系数根据工程性质、压实机具和地质条件等因素选定，一般可取 0.9～0.95。

每层粉煤灰的虚铺厚度和碾压遍数应通过现场小型试验确定。无经验时，可选用虚铺厚度为 200～300mm，压实厚度为 150～200mm。小型工程可采用人工分层摊铺整平，用平板振动器或蛙式打夯机进行压实。施工时须一板压 1/2～1/3 板往复压实，由外向中间进行，直到达到设计要求的密实度。大中型工程可采用机械摊铺，整平后用履带式机具初压两遍，然后再用中、重型压路机碾压。施工时须一轮压 1/2～1/3 轮往复碾压，后轮必须超过两施工段的接缝。碾压遍数一般为 4～6 遍，直到达到设计要求的密实度。

粉煤灰垫层不应采用浸水饱和施工法，其施工含水量应控制在最优含水量 $w_{op} \pm 4\%$ 的范围内。若压实时呈松散状，则应洒水湿润后再压实，洒水的水质不得含油，pH 值为 6～9；若出现"橡皮土"现象，应采取开槽、翻开晾晒或换灰等方法处理。施工时宜当天铺筑，当天压实。施工最低气温不得低于 0℃，以防粉煤灰含水冻涨。

每一层粉煤灰垫层验收合格后，应及时铺筑上层或采用封层，以防止干燥松散起尘污染环境，并禁止车辆其在上行驶通行。

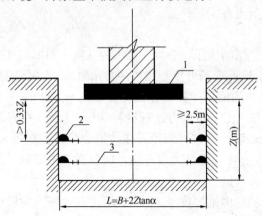

图 4-3　胞腔式固定方法
1—基础；2—胞腔式砂石袋；3—筋带；Z—加筋垫层厚度

5. 加筋土垫层

加筋土垫层施工应符合下列要求：

（1）下铺地基土层顶面应平整。

（2）土工合成材料铺设顺序应先纵向后横向，且应把土工合成材料张拉平整、绷紧，严禁有折皱。

（3）土工合成材料的连接宜采用搭接法、缝接法或胶接法，接缝强度不应低于原材料抗拉强度，端部应采用有效方法固定，防止筋材拉出；对于土工加筋带端部可采用图 4-3 所示的胞腔式固定方法。

（4）应避免土工合成材料暴晒或裸露，阳光暴晒时间不应大于 8h。筋材铺好后，应尽快回填。同时在填土前应检查筋材是否有损伤如孔洞、撕裂等情况，如有损伤应及时补救。对大面积筋材破坏应割除裂缝，另铺新材，并保证搭接质量满足抗拉要求；对于小裂缝、孔洞可缝补一块新材。

（5）填土要从中心向外侧对称进行，使筋材一直受拉，同时填铺厚度不得过高，防止局部下陷。在填土压实过程中，施工机械应沿单方向运行，不得回折，施工机械形成的车辙不得超过 70～80mm。

（6）填土的质量要求同前。

四、换填垫层的质量检验

垫层的质量检验必须分层进行，并应在每层的压实系数符合设计要求后铺填上层。对粉质黏土、灰土、砂石、粉煤灰垫层的施工质量可选用环刀取样、静力触探、轻型动力触探或标准贯入试验等方法进行检验。对碎石、矿渣垫层的施工质量可采用重型动力触探试验等进行检验，压实系数可采用灌砂法、灌水法或其他方法进行检验。

环刀取样法是将容积不小于 $200cm^3$ 的环刀压入垫层中取样，测定其干土密度（或压实系数），以达到设计要求的最小干密度（或压实系数）为合格。采用环刀法检验垫层的施工质量时，取样点应选择位于每层垫层厚度的 2/3 深度处。检验点数量，条型基础下垫层每 10～20m 不应少于 1 个点，独立柱基、单个基础下垫层不应少于 1 个点，其他基础下垫层每 50～100m² 不应少于 1 个点。

当采用轻型动力触探或标准贯入试验等方法进行垫层质量检验时，必须首先通过现场试验，在达到设计要求压实系数的垫层试验区内，测得标准贯入深度或击数，然后再以此作为控制施工压实系数的标准，进行施工质量检验。每分层平面上检验点的间距不应大于 4m。

竣工验收应采用静载荷试验检验垫层承载力，且每个单体工程不宜少于 3 个点；为保证静载荷试验的有效影响深度不小于换填垫层处理的厚度，静载荷试验压板的面积不应小于 1.0m²。对于大型工程应按单体工程的数量或工程划分的面积确定检验点数。在有充分试验依据时，也可采用标准贯入试验或静力触探试验进行检验。

加筋垫层中土工合成材料的质量应符合设计要求、外观无破损、无老化、无污染；土工合成材料应可张拉、无皱折、紧贴下承层，锚固端应锚固牢靠；上下层土工合成材料搭接缝应交替错开，搭接强度应满足设计要求。

参 考 文 献

[1] 龚晓南. 地基处理手册(第三版)[M]. 北京：中国建筑工业出版社，2008.
[2] 刘永红. 地基处理[M]. 北京：科学出版社，2005.
[3] 刘景政，杨素春，钟冬波. 地基处理与实例分析[M]. 北京：中国建筑工业出版社，1998.
[4] 闫明礼. 地基处理技术[M]. 北京：中国环境科学出版社，1996.

第五章 预 压 地 基

当天然地基的承载力或变形不满足要求时，对地基进行最直接的处理方法之一就是对地基施加预加荷载，使地基土在预压荷载产生的附加应力作用下产生排水固结，土体孔隙比降低，含水量下降，强度和承载力提高，压缩性降低，从而达到改善地基的目的。而在地基土中打设砂井、塑料排水带等竖向排水体，可显著减小土体中孔隙水排水路径长度，加快孔隙水的排水，加速土体固结。

砂井的概念最早是 1925 年由 Diniel D. Moran 提出并于 1926 年申请了专利，他还第一次提出了砂井的实际工程应用，试图将砂井用于旧金山奥克兰大桥路桥过渡段下软基加固。这个思想随即引发了一系列室内试验和现场试验研究，并于 1934 年第一次真正在实际工程中采用了排水砂井。

在砂井基础上，瑞典岩土工程研究所的 W. Kjellman 及其同事发明了排水板，称为 cardboard drain，在 1945～1947 年间在斯德哥尔摩以北 20 公里的斯德哥尔摩机场作为地基与处理的措施，首次进行了足尺的试验，在两块 30m×30m 的试验场地上，对比了设置 5m 长排水带与不设置时，在地基表面 2.5m 碎石堆载作用下对地基表面下 14m 厚的高塑性黏土的加固效果，证明了设置排水带的效果。

真空预压地基处理由瑞典 W. Kjellman 在 1952 年初在美国麻省理工学院召开的加固土会议上首先提出，并与 1958 年首次应用于费城国际机场跑道扩建工程的软基加固，采用真空预压与深井降水联合加固地基获得成功。法国、前苏联也开展了真空预压地基处理的研究应用，还曾用于解决土坡滑动问题。我国在 20 世纪 50 年代末开始开展真空预压技术研究，1980 年天津一航局科研所在塘沽新港进行了几次现场试验后获得成功，并于 1985 年 12 月通过了技术成果鉴定。

真空-堆载联合预压是在真空预压基础上发展而来。我国从 1983 年开展了真空-堆载联合预压地基处理的研究。目前真空-堆载联合预压也广泛应用于高速公路、机场、仓库堆场、堤坝护坡、房屋地基等工程建设中。理论研究和工程实测均表明，利用真空预压与堆载预压加固效果可以叠加的原理，在超软基上可以获得较单纯真空预压更大的预压荷重，获得更佳的加固效果。对堆载-真空联合预压的机理也有了较为深入地认识，即真空预压与堆载预压的联合方式是真空预压引起的孔压差与堆载预压引起的孔压差的叠加（朱建才、龚晓南等，2004）。Mahfouz 等利用三轴仪对未扰动软黏土进行试验后认为，采用真空预压、堆载预压、真空-堆载联合预压加固时，软黏土的加固特性没有明显差异，固结后软黏土的一些物理性质、力学性质都得到了明显改善。因此，本次修订时，增加了堆载-真空联合预压的方法，预压处理地基由此分为堆载预压、真空预压和堆载-真空联合预压三类。对于预压地基的设计，在使用本规范时，应注意到本规范中提出的计算方法的基本假定，并注意到以下几个对本规范正确理解和应用的关键问题。

第一节　关于一级或分级加载的固结度计算

1. 规范关于预压过程中土固结系数的使用

固结系数是预压工程地基固结计算的主要参数。涉及本章中排水板或砂井深度、间距的确定、预压时间的确定、土的固结度计算、土的强度增长预测与地基稳定性计算、预压荷载卸除时间确定等重要内容，并包含于 5.2.2、5.2.7、5.2.8、5.2.10、5.2.11、5.2.17、5.2.20、5.2.22、5.2.24、5.2.32、5.2.33 等条款中。

瞬时加荷条件下砂井地基的固结度计算，采用了基于土固结系数不变的计算方法，对逐渐加载条件下竖井地基平均固结度的计算，采用的是改进的高木俊介法。该公式理论上是精确解，而且无需先计算瞬时加载条件下的固结度，再根据逐渐加载条件进行修正，而是两者合并计算出修正后的平均固结度，而且公式适用于多种排水条件，可应用于考虑井阻及涂抹作用的径向平均固结度计算，但仍然是基于土固结过程中土固结系数为常数的假设。

在规范条文说明 5.1.1 中明确了适用于预压地基处理的土类，并指出对于在持续荷载作用下体积会发生很大压缩，强度会明显增长的土，这种方法特别适用。然而，已有的研究成果表明。当土在固结过程中产生较大压缩时，与土固结系数相关的土渗透系数、体积压缩系数等均会发生不同程度的改变，从而导致土的固结系数在固结过程中发生非线性的变化。因此，在条文说明 5.1.4 中要求，对重要工程，应预先选择代表性地段进行预压试验，通过试验区获得的竖向变形与时间关系曲线，孔隙水压力与时间关系曲线等推算土的固结系数。并可根据前期荷载所推算的固结系数预计后期荷载下地基不同时间的变形并根据实测值进行修正，这样就可以得到更符合实际的固结系数。此外，由变形与时间曲线可推算出预压荷载下地基的最终变形、预压阶段不同时间的固结度等，为卸载时间的确定、预压效果的评价以及指导整体设计与施工提供依据。

2. 预压过程中土固结系数的非线性变化

太沙基理论假定土的参数在压缩过程中是均一不变的，其中固结系数 c_v 是一个确定变形速率的重要参数。c_v 的表达式为 $c_v = \dfrac{k(1+e_0)}{\gamma_w \alpha_v}$，在固结过程中，渗透系数 k 和压缩系数 α_v 均呈递减趋势，而计算出来的 c_v 一直被当作常数，因此，按照该式计算的固结系数实质上是一种小变形条件下的固结系数[1]。大量的试验结果表明，固结系数 c_v 是随着有效应力水平的变化而变化的，研究已表明，特别在前期固结应力的前后，他们的差别是非常大的，因此，如何选择合适的固结系数，成了准确预估变形速率的关键。J. M. Ducan 教授[2]、Roy E. Olson[3] 教授分别在两次太沙基讲座上指出固结系数的不确定性使得传统固结理论计算变形速率具有一定局限性。

国内外学者对具有较大压缩量的地基土固结系数在压缩过程中的变化进行了研究，揭示了不同区域、不同沉积条件和天然状态、不同类型土固结系数的变化规律。例如，对初始含水量为 53.3% 的萧山软黏土固结系数与固结压力的关系进行了试验，试验结果见图5-1。从图 5-1 中可以看出，固结系数随着荷载的增加而减小。荷载增量比较小时，固结系数与荷载对数呈现线性关系，但是随着荷载增量增大，线性关系不再明显，呈现出非线性

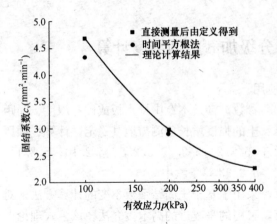

图 5-1 萧山软黏土的固结系数-
固结压力半对数关系曲线

变化的过程。

林鹏[4]等对汕汾高速公路软土试验段的软土进行了试验。在侧限压缩试验的过程中测定软土的渗透系数及固结系数，渗透系数用变水头法测定，固结系数用时间平方根法测定。该试验段软土属于滨海相与三角洲相沉积淤泥土，含水量 $w = 56\%$ ~60%，液性指数 $I_L = 1.8$~2.2，不排水抗剪强度 $S_u = 15$~20 kPa，压缩指数 $c_c = 0.8$~0.9，回弹指数 $c_s = 0.090$。试验结果见图 5-2~图 5-5，可看出正常固结状态时，在小应力范围，固结系数随应力水平的增加而增加；在较大应力范围，固结系数随应力水平的增加而减少，大小应力水平范围的分界约为 100~200kPa。超固结状态时，固结系数随应力水平的增加而增加。该试验关于超固结土的固结系数与固结压力的规律与汤亮亮[5]等对超固结的研究得到的规律是一致的，见图 5-6。

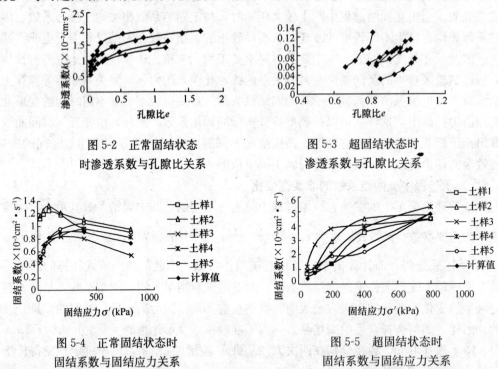

图 5-2　正常固结状态
时渗透系数与孔隙比关系

图 5-3　超固结状态时
渗透系数与孔隙比关系

图 5-4　正常固结状态时
固结系数与固结应力关系

图 5-5　超固结状态时
固结系数与固结应力关系

图 5-7、图 5-8 是几种软土的固结系数与有效压力关系的对比（Roy E. Olson 等，1998）[3]。图 5-7 中大实心圆对应于土样在现场的有效上覆压力，粗实线段对应于土样在原位经历的有效自重应力至有效自重压力＋有效附加压力的阶段。而图 5-8 则是根据现场实测结果反演的土固结系数随压力的变化与室内试验测得的固结系数随有效压力变化的对比。

由图 5-7 室内试验中固结系数与有效压力的关系可看出，对 33 号、36 号、38 号土样，固结系数首先随压力增大而下降，到某一压力后转而随压力增大而上升，其余土样中固结系数均随压力增大而下降。由图 5-8 则可看出，在小于土前期固结压力的初始加压阶段，由实测反演得到的固结系数表现出了土样现场压缩曲线的相似特征，即在前期固结压力前，固结系数几乎保持不变，而加压至前期固结压力后，固结系数出现急剧下降，与图 5-8 中室内试验得到的固结系数在压力较小的范围内出现了很大的差异。

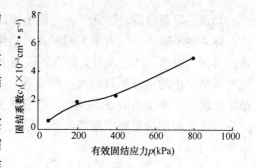

图 5-6 超固结状态时固结系数
与固结应力关系

天津港东突堤地区从地表（＋5.0 左右）至＋1.5m 约 4m 左右为吹填的淤泥。其下是淤泥质黏土，夹有少量粉质黏土、砂质粉土在深度－6m～－10m 左右有一淤泥土层。其典型的地质剖面图见图 5-9[6]。

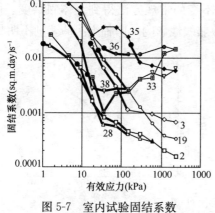

图 5-7 室内试验固结系数
与有效应力关系

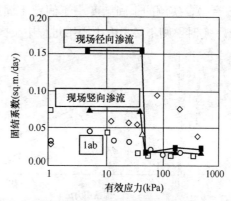

图 5-8 室内试验和现场实测
反分析的固结系数对比

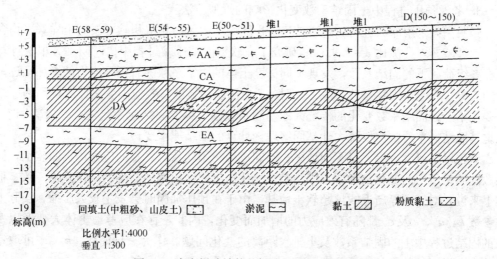

图 5-9 东突堤陆域软基加固工程地质剖面图

马驯[6]等通过试验研究了各层黏土固结系数随压力的变化其中 AA 层的黏性土固结系数总体表现出随固结压力增大而增大的趋势。对各土层黏土固结系数平均值与压力的关系进行对比后发现，自地表由上而下各层黏土固结系数的变化趋势是不同的。表层土随固结压力增高，土的固结系数增大，越往下，增大的幅度越小，至 EA 层以下，则转变为随固结压力增高，固结系数逐渐减小。即总体上为当固结压力大于先期固结压力时，黏土的固结系数随压力增加逞递增趋势，当固结压力小于先期固结压力时，黏土的固结系数随压力增加而递减。

庄迎春[7,8]等对天然含水量为 53.34％的 42.43％的萧山软黏土（土样编号分别为 XS 和 YY）在压缩过程中的渗透系数和压缩系数的变化进行了试验研究。试验得到的分级加载过程土样渗透系数和压缩系数随固结压力的变化而变过的情况见图 5-10、图 5-11，并计算了土样的压缩指数 c_c 和渗透指数 c_k（分别为 e-$\log p$ 曲线和 e-$\log k_v$ 曲线的斜率）。依据图 5-10、图 5-11，计算了考虑土固结过程中土压缩系数和渗透系数随固结压力而变化的土体固结度并与实测固结度进行了对比，指出 c_c/c_k 值是决定是否必要考虑土固结过程中土固结系数非线性影响的因素，当 $c_c/c_k<1$ 时（YY 土样的 $c_c/c_k=0.518$；XS 土样的 $c_c/c_k=1$），实测的土固结度小于假定土固结系数不变的常规方法得到土体固结度。而当 $c_c/c_k=1$ 时，则不必考虑土固结过程中土固结系数非线性影响，两种方法的差别不明显。

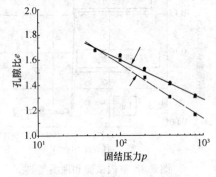

图 5-10　饱和黏土 e-$\log p$ 曲线

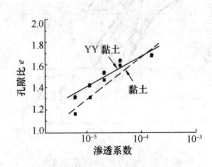

图 5-11　饱和黏土 e-$\log k_v$ 曲线

3. 考虑预压过程中土固结系数变化影响的近似方法

张明[9]等采用深圳机场二跑道扩建工程陆域形成区海相沉积软弱淤泥土样（平均含水量 $w=72.7\%$，孔隙比 $e=1.929$），研究了在软土固结压缩过程中由时间平方根法计算土样在各级荷载下的固结系数，发现不同深度土体的固结系数随着固结应力的增加呈逐渐增大的趋势，且土体固结参数 $c_c/c_k<1$ 时，考虑固结系数随有效应力变化计算得到的固结速率要比不考虑固结系数变化的传统太沙基固结理论计算的固结速率要快；$c_c/c_k>1$ 时，软土地基固结速率通常比传统太沙基固结理论计算的固结速率要慢。

对比以上研究成果，对不同地区、不同成因、不同状态、不同应力历史的软土，固结系数随固结压力的变化及考虑土固结系数变化对土固结速率的影响的规律并不一致。但总体上来说，对于深厚新近吹填超软土地基，由于在预压加固时会发生较大压缩，实际上土性参数 k，a_v，e 及 c_v 都随有效应力的增加而变化，因此，存在应考虑土体大变形以及相应的固结过程中土的固结系数及土排水距离的变化问题。作为一种简化，k，a_v 可取室内试验中土样固结前后的平均值[10]。

第二节　固结系数的确定

前文讨论了应用本规范计算地基固结度时，与土固结计算相关的土的渗透系数 k、孔隙比 e、压缩系数 a_v 及固结系数 c_v 等主要参数，在固结过程中的变化以及考虑这种变化对土固结度影响的近似方法。然而，最终还是要落实到固结系数的确定问题。

固结系数是软土地基处理设计中的重要参数。软基处理方法的选择、施工工期、排水井间距、预压荷载以及工程造价等都与固结系数密切相关。影响软土固结系数精度的因素很多，如现场取样和运输中的扰动、试验设备及试验操作中产生的误差等，还有试验数据整理方法所产生的误差[11]。

本规范对于固结系数的确定仅给出了较为原则性的规定（分别见 5.1.3 条与 5.1.4 条），即可通过室内土工试验确定，对重要工程则应在现场选择试验区进行预压试验，在预压过程中应进行地基竖向变形、侧向位移、孔隙水压力、地下水位等项目的监测并进行原位十字板剪切试验和室内土工试验。根据试验区获得的监测资料确定加载速率控制指标、推算土的固结系数、固结度及最终竖向变形等，分析地基处理效果，对原设计进行修正，指导整个场区的设计与施工。

应用本规范时，关于固结系数的确定应注意以下问题：

1. 采用室内土工试验确定固结系数时，土的扰动可对固结系数产生较大影响

从图 5-8 可看出，当固结压力较小时，室内试验得出的固结系数显著地小于根据现场实测结果反演的固结系数。这一点程度上也说明了室内土工试验在固结压力较小的阶段，土样因扰动对土物理力学性质的影响。邓永峰[12]等研究了土取样扰动对固结系数的影响规律。如图 5-12 所示，定义土样扰动度 $SD = C_{CLB}/C_{CLR}$，C_{CLB} 和 C_{CLR} 分别为部分扰动样和重塑样屈服前 $\ln(1+e)$-$\lg p$ 坐标中压缩曲线的斜率（图 5-12）；C_{CLA} 为部分扰动样屈服后压缩曲线的斜率 $SD=100\%$ 时，土样完全扰动；$SD=0$ 时，则土样未扰动。

图 5-13 是对不同扰动度土样确定的土固结系数。土样为连云港浅层海相软土的初始孔隙比 e_0 为 1.706，前期固结压力 p'_c 为 70kPa，重塑土的屈服应力 p'_{yr} 为 14 kPa，重塑土体的 C_{CLB} 为 0.216，土体初始渗透系数 k_0 为 10^{-4} m/d。可看出，不同扰动度土的固结系数表现出了与图 5-12 相同的规律，即扰动程度越大，前期固结压力前的固结系数越低，而不扰动土样的固结系数则较高。

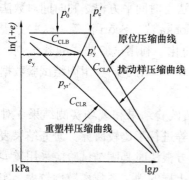

图 5-12　修正体积压缩法扰动度定义

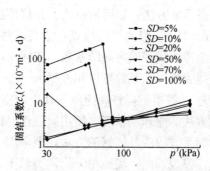

图 5-13　固结系数随扰动度 SD 变化

图 5-13 还表明，土体屈服前后固结系数有很大变化，即屈服前土体固结系数远大于屈服后的固结系数，屈服前土体固结系数随扰动度增大而减小，而屈服后土体固结系数略有增加。由于本文分析中已知了土样的屈服应力，因而得到的固结系数 C_v 与压缩应力 p' 之间的关系在屈服前后有比较大的突变。而目前国内进行压缩试验时一般只进行 50kPa，100 kPa，200 kPa 和 400kPa 的固结试验，此时得到的固结曲线一般呈现出缓降型，甚至是水平线型的曲线，不能反映这一影响。

Roy E. Olson[3] 等通过不同取样方式进行室内固结试验得到固结系数分布如图 5-15 所示。根据土样 1 号～6 号土样的 e-$\ln p$ 曲线，可疑判断 1 号～6 号土样的扰动是逐渐增加的；但从图 5-14 的固结系数分布规律而言，与图 5-13 中固结系数在不同扰动程度时随固结压力变化的规律几乎是一致的。

沈珠江[13] 也给出了不同取样方式（薄壁、厚壁）得到土样以及重塑土的固结系数随固结压力变化如图 5-15 所示，刘汉龙等的研究[14] 表明，厚壁取土器对试样扰动比薄壁取土器的扰动大，并且小于重塑土的扰动度。图 5-15 中不同取样方式得到土体固结系数与固结压力关系与图 5-13 也是一致的。

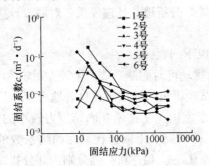

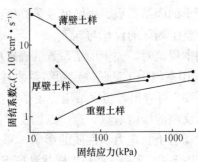

图 5-14　固结系数固结随压力变化[3]　　　图 5-15　固结系数固结随压力变化[13]

因此，对重要工程来说，在进行预压设计时，应获得高质量的土样来确定固结系数等土参数，并应通过试验段的观测来验证或获得固结系数，并在正式预压施工过程中加强各级预压荷载的观测，修正固结系数等关键参数并对后续预压施工起到指导作用。

2. 不同确定固结系数的方法得到的固结系数可能存在一定差异，需注意结合当地类似工程的经验。

根据常规固结试验数据确定固结系数常用的方法是时间平方根法和时间对数法，其他确定固结系数的方法，如反弯点法、张仪萍法、Asoaka 法、Scott 法等。这些方法均根据理论计算的时间-变形曲线的特点，进行一些近似简化，利用试验曲线的若干点、或某些区段、或全段曲线来确定固结系数。实际使用经验表明，对于同一组固结试验数据，采用不同方法得到的固结系数可以相差很大[11]。

曾巧玲[11] 等根据揭普高速原状软土的室内固结试验结果和现场实测结果，对 7 种结系数确定方法的原理、精度、使用简便性、优缺点等进行了比较研究。研究结果表明，三点法和时间平方根法是较好的方法，但采用时间平方根法时其固结试验应采用较大的加载比。研究还发现，同一场地单元、同类软土、不同土样的固结系数离散性较大。实际工程中，同单元地段应进行多组固结试验计算固结系数，剔除较高值者，取余下均值为该地段的固结系数。

图 5-16 为广东揭普高速公路软基研究路段典型沉降曲线。该路段淤泥层厚度 6.8 m，采用袋装砂井堆载预压法处理软基，路堤填筑高度 5.4 m，砂井间距 1.4 m。经过约 5 个月的堆载预压，沉降量达 1788mm。根据图 5-17 实测沉降曲线推算的软土层固结系数为 1.21×10^{-3} cm²/s。为与室内试验确定的固结系数对比，在揭普高速公路 13 合同段 K7＋060～K7＋798 的原状土样，其天然含水率 $w\% = 100.95\%$，天然重度 $\gamma = 14.2$kN/m³，孔隙比 $e = 2.813$。共进行了 15 组固结试验。试验土样面积为 30 cm²，土样高度为 2 cm，试验仪器分别采用三联低压固结仪和三联高压固结仪。

图 5-17 的横坐标为用三点法计算的固结系数 C_v 及其与其他 6 种方法确定的 C_v 的比较，15 个试样得到的三点法固结系数平均值为 1.16×10^{-3} cm²/s，纵坐标为各种方法计算的 C_v 与三点法的比值。结果表明，时间平方根法的 C_v 稍大些，除了个别试验点，两者是比较接近的；时间对数法的 C_v 比三点法的略小些，各组数据偏小的程度比较一致，两者的比值分布在 0.86～1.06 之间；张仪萍法的 C_v 则明显比三点法的小，且离散性较大，两者的比值在 0.46～1.42 之间；Asaoka 法的 C_v 比三点法的大，且离散性大；Scott 法的 C_v 也大于三点法，两者的比值在 0.84～1.31 之间。由此可见，对于同一组数据，不同方法得到的 C_v 存在较大的差异。

此外，时间对数法、反弯点法和 Scott 法受人为因素影响较大，同一组试验数据不同的计算者得到的结果，误差可达 12.7%～19.4%，甚至更大。

因此，对重要工程，应采用多种方法并结合试验段确定固结系数。

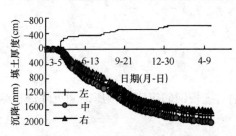

图 5-16　揭普高速公路典型软基路段沉降曲线

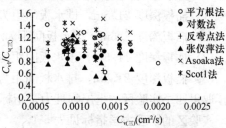

图 5-17　不同方法计算固结系数结果比较

第三节　新近吹填深厚吹填土预压施工全过程的沉降及加固措施

1. 新近吹填深厚吹填土的沉降

本规范给出的沉降计算方法都是基于正常固结的软弱土，且真空预压固结沉降只有一个过程，沉降从施加真空荷载开始计算。然而，随着围海造陆的发展，吹填土层的厚度越来越厚，由原来的 2m 达到现在的 10m 左右，甚至超过 10m。新近吹填土是由吹填的泥浆形成，不经过晾晒直接进行真空预压，其特点不同于以往的吹填土地基[15]，以往的吹填土地基都是经过 2～3 年的晾晒后再进行真空预压加固，在进行真空预压加固时已经在自重作用下固结。

由上述分析可知，新近吹填土地基与以往吹填土地基存在很大的差异：

（1）吹填土地基在加固完成后，上层土强度提高较明显，而 3m 以下的土层强度提高很小，而这层土将决定以后的地基承载力和工后沉降；

（2）在吹填土沉降计算时，发现计算值和实测值之间存在很大的差异，最终沉降量计算值小于实测值；

（3）在吹填土地基特别是新近吹填土地基打设排水板期间土体就会产生很大的沉降，由现场监测数据可以看出插板期间的沉降占整个真空预压过程总沉降的 30%～50%。

（4）实际工程监测数据表明，真空预压到一定的时候，按计算得到的总沉降控制标准和按沉降定义固结度标准达到后，沉降速率却仍然很大，难以达到停泵的设计要求。这表明设计对真空预压的加固地基总沉降计算不准确。

在深厚新近吹填土地基真空预压施工过程中，在土体中打设排水板，相当于在加固土体内增加了排水通道，大大缩短了排水路径。因而吹填土地基中的超孔压开始加速消散，从而产生固结沉降。这个固结沉降实质上是在打设排水板后，吹填土地基在吹填土有效自重和填土层自重作用下产生的固结沉降，相当于传统的堆载预压产生的沉降[15]。真空预压插板期一般为 15～20 天左右。这个期间产生的沉降本文称为插板期间的沉降。由现场监测数据可知，这部分沉降可以达到总沉降的 1/3～1/2 之间。而对于正常固结土地基，由于土体在插板期间超孔压已经消散完毕，故在插板期间土体不会有明显的固结沉降。开始抽真空后，土体的固结压力应该是真空荷载和没有完成固结的那部分吹填土自重之和，在固结应力作用下，土体继续固结产生沉降，这部分沉降称为真空预压期间沉降。

对某吹填土场地进行了真空预压加固试验，加固区共 4 块，每块的面积为 20m× 30m，试验分为以下四种情况[15,16]：

（1）插板深度 21.5m，排水板间距为 0.5m；

（2）插板深度 7.6m，排水板间距为 0.9m；

（3）插板深度 11.6m，排水板间距为 1.0m；

（4）插板深度 21.5m，排水板间距为 0.9m。

取得四个实验区的土层物理力学指标，并分别对插板期间沉降和预压期间沉降进行测量。实验区的物理力学指标见表 5-1。

试验加固区土层分布及物理力学指标　　　　　　　　　　　表 5-1

参数 土层	γ（kN/m³）	e	a（MPa⁻¹）	c_v（cm²/s）	H（m）
填土	19.9	0.604	0.26	2.4	2
淤泥质黏土	19.9	1.254	0.96	1.36	1
淤泥	17.6	2.09	1.66	1.12	4
淤泥质黏土	16.2	1.528	1.22	31.5	1
淤泥	16.8	1.531	1.2	2.44	1
黏土	15.9	1.867	1.48	7.07	1
淤泥质黏土	16.8	1.497	1.21	0.96	1
黏土	17.4	1.321	0.98	0.91	1
淤泥质黏土	16.8	1.535	1.18	2.85	2
黏土	16.8	1.552	1.3	2.44	2
淤泥质黏土	17.0	1.402	1.06	0.95	3
黏土	18.3	1.062	0.53	2.14	1
粉质黏土	18.7	0.92	0.37	2.33	1

实测的插板期及预压期产生的沉降及计算对比见表 5-2。

试验加固区插板期及预压期沉降 表 5-2

插板参数 沉降		插板期间实测值（mm）	预压期间实测值（mm）	插板期间计算值（mm）	预压期间计算值（mm）	总沉降实测值（mm）	总沉降计算值（mm）
深度	间距						
21.5m	0.5m	1251	1131	810	966	2382	1766
7.6m	0.9m	465	583	375	545	1048	920
21.5m	0.9m	780	1172	602	842	1907	1444
11.5m	1.0m	397	480	413	586	877	999

由上述分析，吹填土地基真空预压实质上分为两个过程，第一个过程是在吹填土有效自重作用和填土重力作用下土体产生固结，实质上是堆载预压过程，在此过程产生的沉降称为插板期间的沉降；第二个过程是在负真空压力和没有完成固结的那部分吹填土有效自重作用下产生的固结，实质上属于真空-堆载联合预压，在此过程产生的固结沉降称为真空预压期间沉降。因而吹填土地基真空预压地基加固过程中沉降由两部分沉降组成，即插板期间沉降和真空预压期间沉降。

2. 新近吹填深厚吹填土的加固措施

目前，对新近吹填的、黏粒含量较高的深厚吹填土层，工程实践发现，真空预压的效果时常不理想。这主要因素有：

（1）自重固结时间短

结合沉降速率分析，将吹填泥浆在静水中的沉降过程划分为 2 个阶段[17]，即细颗粒絮凝下沉为主的阶段和泥浆自重固结阶段。沉积结束时间随着土水比的降低而逐渐减小，即土水比越小沉积结束越快。无论是堆载预压、真空预压还是真空-堆载联合预压，施工经验表明，吹填土的沉积结束时间是吹填土沉积的重要影响因素之一，缩短沉积时间是吹填土加固处理的一个重要环节。土水分离出现两相界后，如果立刻进行有外力的排水固结，而且如果施加荷载过大，会使得低渗透性的细小土粒长期堵塞在排水板处，形成局部强度相对较高的黏性泥皮，导致排水体周围低渗透性颗粒泥皮的迅速形成，严重影响加固效果。因此，为避免或减轻这一现象，延长土体自重固结阶段的时间对吹填土的有效加固是非常有益的[17]。董志良[18]等进一步指出，由于水力分选原因，上部土层颗粒极细，当自重固结时间很短时，颗粒间连接很弱，尚未形成具有强度的土骨架结构，土颗粒随水流动性强，所以在浅层抽真空负压差作用下，细颗粒随水向排水板周围聚集形成"土柱"，从而包裹排水板，"土柱"极低的渗透性严重阻碍真空度向周围土体的传递，而下部土层颗粒较粗，结构性相对较好，有利于真空度的传递和孔压的消散。

（2）插板期及预压期产生的较大沉降使排水板发生弯曲变形

真空预压法加固含水量较高的深厚吹填土地基时，地表会有很大的压缩变形，吹填土的大变形造成排水板发生很大的扭曲变形，甚至出现折断现象，其排水功能随时间不断降低，导致达不到预期的加固效果[15,16]。通过对加固土体剖面排水板的变形进行分析，认为排水板弯曲变形，产生死角、折断现象是产生排水板功能降低的主要原因。通过对排水板变形的范围的测量，发现扭曲变形部分主要出现在排水板的上半部分，在中间位置会出现死角或折断，从而导致下半部分排水板失效或功能降低。

鉴于以上因素，对于新近吹填的深厚超软地基，发展了二次真空预压加固的方法。即首先插设较短的排水板，在加固土体变形基本稳定后，再进行二次插更长的排水板再加固。通过对加固后土体的沉降、含水量、十字板强度的实测于比较分析，表明土体的沉降进一步发展，含水量进一步降低，十字板强度进一步提高，且十字板强度沿深度递减幅度得到了很大的改善。说明采用二次插板再加固才能使吹填土产生较好的加固效果。而且，通过十字板强度规律同样可以发现，在进行二次插板加固后，十字板强度增长主要体现在土体下部的强度增长上。说明在高含水量的新近吹填深厚超软土真空预压加固时宜采用二次插板再加固，对浅部土层以下的土层可获取较好的加固效果。

二次插板技术在新近吹填的超软基浅层处理中也得到了较好的应用[18]。例如，天津滨海新区近年来围海造陆所用吹填土一般采用港池和航道的疏浚淤泥，经水力吹填形成陆域场地，含水率高达80%以上，新近吹填的场地甚至可以达到200%左右，强度及承载力极低。另外，由于水力分选原因，上部土层颗粒极细，以黏粒和胶粒为主，颗粒间连接很弱，呈絮凝状浮泥，尚未形成具有强度的土骨架结构，土颗粒随水流动性强。对这类软基，新近吹填场地浅层土体多为浮泥-流泥状超软土，承载力几乎为0，无法吹填排水砂垫层以及机械插板。因此，浅层超软土加固的目的即是通过一定技术手段加固处理后，大幅降低浅层土体含水率，改善其物理力学性质，并使其表层形成一层具有一定承载力的硬壳层，从而满足吹填砂垫层和机械插板所需要的承载力条件，进而进行二次深层真空预压处理。浅层加固的具体作法与传统真空预压法不同，该方法以无纺土工布替代砂垫层作为水平排水垫层，采用人工插设塑料排水短板，而非重型插板机械，同时增加了排水板头与滤管的绑扎连接。经过浅层超软土加固处理，吹填淤泥表层会形成具有一定承载力的硬壳层，土体物理力学性质明显改善，但受土颗粒粒度、矿物成分等因素影响，土的抗剪强度较低。当采用减少排水板插设深度、以"长短板"方式加密排水板间距、采用单排单管的绑扎连接方式等，可获得更好的效果。

3. 新近吹填超软地基加固设计计算

对新近吹填的超软吹填土地基，其真空预压加固期间的总沉降，不仅包括计算的抽真空进行预压期间的沉降，还应包括由于吹填土及表层填土会在吹填土下卧天然土层产生较大的超净孔隙水压力，插板期间，因插板过程中产生排水效应可导致吹填土下卧天然土层孔压消散并产生的沉降[15,16]，因此，还需考虑此部分沉降。天津市临港经济区吹填土地基《地基处理与地基基础工程技术导则》中插板期产生的沉降计算方法[15,16,19]，可供需要估算插板期沉降时参考使用。

真空预压结束时沉降量由插板期间沉降和预压期间沉降组成。

$$s = s_f + s_c \tag{5-1}$$

式中　s——地基在真空预压结束时沉降量（cm）；

　　s_f—— 插班期间沉降量（cm）；

　　s_c——预压期间沉降量（cm），可按《建筑地基处理技术规范》JGJ 79 进行计算。

插板期间沉降量由下卧天然地基土的沉降量和吹填土层的沉降量组成，可按下式计算：

$$s_f = s_1 + s_2 \tag{5-2}$$

式中 s_f —— 插板期间沉降量（cm）；

$\quad\quad s_1$ —— 插板期间下卧天然地基土的沉降量（cm）；

$\quad\quad s_2$ —— 插板期间吹填土的沉降量（cm）。

插板期间下卧天然地基土的沉降量可按下式计算：

$$s_1 = \sum_{i=1}^{n} \frac{a_i}{1+e_{1i}} p H_i U_i \tag{5-3}$$

$$p = \gamma_0 H_0 + \sum_{i=1}^{n} \gamma'_{i0} H_{i0} \tag{5-4}$$

式中 s_1 —— 插板期间下卧天然地基土的沉降量（cm）；

$\quad\quad n$ —— 天然地基土分层数；

$\quad\quad a_i$ —— 第 i 层天然地基土层在应力变化范围内的压缩系数（kPa^{-1}）；

$\quad\quad e_{1i}$ —— 第 i 层天然地基土压缩前的孔隙比；

$\quad\quad p$ —— 天然地基土附加应力（kPa），见图 5-18；

$\quad\quad H_i$ —— 第 i 层天然地基土层厚度（m）；

$\quad\quad \gamma_0$ —— 填土的天然重度（kN/m^3）；

$\quad\quad H_0$ —— 填土的厚度（cm）；

$\quad\quad \gamma'_{i0}$ —— 第 i_0 层吹填土的有效重度（kN/m^3）；

$\quad\quad H_{i0}$ —— 第 i_0 层吹填土厚度（cm）。

插板期间吹填土的沉降量可按下式计算：

$$s_2 = \sum_{i=1}^{n} \frac{a_i}{1+e_{1i}} (p+p_{0i}) H_i U'_{\gamma z} \tag{5-5}$$

式中 s_2 —— 插板期间吹填土的沉降量（cm）；

$\quad\quad n$ —— 吹填土分层数；

$\quad\quad H_i$ —— 第 i 层吹填土层厚度（m）；

$\quad\quad a_i$ —— 第 i 层吹填土层在应力变化范围内的压缩系数（kPa^{-1}）；

$\quad\quad e_{1i}$ —— 第 i 层吹填土压缩前的孔隙比；

$\quad\quad U'_{\gamma z}$ —— 第 i 层吹填土的平均应变固结度（%）；

$\quad\quad p$ —— 吹填土附加应力（kPa），$p=\gamma_0 H_0$；

$\quad\quad p_{i0}$ —— 第 i 层吹填土层的有效自重应力（kPa）按照以下方法计算（图 5-19）：

$$p_{i0} = \frac{1}{2} \left(\sum_{1}^{i-1} \gamma'_{i-1} H_{i-1} + \sum_{1}^{i} \gamma'_i H_i \right)$$

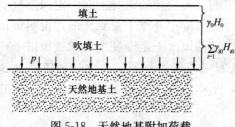

图 5-18　天然地基附加荷载

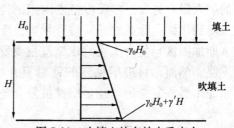

图 5-19　吹填土的有效自重应力

第四节 复合地基的预压

对复合地基来说，近年来其发展主要体现在加固体形式以及不同加固体的联合使用。同时，非复合地基加固手段和复合地基加固的联合使用也是复合地基发展的一个有特色的方向，例如复合地基与塑料排水板的联合使用。当然，其中一些新技术的加固机理还没有深入研究，工程上还尚未积累足够的经验，特别是长期的工程观测，因此，在应用时根据加固目的、使用要求、工程地质条件等，通过现场试验确定其适用性以及施工参数。

随着复合地基大量在公路、铁路，特别是高速铁路中的应用，为控制工后沉降速率和工后沉降值，即使采用了复合地基（包括刚性桩复合地基），仍需利用路堤填土重量进行预压，必要时甚至需要进行超载预压。复合地基上的堆载预压成为一个工程实践中已有较多应用，但理论和方法上尚未成熟。因此，本次规范修订未将其纳入。在复合地基上进行预压设计、施工及监测时，应注意以下两个问题。

1. 复合地基的预压控制

路堤的整体稳定问题是在软土地区进行路堤快速填筑施工的关键问题。为此，越来越多地采用在软土地基中设置柱状加固体形成复合地基支承路堤的方法。当采用散体类桩体时可能不会满足路堤填筑期的稳定性和长期稳定性要求或工后沉降的要求时，常采用刚性桩加固软土地基。

大量实测已表明，采用复合地基加固软弱地基后，在路堤荷载的预压作用下，路提下土体的侧向挤出变形小于天然地基上进行预压，复合地基稳定破坏事故仍时有发生。

广珠高速公路某软土路段采用管桩复合地基处理，桩顶垫层中铺设两层土工格栅。当填土高度达到7m时，路基滑塌，管桩随路基滑动而倾覆，表现出刚度较软土大很多的管桩与软土难以协调变形，桩间土先发生滑动，带动管桩倾覆。还有很多未予以报道的复合地基上路堤失稳的案例。因此，复合地基的预压仍需注意预压期间的稳定控制，需根据本次规范修订增加的复合地基稳定计算方法，对预压期和道路运营期的复合地基稳定进行控制。

2. 复合地基的固结度计算

复合地基的固结度计算的复杂性在于加固区内加固体与土之间可产生相对位移，不符合传统散体桩复合地基所满足的桩、土等应变的假定，即加固区域内加固体与土的应变是不相同的，且加固体与土体应变的差别随着加固体与土体之间刚度差异的增大而增大。针对不同刚度、强度柱状加固体复合地基的桩间土及桩端以下土的分层沉降的观测结果表明，当桩端仍处于软弱土层时，或长度达30m的刚性桩复合地基，桩端处可产生显著的刺入量，桩顶一定深度范围内则因褥垫层的设置而导致桩身上部一定深度范围内的土层受到压缩，除此之外，桩身相当长度范围内桩间土几乎不受到压缩，说明桩长范围内（即加固区）复合土层的压缩量主要发生在桩端以上一定厚度土层和桩顶以下一定厚度土层。然而，目前所见到的针对复合地基的固结分析研究，无论是散体桩复合地基、水泥土类桩复合地基还是刚性桩复合地基，基本上都是采用了桩土竖向等应变的假定[20、21、22]。

郑刚[23]等进行了京津城际高速铁路刚性桩复合地基的桩间土及桩端以下土的分层沉

降观测。复合地基加固体采用素混凝土桩，在挡土墙下筏板下的素混凝土桩按 1.4m×1.4m，路堤内部填土的筏板基础下则按 1.5m×1.5m 布置，有效桩长 28m，桩径500mm。实测的两个断面的桩间土及桩端以下土层的沉降沿深度的分布见图 5-20（a），据此计算的桩间土压缩应变见图 5-20（b）。可以看出，桩间土的主要压缩发生在加固体桩端以上的 1/4～1/6 高度范围内，而不是沿桩身全长分布。由于在桩身中上部，桩间土基本上没有产生压缩，与桩体产生一致的下沉，因此，该深度范围内的土体没有产生预压固结作用，只有在在加固体桩端以上的 1/4～1/6 高度范围内及加固区下卧层的土体受到预压并产生固结。

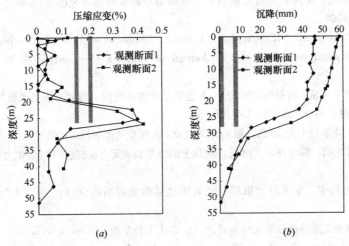

图 5-20 京津城际刚性桩复合地基桩间土沉降沿深度分布
(a) 桩间土压缩应变；(b) 桩间土分层沉降

图 5-20 所示中的刚性桩加固体基本不具备排水作用，当刚性桩加固体同时又具备竖向排水体的作用时，还存在水平向的固结问题，使复合地基预压加固的计算分析更为复杂。例如，混凝土芯砂石桩[24]是由预制钢筋混凝土芯桩和外包芯桩的砂石壳形成的复合桩，和桩间土、褥垫层一起形成复合地基。采用预制钢筋混凝土芯桩作为竖向增强体，芯桩砂石壳作为竖向排水体，土工格栅加筋碎石垫层作为基底垫层，多利用建筑物或路堤本身重量分级逐渐加载，并使建筑物荷载下的地基变形在堆载和预压期间大部完成，以解决建筑物使用期间的沉降和不均匀沉降问题，把工后沉降和工后沉降差控制在规范允许的范围内。

因此，对于复合地基上堆载预压的设计，建议注意调查已有经验，并应结合先进的数值分析手段进行分析，结合试验段的实测，对复合地基上的堆载预压的固结度、工后沉降速率及工后沉降进行预测与分析。

参 考 文 献

[1] 袁大军，丁洲祥，朱合华. 对经典小变形固结理论固结系数的辨析[J]. 岩土力学，2009，20(6)：1649-1652.
[2] Duncan J M. Limitations of Conventional Analysis of Consolidation Settlement [J]. Journal of

Geotechnical Engineering, ASCE, 1993, 119(9): 1333-1359.

[3] Olson R E. Settlement of Embankment on Soft Clays [J]. Journal of Geotechnical and Geoenvironmental Engineering, ASCE, 1998, 124(4): 178-288.

[4] 林鹏, 许镇鸿, 徐鹏, 曾李生. 软土压缩过程中固结系数的研究[J]. 岩土力学, 2003, 24(1): 106-108.

[5] 汤亮亮, 陈樟龙, 单波, 余闯. 压缩过程中软土固结系数与有效固结应力的关系[J]. 工业建筑, 2010, 40(5): 79-81.

[6] 马驯. 固结系数与固结压力关系的统计分析及研究[J]. 港口工程, 1993, (1): 46-53.

[7] 庄迎春, 刘世明, 谢康和. 萧山软黏土一维固结系数非线性研究[J]. 岩石力学与工程学报, 24 (24): 4565-4569.

[8] ZHUANG Ying-chun, XIE Kang-he, LI Xi-bin. Nonlinear analysis of consolidation with variable compressibility and permeability[J]. Journal of Zhejiang University SCIENCE, 6A (3): 181-187. 2005.

[9] 张明, 赵月平, 王威, 赵有明, 马东辉, 苏经宇. 考虑有效应力的软土固结系数变化规律[J]. 北京工业大学学报, 2010, 36(2): 199-205.

[10] 洪毓康. 土质学与土力学(第二版)[M]. 北京: 人民交通出版社, 1995.

[11] 曾巧玲, 张惠明, 陈尊伟, 于海成. 软黏土固结系数确定方法探讨[J]. 岩土力学, 2010, 31(7): 2083-2010.

[12] 邓永锋, 刘松玉, 季署月. 取样扰动对固结系数的影响研究[J]. 岩土力学, 2007, 28(12): 2687-2790.

[13] 沈珠江. 软土工程特性和软土地基设计[J]. 岩土工程学报, 1998, 28(1): 100-111.

[14] Liu Hanlong, Hong Zhenshun, Effect of sample disturbance on unconfined compression strength of natural Marine clays[J]. China Ocean Engineering, 2003, 17(3): 407-416.

[15] 孙立强. 超软吹填土地基真空预压理论及模型试验的研究[D]. 天津: 天津大学, 2011.

[16] 孙立强, 闫澍旺, 何洪娟, 李伟. 吹填土地基在真空预压插板期间的沉降计算. 水利学报, 2010, 41(5): 588-594.

[17] 刘莹, 王清. 江苏连云港地区吹填土室内沉积试验研究[J]. 地质通报, 2006, 25(6): 763-765.

[18] 董志良, 张功新, 周琦, 罗彦, 邱青长, 李燕. 天津滨海新区吹填造陆浅层超软土加固技术研发及应用. 岩石力学与工程学报, 2011, 30(5): 1073-1080.

[19] 天津市临港经济区吹填土地基《地基处理及地基基础工程技术导则》, 2010.12.

[20] 谢康, 曾国熙. 等应变条件下的砂井地基固结解析理论[J], 岩土工程学报. 1989, 11(2): 3-17.

[21] 卢萌盟, 谢康和, 周国庆, 郭彪. 不排水桩复合地基固结解析解[J]. 岩土工程学报, 2011, 33 (4): 574-579.

[22] 尚新生, 林银飞, 王明程, 谢定义, 邵生俊. 散体 - 柔性桩组合和散体 - 刚性桩组合复合地基的固结解[J]. 岩石力学与工程学报, 2009, 28(S2): 3733-3738.

[23] Zheng G., Jiang Y., Han J., Liu Y. F. Performance of cement-fly ash-gravel pile-supported high-speed railway embankments over soft marine clay, Marine Georesources & Geotechnology, 29: 145-161, 2011.

[24] 赵维炳, 陈俊生, 唐彤芝. 混凝土芯砂石桩复合地基技术[C]. 第九届全国地基处理学会讨论会论文集, 2006, 83- 88

第六章 压实地基和夯实地基

第一节 压实地基和夯实地基处理技术的进展

本章包括两部分内容：压实地基和夯实地基。其中压实地基是本规范新增加的内容，夯实地基部分增加了高能级强夯和强夯置换的相关参数，包括最新工程进展得到的一些经验。

近年来城市建设和城镇化发展迅速，人口规模和用地规模不断增长，开山填谷、炸山填海、围海造田、人造景观等大面积填土工程越来越多。据资料显示，全国每年填海造地面积约 350 平方公里，东部沿海和中西部地区开山填谷的面积更大。例如广东省"十一五"期间的围海造地面积超过了 146 平方公里，相当于 5.5 个澳门。天津仅滨海新区的填海造陆面积就达到了 200 多平方公里，山东省近年的填海造地面积超过 600 平方公里。陕西省延安市提出了"上山建城"的城市发展新战略，总占地 70 多平方公里、平均填土厚度 38m 的四个城市新区将在城市周边的丘陵地带开山填谷形成。

除了面积大，山区填土的厚度也屡创历史新高。目前我国填土厚度和填土边坡最大高度已经达到 110 多米，典型的工程如：云南某县绿东新区削峰填谷项目（填方厚度 110m，挖方和填方边坡高度达 105m，填料以混碎石粉质黏土为主），四川省九寨黄龙机场工程的高填方地基（最大填方厚度 102m，填料以含砾粉质黏土为主），云南省昆明新机场工程挖填方量近 3 亿立方米，陕西某煤油气综合利用项目填土工程（黄土，最大填土厚度 70m）等。

大面积大厚度填方压实地基的工程实践成功案例很多，但工程事故也不少，不仅后果严重，带来很多环境问题，因此应引起足够的重视。

需要说明的是，本章中的压实地基适用于处理大面积填土地基。浅层软弱地基以及局部不均匀地基的换填处理应符合本规范第四章换填垫层的有关规定。

第二节 压 实 地 基

一、高填方大面积场地的压实

随着沿海地区和山区经济建设的发展，近十多年来，利用"填海造地"、"开山填谷"解决沿海地区和山区高速公路、石油石化仓储、住宅小区及民航机场工程等建设用地的项目日趋增多。由此带来了"填海造地"、"开山填谷"所形成的大面积、大土石方量、大挖方、高填方、极松散且不均匀的工程场地的地基处理问题，简称高填方工程的地基处理问题。

高填方工程的地基处理问题，包括以下 8 个方面：

（1）截水与排水渗水导流问题；

（2）高填方工程原地面土基和软弱下卧层（或称基底）处理问题；

（3）填挖交界面的处理问题；

（4）填料搭配及分层填筑施工方法问题；

（5）高填方工程的分层填筑地基处理设计问题；

（6）挖方和填方高边坡加固系列问题；

（7）地基加固效果检测及评价方法问题；

（8）高填方的工后沉降量估算问题。

地基的填筑方法是高填方地基加固处理的关键工序，在填筑时，必须采用分层堆填，绝对禁止抛填。分层堆填的厚度可根据运输车辆的吨位，取 1～1.5m。大面积填方是选用压实方法还是夯实方法，要根据项目具体情况（填料类型，设备资源，工期要求等）进行经济技术对比后综合确定。

在强夯法出现以前，传统的填方压实地基多采用分层碾压、重夯的方法。重夯的处理厚度一般在 1～1.5m，由于压实功能有限，目前已较少采用。

分层碾压法存在很多局限性：①对填料的粒径和级配控制要求很严格，爆破成本随之增高；②回填方法要求很高，交叉作业多，需精细化施工和管理；③压实基本上靠振密和挤密，即使是强度较低的泥岩、砂岩块石，也很难压碎。所以，分层碾压的填土材料必须有良好的级配，才能避免填土中形成架空结构，在当前厚大回填规模下采用传统的分层碾压方法很难保证夯实质量和处理要求。

另外，分层碾压的压实功能很小，不能满足大块石高填方地基的要求。地基土的最大干密度随着压实功能的增大而增大，尽管压实度指标可以定得很高，但其基准是在压实功能较低水平上制定的，故分层碾压的影响深度有限。分层厚度很薄，层与层之间是面接触，上下层之间形不成嵌固和咬合，对高填方地基的稳定性也是不利的。

二、压实机械的分类与特性

对填方地基实施机械压实，密实度每提高 1%，其承载能力可提高 10% 左右。压实机械通常分为压路机（以滚轮压实）和夯实机（以平板压实）两大类。按施力原理不同，压路机又分为静力作用压路机、轮胎压路机、振动压路机和冲击式压路机四大系列，夯实机械有振动夯实机、施加冲击力夯实机和蛙式夯实机。如表 6-1 所列。

压 实 机 械 分 类　　　　　　　　　　　表 6-1

类别	系列	分　类	主要结构形式	规格（总重）(t)	有效压实深度(cm)
压路机	静碾压路机	三轮静碾压路机	偏转轮转向、铰接转向	10～25	20～40
		两轮静碾压路机	偏转轮转向，铰接转向	4～16	
		拖式静碾压路机	拖式光轮，拖式羊脚轮	6～20	
	轮胎压路机	自行式轮胎压路机	偏转轮转向，铰接转向	12～40	20～50
		拖式轮胎压路机	拖式，半拖式	12.5～100	
	振动压路机	轮胎驱动单轮振动压路机	光轮振动，凸块振动	2～25	120～180
		串联式振动压路机	单轮振动，双轮振动	12.5～18.0	
		组合式振动压路机	光面轮胎—光轮振动	6～12	
		手扶式振动压路机	双轮振动，单轮振动	0.4～1.4	
		拖式振动压路机	光轮振动，凸块轮振动	2～18	
		斜坡振动压实机	光拖式爬坡，自行爬坡	6～20	
		沟槽振动压实机	沉入式振动，伸入式振动	8～25	
	冲击式压路机	冲击式方滚压路机	拖式	15～50	100～160
		振冲式多棱压路机	自行式	12～30	

类别	系列	分 类	主要结构形式	规格（总重） （t）	有效压实深度 （cm）
夯实机	振动夯实机	振动平板夯实机	单向移动，双向移动	0.05～0.80	60～90
		振动冲击夯实机	电动机式，内燃机式	0.050～0.075	
	打击夯实机	爆炸夯实机		0.050～0.075	20～60
		蛙式夯实机		0.050～0.075	

注：表中的有效压实深度为一般工程经验，具体与压实度要求、含水量、碾压遍数、初压复压终压的碾压速度、压实机械的振幅频率等有关。

除表 6-1 中所列类别之外，压路机还可以按工作质量大小分为小型、轻型、中型、超重型；按用途不同分为基础用压路机、路面用压路机。

1. 按压实原理分类

按工作原理分类基本上能体现出压实机械各自的技术特性，这为压实机械的设计与使用提供了依据。静碾压路机（图 6-1）和轮胎压路机（图 6-2）都是以其自身质量产生的静电力迫使土颗粒相互靠近的，从而提高土壤的密实度。

图 6-1　静碾光轮压路机　　　　　图 6-2　自行式轮胎压路机

与静碾压路机相比，轮胎压路机优越性在于能使被压实材料有良好的封闭性和揉搓作用。它除了用于压实沥青混凝土铺装层外，几乎还能够完成所有的压实工作。自行式轮胎压路机的机动性好，便于运输和转移工地。

振动压路机发出的振动载荷使土颗粒处于高频振动状态，使颗粒间的内摩擦力丧失，同时压路机的重力对土壤产生的压应力和剪切力迫使土壤颗粒重新排列而得到压实。

最早是在振动平板压实机的基础上发明了拖式振动压路机（图 6-3）。随着对振动技术的深入研究，振动轴承和减振器的性能及制造工艺不断提高，先后研制成功了轮胎驱动（铰接式）振动压路机（图 6-4）和串联式振动压路机（图 6-5）。

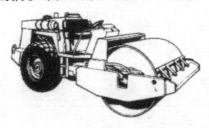

图 6-3　拖式振动压路机　　　　　图 6-4　轮胎驱动振动压路机

图 6-5　串联式振动压路机　　　　　　图 6-6　冲击式压路机

冲击式压路机（图 6-6）使用多边形方滚，具有静压、冲击、振动、捣实和揉搓的综合作用适用于大型填方、塌陷性土壤和干砂填筑工程的压实。

振动平板夯实机与振动冲击夯实机（图 6-7）同属于振动压实机械。蛙式夯机是我国特有的一种小型压实设备，目前仍被广泛使用。振动夯实

图 6-7　振动平板夯实机与振动冲击夯实机

机械通常用于小型工程的压实或作为压路机的补充。

2. 按工作质量大小分类

按工作质量大小，压路机分为小型、轻型、中型、重型和超重型，见表 6-2、表 6-3、表 6-4。

拖式轮胎压路机按质量分类　　　　　　　　　表 6-2

压路机系列	无配重（t）	有配重（t）	压实宽度（mm）	轮胎型号（英寸）
轻型	4	12.5	2200	12～20
中型	8	25	2400	14～20
重型	16	50	3100	18～28
超重型	25	100	3200	21～28

光轮压路机按质量划分类表　　　　　　　　　表 6-3

压路机系列	质量(t)	线载荷(kN/m)	发动机功率(kW)	应用范围
轻型	≤5	< 40	≤20	压实小型基槽，人行道和修补黑色路面，路基和路面的初步预压实
中型	6～10	40～60	20～38	压实较大面积基坑底部，路基和路面的中间压实以及简易路面的最终压实
重型	> 10	> 60	> 38	压实粗粒土地基、较大填土厚度地基，砾石和碎石路基以及沥青混凝土路面的最终压实

振动压路机按质量分类表　　　　表 6-4

压路机系列	质量（t）	发动机功率（kW）	适 应 范 围
小型	< 1	< 10	狭窄地带和小型工程
轻型	1～4	12～34	修补工作，内槽填土等
中型	5～8	40～65	基层、低基层和面层的压实
重型	10～14	78～110	街道、公路、机场等的压实
超重型	16～25	120～188	筑堤、公路、土坝等的压实

3. 按压路机用途分类

压实路面用的压路机要求有光整封层作用，不破坏铺层材料中的粗骨科，并且不粘结沥青混合科。因此，路面型的压路机应以大滚轮串联式为好，对于振动压路机要求高频率低振幅，要有洒水或喷水功能，最好是全轮驱动。柔性压轮更能起到封层和保存粗骨料的作用，此外还有重铺沥青混凝土路面专用的薄层振动压路机。

压实地基用的压路机要求压实能力强，牵引力大，越野性能好，应取大吨位的重型或超重型，振动压路机要大振幅低频率，驱动轮胎要宽基低压带花纹的，压路机横向稳定性要好，并且应有带锁止机构的差速器。

对堤坝和河槽斜坡的压实，可用履带式拖拉机绞车牵动的拖式或自行式振动压路机施工，还可选用专用的斜坡压实机（图 6-8）。对于管道或电缆埋设沟槽填土，可用专门的沟槽压实机（图 6-9）压实。

图 6-8　斜坡振动压路机　　　　　　图 6-9　沟槽振动压路机

三、冲击压实

冲击压实技术是继静碾压、振动碾压之后的又一次重大技术革新，它是采用拖车牵引三边形或五边形双轮来产生集中的冲击能量达到压实土石料的目的。冲击压实在路基和大面积填筑中的应用越来越广，尤其在以不良土作为填料的路基压实中有突出的优点。冲击压实技术是一种利用非圆形、大功率、连续滚动的轮辗进行路面和路基冲击压实的技术。20 世纪 50 年代由南非 Aubrey Berrange 公司提出，但成为一种成熟的可供实用的非圆滚动冲击压实机则是在 20 世纪 70、80 年代，20 世纪 90 年代开始向全球推广。1995 年南非蓝派公司将这种压实设备传入我国。冲击压实利用动力固结原理，冲击压实机对路基产生的强烈冲击波向地下深层传播，使原土体结构被破坏，土颗粒在强大的冲击挤压力下孔隙被压缩挤密，孔压力急剧上升，土体形成树状裂隙，使土体中原有的水分和空气逸出，形成二次沉降。地基的压缩性降低，压实度大大提高。

冲击式压路机和传统压路机特点：

（1）冲击式压路机生产效率是传统压路机的4～5倍。一般冲击式压路机行驶速度为12～15km/h，而传统压路机行驶速度为1.5～2.5km/h。这对于提高生产效率，缩短工期是十分重要的。

（2）冲击式压路机有效影响深度是传统压路机的3～4倍。振动压路机激振力通常为500kN，而冲击式压路机的冲击压力为4000kN。冲击压实技术可直接冲击压实，压实影响深度2m，有效深度1.5m左右，可大大提高填土进度。

（3）冲击式压路机对土基含水量要求较传统压路机范围大。传统压路机所要求含水量通常为最佳含水量的±2％，而冲击式压路机所要求含水量为最佳含水量的±5％，对于特别干旱或特别潮湿地区土方施工，其施工的难易程度是完全不一样的。

（4）冲击式压路机对石方填料的压实，最大粒径控制是传统压路机的2～3倍。石方施工一般最大粒径要求为压实层厚的2/3左右，故最大粒径控制十分重要，否则无法压实。同时由于最大粒径要求的不同而必须采用二次爆破，故改小岩石粒径所增加的费用是相当明显的。

总之，冲击式压路机与传统压路机相比较，具有生产效率高、影响深度大、对填料含水量和最大粒径要求范围宽等优点，因此冲击式压路机在公路、城市道路、机场道路、大面积填土工程施工中，具有广泛的应用前景。因此本次规范修编增加了此部分内容的设计施工要点，详细要求可参照《公路冲击碾压技术应用指南》（人民交通出版社，2005）。除公路工程以外，我国还有多个机场如上海浦东机场，新疆且末机场，重庆万州机场，河北唐山机场，贵州兴义机场等机场工程也使用了冲击碾压法，并取得了良好的效果。

四、轻型击实试验和重型击实试验的区别和联系

轻型击实试验适用于粒径小于5mm的黏性土，重型击实试验适用于粒径不大于20mm的土。采用三层击实时，最大粒径不大于40mm。轻型击实试验的单位体积击实功约592.2kJ/m³，重型击实试验的单位体积击实功约2684.9kJ/m³（表6-5）。

击实试验方法种类　　　　　　　　　　　表6-5

试验方法	类别	锤底直径(cm)	锤质量(kg)	落高(cm)	试筒尺寸		试样尺寸		层数	每层击数	击实功(kJ/m³)	最大粒径(mm)
					内径(cm)	高(cm)	高度(cm)	体积(cm³)				
轻型① JTG E40—2007	I-1	5	2.5	30	10	12.7	12.7	997	3	27	598.2	20
	I-2	5	2.5	30	15.2	17	12	2177	3	59	598.2	40
轻型② GB/T 50123—1999		5.1	2.5	30.5	10.2	11.6	11.6	947.4	3	25	592.2	<5
轻型 SL 237—1999		5.1	2.5	30.5	10.2	11.6	11.6	947.4	3	25	592.2	<5
重型 JTG E40—2007	I-1	5.0	4.5	45	10	12.7	12.7	997	5	27	2687.0	20
	I-2	5.0	4.5	45	15.2	17	12	2177	3	98	2677.2	40

试验方法	类别	锤底直径 (cm)	锤质量 (kg)	落高 (cm)	试筒尺寸		试样尺寸		层数	每层击数	击实功 (kJ/m³)	最大粒径 (mm)
					内径 (cm)	高 (cm)	高度 (cm)	体积 (cm³)				
重型 GB/T 50123—1999		5.1	4.5	45.7	15.2	11.6	11.6	2103.9	5 3	56 94	2684.9	40
重型③ SL 237—1999		5.1	4.5	45.7	15.2	11.6	11.6	2103.9	5	56	2684.9	20

① 行业标准. 公路土工试验规程 JTGE 40—2007. 北京：人民交通出版社，2007；

② 国家标准. 土工试验方法标准 GB/T 50123—1999. 北京：中国计划出版社，1999；

③ 土工试验规程 SL 237—1999. 南京水利科学研究院，1999。

重型比轻型击实试验所得之结果，最大干密度 γ_0 平均提高约 9.9%，而最佳含水量平均降低约 3.5%（绝对值）。几种土的对比值，见表 6-6 所列。其他类似的多次试验结果，均得到相同的结论，即击实功能愈大，土的最佳含水量愈小，而最大干密度及强度愈高。同时还得知，采用重型击实标准后，土基压实度至少可增加 6%，而土基的强度可以提高 32% 以上。

不同土不同击实法的对比试验结果   表 6-6

土 类	黏 土		粉土质黏土		砂质黏土		砂		砂砾土	
指标方法	γ_0	w_0	γ_0	w_0	γ_0	w_0	γ_0	w_0	γ_0	w_0
轻型击实法	15.5	26	16.6	21	18.4	14	19.4	11	29.5	9
重型击实法	18.1	17	19.2	11	20.5	11	20.8	9	22.1	7
两者相比	+2.6	−9	+2.6	−7	+2.1	−3	+1.4	−2	+1.5	−2

注：表内 γ_0 以 kN/m³ 计，w_0 以 % 计

一般情况下，采用轻型击实标准时，土的最佳含水量（w_0）对于黏性（塑性）土约相当于塑性限度的含水量；对于非黏性土则约相当于液限含水量的 0.65 倍。采用轻型击实标准时，各种土的最佳含水量和最大密实度，设计施工时可参考表 6-7。

几种土的最佳含水量及最大干密度   表 6-7

土基本分类	砂土	砂质粉土	粉土	粉质黏土	黏土
最佳含水量（按重量计）w_0（%）	8～12	9～15	16～22	12～20	19～25 及以上
最大干密度（t/m³）	1.80～1.88	1.85～2.08	1.61～1.80	1.67～1.95	1.58～1.70

注：重型击实标准时 γ_0 值平均约提高 10%，w_0 约减小 3.5%（绝对值）。

五、高填方分层压实工程实例

1. 云南某"削峰填谷"工程实例

工程所在地是典型的山区县，全县境内无一处大于 1km² 的平坝，全县 75% 以上的面

积为坡度大于25°山地。受地形限制，县城现状绝大部分建筑物错台而建，拥挤不堪，整个县城只有一条主街道，建设用地极为紧缺。通过项目的实施预期可获得稳定建设用地面积42.10公顷（挖方区面积），保障近期（2015年前）绿春城区发展建设需要。其余填方区域及边坡区域土地61.50公顷，需自然沉降固结和经边坡防治后方可使用，此部分建设用地分别为公共绿化、防护林地等设施用地10.9公顷；远期建设用地36.4公顷；市政工程（广场、道路等）用地14.2公顷，这部分土地可满足城市2016～2020年建设用地需求。如图6-10，图6-11所示。

图6-10 工程现场实景照

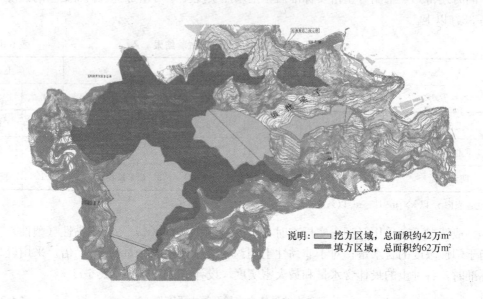

图6-11 挖填方区域分区图

该工程挖方区面积42.10公顷，填方区面积54.90公顷；挖方工程采用以挖机开挖为主，局部零星孤石小药量爆破的挖方施工方法；填方工程采用分层碾压填筑方法，粒径小于5cm，分层厚度为300mm，碾压总面积约7218.7万m²。

（1）土石方量：挖方总量（虚方）约2280.6万m³，填方总量（虚方）约2165.6万m³，多余土方（虚方）约115万m³，清表土方约51.8万m³。土层⑥₂强风化板岩，⑥₃中风化板岩，⑥₄微风化板岩经爆破开挖后，部分石料需要破碎才能达到碾压法的粒径要求，破碎虚方量分别约为35万m³，77.7万m³，15.5万m³。

（2）土石边坡：本工程共有 3 个挖方高边坡和 3 个填方高边坡。挖方边坡：①把不粗梁子挖方边坡 B2 高 100m，分 11 级；②俄批梁子挖方边坡 B3，坡高 110m，分 12 级；③俄批梁子挖方边坡 B5，坡高 24m，分 3 级按 1∶1.5 坡比分台。填方边坡：①松东河填方边坡 B1 高 110m，分 22 级按 1∶2.5 坡比分台；②填方边坡 B4 高 42m，分 7 级按 1∶1.5 坡比分台；③东仰体育馆处填方边坡高 4m，按 1∶1.5 坡比放坡。

（3）排水设施：主要由地表排水及地下排水两大部分组成，其中地表排水分为永久泄洪及临时排水两部分。地表永久泄洪建筑物：拦水坝 3 座均为 M10 浆砌石重力坝；泄洪明渠 2 条，即 1 号泄洪明渠及 2 号泄洪明渠（2 号导流明渠）；3 条泄洪隧洞，即 1 号、2 号、3 号泄洪隧洞；泄槽、消能工等；临时排水沟主沟位于项目北侧。

（4）边坡防护：边坡防护主要采用锚索框格梁、抗滑挡墙、坡面排水、坡面绿化、土工格栅、和拦挡坝的形式，拦挡坝共 2 座，坝高 3～10m。

（5）为确保填方区填筑体内地下水不积存，在填筑体垂向上每 20m 高度填筑一层厚 0.5m 的级配较好的中～微风化碎块石层，并在下面铺 10cm 厚黏土层，共同作为透水层。坡向与场地坡向相同，由南向北，由东向西 1‰ 放坡。施工中应确保透水层的连续性。

压实参数与实测结果：

采用了徐工 XS222J 振动平碾压路机，属于本章前述表中的轮胎驱动超重型光轮振动压路机，见图 6-12。其工作质量 22t，前轮分配质量 11t，静线荷载 516N/cm，速度范围 2.6～8.6km/h，振动频率（高/低）为 33/28Hz，名义振幅（高/低）1.86/0.93mm，激振力高/低振幅 374/290kN，振动轮宽度 2130mm。

图 6-12　轮胎驱动超重型光轮振动压路机

填料的现场实测含水量在 11.5‰～17.8‰，平均 14.8‰。最优含水量为 22‰。碾压后采用环刀法和灌水法检测密度。

黏土料碾压试验成果汇总表　　　　　表 6-8

碾型	碾重（t）	铺土厚度（cm）	碾压遍数	碾压前厚度（cm）	碾压后厚度（cm）	压缩率（%）	干密度（t/m³） 平均值	干密度（t/m³） 范围值	含水量（%） 平均值	含水量（%） 范围值
平碾	22	30	3	29	25.6	11.7	1.83	1.77～1.92	16.0	14.7～16.9
			4		24.9	14.1	1.87	1.85～1.90	13.8	12.5～15.2
			5		23.4	19.3	1.85	1.75～1.91	13.1	11.5～14.3
		40	4	41	34.0	17.1	1.75	1.72～1.80	16.0	15.0～17.0
			5		34.3	16.3	1.78	1.74～1.83	15.6	13.3～17.8
			6		33.4	18.5	1.88	1.84～1.91	13.5	12.5～14.1
		50	4	52	43.9	15.6	1.85	1.84～1.86	12.9	12.1～13.8
			5		43.7	16.0	1.85	1.79～1.93	13.6	13.0～13.9
			6		41.1	21.0	1.95	1.90～1.99	14.0	12.8～15.1

碾型	碾重（t）	铺土厚度（cm）	碾压遍数	碾压前厚度（cm）	碾压后厚度（cm）	压缩率（%）	干密度（g/cm³）		含水量（%）	
							平均值	范围值	平均值	范围值
平碾＋凸碾	20	50	4	52	44.3	14.8	2.08	2.02～2.13	7.3	5.2～9.8
			6		43.4	16.5	2.14	2.03～2.13	6.8	5.8～8.1
			7		42.2	18.8	2.16	2.16～2.17	7.8	7.4～8.5
		60	4	59	53	10.2	2.15	2.09～2.23	7.2	6.4～8.0
			6		50.5	14.4	2.13	2.03～2.28	6.6	5.9～7.0
			7		51.2	13.2	2.04	2.03～2.05	6.4	5.8～6.9
		70	4	70	61.5	12.4	2.04	1.93～2.13	5.9	5.5～6.3
			6		59.8	14.6	2.01	1.96～2.08	6.4	5.3～7.4
			7		61.4	12.3	2.02	1.94～2.07	7.2	6.5～7.3

从表 6-8 黏土料碾压试验成果汇总表看，30cm、40cm、50cm 三个铺土厚度，各碾压遍数压实干密度均大于室内标准击实值，40cm 厚度层压实干密度在各遍数上均比 30cm、50cm 低。分析原因，40cm 铺土厚度为黏土，30cm、50cm 两个铺土厚度掺杂风化料。

根据设计标准值和现场碾压试验成果分析，结合施工机具及工程性质等实际情况，大面积施工采用以下指标作为黏土料碾压施工控制参数：干密度不小于 1.70g/cm³，铺土厚度为 40cm±2cm，碾压遍数 5 遍，第 1 遍采用平碾静压，2～5 遍，采用平碾振压、加推土机松土器刨毛，1 挡低速油门速度行驶。

从表 6-9 风化料碾压试验成果汇总表看，50cm、60cm、70cm 三个铺土厚度，压实干密度无小于室内标准击实标准值 2.20g/cm³，但从现场碾压情况看，50cm、60cm 铺土厚度接近标准值，根据工程实际情况结合现场碾压试验成果分析，大面积施工采用以下指标作为风化料填方区碾压施工控制参数：干密度 2.14g/cm³；施工控制最小干密度值按设计压实度分区值控制。铺土厚度为 60cm±4cm；碾压遍数 6 遍，采用平碾振压 1 挡低速油门速度行驶。

2. 陕西延安某煤油气综合利用项目填土工程

本工程属于大型重化工工业，厂区四块用地又紧靠河流两岸。场地条件复杂，有大型老滑坡存在。建厂场地有河滩地、山地、坡地、冲沟。各地块设计标高不同，东、西区设计高差达 59.5m。场地西侧既有高挖方，又有高填方（最厚达 70m），场地东侧则处于湿陷性黄土地基上，需要综合考虑原状湿陷性黄土地基处理和填方地基回填压实处理。

其中填方厚度较大的西区，回填区域土方回填和强夯分 8 层进行，第一层为冲沟回填碎石渗层，最大能级为 12000kN·m。每一分层（8～12m 后）的填土都采用分层（1m 一层）碾压，碾压合格后再铺设上面一层。

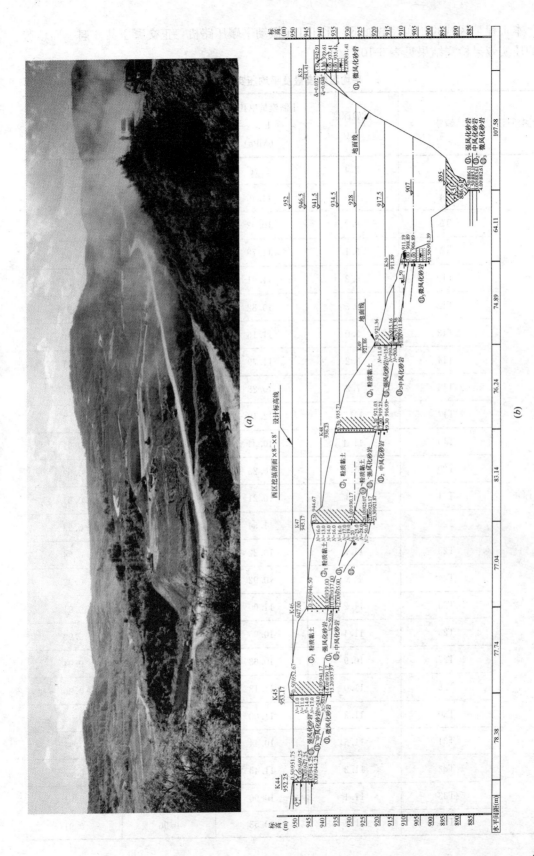

图 6-13 典型地基处理分层剖面示意图

83

本工程某区域的压实参数如下：采用18t振动平碾压路机，正交碾压共6遍。回填黄土的压实效果检测结果见表6-10。

平均压缩模量及平均压实系数　　　　　　　　　表6-10

检测项目	编号	试验深度 (m)	压缩模量单孔平均 E_{s1-2} (MPa)	轻击压实 系数单孔平均 (λ_c)	重击压实 系数单孔平均 (λ_c)
探井	T3	2.4	9.76	0.99	0.92
	T4	4.4	11.40	0.96	0.90
	T5	8.2	10.93	0.98	0.92
	T6	5.1	11.78	0.97	0.90
	T10	5.3	11.91	0.96	0.90
	T12	6.3	10.82	0.96	0.91
	T13	5.0	11.16	0.95	0.90
	T14	6.2	11.79	0.96	0.91
	T15	7.2	10.28	0.96	0.91
	T17	11.3	12.19	0.95	0.90
	T19	11.4	10.34	0.96	0.91
	T20	11.4	10.25	0.97	0.92
	T21	9.3	10.21	0.97	0.91
	T22	11.2	11.54	0.98	0.93
	T23	11.3	10.22	0.99	0.94
	T24	8.3	10.92	0.97	0.92
	T25	11.2	11.00	0.96	0.91
	T26	11.4	10.95	0.97	0.92
	T27	10.9	10.63	0.99	0.94
	T28	11.0	11.18	0.95	0.90
	T30	11.3	11.00	0.97	0.92
	T31	11.5	10.44	0.96	0.91
	T32	11.3	11.45	0.99	0.93
	T33	11.1	10.90	0.96	0.91
	T35	11.4	10.53	0.96	0.91

检测项目	编号	试验深度 (m)	压缩模量单孔平均 E_{s1-2} (MPa)	轻击压实 系数单孔平均 (λ_c)	重击压实 系数单孔平均 (λ_c)
探井	T36	4.3	10.03	0.96	0.91
	T37	11.2	11.25	0.96	0.91
	T38	10.9	12.63	0.95	0.90
	T39	11.0	10.12	0.96	0.91
	T40	2.4	11.80	0.96	0.91
	T41	8.3	10.60	0.96	0.91

由 6-9，经统计，907m 标高面已施工区域的压缩模量 E_{s1-2} 平均值为 10.92MPa，满足设计要求。907m 标高面已施工区域的轻击压实系数平均值为 0.96，满足设计要求。907m 标高面已施工区域的重击压实系数平均值为 0.91。

第三节 夯 实 地 基

夯实地基是指反复将夯锤提到高处使其自由落下，给地基以冲击和振动能量，将地基土密实处理或置换形成密实墩体的地基，施工工法包括重锤夯实、强夯、强夯置换，近年发展起来的还有降水强夯法。夯实法处理地基如图 6-14 所示。

夯实法处理地基由于具有加固效果显著、适用土类广、设备简单、施工方便、节省劳力、施工期短、节约材料、施工文明和施工费用低等优点，我国自 20 世纪 70 年代引进后迅速在全国推广应用，目前已成为应用范围最为广泛的地基处理方法之一。大量工程实践证明，在适宜场地采用夯实法处理地基，可大幅提高地基承载力和压缩模量。

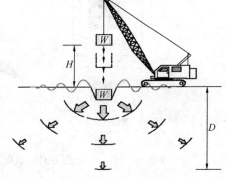

图 6-14 夯实法处理地基示意图
W—锤重；H—落距；D—最大加固深度

为了使该地基处理技术能够更好地解决工程建设中的地基处理问题，规范对该技术的适用范围、设计要点、施工方法，以及检测评价作了原则规定。

一、强夯

1. 强夯概念及其适用性

（1）强夯概念

强夯是反复将 80～400kN 的锤（最重的达 2000kN）起吊到 8～25m 高处（最高的达 40m），而后自由落下，其动能在土体中转化成很大的冲击波和高应力，从而提高地基强度和均匀性，降低压缩性，减少工后差异沉降，消除湿陷性，改善其抵抗振动液化能力等的一种地基处理方法。作为一种在加固原理、处理效果、适用范围和施工工艺异于传统夯击法的现代地基处理技术，其形成和应用始于 L. Menard 1969 年对法国南部 Cannes 附近 Napoule 海滨一采石场废土石围海造成的场地上。我国自 1975 年开始介绍与引进强夯技术，1978 年开始在工程中使用至今，经历若干阶段的快速发展，强夯夯击能已由引进初期的 1000kN·m，提高到 18000kN·m，处理深度从 5m，提高到 15m 左右；施工机械设备状况得到显著改善，国内专业施工企业联合高校科研力量、大型起重机生产厂家先后研发制造了多款专门用于强夯施工的机械设备，个别先进专用施工设备还实现远程遥控操作和不脱钩施工，施工效率和安全可靠性显著提高，大幅缩小了与国外先进水平的差距；应用领域从工业与民用建筑，扩展到港口码头、石油石化、机场、道路交通等行业，应用领域十分广阔。图 6-15 和图 6-16 所示为国内近年开发的强夯专用施工设备（该设备主要特点是自动记录）。

图 6-15　机电液一体化强夯专用施工设备

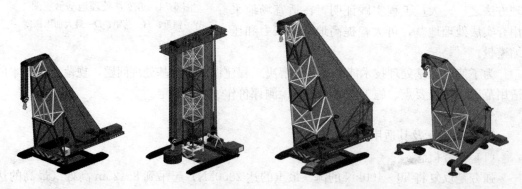

图 6-16　国内近年研发的系列强夯专用施工设备

（2）强夯主要优缺点

强夯是充分利用和发挥土层本身的作用，在没有其他建筑材料介入的基础上，通过施加夯击能，改变地基土的物理力学性质，使其满足设计要求，其突出优势是经济易行、节省材料。其次，在施工便捷、质量可控、施工周期等方面也有优势。

强夯引起的振动对环境的影响，是该技术的显著缺点，制约该技术在建筑密集区的应用。

（3）强夯的适用范围

尽管强夯地基处理技术应用十分广泛，但并不是所有地基土适用采用强夯法处理，规范对强夯的适用范围作了较为严格的限定，即强夯法适用于处理碎石土、砂土、低饱和度的粉土与黏性土、湿陷性黄土、素填土和杂填土等地基。工程实践证明，上述地基采用强夯法处理，只要强夯设计参数合理、施工工艺科学，检测评价方法适当，一般可取得显著效果；而对软土地基，处理效果一般不显著。

2. 强夯地基处理设计基本要求

（1）设计方案

强夯地基处理设计方案应根据场地环境条件、地基土类别、建筑使用要求，进行技术、经济可行性分析，并与其他地基处理方案进行比选后确定。由于强夯地基目前仍没有一套成熟的设计计算方法，2012 版规范依然规定，强夯施工前，应在施工现场有代表性的场地上进行试夯或试验性施工，面积不宜小于 $400m^2$。但是，这种试夯和试验性施工，不应理解为适用性试验，主要是为了验证所选取的设计参数和施工工艺是否科学合理、试验结果是否满足设计要求，否则，应对相关参数进行必要调整。

强夯地基处理是一种信息化的施工过程，在每一阶段夯击结束后，即对这一阶段的施工状况及加固效果进行调查，并利用调查结果指导下一阶段的夯击，这种管理方法称为信息化施工管理。强夯地基处理借助施工过程中的信息反馈，即对各夯点的夯沉量、击数、夯坑深度、夯坑填料成分、含水量变化及夯坑周围地面变形情况等诸方面监测以及夯后检测结果记录的分析，及时反复对强夯参数及施工工艺进行相应的修正与调整，才能满足强夯加固的技术要求，满足承载力特别是减少沉降量和变形均匀性的要求，从而取得较好的加固效果。

（2）处理目标

强夯地基处理设计应明确处理目标。这些目标包括地基承载力力特征值、压缩模量或变形模量、有效加固深度、消除液化深度、消除湿陷深度，对回填土一般还应明确干重度指标等。

（3）试夯或试验性施工工艺

强夯地基处理设计应根据本规范要求，详细说明试夯或试验性施工工艺要求。

（4）检测监测评价

强夯地基处理设计应明确监测检测评价方法。强夯地基处理检测和监测评价包括夯前、夯中、夯后，检测方法以及检测工作量，应根据地基土的性质选取和确定。检测方法包括动力触探、标准贯入试验、静力触探、波速试验、室内土工试验等，目的是与夯后结果进行对比，客观评价强夯处理效果，为设计提供依据。

试夯过程中处理必须进行单击夯沉量、累计夯沉量、周围隆起量等的监测外，必要时还应该进行孔隙水压力、振动加速度、水平位移等的监测。

夯后检测应进行静载荷试验外，其他检测方法一般应与夯前检测方法相对应。检测工作量应满足规范要求。

(5) 地下水的影响

地下水及土的天然含水量对强夯地基处理效果的影响十分显著。工程实践证明，强夯处理粗颗粒土地基，如果地下水位高，夯击过程中，夯坑积水，影响施工正常进行；强夯处理黏性土地基，如遇降雨，造成地基土天然含水量上升，处理效果变差；强夯处理砂土或湿陷性黄土地基，如果地基土天然含水量过低，将造成消除液化或湿陷深度不能满足设计要求。因此，强夯地基处理设计时，要考虑降低地下水位或采取增湿措施的必要性。

3. 强夯设计要点

强夯地基处理设计时，首先应根据设计有效处理深度和地基土性质，选取适宜的夯击能，再根据夯击能的大小和地基土性质，确定夯击数、夯击遍数、夯点间距、布点形式、各遍之间的间歇时间等参数。

(1) 夯击能与有效加固深度

夯击能是夯锤重与落距的乘积，是影响强夯有效加固深度的主要因素，而强夯法的有效加固深度既是反映处理效果的重要参数，又是选择地基处理方案的重要依据。强夯法创始人梅那 (Menard) 曾提出下式来估算影响深度 H (m)：

$$H \approx \sqrt{Mh} \tag{6-1}$$

式中　M——夯锤质量 (t)；

　　　H——落距 (m)。

国内外大量试验研究和工程实测资料表明，采用上述梅那公式估算有效加固深度将会得出偏大的结果。从梅那公式中可以看出，其影响深度仅与夯锤重和落距有关。而实际上影响有效加固深度的因素很多，除了夯锤重和落距以外，夯击次数、锤底单位压力、地基土性质、不同土层的厚度和埋藏顺序以及地下水位等都与加固深度有着密切的关系。鉴于有效加固深度问题的复杂性，以及目前尚无适用的计算式，所以 2012 规范规定有效加固深度应根据现场试夯或当地经验确定。表 6-11 为 16 项重大工程项目强夯地基处理效果统计，可以看出，相同能级强夯，处理效果并不相同。

强夯地基处理工程实例统计　　　　　　表 6-11

序号	工程名称	工程目的或地基土性质	主夯能级 (kN·m)	处理深度或有效加固深度 (m)	处理要求	处理效果	备注
1	珠海高栏港油库 10 万 m² 非均匀回填且下卧淤泥质土地基的 10000kN·m 能级强夯处理	开山碎石回填土下卧淤泥及淤泥质土	10000	9.0	$f_{ak} \geqslant 300$ kPa；$E_0 \geqslant 30$ MPa	$f_{ak} = 300$ kPa $E_0 = 32$ MPa	对于回填土地基，同时满足压实系数的要求
			3000	5.0	$f_{ak} \geqslant 200$ kPa；$E_0 \geqslant 20$ MPa	$f_{ak} = 240$ kPa $E_0 = 22$ MPa	
2	青岛北海船舶重工有限公司海西湾造修船基地 9 万 m² 高能级强夯处理抛石填海夹杂淤泥质土地基	碎石回填土下卧淤泥及淤泥质土	8000	8.0	$f_{ak} \geqslant 220$ kPa；$E_0 \geqslant 20$ MPa	$f_{ak} = 300$ kPa $E_0 = 31$ MPa	

序号	工程名称	工程目的或地基土性质	主夯能级(kN·m)	处理深度或有效加固深度(m)	处理要求	处理效果	备注
3	珠海恒基达鑫国际化工有限公司码头及仓储工程22.7万 m² 块石地基10000kN·m能级强夯处理	块石回填土	10000	8.0	$f_{ak} \geqslant 300kPa$ $E_0 \geqslant 20MPa$	$f_{ak}=300kPa$ $E_0=33.6MPa$	
4	青岛重交沥青有限公司原料库7.5万 m² 填土地基强夯处理工程	变质岩类、花岗岩风化物回填土下卧粉质黏土	5000	7.5		$f_{ak}=275kPa$ $E_0=23MPa$	
			7000	9.4		$f_{ak}=318kPa$ $E_0=29MPa$	
5	青岛益佳阳鸿燃料油有限公司8万 m² 人工填土地基强夯处理工程	素填土及海相中细砂	5000	7.0～9.0		$f_{ak} \geqslant 450kPa$ $E_0 \geqslant 32MPa$	
			8000				
6	茂名30万吨乙烯工程60万 m² 砾质黏性土回填地基的强夯处理	砾质黏性土回填地基	2400	8.5	$f_{ak} \geqslant 200kPa$	$f_{ak}=250kPa$	对于回填土地基,同时满足压实系数的要求
			1500	6.5	$f_{ak} \geqslant 130kPa$	$f_{ak}=170kPa$	
7	贵阳龙洞堡国际机场12万 m² 山区高填方地基强夯处理	高填方大块石填土	3000	4.5	干密度 $\geqslant 2.1g/cm^3$; 回弹模量 $E \geqslant 150MPa$	干密度 $=2.25g/cm^3$ 回弹模量 $E=440MPa$	
8	贵州翁福磷肥重钙工程15万 m² 山区非均匀回填地基高能级强夯处理	不均匀人工填土及部分红黏土	8000	10.0	$f_{ak} \geqslant 250kPa$ $E_0 \geqslant 20MPa$	$f_{ak}=340kPa$ $E_0=21MPa$	
			6000	8.0			
			3000	5.0			
9	岳阳石化总厂原料工程11万 m² 山区非均匀回填地基高能级强夯处理	人工回填板岩、千枚岩及下卧冲积粉质黏土层	8000	9.0	$f_{ak} \geqslant 220kPa$	$f_{ak}=290kPa$ $E_0=29MPa$	
			3000	5.0		$f_{ak}=228kPa$ $E_0=25MPa$	

序号	工程名称	工程目的或地基土性质	主夯能级(kN·m)	处理深度或有效加固深度(m)	处理要求	处理效果	备注
10	北京乙烯工程23万 m² 液化地基的强夯处理	第四纪冲积粉土和砂土	3000	10.0		$f_{ak}=220$kPa $E_0=21$MPa	
11	中纺总公司廊坊生产基地2.4万 m² 液化地基强夯处理	第四系全新统一上更新统冲洪积夹湖积相地层	3200	10.0		$f_{ak}=220$kPa $E_0\geqslant14$MPa	有效加固深度范围内消除液化
12	中原油田黄河水源净化厂2万 m² 饱和液化地基强夯处理	第四纪冲、洪积的黏性土及粉土	2000	9.0		$f_{ak}=215$kPa $E_0=9$MPa	
			2550	11.0		$f_{ak}=270$kPa $E_0=11$MPa	
13	三门峡火力发电厂20万 m² 湿陷性黄土地基强夯处理	第四纪冲、洪积马兰黄土	8000	11.8		$f_{ak}=250$kPa $E_0=20$MPa	
			6500	9.0		$f_{ak}=250$kPa $E_0=17$MPa	
			3000	7.5		$f_{ak}=200$kPa $E_0=15$MPa	
14	国营七四四厂工程5万 m² 湿陷性黄土地基强夯处理	坡、冲积为主的新近堆积黄土及素填土	1600	4.5	$f_{ak}\geqslant180$kPa; $E_0\geqslant12$MPa	$f_{ak}=2200$kPa $E_0=15$MPa	有效加固深度范围内消除湿陷性
			1900	4.6			
15	洛阳石化总厂化纤工程4.6万 m² 湿陷性黄土地基强夯处理	第四系冲、洪积黏性土、砂土及卵石	6000	11.0	$f_{ak}\geqslant200$kPa	$f_{ak}=200$kPa	
			8000	14.0	$f_{ak}\geqslant250$kPa	$f_{ak}=250$kPa	
16	万家寨引黄工程太原呼延净水厂25万 m² 湿陷性黄土地基强夯工程	湿陷性粉质黏土	8000	11.0	$f_{ak}\geqslant220$kPa	$f_{ak}\geqslant220$kPa 压实系数>0.95	

考虑到设计人员选择地基处理方法的需要，有必要提出有效加固深度的预估方法。由于梅那公式估算值较实测值为大，国内外相继发表了一些文章，建议对梅那公式进行修正，修正系数范围值大致为 0.34～0.80，根据不同土类选用不同修正系数。虽然经过修正的梅那公式与未修正的梅那公式相比较有了改进，但是大量工程实践表明，对于同一类土，采用不同能量夯击时，其修正系数并不相同。单击夯击能越大时，修正系数越小。对

于同一类土，采用一个修正系数，并不能得到满意的结果。因此，本次修订不采用修正后的梅那公式，继续保持列表的形式。表中将土类分成碎石土、砂土等粗颗粒土和粉土、黏性土、湿陷性黄土等细颗粒土两类，便于使用。

2002 版规范单击夯击能范围为 $1000\sim8000\mathrm{kN\cdot m}$，近年来，沿海和内陆高填土场地地基采用 $10000\mathrm{kN\cdot m}$ 以上能级强夯法的工程越来越多，积累了一定实测资料，本次规范修订，将单击夯击能范围扩展为 $1000\sim12000\mathrm{kN\cdot m}$，可满足当前绝大多数工程的需要。$8000\mathrm{kN\cdot m}$ 以上各能级对应的有效加固深度，是在工程实测资料的基础上，结合工程经验制定。同时将 $1000\sim8000\mathrm{kN\cdot m}$ 单击夯击能的有效处理深度进行了适当下调，新旧规范强夯的有效加固深度对比见表 6-12。

新旧规范强夯的有效加固深度对比（m）　　　　　　　表 6-12

单击夯击能 E （kN·m）	碎石土、砂土等粗颗粒土		粉土、黏性土、湿陷性黄土等细颗粒土	
	2002 规范	2012 规范	2002 规范	2012 规范
1000	5.0～6.0	4.0～5.0	4.0～5.0	3.0～4.0
2000	6.0～7.0	5.0～6.0	5.0～6.0	4.0～5.0
3000	7.0～8.0	6.0～7.0	6.0～7.0	5.0～6.0
4000	8.0～9.0	7.0～8.0	7.0～8.0	6.0～7.0
5000	9.0～9.5	8.0～8.5	8.0～8.5	7.0～7.5
6000	9.5～10.0	8.5～9.0	8.5～9.0	7.5～8.0
8000	10.0～10.5	9.0～9.5	9.0～9.5	8.0～8.5
10000	—	9.5～10.0	—	8.5～9.0
12000	—	10.0～11.0	—	9.0～10.0

注：强夯法的有效加固深度应从最初起夯面算起；单击夯击能 E 大于 $12000\mathrm{kN\cdot m}$ 时，强夯的有效加固深度应通过试验确定。

目前，国内强夯工程应用夯击能已经达到 $18000\mathrm{kN\cdot m}$。单击夯击能大于 $12000\mathrm{kN\cdot m}$ 的有效加固深度，待积累一定量数据后，再总结推荐。单击夯击能大于 $12000\mathrm{kN\cdot m}$ 能级强夯工程实例统计见表 6-13。

单击夯击能大于 $12000\mathrm{kN\cdot m}$ 能级强夯工程实例统计　　　　　表 6-13

序号	工程名称	工程目的或地基土性质	主夯能级（kN·m）	处理深度或有效加固深度（m）	处理效果	备注
1	中国石油庆阳石化 300 万吨/年炼油改扩建工程项目	湿陷性黄土	15000	15.0	$f_{ak}=250\mathrm{kPa}$ $E_0=20\mathrm{MPa}$	有效加固大厚度湿陷性黄土地基
			12000	11.0	$f_{ak}=250\mathrm{kPa}$ $E_0=20\mathrm{MPa}$	
			8000	8.0	$f_{ak}=250\mathrm{kPa}$ $E_0=20\mathrm{MPa}$	
			3000	5.0	$f_{ak}=250\mathrm{kPa}$ $E_0=20\mathrm{MPa}$	

序号	工程名称	工程目的或地基土性质	主夯能级（kN·m）	处理深度或有效加固深度（m）	处理效果	备注
2	中油惠印石化仓储基地一期工程	块石回填地基	18000	15.0	$f_{ak}=300kPa$ $E_0=30MPa$	有效加固大厚度块石回填地基
			8000	8.0	$f_{ak}=200kPa$ $E_0=20MPa$	
3	中油惠印石化仓储基地二期工程	块石回填地基	12000	15.0	$f_{ak}=300kPa$ $E_0=30MPa$	
			4000	7.0	$f_{ak}=300kPa$ $E_0=20MPa$	
4	中化泉州石化1200万吨/年炼油项目	开山石回填地基	15000	12.0	$f_{ak}=300kPa$ $E_0=20MPa$	有效加固开山石回填地基
			12000	12.0	$f_{ak}=300kPa$ $E_0=20MPa$	
			8000	8.0	$f_{ak}=300kPa$ $E_0=20MPa$	
			6000	5.0	$f_{ak}=300kPa$ $E_0=20MPa$	
5	珠海高栏岛成品油储备库	开山石回填地基	18000	15.5	$f_{ak}\geqslant300kPa$ 压缩模量 $E_s\geqslant25MPa$	有效加固开山石回填地基
			15000	13.0	$f_{ak}\geqslant250kPa$ 压缩模量 $E_s\geqslant25MPa$	
			8000	8.5	$f_{ak}\geqslant200kPa$ 压缩模量 $E_s\geqslant20MPa$	
6	陕西延长石油（集团）延安煤油气资源综合利用项目场平地基处理工程	开山回填，深厚填土地基	12000	12	分层强夯地基土压实系数不小于0.95，$f_{ak}\geqslant200kPa$，压缩模量 $E_{s1-2}\geqslant10MPa$	有效加固深厚回填土地基
			8000	8	分层强夯地基土压实系数不小于0.95，$f_{ak}\geqslant200kPa$，压缩模量 $E_{s1-2}\geqslant10MPa$	
			4000	6	分层强夯地基土压实系数不小于0.95，$f_{ak}\geqslant200kPa$，压缩模量 $E_{s1-2}\geqslant10MPa$	

序号	工程名称	工程目的或地基土性质	主夯能级（kN·m）	处理深度或有效加固深度（m）	处理效果	备注
7	舟山外钓岛光汇油库项目	开山石回填地基	12000	11	f_{ak}≥150kPa，工后沉降 s≤300mm	有效加固开山石回填地基
			6000	7	f_{ak}≥150kPa，工后沉降 s≤300mm	
8	葫芦岛海擎重工机械有限公司煤化工设备制造厂房、宿舍等	浅部为素填土，下部为海相沉积土、海陆交互沉积土、冲洪积土、坡洪积土和基岩	15000	14	f_{ak}≥350kPa 2～4m的 E_s≥25MPa 4～8m的 E_s≥20MPa 8m以下的 E_s≥12MPa。	柱基下配合8000kN·m柱锤
			12000	12	f_{ak}≥300kPa E_s≥20MPa	
			10000	10	f_{ak}≥300kPa E_s≥15MPa	
			8000	8	f_{ak}≥250kPa E_s≥12MPa	
9	浙江温州泰顺县茶文化广场商业用房和综合办公楼	回填土主要由碎石、角砾粉质黏土和分化岩石组成，回填厚度为12.3～59.3m	18000kN.	16m	f_{ak}≥250kPa E_s≥15MPa	竣工两年的沉降量监测最大值为2cm
			15000kN.	14m	f_{ak}≥250kPa E_s≥15MPa	
			12000kN.	13m	f_{ak}≥250kPa E_s≥15MPa。	

注：其他超过12000kN·m的石油化工、船舶等工业项目较多，不一一列举。

（2）夯击次数与停夯标准

夯击次数应通过现场试夯确定，常以夯坑的压缩量最大、夯坑周围隆起量最小为确定的原则。可从现场试夯得到的夯击次数和有效夯沉量关系曲线确定，有效夯沉量是指夯沉量与隆起量的差值，其与夯沉量的比值为有效夯实系数。通常有效夯实系数不宜小于0.75。但是，应该指出，精确测量有效夯沉量并不容易。规范同时规定的停夯标准是最后两击的平均夯沉量满足控制值，夯坑周围地面不发生过大的隆起，不能因夯坑过深而发生起锤困难的情况。因为隆起量太大，有效夯实系数变小，说明夯击效率降低，则夯击次数要适当减少，不能为了达到最后两击平均夯沉量控制值，而在夯坑周围出现太大隆起量，起夯困难，夯击效率低下的情况下，继续夯击。图6-17分别为在黏性土地基和开山块石填土地基强夯过程中实测竖向变形结果示意图。

表6-14为强夯最后两击平均夯沉量（mm）规范修订前后对比。可见，2012版规范对夯击次数和停夯标准的控制更加严格。

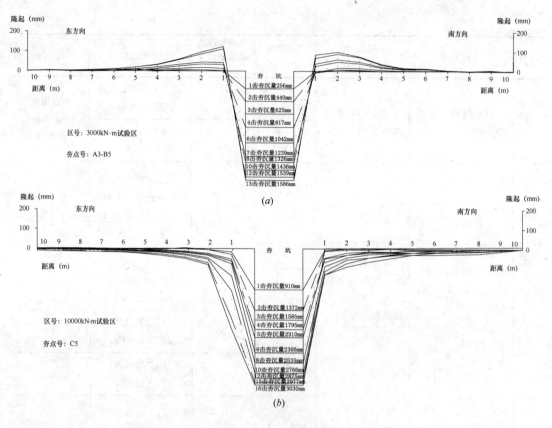

图 6-17 强夯地基处理夯沉量与隆起量实测结果示意图

(a) 黏性土地基；(b) 开山块石填土地基

强夯最后两击平均夯沉量（mm）（规范修订前后对比） 表 6-14

2002 版规范		2012 版规范	
单击夯击能 E （kN·m）	最后两击平均夯沉量不大于 （mm）	单击夯击能 E （kN·m）	最后两击平均夯沉量不大于 （mm）
$E<4000$	50	$E<4000$	50
$4000 \leqslant E \leqslant 6000$	100	$4000 \leqslant E<6000$	100
$6000<E$	200	$6000 \leqslant E<8000$	150
		$8000 \leqslant E<12000$	200

（3）夯击遍数

夯击遍数应根据地基土的性质确定。一般来说，由粗颗粒土组成的渗透性强的地基，夯击遍数可少些。反之，由细颗粒土组成的渗透性弱的地基，夯击遍数要求多些。根据我国工程实践，对于大多数工程采用夯击遍数 2～3 遍，最后再以低能量满夯 2 遍，一般均能取得较好的夯击效果。对于渗透性弱的细颗粒土地基，必要时夯击遍数可适当增加。

必须指出，由于表层土是基础的主要持力层，如处理不好，将会增加建筑物的沉降和不均匀沉降。因此，必须重视满夯的夯实效果，除了采用 2 遍满夯、每遍 2～3 击外，还可采用轻锤或低落距锤多次夯击，锤印搭接等措施。

透水性弱的地基强夯时，一个夯点或一遍夯点因夯击产生的超孔隙水压力不能及时消散，引起夯坑周围隆起，影响夯击效果时，应暂停夯击，待超孔隙水压力消散满足设计要求后继续夯击，即夯击需要分次完成。

(4) 夯点间距与布点方式

夯击点间距的确定，一般根据地基土的性质和要求处理的深度而定。规范规定，第一遍夯点间距一般取夯锤直径的 2.5～3.5 倍。对于细颗粒土，为便于超静孔隙水压力的消散，夯点间距不宜过小。当要求处理深度较大时、夯击能高时，第一遍的夯点间距更不宜过小，以免夯击时在浅层形成密实层而影响夯击能往深层传递。此外，若各夯点之间的距离太小，在夯击时上部土体易向侧向已夯成的夯坑中挤出，从而造成坑壁坍塌，夯锤歪斜或倾倒，而影响夯实效果。

夯击点布置是否合理与夯实效果有直接的关系。夯击点位置可根据基底平面形状进行布置。对于某些基础面积较大的建筑物或构筑物，为便于施工，可按等边三角形或正方形布置夯点；对于办公楼、住宅建筑等，可根据承重墙位置布置夯点，一般可采用等腰三角形布点，这样保证了横向承重墙以及纵墙和横墙交接处墙基下均有夯击点；对于工业厂房来说也可按柱网来设置夯击点。

(5) 超孔隙水压力消散与间歇时间

土中超静孔隙水压力的消散速率与土的类别、夯点间距等因素有关。由粗颗粒土组成的渗透性强的地基，夯击产生的超孔隙水压力瞬间即可消散，可连续夯击。而由细颗粒土组成的渗透性弱的地基，超孔隙水压力消散需要时间，即两遍夯击之间的间歇时间。所以间隔时间取决于超静孔隙水压力的消散时间。有条件时在试夯前埋设孔隙水压力传感器，通过试夯确定超静孔隙水压力的消散时间，从而决定两遍夯击之间的间隔时间。一般要求夯击所产生的超孔隙水压力消散达到 70% 以上的时间为间歇时间，渗透性差的黏性土地基间隔时间不应少于 2～3 周。

(6) 处理范围

由于基础的应力扩散作用和抗震设防需要，强夯处理范围应大于建筑物基础范围，具体放大范围可根据建筑结构类型和重要性等因素考虑确定。对于一般建筑物，每边超出基础外缘的宽度宜为基底下设计处理深度的 1/2～2/3，并不宜小于 3m。对可液化地基，根据现行国家标准《建筑抗震设计规范》GB 50011 的规定，扩大范围应超过基础底面下处理深度的 1/2，并不应小于 5m；对湿陷性黄土地基，尚应符合现行国家标准《湿陷性黄土地区建筑规范》GB 50025 有关规定。

4. 强夯施工要点

(1) 夯锤参数

夯锤参数包括锤重，锤形，锤底面积，排气孔的大小、位置、数量等。强夯锤质量应根据要求处理的深度和起重机的起重能力选择。我国至今采用的最大夯锤质量已超过 60t，常用的夯锤质量为 10～60t。夯锤底面形式是否合理，在一定程度上也会影响夯击效果。正方形锤具有制作简单的优点，但在使用时也存在一些缺点，主要是起吊时由于夯锤旋转，不能保证前后几次夯击的夯坑重合，故常出现锤角与夯坑侧壁相接触的现象，因而使一部分夯击能消耗在坑壁上，影响了夯击效果。根据工程实践，圆形锤或多边形锤不存在此缺点，效果较好。

锤底面积可按土的性质确定,锤底静接地压力值可取 25～80kPa,锤底静接地压力值应与夯击能相匹配,单击夯击能高时取大值,单击夯击能低时取小值。对粗颗粒土和饱和度低的细颗粒土,锤底静接地压力取值大时,有利于提高有效加固深度;对于饱和细颗粒土宜取较小值。2002 规范规定强夯的夯锤静压力为 10～40kPa,最近几年,由于夯击能的提高,所使用夯锤质量最大有 80t 的报道,60t 左右的夯锤比较常见,即按质量 60t、直径 2.5m 计算,面积为 5m² 左右,锤底静接地压力达到 120kPa,已经达到 2002 规范规定的强夯置换静止压力。这种夯锤在粗颗粒地基中使用,效果良好,但在含水量较高的黏性土中施工,锤底静接地压力值偏大时,不易达到停夯标准,且容易出现过大的隆起现象,因此,针对此类地基,曾有公司专门制作了直径达 3.6m 的夯锤,降低锤底静接地压力值,起到了一定效果。

为了提高夯击效果,锤底应对称设置不少于四个与其顶面贯通的排气孔,以利于夯锤着地时坑底空气迅速排出和起锤时减小坑底的吸力。排气孔的孔径一般为 300～400mm。

最高能级强夯机械,分击能:40000kN·m(锤重:1800kN;落距:23mm)法国 Nice 机场

图 6-18　国外高能级强夯施工设备

（2）设备现状

国外强夯施工设备以大吨位履带式起重机和强夯施工设计制造的。国内用于夯实法地基处理施工的起重机械以改装后的履带式起重机为主,施工时一般在臂杆端部设置门字形或三角形支架,提高起重能力和稳定性,降低起落夯锤时机架倾覆的安全事故发生的风险,实践证明,这是一种行之有效的办法。但同时也出现改装后的起重机实际起重量超过设备出厂额定最大起重量的情况,这种情况不利于施工安全,因此,应予以限制。

国外专业公司强夯施工设备性能先进,起重能力巨大,可实现 40000kN·m 能级强夯,如图 6-18 所示。有些能够实现不脱钩夯击,施工效率设备可靠性较高,但由于夯锤在高空不能完全自由下落,实际夯击能比脱钩夯击要低,且不易进行大能级强夯。

最近几年,国内强夯地基处理技术发展较快,随着强夯设计夯击能的提高,专门用于强夯施工的机械研发也有较大突变,先后出现塔式、井架式、不脱钩式若干种机型,如图 6-19、图 6-20 所示。

图 6-19　塔式强夯机

图 6-20　井架式强夯机

（3）施工过程控制

夯击过程中，当最后两击夯沉量尚未达到控制标准，地面无明显隆起，而因为夯坑过深出现起夯困难时，说明地基土的压缩性仍较高，还可以继续夯击。但由于夯锤与夯坑壁的摩擦阻力加大和锤底接触面出现负压的原因，继续夯击，需要频繁挖锤，施工效率降低，处理不当会引起安全事故。遇到此种情况时，应将夯坑回填后继续夯击，直至达到控制标准。

（4）土的天然含水量与地下水

当场地表土软弱或地下水位高的情况，宜采用人工降低地下水位，或在表层铺填一定厚度的松散性材料。这样做的目的是在地表形成硬层，确保机械设备通行和施工，又可加大地下水和地表面的距离，防止夯击时夯坑积水。当砂土、湿陷性黄土的含水量低，夯击时，表层松散层较厚，形成的夯坑很浅，以致影响有效加固深度时，可采取表面洒水、钻孔注水等人工增湿措施。对回填地基，当可采用夯实法处理时，如果具备分层回填条件，应该选择采用分层回填方式进行回填，回填厚度尽可能控制在强夯法相应能级所对应的有效加固深度范围之内。

对大厚度非饱和土，强夯加固效果对土体含水量的变化是较为敏感的。强夯工艺和参数是通过试夯确定的，而这些试验都是在某一特定的含水量下进行的。由于强夯工程工期较长，因此地基土的含水量变化较大，会直接影响夯后地基土的效果。雨季施工，如果土体含水量过高，可能造成孔隙水难以排出，形成橡皮土现象；旱季强夯施工时，如果土体含水量过低，主夯夯坑浅，很难达到加固要求；同时，夯坑深度也会随土体含水量逐渐增高而越来越深。一些工程因雨季造成的地基表层局部含水量过高，结果导致夯实效果不佳。实践表明对湿陷性黄土地区强夯的最佳含水量为低于塑限 $1\%\sim3\%$ 的含水量。因此，强夯施工要注意气候条件（如雨水、阳光等）和其他外来水对土体含水量的影响，加强对土体含水量的测试，及时修正强夯工艺与参数，并做好场地的防雨排水措施，如施工中辅以夯坑抽水、挖泥、晾晒、封闭夯坑等措施，将降雨所造成的不利影响减小到最低程度。

（5）振动监测

对振动有特殊要求的建筑物，或精密仪器设备等，当强夯产生的振动和挤压有可能对其产生有害影响时，应采取隔振或防振措施。施工时，在作业区一定范围设置安全警戒，防止非作业人员、车辆误入作业区而受到伤害。

振动监测测点布置应根据监测目的和现场情况确定，一般可在振动强度较大区域内的建筑物基础或地面上布设观测点，并对其振动速度峰值和主振频率进行监测，具体控制标准及监测方法可参照现行国家标准《爆破安全规程》GB 6722 执行。对于居民区、工业集中区等受振动可能影响人居环境时可参照现行国家标准《城市区域环境振动标准》GB 10070 和《城市区域环境振动测量方法》GB 10071 要求执行。

（6）施工记录

施工过程中应有专人负责监测工作。首先，应检查夯锤质量和落距，因为若夯锤使用过久，往往因底面磨损而使质量减少，落距未达设计要求，也将影响单击夯击能；其次，夯点放线错误情况常有发生，因此，在每遍夯击前，均应对夯点放线进行认真复核；此外，在施工过程中还必须认真检查每个夯点的夯击次数，量测每击的夯沉量，检查每个夯点的夯击起止时间，防止出现少夯或漏夯，对强夯置换尚应检查置换墩长度。

由于强夯施工的特殊性，施工中所采用的各项参数和施工步骤是否符合设计要求，在施工结束后往往很难进行检查，所以要求在施工过程中对各项参数和施工情况进行详细记录。

（7）休止期

基础施工必须在休止期满后才能进行，对黏性土地基和新近人工填土地基，休止期更显重要。

5. 强夯检测要点

（1）检测方法

强夯处理后的地基竣工验收时，承载力的检验除了静载试验外，对细颗粒土尚应选择标准贯入试验、静力触探试验等原位检测方法和室内土工试验进行综合检测评价；对粗颗粒土尚应选择标准贯入试验、动力触探试验等原位检测方法进行综合检测评价。

夯实地基的质量检验，包括施工过程中的质量监测及夯后地基的质量检验，其中前者尤为重要。所以必须认真检查施工过程中的各项测试数据和施工记录，若不符合设计要求时，应补夯或采取其他有效措施。强夯地基的检测强调前后对比与多种方法的综合判断评价。

（2）间隔时间

经强夯处理的地基，其强度是随着时间增长而逐步恢复和提高的，因此，竣工验收质量检验应在施工结束间隔一定时间后方能进行。其间隔时间可根据土的性质而定，即对于碎石土和砂土地基，间隔时间取 7～14 天，对于粉土和黏性土地基，间隔时间取 14～28 天。

（3）检测工作量

夯实地基静载荷试验和其他原位测试、室内土工试验检验点的数量，主要根据场地复杂程度和建筑物的重要性确定。考虑到场地土的不均匀性和测试方法可能出现的误差，规范规定了最少检验点数。对强夯地基，应考虑夯间土和夯击点土的差异。

国内夯实地基采用波速法检测，评价夯后地基土的均匀性，积累了许多工程资料。作为一种辅助检测评价手段，应进一步总结，与动力触探试验或标准贯入试验、静力触探试验等原位测试结果验证后使用。

6. 【工程实例】洛阳石化总厂化纤工程 4.6 万 m² 地基强夯处理

（1）前言

洛阳石化总厂化纤工程是国家"九五"的重点建设项目，26 万吨/年芳烃抽提装置和 16 万吨/年对二甲苯装置（简称 PX 装置）是化纤工程的重要组成部分。该场地东西长约 250m，南北宽 210m，主要建（构）筑物有：变配电所、塔及设备基础、罐基础、钢构架、钢管架、100m 烟囱及加热炉基础等。

（2）工程地质条件

该场地地层为第四系冲、洪积黏性土、砂土及卵石。场地经回填碾压整平，地面标高为 150.42～147.46m。地貌单元属于黄河二级阶地。土层自上而下可分为：

①层素填土：以褐黄色粉质黏土为主，局部夹杂褐红色粉质黏土，含少量砖块及瓦片。经过碾压，土质不均。厚度 1.6～4.0m，可塑-硬塑。

②层黄土状粉质黏土：褐黄-黄褐色，为新近堆积黄土，具湿陷性，厚度为 0.5～

3.4m，可塑～硬塑。该层形成时间短，土质较差，强度低。

③ 层黄土状粉质黏土：黄褐色-褐色，局部具湿陷性，层厚为 0.50～2.50m，硬塑。该层土质较好，但厚度较小。

④ 层黄土状粉质黏土：褐黄色，具湿陷性，层厚 7.80～10.80m，可塑-硬塑。

⑤₁ 层粉质黏土：浅棕-褐红色，局部褐黄色，厚度为 3.60～6.90m，可塑-硬塑。

⑤₂ 层粉质黏土：褐红色，层厚 1.3～4.0m，可塑，局部硬塑。

⑥₁ 层粉质黏土、部分黏土：红褐色，层厚 2.80～7.50m，硬塑。

⑥₂ 层粉质黏土夹粉砂：褐红色，层厚 6.90～9.90m，硬塑。很湿，中密。

⑦ 层粉土及粉砂：灰黄-青灰，层厚 7.90～12.80m。

⑧ 层卵石：杂色，成分以沉积岩为主，夹杂岩浆岩，很湿，密实。

地下水位埋深为 27.85～30.17m。

该场地内湿陷性土层厚 13m 左右，湿陷等级为Ⅰ级（轻微）～Ⅱ级（中等）非自重湿陷，总体趋势由东向西湿陷程度渐轻，且西部地层不具自重湿陷性。

深度 23m 以上土的物理力学性质见表 6-15。

土的物理力学性质统计表　　　　　　　　表 6-15

层号	地层名称	压缩性	含水量 (%)	密度 ρ (g/cm³)	孔隙比 e	液限 w_L (%)	塑性指数 I_p	液性指数 I_L	压缩系数 a_{1-2}	湿陷起始压力 (kPa)	湿陷系数 δ_s
①	素填土	中～高	—	—	—	—	—	—	—	—	0.043
②	黄土状粉质黏土	中～高	16.7	1.72	0.832	27.3	11.4	0.13	0.27	39～183	0.043
③	黄土状粉质黏土	低	17.9	1.85	0.734	31.8	14.1	0.06	0.06	130～>200	0.006
④	黄土状粉质黏土	低～中	16.4	1.59	0.981	29.1	11.5	0.11	0.13	32～>300	0.025
⑤₁	粉质黏土	低～中	19.4	1.96	0.659	28.8	12.0	0.27	0.14		
⑤₂	粉质黏土	中	24.2	1.97	0.725	31.9	14.0	0.45	0.22		

（3）地基处理方案

根据目前国内强夯技术的发展，对处理较深层的湿陷性黄土采用强夯方案比较理想。强夯施工便捷、节省材料、工期短，效果直观，费用比桩基方案节省 37%。地质报告也建议采用强夯方案。

设计方经过研究，确定对该场地采用高能级强夯法处理。

1）夯击能的选择

强夯能级的选择以消除黄土湿陷性为主要目的，使用的能级及有效加固深度取决于预期消除湿陷的深度。

有效加固深度采用梅纳公式估算：

$$D = \alpha\sqrt{mH/10}$$

式中　D——有效加固深度（m）；

　　　α——修正系数，黄土为 0.34～0.5；

　　　m——锤重（kN）；

　　　H——夯锤落距（m）。

针对建（构）筑物的不同要求，设计确定对芳烃、PX 罐区采用 6000kN·m 能级强夯，约 1.1 万 m²，加固深度预计 8～12m；对装置区采用 8000kN·m 能级强夯，约 3.5 万 m²，加固深度预计 9～14m。要求消除黄土湿陷性，同时要求处理后的地基承载力标准值 $f_k \geqslant 200$kPa，部分区域 $f_k \geqslant 250$kPa，降低地基土的压缩性。由于二甲苯塔是该装置重要设备，塔高度为 85m，基础承受荷载较大，要求地基具有足够的承载力和变形能力。设计方同建筑科研院有关专家研究决定，在二甲苯塔夯点内填入一定厚度的砂石料再夯实，以提高地基表层承载力，减少地基不均匀沉降。

2）夯点布置

本工程采用的强夯，由于能级高，夯点间距相应拉大，以使夯击能量更好地向深层传递。

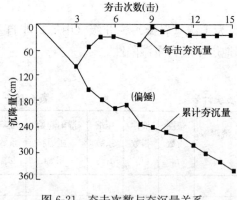

图 6-21 夯击次数与夯沉量关系

为了确定夯击数及夯点间距，夯前先在强夯区进行 8000kN·m 和 3000kN·m 能级的单点夯试验，要求测出每击下沉量和地面变形情况，绘制夯击数和每击下沉量的变化曲线。

8000kN·m 能级单点夯试验，在夯点南北两侧设地面变形观测点，试验结果见图 6-21。

根据试验结果，夯坑四周仅有微小的隆起现象。当夯击能量为 8000kN·m 时，夯击数可选 11～12 击，强夯的影响范围约 4m 左右。

3）强夯施工参数

强夯施工分四遍进行，其中两遍主夯，一遍辅助夯和主夯点加固，一遍满夯。

装置区第一、二遍主夯能级均为 8000kN·m，主夯点间距为 8.4m×8.4m，以加固深层，击数不少于 12 击。第三遍辅助夯能级为 3000kN·m，以加固中层土，击数不少于 8 击，夯点间距 4.2m×4.2m。第四遍满夯能级为 2000kN·m，主要加固表层土，击数为 2 击，要求锤印彼此搭接 1/3。

6000kN·m 强夯区施工参数除两遍主夯点能级改为 6000kN·m 以外，其他参数与 8000kN·m 强夯区参数相同。

强夯施工的控制标准，按击数和最后两击平均夯沉量控制。但目前规范最大能级为 6000kN·m，还未对 8000kN·m 能级作出规定。对湿陷性黄土，最后两击夯沉量不易控制，后又增加一项标准，即夯坑深度超过 4m。

（4）强夯施工与夯后检测

1）施工情况

施工主要设备为 500kN 及 150kN 履带式吊车，夯锤采用 430kN 钢球锤和 180kN 铸钢锤，另有脱钩器及门式刚架。

强夯施工从 1998 年 3 月 23 日开始，历时 3 个月，完成 8000kN·m 能级主夯点 983 个，6000kN·m 主夯点 319 个，3000kN·m 辅夯点 2603 个，2000kN·m 满夯面积 46000m²。装置区累计平均夯击能为 6691kN·m/m²，罐区累计平均夯击能为 5943kN·m/m²。

二甲苯塔区面积 1300m²，主夯点与辅夯点共 63 个，填入粒径≤200mm 的砂石料达 2000 多 m³，经四遍夯击后，已形成平均厚度约 3m、直径 3.2m 左右的 63 个圆柱群体，从整体上提高了地基土表层的承载力。

强夯完成后，各遍主夯点、辅夯点、夯沉量见表 6-16。

主夯点、辅夯点平均夯沉量 表 6-16

能级 (kN·m)	间距 (m)	锤底面积 (m²)	最小～最大 夯沉量 (m)	平均击数 (击)	平均夯沉量 (夯坑深度) (m)	最后两击 平均夯沉量 (cm)
第一遍 8000	8.4	4.9，5.3	2.102～5.130	13.1	3.34	16.90
第二遍 8000	8.4	4.9，5.3	2.090～4.272	13.0	3.15	17.50
第一遍 6000	8.4	4.9	2.101～5.110	13.6	3.66	19.60
第二遍 6000	8.4	4.9	1.860～4.100	12.5	2.98	17.40
第三遍 3000	4.2	5.3	0.419～2.452	10.0	1.30	4.93

PX、芳烃装置场地北半部总夯沉量平均 98.3cm 左右，罐区累计夯沉量 75.9cm 左右；由于南半部场地在满夯前回填土方，其平均总夯沉量不易计算。

2）效果检测

检测内容包括：钻孔勘察、标准贯入试验、钻孔取原状土样、载荷试验、室内土工试验等。

因工期紧迫，现场检测工作采取分片强夯、分片检测的方式，基本上是停夯一周后进行检测，并分区域提交中间检测报告。由于间歇期不足，因此检测所得 某些数据可能出现偏低现象。

检测结果与分析：

① 夯后土的干密度

图 6-22 为装置北区（装置以 A＝1927.0 为界分南北两区）夯前夯后干密度与标高关系图，由图可见，在标高 140.0m 以上，干密度提高幅度较大，比夯前增大 16％～18％，而标高 135.0～140.0m 范围内，土的干密度增加幅度较小，仅 10.1％；在标高 135.0m 以下，土的干密度与夯前互有大小，说明此深度以下土体虽受强夯冲击能影响，结构受到扰动，但不足以达到加密效果。

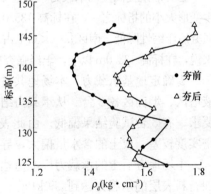

图 6-22 北区夯前夯后平均
干密度-标高关系图

在检测的 50 多个钻孔中，有 6 对钻孔是夯点、夯间相邻布置的。经过比较检测结果，发现其中 2 对钻孔上部土层夯间的干密度大于夯点干密度。按通常情况，应是夯点上的加固效果比夯间加固效果要好。而图 6-23 所反映的情况，并不说明夯间加固效果优于夯点效果，而是因为夯点土受到多遍强力的直接作用，土受扰动的程度比夯间土要大，其应力恢复所需时间要比夯间土长；同时也因雨季造成的地基表层局部含水量过高，致使夯实效果不佳。湿陷性黄土地区强夯适宜于低于塑限含水量的土，最佳含水量为低于塑限含水量 1％～3％。只有在最佳含水量下才能获得最佳的夯实效果。根据检测报告，本工程的最佳含水量 w＝14.8％～15.8％，最大干密度 ρ_d＝1.80～1.87g/cm³。在同样密度情况下，含水量增大，土的承载力会大幅度下降。

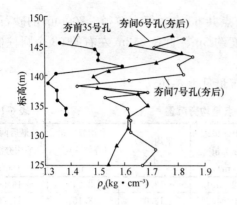

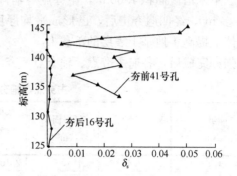

图 6-23　典型孔夯点夯间
干密度对比曲线

图 6-24　南区典型孔夯前夯后
湿陷系数对比曲线

② 夯后土的湿陷性

从土的湿陷性试验结果分析，不少土样 $\delta_s = 0$，按黄土规范计算，总湿陷量与自重湿陷量均为零。南区典型孔湿陷系数 δ_s 在夯前夯后对比曲线（图 6-24）可看出，检测深度内夯后土的 δ_s 均小于 0.015，甚至为 0.00，反映强夯后原黄土层的湿陷性已消除，仅就消除湿陷性而言，强夯的影响已达 13m。

③ 土的压缩系数和承载力

强夯后既提高土的承载力，又使土的压缩性降低。压缩系数 a_{1-2} 是反映地基受压后可能产生变形大小的指标之一，在标高 135.0m 以上，夯前 a_{1-2} 基本上在夯后的右边，即反映出土经强夯后压缩性降低。南区 $a_{1-2} < 0.1$ 占 66.7%，$a_{1-2} = 0.2 \sim 0.23$ 仅有 2 个点，占 1.5%。总体来说，在标高 135.0m 以上，土经强夯后呈中～低压缩性，即变形性质有较大改变。

为确定地基承载力，本场地共进行 8 台载荷试验，其中罐区 2 台，二甲苯塔区、抽余液塔区、烟囱区各 2 台。从承载力结果来看，8 台载荷试验中，有 5 台试验结果达到设计要求，有 3 台试验结果偏低。由此表明，在表层 0～-2.5m 深度内，土层不均匀，局部密实度较差，或土的含水量偏大，导致承载力偏低。二甲苯塔地基 $P\text{-}s$ 曲线见图 6-25。

本场地夯后土的承载力标准值达到 200kPa，比夯前提高 17.6%～100%；二甲苯塔区加石料表层的承载力达到 250kPa。

④ 夯后土的标贯击数

本场地共进行了 53 个孔的标贯试验，击数在 5～27 击之间，平均值为 11.3 击。

图 6-26 为附近有夯前孔的标贯 N-标高 H 散点图。从此图看，到检测之日，夯后 N

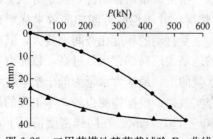

图 6-25　二甲苯塔地基荷载试验 $P\text{-}s$ 曲线

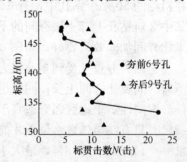

图 6-26　典型孔夯前夯后标贯-标高散点图

不高，反映强夯效果不明显。从整体看，在标高 140.0m 以上，N 分散性大，同时 $N>12$ 的点较多，占 60％以上。本场地土基本上为粉质黏土，按照规范要求，强夯结束后应间隔 4 周左右，才适宜进行检测；另外黄土是一种具有结构强度的土，强夯破坏了它的原状结构，土的强度恢复和增长需要一定的时间。而本次从停夯到检测多数为一周，因此出现 N 偏低且分散较大的现象。

⑤ 有效加固深度

本文所说加固深度，是指通过强夯后地基检测结果同夯前相比，在地基强度等各项指标有明显增减、满足设计要求的地层深度。

从夯击前后各种指标的对比分析，可见夯后土体随深度分成两个带：

自起夯面到地下一定深度，即标高 140.0m 以上，加密效果显著，其指标表现为压缩性、孔隙比大幅度减小，干密度、承载力大幅度提高，这个带为强加密带，厚度为 6～8m 左右。

从强加密带向下至标高 135.0m 左右，土的承载力干密度不如强加密带提高的幅度大，夯击能对这个带的影响相对较小，这个范围主要受夯击能的挤压，称为加密带，厚度在 5m 左右。在标高 135.0m 以下，干密度、标贯击数与夯前土相比互有大小，反映不出强夯的效果。

由于强夯处理效果受许多因素影响，如施工参数、施工工艺、地层结构、土本身特性等影响，因此加固深度是有变化的，见表 6-17。

不同区域加固深度（m） 表 6-17

	罐　区	北　区	南　区	二甲苯塔区（加石料）
夯击能（kN·m）	6000	8000	8000	8000
夯前场地标高（m）（平均值）	149.578	149.321	148.187	148.464
强加密带	6.10	8.80	8.70	10.50
加密带	4.50	5.50	5.50	4.00
加固深度	10.60	14.30	14.20	14.50
修正系数	0.43	0.51	0.50	0.51

由表 6-16 可知，不同能级形成不同的处理深度，加固效果是不相同的。

⑥ 夯后不同时期检测结果的比较

进入 1998 年 12 月，距强夯结束已有半年，设计单位考虑到随着时间的推移，地基强度有一定的恢复和增长，特提出补充钻孔技术要求，在构-17-5、构-18-2 范围布置 3 个技术孔，进行钻孔、取土样及标贯试验。本次检测结果与夯后十几天及夯前附近钻孔的资料比较见表 6-18 和图 6-27。

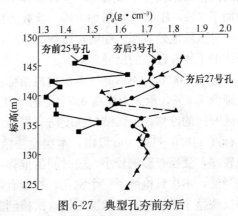

图 6-27　典型孔夯前夯后干密度对比曲线

103

典型孔夯前夯后检测结果的比较 表 6-18

标高 (m)	孔号	时间	干密度 ρ_d (g/cm³)	孔隙比 e	压缩系数 a_{1-2} (MPa⁻¹)	承载力标准值 f_k (kPa)	标贯击数 N (击)	湿陷系数 δ_s
144.0m 以上	21号、25号、 33号孔	夯前	1.47	0.848	0.39	①100, ②105, ③170	11.6	0.042
	4号、27号孔	夯后 10~16 天	1.80	0.509	0.08	200	17.8	0.005
		百分率	22.4%	−40%	−79.5%	17.6%~100%	53.4%	
	1号、2号、 3号孔	夯后 6 个月	1.77	0.526	0.115	195	15.3	0.0083
		百分率	20.4%	−38%	−70.5%	14.7%~95%	31.9%	
144.0m~ 140.5m	同上	夯前	1.42	0.927	0.10	④150	12.4	0.0315
	同上	夯后 10~16 天	1.56	0.746	0.082	180	10.4	0.0027
		百分率	9.9%	−19.5%	−18%	20%	−16.1%	
	同上	夯后 6 个月	1.63	0.673	0.101	190	15.7	0.0034
		百分率	14.8%	−27.4%	1.0%	26.7%	26.6%	
140.0m~ 135.0m	同上	夯前	1.36	0.995	0.137	④150	11.0	0.021
	同上	夯后 10~16 天	1.56	0.754	0.101	160	8.6	0.0017
		百分率	14.7%	−24.2%	−26.3%	6.7%	−21.8%	
	同上	夯后 6 个月	1.53	0.786	0.099	160	11.4	0.0067
		百分率	12.5%	−21%	−27.7%	6.7%	3.6%	

注：百分率指与夯前指标相比提高或降低的幅度。

检测表明，标高 144.0m 以上，1 号、2 号孔检测指标值略优于原指标值，而 3 号孔的检测指标较原检测结果略差。统计整理的结果表明，干密度比原检测结果少 2%，孔隙比增加了 2%，压缩系数增加 9%，承载力降低 2.9%~5%，标贯击数差 21.5%。其原因，一是该段地处表部，受雨水影响较大；二是随时间的推移，土中孔隙水压力的消散，受夯压的土体有轻微的反弹影响。

在标高 144.0~140.5m，本次检测指标比原检测指标稍好，干密度提高 4.9%，孔隙比又降低 7.9%，承载力提高 6.7%，标贯击数增加 42.7%，这说明在强夯影响的中部地段，随时间的推移，土体结构强度略有提高。

标高 140.0~135.0m 段内，本次检测结果比前次略差或基本相同，这说明，该区段埋藏较深，受强夯影响较小，随时间的推移，地基土强度无明显变化。

当然，本次只检测了三个钻孔，数量有限，其数据只代表小范围土层的变化，还不能全面反映整个场地的夯后状况，但这次检测的数据已说明，强夯影响深度内，地基土的强度变化规律已初步可见。

3）基坑开挖情况分析

从夯后的检测和罐区、二甲苯塔基坑等验槽情况表明，本场地经强夯后表层存在不均匀性，部分土层含水量较高。为此，设计与检测方专家研究，参照地基设计规范，提出如下意见：

① 除罐基础、小型设备基础基坑可进行观察验槽外，其余基础的基坑均应进行钎探验槽；

② 该场地为粉质黏土，验槽钎探击数≥28击或击数20～27击、干重度≥1.70g/cm³、含水量<20%为满足设计要求；否则为不满足设计要求，应进行处理。

纵观整个场地各种基础的基坑钎探验槽结果，可总体反映出强夯后地基土的土质情况。从整体来看，芳烃抽提装置西部、PX装置从北向南大部分场地土质分布较均匀、密实，钎探击数较高，有81%以上的钎探结果符合设计要求。如PX装置构-17-5深2m的基坑打钎探点共167个，击数均满足设计要求；其中表层30cm达到100击以上的就有22个点，第4步最高击数达197击，有20个点打到0.9～1.2m处钎探杆已打不下去。而装置局部地段，基底土质分布不均匀，含水量较高，出现软弱土层，钎探击数较低，有的地方仅6击，基坑须采用2：8灰土来处理。

（5）构筑物沉降观测

重大构筑物的沉降观测，可反映强夯后地基的实际变形情况和地基变形对构筑物的影响程度，同时也是对夯后地基土压缩性的一种检验。

地基规范和塔基础设计规范确定的地基容许变形值有：① 当构筑物高度$H \leqslant 100m$时，容许沉降量为100mm；②当$3.2m < D \leqslant 6.4m$时，倾斜值限制在2.5‰以内（D—塔型设备内径）。

二甲苯塔、抽余液塔和烟囱的荷载如下：

二甲苯塔自重8216kN，充水重22860kN；抽余液塔自重2771kN，充水重11160kN；烟囱自重23442kN。

1998年7月和9月，二甲苯塔和抽余液塔基础分别浇筑混凝土。基础施工完15天左右，即开始塔体分段吊装就位。

1999年3月，抽余液塔进行水压试验，充水分四个阶段加载。充水完毕，基底压力达到136kN/m²，实测平均沉降值为39mm。继续观测五天，沉降基本稳定，平均沉降值为41.3mm。然后将塔内充水放掉，观测地基变形，两个月内平均回弹量4.38mm，表明地基的压缩仍处于弹塑性变形范围，回弹量只占总压缩量的10.6%左右。整个充水试压过程地基沉降情况良好。

二甲苯塔充水试压是对地基性能的一次较严峻的考验。充水前，安装单位已将塔内固定件调整好水平度。1999年7月，塔充水分六阶段进行，每阶段加载后期，沉降曲线出现下滑坡度，当充水停止并保持一天时，曲线也保持水平段不变；如此递推，直到第六阶段充水完毕。上水时间共16天，基础底面压力达到169kN/m²，累计沉降量平均为30.25mm，基础倾斜值为1.127‰，地基沉降较均匀。

塔上满水后观测三天，基础沉降值一直保持不变，达到基本稳定后用两天时间放完水。地基在突然卸载后，五天内回弹3mm，且回弹较均匀，显示出地基与基础良好的弹性性能。

与抽余液塔地基相比,二甲苯塔地基在水压试验中的特点是:

① 沉降值小。抽余液塔地基在水压试验中沉降平均为 11.5mm,二甲苯塔地基仅沉降了 7.75mm,说明夯入砂石料的地基性能更优于未填石料的地基。

② 沉降稳定时间短。抽余液塔充满水后,地基五天才达到基本稳定,而二甲苯塔充满水后,地基便停止沉降,沉降值始终稳定在 30.25mm。

③ 二甲苯塔试水时间要比抽余液塔晚三个多月,地基固结时间相对来说更有利。

二甲苯塔放完水后,安装单位又对塔内固定件水平度进行测量,偏差仍在允许范围内;8 月初对塔体垂直度进行测量,仅向西偏 2mm,向南偏 2mm;至装置运行前,地基沉降值仍保持在 27.25mm 左右,倾斜值为 1.127‰,以上三方面的结果相互联系,证明地基处理后的效果是非常显著的。

2000 年 1 月,两套装置交付后,进入稳定试生产阶段。正常操作时,二甲苯塔介质重 4000kN;抽余液塔介质重 2000kN。此后多次对三大构筑物作沉降观测,二甲苯塔和抽余液塔地基沉降值与充水试压后的沉降值相比,基本未有变化;烟囱地基总沉降量 31.5mm。

PX、芳烃罐区共有 20 台储罐,容量为 110~1000m³,罐体直径为 ϕ5300~11000mm,于 1999 年 3 月进行充水试压,部分罐基础沉降观测值为 12~18mm,基础环墙最大沉降量 22mm,最小沉降量 9mm,最大沉降差 6mm,小于规范允许值。

(6) 结语

① 本场地黄土地基采用强夯处理后,效果显著,土的湿陷性已消除,上部土层承载力达到 200kPa,二甲苯塔区达到 250kPa。

② 强夯后地基均匀性良好,建(构)筑物的变形是安全的,满足设计要求。

③ 本工程地基检测,是在强夯结束后一周左右进行的,夯后地基土的孔隙水压力并未达到消散期,因而地基检测报告提交的检测结果受到时间和地基条件的制约。随着时间的推移,地基土的强度有一定程度增长。

④ 从物理力学指标及钎探击数来看,检测所提地基承载力有些偏低。

⑤ 由于 1998 年洛阳气候异常,雨水偏多,由此造成的地基土含水量偏高,必须引起足够的重视。应加强场地的防雨排水措施,进一步保证地基夯实的效果。

二、强夯置换

1. 概述

强夯置换法是采用在夯坑内回填块石、碎石等粗颗粒材料,用夯锤连续夯击形成强夯置换墩。一般用于淤泥、淤泥质黏性等软弱土层和黏性饱和粉土、粉砂地基处理。该处理工艺如果置换墩密实度不够或没有着底,将会增加建筑物的沉降和不均匀沉降。因此特别强调采用强夯置换法前,必须通过现场试验确定其适用性和处理效果。与强夯法相比,强夯置换处理方法用于软土,且能形成较大直径的一定长度的密实度较高的碎石墩,对减小工后变形较为有利,因此目前工程使用越来越广泛,强夯置换的能级也越来越高,国内最高的强夯置换能级已经达到 18000kN·m。

2. 强夯法与强夯置换法的区别与联系

(1) 规范术语

对强夯和强夯置换概念理解的不同,经常导致一些工程纠纷。工程界对强夯和强夯置换的区别、强夯置换墩的实际长度有些争议。本节结合工程实例，明确强夯法和强夯置换法的概念。国家行业标准《建筑地基处理技术规范》JGJ 79—2002（以下简称 02 版规范）的术语：强夯法（dynamic compaction, dynamic consolidation）是反复将夯锤提到高处使其自由落下，给地基以冲击和振动能量，将地基土夯实的地基处理方法；强夯置换法（dynamicreplacement）是将重锤提到高处使其自由落下形成夯坑，并不断夯击坑内回填的砂石、钢渣等硬粒料，使其形成密实的墩体的地基处理方法。本次修订采用的术语：夯实地基为反复将夯锤提到高处使其自由落下，给地基以冲击和振动能量，将地基土密实处理或置换形成密实墩体的地基。

（2）强夯与强夯置换的区别

强夯和强夯置换的区别主要在于：①有无填料；②填料与原地基土有无变化；③静接地压力大小（是否≥80kPa）；④是否形成墩体（比夯间土明显密实）。

只有同时满足以上 4 个条件才算是强夯置换。

如填土地基，强夯施工过程中因夯坑太深时（影响施工效率和加固效果），或提锤困难时（夯坑坍塌或有软土夹层吸锤），可以或应该填料，这是强夯。强夯也可以填料，不是填料一次就是强夯置换了。也不是夯一锤填一次，可以是夯几锤填一次。对于采用柱锤强夯来说，满足接地静压力是很容易的，因为柱锤直径大多在 1.1～1.6m；对于平锤，只有在锤重超过一定重量时可以满足锤底接地静压力要求，且同时满足其他三个条件后的平锤施工才是强夯置换。

需要说明的是强夯和强夯置换之间没有一条不可逾越的鸿沟，而是一个大工艺条件下针对不同地质条件不同设计要求的两个产品，强夯置换更加侧重于形成置换墩的一个工艺。在很多实际工程中我们不能简单地理解为强夯置换就是强夯用于加固饱和软黏土地基的方法。澄清概念的主要目的是为了保证强夯置换的加固效果，避免用一个"大扁锤"（静接地压力很小）来施工强夯置换，是很难形成"给力"的强夯置换墩，而是通过缩小锤底面积增加静压力来加强强夯置换的效果。随着目前工程界强夯能级的不断提高，18000kN·m 的强夯和强夯置换已经有多个工程的经验，较大锤底面积的强夯置换工程也越来越多。而且工程实践表明，当能级超过 8000kN·m 后，适当增大锤底面积对增加置换墩长度有利。

（3）工程实例

目前在强夯设计和施工过程中，也经常存在是采用强夯还是强夯置换，是采用平锤强夯置换还是采用异形锤（柱锤）强夯置换的方案选择问题。现就这些问题通过几个工程实例进行探讨。

1）辽宁葫芦岛某船厂地基处理工程

该工程地基采用开山石回填而成，填土厚度 10m，其下为 3m 海底淤泥。地基处理采用 12000kN·m 平锤施工，夯坑深度平均 5m。为确保有效加固深度，施工过程中夯坑过深了、出现提锤困难了就回填开山石，否则不允许填料。现场施工见图 6-28，施工后效果分析见图 6-29。

本项目采用的直径 2.5m、重量 60t 的平锤，施工过

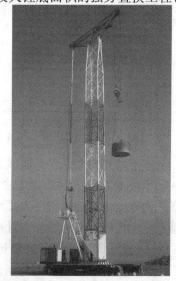

图 6-28　葫芦岛某船厂强夯施工

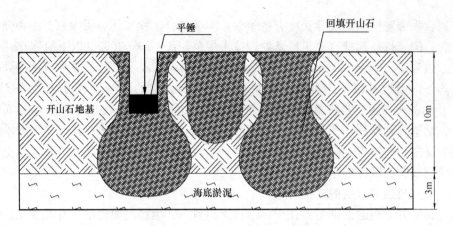

图 6-29　葫芦岛某船厂强夯示意图

程中进行了碎石填料，与原地层有差异（填料与原地基填土基本相同，对软弱下卧层有置换作用），形成了比较密实的能有效改良地基变形特性的置换墩。同时满足上面的四个条件，使用柱锤和平锤都可认为是强夯置换。

2）内蒙古某煤制气地基处理工程

内蒙古某煤制天然气项目，场地主要为沙漠细砂地基，场地分别采用 8000kN・m 和 3000kN・m 能级平锤施工，其中 8000kN・m 能级施工过程中，夯坑回填碎石。两个能级采用的均是直径为 2.5m 的平锤，3000kN・m 能级（夯锤 20t）每遍施工后进行原场地砂土推平再施工，而 8000kN・m（夯锤 40t）能级施工过程中回填了大量碎石料（图 6-30）。

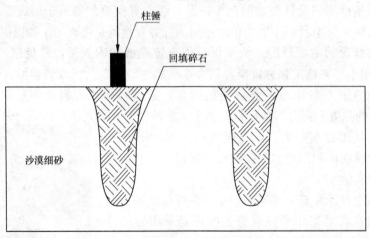

图 6-30　内蒙古某项目强夯置换示意图

本项目 3000kN・m 能级施工虽有填料但不满足其他三个条件，仅仅算是强夯。8000kN・m 能级同时满足了强夯置换的四个条件，应该属于强夯置换。现场检测表明夯点周边砂土地基相对密度大幅增加，夯点处形成了密实的碎石墩体，荷载作用点、变形敏感点、结构转折部位等应布置在夯点上。

3）甘肃庆阳某湿陷性黄土地基工程

甘肃庆阳某工程位于我国最大的黄土塬——董志塬，属于大厚度自重湿陷性黄土地基。本场地采用 15000kN・m 能级的平锤施工，夯锤直径 2.5m，锤重 65t，夯坑深达 5～

6m，最深7~8m。由于夯坑深度过大，施工过程中夯坑多次填入黄土，每遍夯后采用推平夯坑。施工效果示意图见图6-31。

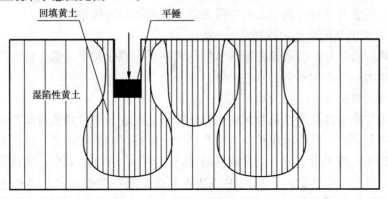

图 6-31　甘肃庆阳某湿陷性黄土地基强夯示意图

　　根据填料性质和施工工艺，本场地施工工艺应归于强夯施工范畴。夯坑深度较大，即使采用了柱锤强夯，因填料与原地基相同，不满足第二条，也只能算是强夯而非强夯置换。其实，处理后的地基经检测，夯点是密实的黄土墩体，夯间也是非常密实，随机抽检点基本上难以区分出夯点和夯间，达到了整体密实均匀的加固效果。

　　4）山东青岛某船厂项目
　　青岛某船厂地基处理是典型的上硬下软的双层地基，上面回填的是素填土（碎石土3~6m），填土下为淤泥质土，部分区域采用10000kN·m平锤（直径2.5m，锤重50t），部分区域采用2000kN·m柱锤（直径1.5m，锤重15t）进行施工，夯坑过深时回填大粒径开山石，加固效果示意如图6-32所示。检测结果表明穿透了填土层，填料进入淤泥质土形成碎石墩体，能有效改良场地的变形特性，无论是平锤还是柱锤，均同时满足了四个条件，具备了强夯置换效果。

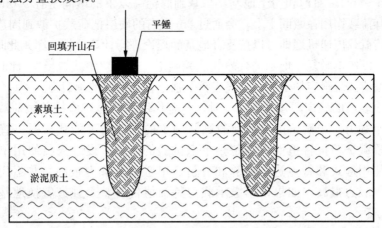

图 6-32　双层地基强夯置换示意图

　　（4）小结
　　强夯和强夯置换法是经济高效应用广泛的地基处理方法之一，但工程界对强夯与强夯置换的概念理解仍存在很大分歧。值此地基处理技术规范修编的机会，有必要对强夯和强夯置换的概念进行澄清。强夯置换区别于强夯的四个条件：有无填料；填料好否；夯锤静接地压力是否大于 80kPa 和是否形成密实墩体，同时满足以上四个条件才是强夯置换，否则是强夯。概念的澄清有利于工程中保证强夯置换的加固效果。

3. 强夯置换地基的承载力问题

强夯置换后的地基，表层和置换墩体的材料性质与原软黏土地基有较大差异，如何合理评价其承载力是工程中非常关心的问题。

如何正确理解第 6.3.5 条的第 11 款？

（1）软黏性土中强夯置换地基承载力特征值应通过现场单墩静载荷试验确定

软黏土地基，表层没有填粗粒料，标高已经比较高（如果标高低，建议填些粗粒料在表层，便于施工）施工设备很难上去或易陷机、吸锤等，施工不安全。往往出现在吹填地基上建工业厂房的项目。此时，可采用路基板等辅助设备上去，但夯坑里建议填砂或碎石、山皮石等建筑垃圾粗粒料。施工时易出现隆起，夯点周边一般隆起量在 30～50cm。必要时可以选择隔行跳打施工或者分次置换，形式的场地从宏观角度来看是"桩式置换"，置换墩实际上很难着底。

此时，强夯置换地基承担的荷载如果是通过一定厚度和刚度的地坪板传下来的，如工业地坪面荷载，那么要考虑适当加厚地坪钢筋混凝土板。确保冲切验算等满足要求。此时单墩承担荷载为其承担面积上的地坪板自重和板上荷载。单墩承载力特征值要满足即可。如果是柱基或其他独立荷载等直接作用在墩体上，单墩承载力特征值要满足柱基等荷载直接作用的要求。如果是较大的面积设备等局部荷载，单墩承载力特征值要满足按基础面积分摊到每个墩上的作用。

（2）饱和粉土地基，当处理后墩间土能形成 2.0m 以上厚度的硬层时，其承载力可通过现场单墩复合地基静载荷试验确定

常规工程施工参数中，一、二遍施工后强夯置换点的间距一般在 3.5～6.3m（第一遍主夯点间距 5～9m）。对饱和粉土地基，当基础底标高以下的墩间土有 2.0m 以上厚度的硬层时，若有荷载作用在墩间土上，会通过 2m 左右的硬层把荷载扩散到周边临近的强夯置换墩上。其荷载传递机理即可以按复合地基的理论进行计算分析。因此此时强夯置换地基的承载力可以按单墩复合地基进行静载试验确定，也即"整式置换"。此时，现场单墩复合地基静载荷试验确定的承载力就代表整个强夯置换地基的承载力。

当墩间土表层的硬层厚度小于 2m 时，复合作用不明显，应按单墩荷载试验确定强夯置换地基承载力。当然，由单墩荷载试验确定的承载力不能代表强夯置换地基的承载力，要在静载试验报告里面讲清楚是单墩试验的结果，设计人员使用单墩承载力的时候按荷载作用形式和特点进行换算和分析。单墩的承载力很高，并不代表整个强夯置换地基的承载力很高。如果以单墩承载力特征值代替整个强夯置换地基的承载力就偏于不安全了。

实际工程中，强夯置换墩的承载力往往都非常高，很少有试验做出真正的承载力极限值，大多提出的承载力特征值都是按设计要求值的两倍加载得到满足设计要求的结论，很少是真正按照变形比确定的。但绝大部分强夯置换工程是需按变形量进行控制的，所以对强夯置换地基，如何计算分析变形是一个难点，本次规范编制过程中在这方面做了一些工作。

4. 强夯置换地基的变形计算问题

由于土性质变化的复杂性，采取原状土样的困难，边界条件及加荷情况与计算时所采取的简化情况有所差异，强夯置换地基的变形计算一直是个难题，计算结果往往与实测沉降有较大差别。经过大量强夯和强夯置换工程的沉降观测，积累了一定的经验。限于篇幅，本节列出部分工程的实测结果和几种方法的计算结果，对本次规范修编中 6.3.5 条第 12 款强夯置换变形计算方法的调整做出说明和补充。

（1）2002 版规范关于强夯置换地基计算的规定

确定软黏性土中强夯置换墩地基承载力特征值时，可只考虑墩体，不考虑墩间土的作用，其承载力应通过现场单墩载荷试验确定，对饱和粉土地基可按复合地基考虑，其承载力可通过现场单墩复合地基载荷试验确定。

强夯置换地基的变形计算应符合本规范第 7.2.9 条的规定：

第 7.2.9 条振冲处理地基的变形计算应符合现行国家标准《建筑地基基础设计规范》GB 50007 有关规定。复合土层的压缩模量可按下式计算：

$$E_{sp} = [1 + m(n-1)]E_s \qquad (7.2.9)$$

式中　E_{sp}——复合土层压缩模量（MPa）；

　　　E_s——桩间土压缩模量（MPa），宜按当地经验取值，如无经验时，可取天然地基压缩模量。

公式（7.2.9）中的桩土应力比，在无实测资料时，对黏性土可取 2~4，对粉土和砂土可取 1.5~3，原土强度低取大值，原土强度高取小值。

（2）新版规范关于强夯置换地基计算的规定

第 6.3.5 条强夯置换法处理地基的设计应符合下列规定：

第 11 款　软黏性土中强夯置换地基承载力特征值应通过现场单墩静载荷试验确定；对饱和粉土地基，当处理后形成 2.0m 以上厚度的硬层时，其承载力可通过现场单墩复合地基静载荷试验确定；

第 12 款　强夯置换地基的变形宜按单墩承受的荷载，采用单墩静载荷试验确定的变形模量计算加固区的地基变形，对墩下地基土的变形可按置换墩材料的压力扩散角计算传至墩下土层的附加应力，按现行国家标准《建筑地基基础设计规范》GB 50007 的有关规定计算确定；对饱和粉土地基，当处理后形成 2.0m 以上厚度的硬层时，可按本规范第 7.1.7 条的规定计算确定。

第 7.1.7 条复合地基变形计算应符合现行国家标准《建筑地基基础设计规范》GB 50007 的有关规定，复合地基变形计算深度必须大于复合土层的深度，在确定的计算深度下部仍有软弱土层时，应继续计算。复合土层的分层与天然地基相同，复合土层的压缩模量可按下式计算：

$$E_{sp} = \zeta \cdot E_s \qquad (7.1.7\text{-}1)$$

$$\zeta = \frac{f_{spk}}{f_{ak}} \qquad (7.1.7\text{-}2)$$

式中　E_{sp}——复合土层的压缩模量（MPa）；

　　　E_s——天然地基的压缩模量（MPa）；

　　　f_{ak}——桩间土天然地基承载力特征值（kPa）。

（3）置换墩长度的实测资料

强夯置换往往都是大粒径的填料，岩土变形参数难以确定。所以强夯置换地基变形的计算方法应该化繁为简，提出一个适宜工程应用的方法。在计算参数中置换墩长是个关键参数，以下讨论这个问题。

强夯置换有效加固深度是选择该方法进行地基处理的重要依据，又是反映强夯置换处理效果、计算强夯置换地基变形的重要参数。强夯置换的加固原理相当于下列三者之和：强夯置换＝强夯（加密墩间土）＋碎石墩（墩点下）＋特大直径排水井（粗粒料）。因此，墩间的和墩下的粉土或黏性土通过排水与加密，其密度及状态可以改善。强夯置换有效加固深度为墩长和墩底压密土厚度之和，应根据现场试验或当地经验确定。单击夯击能大小的选择与地基土的类别有关。一般说来，粉土、黏性土的夯击能选择应当比砂性土要大。此外，结构类型、上部荷载大小、处理深度和墩体材料也是选择单击夯击能的重要参考因素。

实际上影响有效加固深度的因素很多，除了夯锤重和落距以外，夯击次数、锤底单位压力、地基土性质、不同土层的厚度和埋藏顺序以及地下水位等都与加固深度有着密切的关系。

针对高饱和度粉土、软塑-流塑的黏性土、有软弱下卧层的填土等细颗粒土地基（实际工程多为表层有 2～6m 的粗粒料回填，下卧 3～15m 淤泥或淤泥质土）。根据全国各地 68 余项工程或项目实测资料的归纳总结（见图 6-33），提出了强夯置换主夯能级与墩长的建议值（见表 6-19）。图 6-33 中也绘出了《建筑地基处理技术规范》JGJ 79—2012 条文说明中的 18 个工程数据。初步选择时也可以根据地层条件选择墩长，然后参照本表选择强夯置换的能级，而后必须通过试夯确定。很多工程的强夯置换墩实际上很难着底，往往会在墩底留下 1～4m 的软土，如图 6-34 所示的某工程实测基岩深度与强夯置换墩长的关系（海边吹填软土，表层回填山皮石 2m）。因此工程中估算变形时，强夯置换墩的变形加上墩底软土的变形之和应满足设计要求。

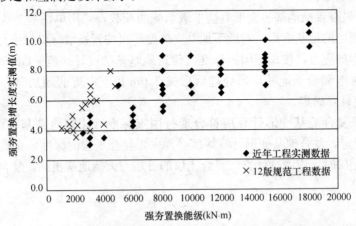

图 6-33　强夯置换主夯能级与置换墩长度的实测值

需要注意的是表 6-19 中的能级为主夯能级。对于强夯置换法的施工工艺，为了要增加置换墩的长度，工艺设计的一套能级中第一遍（工程中叫主夯）的能级最大，第二遍次之或与第一遍相同。每一遍施工填料后都会产生或长或短的夯墩。实践证明，主夯夯点的

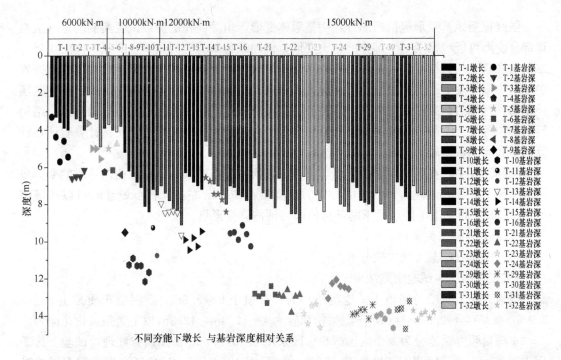

图 6-34　某工程实测基岩深度与强夯置换墩长的关系

置换墩长度要比后续几遍的夯墩要长。因此，工程中所讲的夯墩长度指的是主夯夯点的夯墩长度。对于强夯置换法，主夯击能指的是第一遍夯击能，是决定置换墩长度的夯击能，是决定有效加固深度的夯击能。

强夯置换墩长度与强夯置换主夯能级的关系 表 6-19

主夯能级 (kN·m)	高饱和度粉土、软塑-流塑的黏性土、 有软弱下卧层的填土地基	主夯能级 (kN·m)	高饱和度粉土、软塑-流塑的黏性土、 有软弱下卧层的填土地基
3000	3～4m	12000	8～9m
6000	5～6m	15000	9～10m
8000	6～7m	18000	10～11m

（4）对强夯置换地基变形计算的分析讨论

强夯置换的变形计算，结合工程测试结果，作如下比较分析：

1）强夯置换地基的变形计算按现行国家标准《建筑地基基础设计规范》GB 50007 有关规定。土层的压缩模量根据检测报告确定（实际工程中，强夯置换的填料绝大部分为大粒径的碎石块石，检测报告往往根据重型动力触探或超重型动力触探的结果根据经验估算土层的压缩模量）。

2）根据山东日照某实际工程中的超大板静载试验实测结果，先用规范方法一（用置换率应力比确定的复合压缩模量）计算，再用规范方法二（用承载力比确定的复合压缩模量）计算，并与工程实测结果比较分析。

3）再根据辽宁葫芦岛、山东青岛、辽宁大连、广西钦州和温州泰顺等实际工程的实测结果，按照上述方法分别进行变形计算，通过对比验证各种方法。

通过大量的工程实例验算，得到的结论如下：

强夯置换地基变形包括两部分，一是墩体变形，由等面积的静载试验实测确定（虽然这部分变形可能包括了一少部分的软土变形，但因载荷试验时间短，主要是墩体的变形）；二是墩底软土的长期变形，按照扩散角理论计算软土变形。这两个变形量之和即为强夯置换地基的最终变形。简称"墩变形＋应力扩散法"。这个方法的前提条件是：①强夯置换地基中，基础的荷载作用在墩体上，或者说夯点应布置在荷载作用点、变形敏感点、结构转折部位等处。②静载试验的荷载板面积宜等于夯锤面积。经几个工程实例计算验证，计算结果和实测数据较为吻合，计算方法简单。

实际工程中，在满足要求的前提下，强夯置换墩静载试验达到特征值两倍时的变形量一般情况下在 20mm 左右，特征值对应的沉降量在 10mm 左右。初步设计时可以按墩体变形 10mm，再加上下卧层变形的计算值即可预估总变形量。

5. 强夯置换工程实例

（1）山东日照某工程实例分析

1）工程概况与试验实测结果

场地为新近吹填与回填土。地层条件为：杂填土 0～2.6m，淤泥质粉质黏土 2.6～2.9m，吹填砂土 2.9～9.4m，淤泥质粉细砂 9.4～12.3m，12.3m 以下为强风化花岗岩。

本项目强夯试验分为 4 个区：试验 1 区采用 6000kN·m 平锤强夯处理，试验 2 区采用 12000kN·m 平锤强夯置换处理，试验 3 区采用 12000kN·m 柱锤＋平锤强夯置换处理，试验 4 区采用 15000kN·m 平锤强夯置换处理。为模拟在 10 万 m³ 油罐作用下夯后地基土的变形特性，验证油罐下采用浅基础的安全可行性，在试验 2 区进行了此次超大板的载荷试验。

试验的最大加载量为 560kPa（28125kN），试验使用的载荷板为现浇早强 C50 钢筋混凝土板，尺寸为 7.1m×7.1m，板面积 50.41m²，板厚 40cm（板厚与板宽比例为 1：18，可近似按柔性板考虑）。此次大板载荷试验可反映载荷板下 1.5～2.0 倍载荷板宽度范围内地基土的承载力和变形性状，即本试验的影响深度在 11～15m 左右，根据详勘资料，该影响深度已达到了基岩顶标高。

施工参数：主夯点间距 10m，一遍夯点平锤直径 2.5m，锤重 60t，能级为 12000kN·m；二遍夯点能级为 12000kN·m，夯点位于一遍 4 个夯点中心。三遍夯点 6000kN·m 能级平锤强夯，直径 2.5m，夯点位于一、二遍 4 个夯点中心。四遍夯点 3000kN·m 能级平锤强夯，夯点位于一、二、三遍的 4 个夯点中心，并且包含一、二、三遍的夯点。第五遍满夯 1500kN·m 能级平锤，每点夯 3 击，要求夯印 1/3 搭接。

本次试验承压板与强夯置换墩之间的相对位置如图 6-35 所示，承压板的中心位于第三遍夯点位置，承压板四角分别放置于第一、二遍夯点 1/4 面积位置。此种布置方式的原因有以下两个方面：

①根据工程经验，如果承压板中心位于一、二遍夯点（12000kN·m）位置，试验所得出的承载力将根据比承压板中心位于 6000kN·m 能级第三遍夯点位置时得出的承载力高，因此本试验中采用的布置方式偏于保守，测试得出的数据有较高的可靠度；

②根据试夯施工的夯点布置方式（图 6-35），可以近似认为每个碎石置换墩承受板上 25m² 的上部荷载。由于本次试验采用的承压板的面积为 50.41m²，为了尽量准确模拟油罐作用下碎石置换墩的受力情况，承压板下的碎石置换墩的数量应等于两个。对于本次试

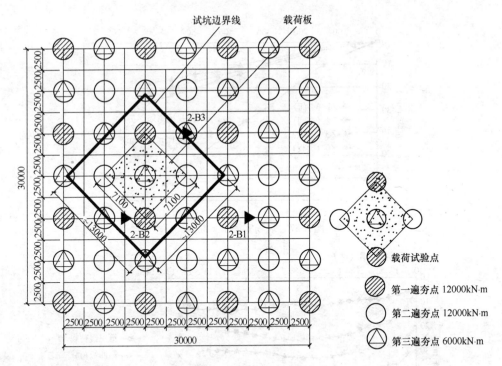

图 6-35　大压板静载试验点布置图

图中标注：试坑边界线　载荷板　2-B3　2-B2　2-B1　7100　7100　13000　13000　30000　2500（多次）　30000

载荷试验点
第一遍夯点 12000kN·m
第二遍夯点 12000kN·m
第三遍夯点 6000kN·m

图 6-36　现场堆载照片图

验方案中的承压板布置方式，承压板的四周分别位于 2 个 1/4 第一遍夯点和 2 个 1/4 第二遍夯点位置。强夯置换墩这种桩体属于散体桩，桩体本身由散体材料组成，桩顶的受力状态与周围土体的围压存在很大的关系，其受力状态与刚性桩和半刚性桩有较大的区别，对于本项目场地可近似认为散体桩桩顶任意区域只有直接承受荷载，其下部相应区域的散粒体才会提供反力，桩顶其他未直接接触荷载区域，其下散粒体提供的反力可近似为 0，因此本试验 4 个 1/4 碎石置换墩的受力即可近似为 1 根 12000kN·m 碎石置换墩的受力，再加上承压板中心位置的一根 6000kN·m 碎石置换墩，本次试验承压板可认为是 2 根碎石置换墩在提供反力，这与油罐作用下复合地基的真正受力方式相似，模拟的相似性较好。

试验测试实测 $P\text{-}s$ 值见表 6-20，实测 $P\text{-}s$ 曲线见图 6-37，图 6-38，载荷板平均最终累计沉降量为 62.40mm。

实测 $P\text{-}s$ 值　　　　　　　　　　　　　　表 6-20

荷载（kPa）	0	140	210	280	350	420	490	560
本级平均沉降（mm）	0.00	10.30	8.10	9.40	7.30	8.30	9.80	9.20
累计平均沉降（mm）	0.00	10.30	18.40	27.80	35.10	43.40	53.20	62.40

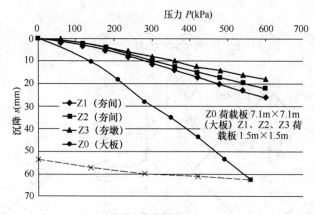

图 6-37 现场实测 $P\text{-}s$ 曲线

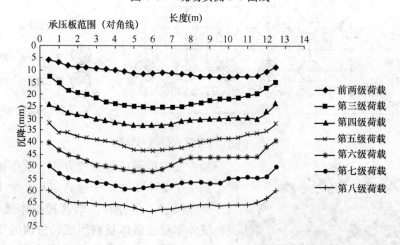

图 6-38 荷载板下 SP2 水平测斜管实测竖向位移曲线

根据测试数据，可以看出：试验过程中荷载施加较均匀；承压板下地基整体较均匀；每级荷载作用下各测点的沉降平均值较均匀；$P\text{-}s$ 曲线显示试验加载过程中，地基土还处于弹性阶段，$P\text{-}s$ 曲线接近于直线，并未进入塑性阶段，说明地基承载力的潜力较大。$P\text{-}s$ 曲线平缓，没有出现陡降段，根据相关规范的要求，按最大加载量的一半判定，地基土承载力特征值不小于 280kPa。根据规范建议公式和类似的工程经验，判定地基土变形模量 $E_0 \geqslant 20$MPa。

实测的桩土分担比为 3：2，桩土应力比为 4（置换墩顶应力平均为 1200kPa 左右，墩间土的应力为 306kPa）。

2）用置换率应力比确定的复合压缩模量计算

从增强体的材料特性上讲，强夯置换墩的材料一般为碎石土等粗粒料，处理高饱和度粉土和软塑黏性土地基，其置换墩属于用散粒体材料形成的复合地基增强体，依据规范宜采用用置换率应力比确定的复合压缩模量，其公式为：$E_{sp} = [1 + m(n-1)]E_s$。计算采用的尺寸见示意图 6-39。

①仅考虑第一、二遍夯点的置换增强体作用

第一、二遍夯点，能级 12000kN·m，夯锤直径 2.5m，置换墩直径取 $1.2 \times 2.5 =$

3.0m（2013 规范 6.2.15 条：墩的计算直径可取夯锤直径的 $1.1\sim1.2$ 倍），单墩面积 $A_p=7.1m^2$。实测置换墩长度 7m，计算变形时考虑墩下有 1m 的墩底压密土厚度。荷载板下有 2 个 1/4 的一遍夯点，有 2 个 1/4 的二遍夯点，置换率 $m=A_p/A=7.1/50=14\%$。当 $m=14\%$ 时，若按原规范取桩土应力比最大值 $n=4$（工程实测第一、二、三遍点的 n 均为 4），$E_{sp}=[1+m(n-1)]E_s=1.42E_s$；

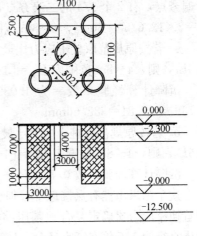

图 6-39　地基处理示意图

当 $n=4$ 时沉降计算经验系数为 1.196（$P_0 \geqslant f_{ak}$）或 0.896（$P_0 \leqslant 0.75f_{ak}$），总沉降量 $=0.896\times678.72=608.13mm$。与实测值差异较大。下面按照应力比 $n=8$ 进行试算。

当 $n=8$ 时的各层土的压缩情况：

若取桩土应力比 $n=8$，$E_{sp}=[1+m(n-1)]E_s=1.98E_s$；

沉降计算经验系数为 1.053（$P_0 \geqslant f_{ak}$）或 0.753（$P_0 \leqslant 0.75f_{ak}$），总沉降量 $=0.753\times529.18=398.47mm$，与实测值差异仍然较大。那么变换一个思路，考虑第三遍夯点的置换作用再进行试算。

②当考虑第一、二、三遍夯点的置换增强体作用

在第一、二遍夯点的基础上，考虑第三遍夯点 6000kN·m 的置换增强体作用：夯锤直径 2.5m，置换墩直径取 $1.2\times2.5=3.0m$，单墩面积 $A_p=7.1m^2$。实测置换墩长度平均 3.5m，计算变形时考虑墩下有 0.5m 的墩底压密土，共 4m 厚度。荷载板下有 2 个 1/4 的一遍夯点，有 2 个 1/4 的二遍夯点，有 1 个三遍夯点，在 $0\sim4m$ 范围内的置换率 $m=A_p/A=2\times7.1/50=28\%$，$4\sim8m$ 范围内的置换率为 14%。

若按原规范取桩土应力比最大值 $n=4$，则 $1\sim4m$ 范围内 $E_{sp}=[1+m(n-1)]E_s=1.84E_s$，则，$4\sim8m$ 范围内 $E_{sp}=[1+m(n-1)]E_s=1.42E_s$；

当 $n=4$ 时，沉降计算经验系数 $=1.148$（$P_0 \geqslant f_{ak}$）和 0.848（$P_0 \leqslant 0.75f_{ak}$），总沉降量为 $0.848\times620.05=525.80mm$。

当 $n=8$ 时，沉降计算经验系数 $=0.975$（$P_0 \geqslant f_{ak}$）和 0.688（$P_0 \leqslant 0.75f_{ak}$），总沉降量为 $0.688\times466.88=321.21mm$。依然差异较大。

实际上，从夯坑填料量来分析，墩体直径都要比 2013 规范建议的 $1.1\sim1.2$ 倍夯锤直径要大得多。比如本工程 2 号试验区每个夯点的实际填料量平均在 $100m^3$，考虑压实系数 1.2，夯墩直径 $1.2\times2.5=3.0m$，面积 $7.1m^2$，计算夯墩长度 $100/1.2/7.1=11.7m$，远远大于实测墩长度。很多工程都发现这个问题，那么这么多填料如何失踪了？如果按墩长度 7m 考虑，$100/1.2/7=11.9m^2$，换算夯墩直径为 3.9m，约为 1.6 倍的夯锤直径。先按墩体直径为 1.6 倍夯锤直径试算。

③当考虑第一、二、三遍夯点的置换增强体作用（墩体直径 4m）

在第一二遍夯点的基础上，考虑第三遍夯点 6000kN·m 的置换增强体作用：夯锤直径 2.5m，置换墩直径取 $1.6\times2.5=4.0m$，单墩面积 $A_p=12.6m^2$。实测置换墩长度平均 3.5m，计算变形时考虑墩下有 0.5m 的墩底压密土，共 4m 厚度。荷载板下有 2 个 1/4 的

一遍夯点，有 2 个 1/4 的二遍夯点，有 1 个三遍夯点，在 0~4m 范围内的置换率 $m=A_p/A=2\times12.6/50=50\%$，4~8m 范围内的置换率为 25%。

a. 若按原规范取桩土应力比最大值 $n=4$，则 1~4m 范围内 $E_{sp}=[1+m(n-1)]E_s=2.5E_s$，则，4~8m 范围内 $E_{sp}=[1+m(n-1)]E_s=1.75E_s$；

沉降计算经验系数＝为 1.039（$P_0\geqslant f_{ak}$）和 0.739（$P_0\leqslant0.75f_{ak}$），总沉降量为 $0.739\times517.81=382.66mm$。

b. 若按原规范取桩土应力比最大值 $n=8$，则 1~4m 范围内 $E_{sp}=[1+m(n-1)]E_s=4.5E_s$，则，4~8m 范围内 $E_{sp}=[1+m(n-1)]E_s=2.75E_s$；

沉降计算经验系数 0.76（$P_0\leqslant0.75f_{ak}$），总沉降量为 $0.7\times186.895=130.83mm$。

这个结果虽然有点接近了，但偏大了 52%。也就是说，针对这个工程实例，采用按照置换率应力比确定复合地基压缩模量的方法，当考虑三遍夯墩影响、取应力比 $n=8$、墩体直径为 1.6 倍夯锤直径时，计算结果与实测结果较为接近，处于工程中可以接受的误差范围且比实测值稍大，偏于安全。

④ 当考虑第一二三遍夯点的置换增强体作用（墩体直径 5m）

在第一二遍夯点的基础上，考虑第三遍夯点 6000kN·m 的置换增强体作用：夯锤直径 2.5m，置换墩直径取 $2.0\times2.5=5.0m$，单墩面积 $A_p=19.6m^2$。实测置换墩长度平均 3.5m，计算变形时考虑墩下有 0.5m 的墩底压密土，共 4m 厚度。荷载板下有 2 个 1/4 的一遍夯点，有 2 个 1/4 的二遍夯点，有 1 个三遍夯点，在 0~4m 范围内的置换率 $m=A_p/A=2\times19.6/50=79\%$，4~8m 范围内的置换率为 39%。

a. 若按原规范取桩土应力比最大值 $n=4$，则 1~4m 范围内 $E_{sp}=[1+m(n-1)]E_s=3.4E_s$，则，4~8m 范围内 $E_{sp}=[1+m(n-1)]E_s=2.2E_s$；

沉降计算经验系数＝为 0.926（$P_0\geqslant f_{ak}$）和 0.663（$P_0\leqslant0.75f_{ak}$），总沉降量为 $0.663\times435.47=288.72mm$。

b. 若取桩土应力比最大值 $n=8$，则 1~4m 范围内 $E_{sp}=[1+m(n-1)]E_s=6.5E_s$，则，4~8m 范围内 $E_{sp}=[1+m(n-1)]E_s=3.7E_s$；

沉降计算经验系数 1（$P_0\geqslant f_{ak}$）和 0.7（$P_0\leqslant0.75f_{ak}$），总沉降量为 $0.64\times162.322=104.49mm$。

这个结果更加接近了，仅偏大了 23%。也就是说，针对这个工程实例，采用按照置换率应力比确定复合地基压缩模量的方法当取应力比 $n=8$、墩体直径为 1.8~2.0 倍夯锤直径时且同时考虑第一、二、三遍夯点的置换墩作用时，计算确定的沉降量与实测结果较为接近，处于工程中可以接受的误差范围且比实测值稍大，偏于安全，是一个可以接受的比较理想的结果。

3）用承载力比确定的复合压缩模量计算

从增强体的材料特性来分析，应当属于散粒体材料形成的增强体。但如果考虑到墩体自身较高的密实度和墩体与墩间土的强度的巨大差异，按照 2002 版规范 9.2.8 条规定试算一下。

【2002 版规范】9.2.8 地基处理后的变形计算应按现行国家标准《建筑地基基础设计规范》GB 50007 的有关规定执行。复合土层的分层与天然地基相同，各复合土层的压缩模量等于该层天然地基压缩模量的 ζ 倍，ζ 值可按下式确定：

$$\zeta = \frac{f_{spk}}{f_{ak}} \qquad (9.2.8\text{-}1)$$

式中 f_{ak} ——基础底面下天然地基承载力特征值（kPa）。

变形计算经验系数 ψ_s 根据当地沉降观测资料及经验确定，也可采用表9.2.8数值。

复合地基按280kPa承载力特征值计算。考虑置换墩增强体的长度为7m，墩底压密土的深度为1m，综合考虑8m。原地基土的承载力特征值为100kPa，则：

$$\zeta = \frac{f_{spk}}{f_{ak}} = \frac{280}{100} = 2.8$$

沉降计算经验系数为0.907（$P_0 \geqslant f_{ak}$）和0.653（$P_0 \leqslant 0.75 f_{ak}$），总沉降量为0.653×421.84＝275.46mm。

从上面的分析计算可以看出，这个计算结果与复合地基的承载力的特征值关系极为密切。由于复合地基真正的承载力特征值在很多工程中很难准确通过试验确定出来，使得用于计算的承载力特征值偏低的估计了处理地基土的模量，使得计算的变形与实测偏大。

4）按照"墩变形＋应力扩散法"计算的结果

"墩变形＋应力扩散法"，强夯置换地基的变形包括两部分：

第一部分：以置换墩变形为主软土变形为辅，静载试验的载荷板平均在附加压力560kPa下的最终累计沉降量为62.40mm，在250kPa设计荷载作用下的沉降量为23mm（查 P-s 曲线获得）。

第二部分：以软土变形为主以置换墩变形为辅，地表考虑250kPa的附加压力，圆形荷载 $b=2.5$m（等于夯锤直径），考虑墩长度7m，按照碎石的压力扩散角（$z/b=2.5>0.5$，查表4.2.1，取 $\theta=30°$）扩散，在深度7m处的附加压力为57kPa。之下有2m淤泥质土（$E_s=2.5$MPa）和3m砂土（$E_s=4$MPa），按照大面积荷载作用（不考虑扩散），沉降量为45＋43＝88mm。

两部分之和为强夯置换地基的总变形量 $s=23＋88=105$mm，比较符合实际情况。

需要注意的是：这个方法有一个计算假定：荷载作用点位于夯墩上；如果局部做不到的话，应该设置刚性基础，使荷载尽量作用在夯墩上。当荷载作用在夯间时，如果夯间有2m后的碎石垫层，也基本上可以将荷载传递到夯墩上，可以保证工后变形不致过大。当垫层厚度小于1m的话，且基础宽度过小（小于1.5m）荷载有较大时会出现地基冲切破坏。这种情况在实际工程中出现的概率不大。所以尽量保证强夯置换地基完成后的垫层厚度超过2m。

5）变形计算汇总结果

变形计算汇总结果见表6-21。

6）小结

①在相同应力比 n 的情况下，与仅考虑第一、二遍夯点的置换增强体作用相比，当考虑第一、二、三遍夯点的置换增强体作用时的计算沉降减小了10%～20%。从实际效果来讲，第三遍的置换墩虽然较短，但对减小变形的实测效果较好。第四遍夯点的能级较低（3000kN·m），墩长较短，常与表层碎石层起到硬壳层的作用。浅层的压缩模量取值已经较高，再考虑四遍点的作用对减小变形的贡献不大。因此计算变形时四遍点作用不再单独考虑。

方法	考虑	计算参数	计算$\sum s$ (mm)	ϕ_s	计算最终 s (mm)	与推算最终 $s=85$mm 的误差（%）	实测
用置换率应力比确定的复合压缩模量	若仅考虑第一、二遍夯点的置换增强体作用	墩体直径 3m，$n=4$，$m=14\%$	678.7	0.896	608.1	615.4	
		墩体直径 3m，$n=8$，$m=14\%$	529.2	0.753	398.5	368.8	
	当考虑第一、二、三遍夯点的置换增强体作用	墩体直径 3m，$n=4$，$m=28\%$（1～4m），$m=14\%$（5～8m）	620.1	0.848	525.8	518.6	静载实测 $s=62.4$mm，估算最终沉降量在 75～95mm 左右。暂按照 85mm 分析
		墩体直径 3m，$n=8$，$m=28\%$（1～4m），$m=14\%$（5～8m）	466.9	0.688	321.1	277.8	
		墩体直径 4m，$n=4$，$m=50\%$（1～4m），$m=25\%$（5～8m）	517.8	0.739	382.7	350.2	
		墩体直径 4m，$n=8$，$m=50\%$（1～4m），$m=25\%$（5～8m）	186.895	0.7	130.83	53.9	
		墩体直径 5m，$n=4$，$m=79\%$（1～4m），$m=39\%$（5～8m）	435.5	0.663	288.7	239.6	
		墩体直径 5m，$n=8$，$m=79\%$（1～4m），$m=39\%$（5～8m）	162.322	0.64	104.49	22.9	
	复合地基按 280kPa 承载力特征值考虑	$\zeta=2.8$	421.8	0.653	275.5	224.1	
墩变形＋应力扩散法	第一部分：墩体在设计荷载作用下的变形由静载试验曲线得到	23mm	第二部分：按照应力扩散法计算下卧层变形	88mm	$\sum=105$	23.5	

②工程实测的一、二、三遍点的应力比 $n=4$，计算变形是实测变形的 6～7 倍；n 取 8 的计算变形是实测变形的 3.8～4.5 倍。当应力比 n 由 4 增加到 8 的时候，计算变形量减少 30%～40%。说明即使再增加应力比的计算值，对变形的减少程度都是有限的。

③考虑墩体直径 4m（夯锤直径的 1.6 倍），计算沉降 382.7mm；考虑墩体直径 5m（夯锤直径的 2 倍），计算沉降 288.7mm，都远大于实测沉降量。

④用承载力比确定的复合压缩模量方法，由试验得到的特征值进行计算变形结果，大于实测沉降量。

⑤按照"墩变形＋应力扩散法"与实测值较为接近。

（2）葫芦岛海擎重工机械有限公司地基处理项目

1）工程基本概况介绍

已经部分建成投产的葫芦岛海擎重工机械有限公司位于葫芦岛经济开发区北港工业区内，南北方向为三号路与五号路之间，南北宽约700m，东西方向为纵三路与纵五路之间，长约1000m，工程总体分为一期工程和二期工程。总占地面积约1600亩。其中一期工程煤化工设备重型厂房（一）已于2009年5月建成，2010年3月份正式投产。

煤化工设备重型厂房（一）占地面积约42000m²，钢结构总重6000t，总共分为三跨，跨度分别为36m、30m、30m，柱距为12m，总共分为A、B、C、D四条轴线，其中C-D轴400t行吊两台，150t行吊两台；B-C轴150t行吊一台，100t行吊三台；A-B轴50t行吊三台，32t行吊一台，厂房内另有若干煤化工加工设备。

根据设计单位编制的《海擎重工机械有限公司煤化工设备制造厂房（一）地基处理设计施工总说明》：整个厂房分为三个区域进行处理，其中重型、中型跨厂房柱基及重要设备下采用10000kN·m能级柱锤强夯置换联合12000kN·m能级平锤强夯置换五遍成夯工艺进行处理，其中柱基中心处采用15000kN·m能级的平锤强夯置换加固；轻型跨柱基下采用15000kN·m能级平锤强夯置换联合12000kN·m能级平锤强夯置换施工工艺进行处理；其他轻型设备及室内道路、地坪下采用12000kN·m能级的平锤强夯置换五遍成夯的施工工艺进行处理，其中柱锤强夯置换夯锤直径为1.3m，平锤强夯置换夯锤直径为2.4m。

本场地地基处理后分别采用平板载荷试验、重型动力触探、瑞利波三种检测方法进行检测，根据检测单位提供的9个平板载荷试验检测结果，厂房地基经过处理后承载力特征值为360kPa；提供的12个点的动力触探试验检测结果，厂房地基经过处理后置换墩的长度分别为 6.2m、6.0m、6.0m、8.7m、6.9m、7.0m、8.1m、7.9m、6.6m、8.0m、7.8m、8.5m，平均长度为7.3m，置换墩直径约为1.5m左右；根据瑞利波试验检测结果，厂房地基经过地基处理后0~12m深度范围内等效剪切波速基本上在200m/s以上，波速值提高幅度比较大，加固效果比较明显，有效加固深度超过10m。

本场地地基基础采用浅基础的设计方案，A轴采用5m×6.5m的独立基础，B轴采用5.5m×7.5m的独立基础，C轴和D轴采用6m×9m的独立基础。

2）沉降理论计算值

实测的静载试验结果见图6-40（荷载板1.5×1.5m）。

结合《海擎重工煤化工设备制造厂房、餐厅、宿舍岩土工程勘察报告》（葫芦岛工程勘察院，2008年10月，工程编号：1-20085025）以及海擎重工机械有限公司煤化工设备制造厂房（一）强夯夯后检测报告（葫芦岛工程勘察院，2008年10月）分别选取位于重型跨中地质条件最不利的ZK6号钻孔进行计算，上部荷载依据浙江工业大学建筑设计研究院提供的《海擎重工机械有限公司—煤化工设备制造厂》计算书选取重型跨D轴线上柱底荷载的69号最不利荷载。

基础长$L=9.000$m，基础宽$B=6.000$m，基底标高-2.850m，基础顶轴力准永久值$=9461.700$kN，L向弯矩准永久值$M_x=14408.630$kN·m。

压缩模量：6.14（MPa）

沉降计算经验系数0.604（$P_0 \leqslant 0.75 f_{ak}$）

地基处理后的总沉降量$=0.604 \times 115.57 = 69.80$（mm）

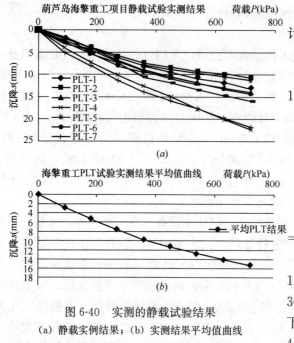

图 6-40 实测的静载试验结果

(a) 静载实例结果；(b) 实测结果平均值曲线

3）按照"墩变形＋应力扩散法"计算结果

荷载取值：$9461.7/(9×6)=175$kPa

①根据静载试验曲线得到：特征值 175kPa 对应夯墩的变形为 5mm。

②根据静载试验结果，

$$E_0 = I_0(1-\mu^2)\frac{Pd}{s}$$
$$= 0.886 \cdot (1-0.27^2)\frac{175×1.5}{4}$$
$$= 54\text{MPa}$$

③按照 $E_s = E_0$ 计算，规范方法，$\psi_s = 0.2$，计算 $s=4$mm。

④软土沉降计算：夯墩直径按 1.5m，夯锤长度 7.3m，应力扩散角 30°，在 7.3m 处的附加压力值为 4kPa，下卧土层的压缩模量分别为 3MPa、4MPa、6MPa，厚度分别为 2m，1m，1.85m，变形量 $s=4\left(\frac{1}{3}×2+\frac{1}{4}×1+\frac{1}{6}×1.85\right)=4.9$mm

⑤总沉降量为 $5+4.9=9.9$mm。

4）实际沉降观测值

目前该厂房总共进行过 5 次沉降观测，从开始观测至今约 3 年（含项目投产 2 年），竣工监测为 2009 年 3 月 30 日。施工过程阶段已经观测完毕，观测时间分别为 2009 年 6 月 12 日和 2010 年 1 月 1 日，使用阶段进行三次观测，观测时间为 2010 年 3 月 2 日、2010 年 9 月 25 日、2011 年 4 月 2 日（见图 6-41）。5 次观测的独立柱基础实际发生的总的最大沉降值为 12.1mm，绝大部门柱沉降量在 6～10mm 左右。按照"墩变形＋应力扩散法"的计算结果和实测结果接近。

（3）青岛海西湾某工程项目

1）地层情况

工程场地位于原青岛经济技术开发区海西湾岛关咀东部，其西南部约 1/3 现已回填（原

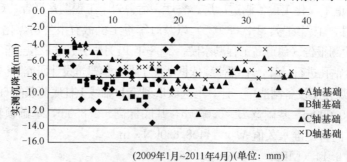

(2009年1月～2011年4月)（单位：mm）

图 6-41　沉降实测值

东围堰内），为经过堆载预压处理过的吹填土，底部为粉质黏土，厚度约为 9.0m；东围堰北侧第一跨内，为新近回填碎石土，底部为原始淤泥质土，厚度约为 5.8m；东侧厂房第三跨内，为经过水下插排水板后铺设 2m 砂垫层的碎石回填区（中间铺设土工布），底部为原始淤泥质土，厚度约为 7.0m，地质剖面图见图 6-42，强夯置换夯墩示意图见图 6-43。

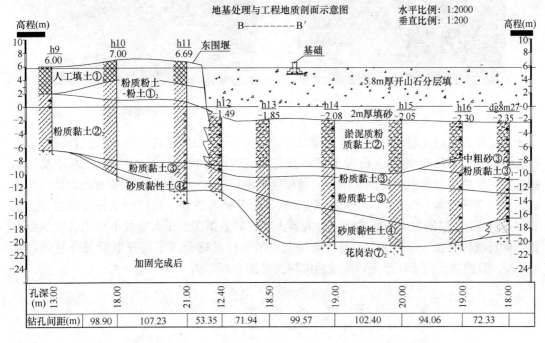

图 6-42　地质剖面图

2）地基处理设计施工简介

在造船区陆域强夯施工中，对露天钢材堆场的桥吊柱基，采用异形锤强夯，可增加置换深度，减小差异沉降量。经现场试验性施工和检测确认 6000kN·m 能级置换深度可达到 7m 以上，8000kN·m 能级置换深度可达到 9m 左右，形成了柱基下直径 2m 左右（实测值为 1.6～1.8 倍夯锤直径）的碎石墩基础，降低了工程造价。在局部主干路下软土区，平面分段工场、涂装工场的局部有残留软土区也均采用了异形锤与平锤相结合的较高能级强夯施工，异形锤强夯施工见图 6-44，异形锤夯坑见图 6-45。

异形锤强夯置换进行预夯，夯锤直径 1.2m，采取隔行跳点方式进行施工，6000kN·m 异形锤强夯施工的停夯标准暂定为 20cm，由现场试验确定，强夯施工过程中实施动态监测，如果现场异形锤强夯施工过程中场地出现较大的隆起，则对回填的山皮石进行一遍低能普夯，形成一定

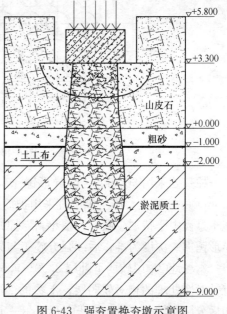

图 6-43　强夯置换夯墩示意图

图 6-44 异形锤强夯施工

图 6-45 异形锤夯坑

厚度表层硬壳来阻止场地隆起，普夯能级 1500kN·m；如果现场未出现隆起，则不必进行普夯，直接进行 6000kN·m 异形锤强夯置换（夯点布置图见图 6-46）。根据现场异形锤强夯置换施工过程中超孔隙水压力消散程度来确定是否一次性夯到停夯标准，如果超孔隙水压力消散较慢，则在同一点可分 2～3 次异形锤强夯置换。设计要求异形锤强夯置换宜尽量打穿②₁层淤泥质粉质黏土，进入到土质较好的第③层土，在柱下形成着底的强夯置换碎石墩体。在 3.3 万 m² 的钢料堆场上，吊车柱基础全部采用异形锤强夯替代桩基 324 根，节约造价约 280 万元，建成后的场地见图 6-47、图 6-48、图 6-49。

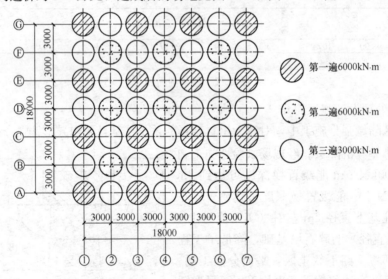

图例说明：

⊘ 第一遍6000kN·m

⊙ 第二遍6000kN·m

○ 第三遍3000kN·m

图 6-46 夯点布置示意图

柱基处采用 6000kN·m 异形锤＋6000kN·m 强夯进行处理，异形锤的施工标高为 3.0m，一柱两点，施工单位宜采用护筒或其他有效措施尽量减少塌孔以保证置换墩深度。施工过程中坚持"少喂料，喂小料"原则，以即不出现丢锤、吸锤现象，又能保证最大的异形锤贯入深度为准；后续强夯施工与异形锤施工的间歇时间不少于 5 天。

本场地②₁层软弱下卧层 3.50～9.50m，土性条件较差。但这个淤泥质土层是已经过有针对性处理的相对软弱层，上覆的 2m 厚砂层是一个较好的过渡层、排水层和调节层，随后分层回填的 5.8m 厚开山石层在一定能级强夯置换下是一个较好的硬壳层，这个能级不能太高，太高会破坏已固结的结构性的②₁层土，造成现场大量隆起或淤泥挤出；也不能太低，太低不能对上部的 8m 左右回填层有效加固。所以强夯初步设计分 2 个区域：东围堰内区 4500kN·m 能级强夯置换，外区用 5500kN·m 能级强夯置换，这个置换要做到"少吃多餐"：每次夯坑不宜太深、填料不宜太多。

图 6-47　钢料堆场柱下独立基础
（异形锤强夯置换地基）

3）计算与实测结果

图 6-50 为结构施工前高水位施工后低水位的变化曲线，结构施工前 7m 淤泥质土层沉降为 229mm，结构施工后 7m 淤泥质土层工后沉降为 121mm。再加上墩体的变形约 10mm，总变形最大值约在 131mm。

工程运营约 2 年后的实测变形见图 6-51。

图 6-48　平面分段工场
（平锤强夯＋异形锤置换强夯）

图 6-49　厂房区主干路（平锤强夯
＋异形锤置换强夯）

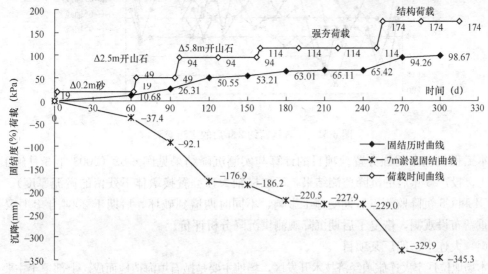

图 6-50　结构施工前高水位施工后低水位的变化曲线

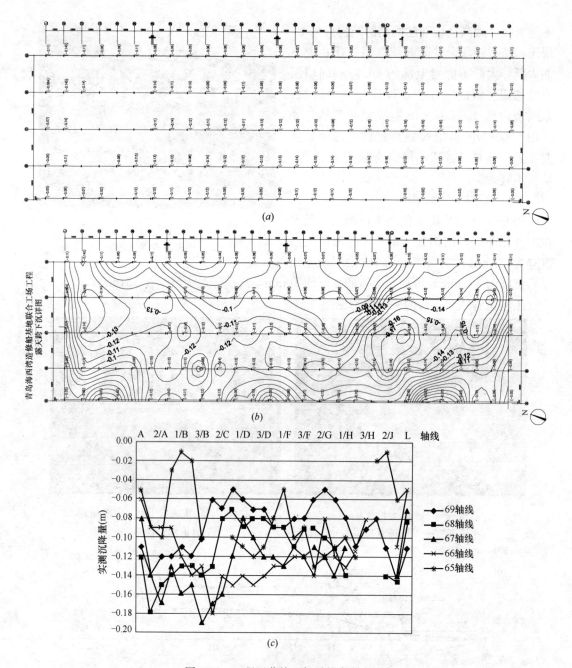

图 6-51　工程运营约 2 年后的实测变形

本工程机电车间强夯置换项目的计算与实测沉降结果见图 6-52（2003 年 3 月施工 9 月竣工，投产 3 年后的沉降监测结果，第二横轴为强夯置换墩体下残留的淤泥厚度）。其中，C4 和 C5 沉降监测点后期受施工影响，不同时期遭到破坏，后期于 2004 年 8 月又进行了重新布设观测，恢复了后期沉降观测供沉降分析评价。

（4）大连中远船厂某项目

本场地位辽宁大连旅顺经济技术开发区，场地主要是抛石填海造地而成。上部填土主要为烟大轮渡施工时清淤的排放物，主要由卵石及淤泥组成，均匀性差，下覆淤泥质土沉积层。

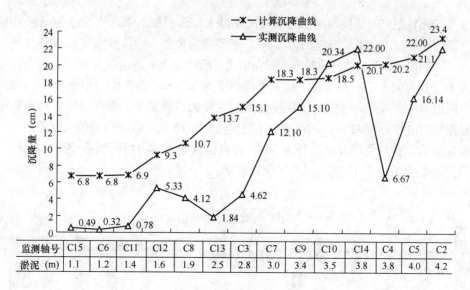

监测轴号	C15	C6	C11	C12	C8	C13	C3	C7	C9	C10	C14	C4	C5	C2
淤泥 (m)	1.1	1.2	1.4	1.6	1.9	2.5	2.8	3.0	3.4	3.5	3.8	3.8	4.0	4.2

图 6-52　计算与实测沉降结果

经过各方面技术经济对比分析采用 2000～3000kN·m 柱锤强夯置换联合 3000kN·m 平锤强夯法处理，为确保加固效果，在现场进行了 2 块试验区，处理后完全满足设计要求。柱锤直径 1.2～1.4m，平锤直径 2.4～2.6m。试验后进行正式施工。大面积施工及工程运营两年来的监测结果表明，加固效果良好。

本工程分区域参与不同的施工参数进行施工，如Ⅳ区采用了 2500kN·m 能级柱锤强夯置换联合 3000kN·m 能级平锤强夯置换四遍成夯工艺处理。

典型地质剖面图见图 6-53，加固后剖面示意图见图 6-54。

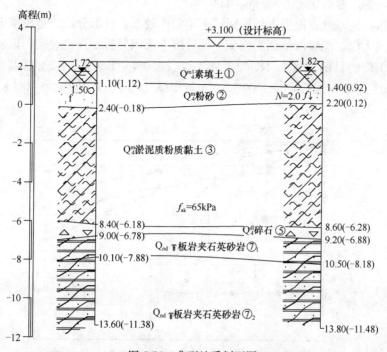

图 6-53　典型地质剖面图

127

通过实测数据可知置换墩墩体的平均长度为3.86m见图6-54，密实度为稍密-中密，夯间土上部的硬碎石土层平均厚度约为2.8m，密实度为稍密。墩体密实度为稍密-中密，墩底至6.0m深度范围内主要是粉质黏土和淤泥质土，粉质黏土平均击数为3.55，淤泥质土平均击数为1.53；夯间土上层为碎石土层，平均厚度为3.05m，密实度为稍密-中密（以中密为主，个别点为稍密），以下至6.0m深度范围内主要为粉质黏土、淤泥质土，粉质黏土重型动力触探平均击数为3.32击，淤泥质土平均击数为2.63击。较夯前有较大改善。

根据静载试验（见图6-55、图6-56），夯点位置处承载力特征值不小于400kPa，夯间土承载力特征值不小于120kPa，满足设计要求。

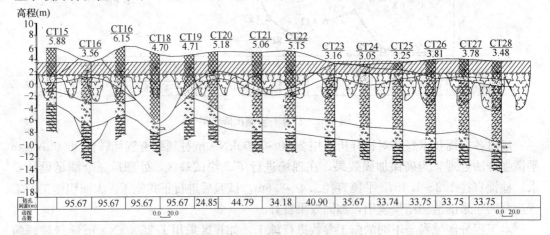

图6-54 加固后剖面示意图

运营2年后的实测沉降量：普通地坪1~2cm，设备基础3~4cm。

（5）中石油广西石化千万吨炼油项目

汽油罐区：地基处理根据本场地回填土均匀性较差，且部分罐跨越挖填方区域，采用填土厚度从浅入深、能级由低到高施工，部分罐下采用异形锤强夯置换，以满足地基加固和消除差异沉降的目的。其中TK109，TK201，TK205，TK206，TK208罐基部分位于挖方部分位于填方区域，在施工4500~8000kN·m异形锤夯点时，采用3000~1000kN·m能级强

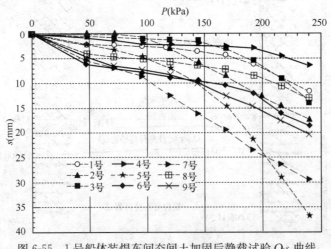

图6-55 1号船体装焊车间夯间土加固后静载试验$Q \cdot s$曲线

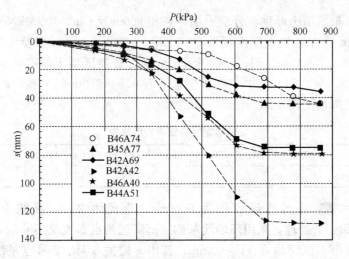

图 6-56　1号船体装焊车间夯墩静载试验 $Q\text{-}s$ 曲线

夯先从填土厚的地方开始向填土薄的方向推进；TK101、TK102、TK103、TK106、TK107、TK201、TK203、TK204、TK206。罐填土下有厚度不等的淤泥和淤泥质土，其中 TK101、TK102、TK103、TK201 罐下淤泥质土较厚，厚度在 3.0～6.7m 之间。汽油罐组一为 5000m³ 罐，汽油罐组二为 10000m³ 罐。各罐平均沉降量见表 6-22。

汽油罐区各罐平均沉降量　　　　　　　　　表 6-22

汽油罐组一罐号	TK101	TK102	TK103	TK104	TK105	TK106	TK107	TK108
实测最大环墙沉降量（mm）	10.1	11.9	28.0	48.6	18.8	29.5	52.0	37.0
汽油罐组二罐号	TK201	TK202	TK203	TK204	TK205	TK206	TK207	TK208
实测最大环墙沉降量（mm）	29.5	38.1	37.6	26.6	47.4	42.8	62.6	42.4

柴油罐区：本区为 2 万 m³ 罐共 12 个，其中有 10 个点位于填方区，根据填土厚度采用 2000～12000kN·m 能级进行强夯置换，其中 2000kN·m 普夯区填土厚度 0.5～2.9m；8000kN·m 能级强夯置换区填土厚度 5.3（＋0.5）～9.3m；10000kN·m 能级强夯置换区填土厚度 8.0～11.0m；12000kN·m 能级强夯置换区填土厚度 8.0～13.0m，主要集中在 11.0～13.0m 之间。充水预压监测环墙最大沉降量在 16.5～47.3mm 之间，各罐平均沉降量见表 6-23。

柴油罐区各罐平均沉降量　　　　　　　　　表 6-23

罐　号	TK101	TK102	TK103	TK104	TK105	TK106	TK107	TK108	TK109	TK110
平均沉降量（mm）	16.5	33.3	45.6	42.4	47.3	33.4	38.7	34.9	37.7	42.2

芳烃罐区：根据填土厚度，本区采用 2000kN·m 普夯和 8000kN·m、10000kN·m、12000kN·m 能级强夯置换处理。普夯区填土厚度小于 2.0m；8000kN·m 能级强夯置换区填土厚度 6.3～9.3m；10000kN·m 能级强夯置换区填土厚度 8.0～11.0m；12000kN·m能级强夯置换区填土厚度 9.6～12.6m。芳烃罐为 5000m³ 罐。各罐平均沉降量见表 6-24。

芳烃罐区各罐平均沉降量　　　　　　　　　表 6-24

罐号	TK101	TK102	TK201	TK202	TK203	TK204	TK301	TK302
平均沉降量（mm）	25	15	21	25	38	26	36	38

航煤罐区：根据填土厚度，分别采用普夯和 8000kN·m、10000kN·m 能级强夯置换。2000kN·m 普夯区填土厚度≤2.0～3.0m；8000kNm 强夯置换区填土厚度 4.0～9.8m，集中在 6.0～8.0m 之间；10000kN·m 强夯置换区填土厚度 6.6～13.8m 之间，集中在 10.0～12.0m 之间，其中东侧 4 个罐下有 0.8～9.0m 的淤泥。航煤罐为 5000m³ 罐。各罐平均沉降量见表 6-25。

航煤罐区各罐平均沉降量 表 6-25

罐 号	TK101	TK102	TK103	TK104	TK105	TK106	TK107	TK108	TK109	TK110
平均沉降量（mm）	28	38	45	39	28	24	32	29	58	67

库区压舱水罐：压舱水罐容积为 5000m³，直径为 20m，荷载为 250kPa，采用 6000kN·m 能级强夯处理，采用环墙浅基础。沉降观测点布置见图 6-57，充水预压沉降观测结果见图 6-58，沉降量在 11～69mm，其中 a 罐的 5 号、7 号点是沉降量最大，达到 69mm。

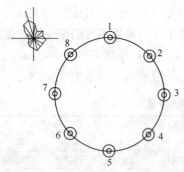

图 6-57 充水预压环墙沉降观测点

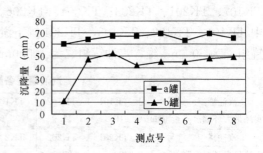

图 6-58 充水预压环墙沉降曲线

（6）浙江温州某工程

浙江温州某工程位于弃土回填区，东侧为在建的南山路，南侧为规划的湖滨北路，西侧为枫树梢安置用地。工程总用地面积约为 35795m²，建筑占地面积约为 15900m²。图 6-59 为项目建筑效果鸟瞰图。

图 6-59 建筑效果鸟瞰图

拟建建筑由 4 幢 3～4 层的商业用房和 1 幢综合办公楼组成，采用浅基础，单柱荷载设计值为 5000～6000kN，本场地填土厚度极不均匀，回填土主要由碎石、角砾粉质黏土和风化岩石组成，建筑外轮廓范围内回填厚度为 12.3～59.3m，为人工新近 5～8 年间回填形成，厚度分布差异显著。场地填土为不同时期周围开山的碎石土、砂土、紫红色细砂岩，未经压实，因此需对深厚回填土进行有效的处理以满足建筑荷载要求。图 6-60 为填土厚度分布统计图。

本场地地基处理的重点是加固上部的欠密实填土地基，在综合分析工期、造价、施工

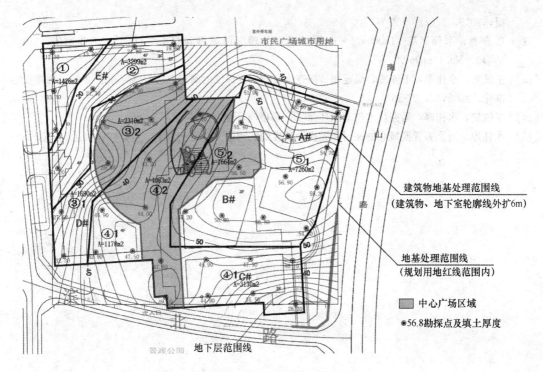

图 6-60　为填土厚度分布统计图

质量的基础上，结合本工程的工程概况，采用差异化处理深度的调平思路，本场地地基处理拟采用中、高能级强夯处理方案。本场地强夯工艺主要为：4000～18000kN·m平锤强夯，强夯主夯点以柱网分布位置控制，提高建筑物地基基础的整体刚度。建筑物地基处理范围应比建筑物、地下室轮廓外扩 6m 距离。该施工工艺可利用不同强夯能级、不同工艺组合的高能级强夯法加固，处理后可满足上部结构对差异变形的使用要求。高能级主夯点主要布置在柱网角点以及建筑物基础角点等对差异变形敏感的区域，中高能级主要分布在仅有地下空间（中心地下广场等）分布的区域，形成深浅组合的立体加固体系。

目前项目竣工已两年，变形监测最大沉降量在 2cm，变形已经达到稳定标准。

参 考 文 献

[1]　国家标准．土工试验方法标准 GB/T 50123—1999．北京：中国计划出版社，1999

[2]　行业标准．公路土工试验规程 JTGE 40—2007．北京：人民交通出版社，2007

[3]　南京水利科学研究院．土工试验规程 SL 237—1999．沈阳：辽宁民族出版社，1999

[4]　公路冲击碾压技术应用指南．北京：人民交通出版社，2005

[5]　沙庆林．公路压实与压实标准(第三版)．北京：人民交通出版社，1999

[6]　王铁宏．新编全国重大工程项目地基处理工程实录．北京：中国建筑工业出版社，2005

[7]　王铁宏，戴继，水伟厚．残积土地基沉降变形计算方法的研究．北京：中国建筑工业出版社，2011

[8]　行业标准．建筑地基处理技术规范 JGJ 79—2012．北京：中国建筑工业出版社，2013

[9]　王铁宏．新编全国重大工程项目地基处理工程实录[M]．北京：中国建筑工业出版社，2005．

[10]　水伟厚．冲击应力与10000kN·m高能级强夯系列试验研究[D]．上海：同济大学，2004．

[11]　王铁宏，水伟厚，王亚凌等．10000kN·m高能级强夯地面变形与孔压试验研究[J]．岩土工程学

报，2005，27(7)：759-762

[12] 詹金林，水伟厚等．18000kN·m能级强夯处理深厚填海碎石土试验[J]．工业建筑，2010，Vol40，No.4.pp96-99

[13] 王铁宏，水伟厚，王亚凌，吴延炜．强夯法有效加固深度的确定方法与判定标准[J]．工程建设标准化，2005，3，27-38

[14] 王铁宏，水伟厚．强夯技术与节能环保[J]．节能与环保，2005，(11)：6-9

[15] 水伟厚．对强夯置换概念的探讨和置换墩长度的实测研究．岩土力学，Vol.32，增刊2，502-506

第七章 复 合 地 基

复合地基按其增强体的力学性质，可分为散体材料桩复合地基和有粘结材料桩复合地基。按需处理天然地基土的力学性质，可分为：天然地基为正常固结土地基，设置增强体提高其承载力，减少地基变形；地基土为松散填土、可液化土、湿陷性土等，采用挤密桩等处理工艺，消除或减少液化指数、湿陷性等，按复合地基进行承载力和变形计算；地基土为松散填土、可液化土、湿陷性土等，采用强夯、预压等方法密实，再与增强体形成复合地基。按其增强体材料，可分为：砂石桩复合地基、水泥搅拌桩复合地基、旋喷桩复合地基、土或灰土挤密桩复合地基、夯实水泥土桩复合地基、水泥粉煤灰碎石桩复合地基、柱锤冲扩桩复合地基等。无论从哪个角度来定义复合地基，都强调了复合地基的一个侧面，或强调其材料性质，或强调天然土性质，或强调增强体的荷载传递性质，但复合地基必须满足增强体和地基土共同承担荷载的基本要求。

第一节 一 般 规 定

复合地基的一般规定应重点理解复合地基技术应用的地区适用性、复合地基的承载力设计、复合地基的变形计算、有粘结强度增强体的强度验算、增强体施工的桩位偏差控制复合地基工程的验收检验等问题。

一、复合地基技术应用的地区适用性

由于复合地基技术应用地基土性质的广泛性，以及天然地基土成因、应力历史、地下水作用，其工程性质的地域性，复合地基技术的应用强调现场试验或试验性施工的重要性。在一个地区采用成熟的复合地基技术，在另一个地区使用时，由于地基土性质的差异，施工技术的差异，以及施工工艺控制的差异，可能引起处理效果的较大差异。因此，当某一复合地基技术在该地区应用时，一般应进行现场现场试验，测试其承载力和变形性质，桩土应力分担特性等，并确定施工技术的适用性以及施工工艺控制标准；试点工程完成后应进行建筑物沉降观测，验证复合地基效果，完成在本地区大面积推广应用的前期工作。严禁直接将某一工程的"经验"，直接在另一地区大面积推广。例如长螺旋压灌成桩工艺在沉积年代久的地层施工，由于土层结构好，土的变形小，大部分土体处于正常固结或超固结状态，施工形成的水泥粉煤灰碎石桩质量好，验收时均可达到完好桩或基本完好桩标准，但这个工艺在固结时间短的土层施工或灵敏度高的土层施工，长螺旋钻的提拔与压灌配合不好，很容易形成地面下沉，混凝土打不开灌注阀门的情况，引起质量事故。

这里可以说一下关于复合地基设计对场地岩土工程勘察报告的分析和设计参数选取的问题。如果复合地基的试验是在正常固结或超固结状态的地基土中进行的，与在欠固结状态经处理后的地基土中进行的，复合地基的设计参数大不相同。而目前的岩土工程勘察报告对地基土的成因、应力历史的描述和试验太少，对设计人员不能提供正确的认识，也是

目前工程应用时有失误的原因之一。

二、复合地基工程的验收检验

复合地基强调由地基土和增强体共同承担荷载，对于地基土为欠固结土、膨胀土、湿陷性黄土、可液化土等特殊土，必须选用适当的增强体和施工工艺，消除欠固结性、膨胀性、湿陷性、液化性等，才能形成复合地基。所以复合地基工程的验收检验应包括：复合地基承载力；增强体施工质量、桩身完整性和强度，单桩承载力等；地基土消除欠固结性、膨胀性、湿陷性、液化性等；桩位偏差等。

复合地基承载力的确定方法，一般采用复合地基静载荷试验的方法。桩体强度较高的增强体，可以将荷载传递到桩端土层。当桩长较长时，由于静载荷试验的荷载板宽度较小，不能全面反映复合地基的承载特性。因此单纯采用单桩复合地基静载荷试验的结果确定复合地基承载力特征值，可能由于试验的载荷板面积或由于褥垫层厚度对复合地基静载荷试验结果产生影响。对有粘结强度增强体复合地基的增强体进行单桩静载荷试验，保证增强体质量和承载力，是保证复合地基满足建筑物地基承载力要求的必要条件。

本次修订增加了对增强体进行单桩承载力的检验要求，进一步提高复合地基使用的可靠性。

地基土消除欠固结性、湿陷性、液化性等的检验结果判断，目前沿用弹性半无限地基的研究成果，对形成复合地基后的判别标准需再研究。但采用弹性半无限地基的研究成果应是安全的评价结果。

三、复合地基的承载力设计

复合地基承载力的计算表达式对不同的增强体和地基土情况，大致可分为两种：散体材料桩复合地基和有粘结强度增强体复合地基。本次修订分别给出其估算时的设计表达式。对散体材料桩复合地基计算时桩土应力比 n 应按试验取值或按地区经验取值。但应指出，由于地基土的固结条件不同，在长期荷载作用下的桩土应力比与试验条件时的结果有一定差异，设计时应充分考虑。对有粘结强度增强体复合地基，本次修订根据试验结果增加了增强体单桩承载力发挥系数和桩间土承载力发挥系数，其基本依据是，在复合地基静载荷试验中取 s/b 或 s/d 等于 0.01 确定复合地基承载力时，地基土和单桩承载力发挥系数的试验结果。一般情况下，复合地基设计有褥垫层时，地基土承载力的发挥是比较充分的。

应该指出，复合地基承载力设计时取得的设计参数可靠性对设计的安全度有很大影响。当有充分试验资料作依据时，可直接按试验的综合分析结果进行设计。对刚度较大的增强体，在复合地基静载荷试验取 s/b 或 s/d 等于 0.01 确定复合地基承载力以及增强体单桩静载荷试验确定单桩承载力特征值的情况下，增强体单桩承载力发挥系数为 0.7～0.9，而地基土承载力发挥系数为 1.0～1.1。对于工程设计的大部分情况，采用初步设计的估算值进行施工，并要求施工结束后达到设计要求，设计人员的地区工程经验非常重要。首先，复合地基承载力设计中增强体单桩承载力发挥和桩间土承载力发挥与桩、土相对刚度有关，相同褥垫层厚度的变形条件下，相对刚度差值越大，刚度大的增强体在加荷初始发挥较小，后期发挥较大；其次，由于采用勘察报告提供的参数，其对单桩承载力和天然地基承载力在相同变形条件下的富余程度不同，使得复合地基工作时增强体单桩承载力发挥和桩间土承载力发挥存在不同的情况，当提供的单桩承载力和天然地基承载力存在较大的富余值，增强体单桩承载力发挥系数和桩间土承载力发挥系数均可达到 1.0，复合地基静载荷试验检验结果也能满足设计要求。同时复合地基静载荷试验是短期荷载作用，应考虑长期荷载作用的影响。总之复合地基设计要根据工程的具体情况，采用相对安全的设计。初步设计时，增强体单桩承载力发挥系数和桩间土承载力发挥系数的取值范围在0.8~1.0之间，增强体单桩承载力发挥系数取高值时桩间土承载力发挥系数应取低值，反之，增强体单桩承载力发挥系数取低值时桩间土承载力发挥系数应取高值。所以，没有充分的地区经验时应通过试验确定设计参数。

桩端端阻力发挥系数 α_p 与增强体的荷载传递性质、增强体长度以及桩土相对刚度密切相关。桩长过长影响桩端承载力发挥时应取较低值；水泥土搅拌桩其荷载传递受搅拌土的性质影响应取 0.4~0.6；其他情况可取 1.0。

四、复合地基的变形计算

复合地基沉降计算目前仍以经验方法为主。本次修订综合各种复合地基的工程经验，提出以分层总和法为基础的计算方法。各地可根据地区土的工程特性、工法试验结果以及工程经验，采用适宜的方法，以积累工程经验。

由于采用复合地基的建筑物沉降观测资料较少，一直沿用天然地基的沉降计算经验系数。各地使用对复合土层模量较低时符合性较好，对于承载力提高幅度较大的刚性桩复合地基个别工程出现计算值小于实测值的现象。现行国家标准《建筑地基基础设计规范》GB 50007 修订组通过对收集到的全国 31 个 CFG 桩复合地基工程沉降观测资料分析，得出地基的沉降计算经验系数与沉降计算深度范围内压缩模量当量值的关系。本次修订对于当量模量大于

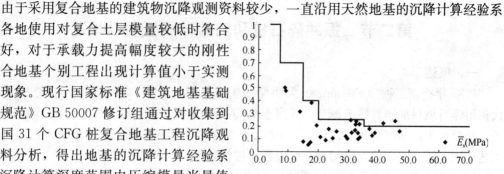

图 7-1　沉降计算经验系数与当量模量的关系

15MPa 的沉降计算经验系数进行了调整。CFG 桩复合地基工程沉降计算经验系数与当量模量的关系见图 7-1。

五、有粘结强度增强体的强度验算

复合地基增强体的强度是保证复合地基工作的必要条件，必须保证其安全度。在有关标准材料的可靠度设计理论基础上，本次修订适当提高了增强体材料强度的设计要求。

按照混凝土强度的可靠性设计理论，我国规范关于混凝土的立方强度与轴心抗压强度设计值之间应有下列关系：

棱柱强度与立方强度之比值 a_{c1} 对普通混凝土为 0.76，对高强混凝土则大于 0.76。混凝土规范对 C50 及以下取 $a_{c1}=0.76$，对 C80 取 $a_{c1}=0.82$，中间按线性规律变化；对 C40 以上混凝土考虑脆性折减系数 a_{c2}，对 C40 取 $a_{c2}=1.0$；对 C80 取 $a_{c2}=0.87$，中间按线性规律变化。

考虑到结构中混凝土强度与试件混凝土强度之间的差异，根据以往的经验，并结合试验数据分析，以及参考其他国家的有关规定，对试件混凝土强度修正系数取为 0.88。

混凝土规范的轴心抗压强度标准值与设计值分别按下式计算：

$$f_{ck} = 0.88 a_{c1} a_{c2} f_{cu,k} \tag{7-1}$$

$$f_c = f_{ck}/\gamma_c = f_{ck}/1.4 \tag{7-2}$$

综合上述结果，可知混凝土材料的立方强度与轴心抗压强度设计值换算，之间应有 2.09 的系数关系。根据构件的分项安全系数设计方法，荷载分项安全系数应取 1.35，复合地基增强体最大受力控制为 1.2 倍单桩承载力特征值，再考虑施工条件、养护条件、桩体脆性破坏性质等，本次修订按增强体立方强度（其他材料复合地基增强体强度均借鉴混凝土强度表达方法）表达的材料强度安全系数提高到 4.0。

对具有胶结强度的复合地基增强体强度应按建筑物基础底面作用在增强体上的压力进行验算，当复合地基承载力验算需要进行基础埋深的深度修正时，增强体桩身强度验算应按基底压力验算。本次修订给出了验算条件。

六、增强体施工的桩位偏差控制

复合地基的桩土应力比较小时，增强体施工的桩位偏差对基础受力分析结果的影响也较小。但对于提高地基承载力幅度较大的复合地基增强体的施工桩位偏差，可能对基础受力分析结果影响较大。所以，对增强体施工的桩位偏差应加以控制。本次修订提出了偏差的控制标准，确保基础设计的安全性。

第二节　振冲碎石桩和沉管砂石桩复合地基

一、概述

1937 年德国工程师 Steuerman 发明振冲法加固砂土地基，20 世纪 50 年代末、60 年代初用碎石填料加固黏性土地基。我国于 1977 年引进振冲法，80 年代开始，不同的施工工艺相继产生，如沉管法、锤击法、干振法、袋装碎石桩法、强夯置换法等，它们的施工工艺不同于振冲法，但均沿用碎石桩或砂石桩的名称。

碎（砂）石桩复合地基的增强体为散体材料，要依靠桩间土的约束力来传递垂直荷载，其受力机理和破坏机理不同于有粘结强度增强体。碎（砂）石桩施工方法工程上应用较多的是振冲碎石桩法和沉管砂石桩法，两种工艺施工的碎（砂）石桩其加固原理、受力和破坏机理、承载力计算等类似或相同，因此，这次规范修订将振冲碎石桩和沉管砂石桩合为一节。

振冲碎石桩、沉管砂石桩复合地基适用于挤密处理松散砂土、粉土、粉质黏土、素填土、杂填土等地基，以及用于处理可液化地基。

国内外的实际工程经验证明，不管是采用振冲碎石桩、还是沉管砂石桩，其处理砂土及填土地基时的挤密、振密效果都比较显著，已在工程上得到广泛应用。

对于振冲碎石桩和沉管砂石桩处理饱和黏性土地基，不少工程处理后承载力达不到设计要求，后期沉降量也很大。鉴于目前复合地基增强体类型很多，有些专家建议限制其在饱和黏性土地基中使用。考虑到以往在饱和黏性土地基工程实践中也有一定数量的成功案例，且在交通、港口、石油等行业对沉降要求相对较低的工程应用也较多。因此，本次修订对在建筑工程使用振冲碎石桩、沉管砂石桩复合地基的范围进行了限定，要求对不排水抗剪强度不小于 20kPa 的饱和黏性土应在施工前通过现场试验确定其适用性。

振冲碎石桩和沉管砂石桩用于处理软土地基，国内外也有较多的工程实例。但由于软黏土含水量高、透水性差，碎（砂）石桩很难发挥挤密效用，其主要作用是通过置换与黏性土形成复合地基，同时形成排水通道加速软土的排水固结。碎（砂）石桩单桩承载力大小主要取决于桩周土的侧限压力。由于软黏土抗剪强度低，且在成桩过程中桩周土体产生的超孔隙水压力不能迅速消散，天然结构受到扰动将导致其抗剪强度进一步降低，造成桩周土对碎（砂）石桩产生的侧限压力较小，碎（砂）石桩的单桩承载力较低，如置换率不高，其提高承载力的幅度较小，很难获得可靠的处理效果。此外，如不经过预压，处理后地基仍将发生较大的沉降，对沉降要求严格的建筑结构难以满足允许的沉降要求。所以，用碎（砂）石桩处理饱和软黏土地基，应按建筑结构的具体条件区别对待，宜通过现场试验后再确定是否采用，且对变形控制要求不严的工程才可采用碎（砂）石桩置换处理。

选择采用碎（砂）石桩，还需考虑下列因素：

1. 挤土效应问题。若选择碎（砂）石桩施工为挤土工艺，需考虑对邻近建筑物、地下管线、道路等周边环境产生的不利影响。

2. 振动、噪声及泥浆污染问题。随着社会不断进步，对文明施工的要求越来越高，当在城区或居民区施工时，振动及噪声污染会对施工现场周围居民正常生活产生不良影响，导致扰民使施工无法正常进行，故许多地区规定不能在居民区采用振动沉管打桩机施工。振冲法施工会产生大量泥浆问题，对现场泥浆排放、处理、运输均需满足文明施工的要求。

3. 难以穿透较厚砂层问题。在设计桩长范围内，若存在较厚的砂层，采用振动沉管桩机施工时会造成难以穿透砂层，达不到设计桩长问题。设计时需考虑砂层厚度对施工产生的不利影响。

4. 原土承载力和承载力提高幅度问题。碎（砂）石桩加固效果与原土承载力密切相关，工程上对碎（砂）石桩有"松土振密，密土振松"的说法。当原土结构松散、挤密效果好时承载力提高幅度较大，处理效果较明显；当原土承载力已经很高，就不适合采用碎（砂）石桩进行处理了，因为处理后承载力提高幅度很小甚至没有提高。

二、加固原理

1. 振冲法

振冲法对于不同的土质，作用机理不同。对于可挤密的土，如砂土、粉土，挤密作用大于置换作用，采用振冲法加固砂土、粉土的方法称为振冲密实法。对于挤密效果不显著的黏性土，置换作用大于挤密作用，在黏性土中采用振冲法称为振冲置换法。

（1）振冲密实法加固砂土地基。一方面依靠振冲器的强力振动使饱和砂层发生液化，砂颗粒重新排列，孔隙减少，另一方面依靠振冲器的水平振动力，在施工过程中通过填料使砂层挤压加密。砂层经填料造桩挤密后，桩间土的承载能力有很大的提高，密实的桩体的承载能力要比桩间砂层大，桩和桩间砂层构成复合地基，使地基承载力提高，变形减少，并可消除松散砂层的液化。在中、粗砂层中振冲，由于周围砂料能自行塌入孔内，也可以采用不加填料进行原地振冲加密的方法。这种方法适用于较纯净的中、粗砂层，施工简便，加密效果好。

（2）振冲置换法加固黏性土地基。按照一定间距和分布在黏性土层上打设碎石桩体构成复合地基，在竖向荷载作用下，由于桩体的压缩模量远比桩间土大，通过基础传给复合地基的外加压力随着桩土变形会逐渐集中到桩上，从而使桩间土分担的压力相应减少。与原地基相比，复合地基承载力有所提高，压缩性也有所降低。对于黏性土特别是软黏性土，在制桩过程中，由于振动、挤压、扰动等因素的影响，破坏了原土的结构强度，地基土中出现较大的孔隙水压力，从而使原土强度降低。但在施工完成后，由于碎石桩桩体渗透性好，孔隙水压力向桩体转移消散，土体有效应力增大，强度提高，随着时间的推移，原地基土结构强度有一定程度的恢复。工程试验资料表明，对于软黏土在制桩后土体强度可降低10%～30%，但经过一段时间的休置，桩间土强度会恢复到原来值。碎石桩在黏性土中的挤密作用可忽略不计，置换作用远大于挤密作用。

2. 振动沉管法

振动沉管法用于处理松散砂土、粉土及塑性指数不高的非饱和黏性土地基，其挤密、振密效果较好，不仅可以提高地基承载力，减少地基变形，而且可以消除砂土由于振动或地震引起的液化。振动沉管法用于处理饱和黏性土，主要是置换作用，可以提高地基承载力减少沉降，同时，碎（砂）石桩还起排水通道作用，能够加速地基土的固结。

（1）挤密作用

采用振动法或锤击法在砂土、粉土中沉入桩管时，由于施工为挤土工艺，桩管将地基中等于桩管体积的砂土挤向桩管周围的土层，对其周围产生了很大的横向挤压力，使桩周土体孔隙比减少，密度增加。

（2）振密作用

沉管挤密砂石桩在施工时，桩管振动能量以波的形式在地基土中传播，引起地基土的振动，产生挤密作用。桩管振动造成其周边一定范围内砂土液化和结构的破坏，随着孔隙水压力的消散，砂土颗粒重新进行排列、固结，从而使土由松散状态变为密实状态。

（3）消除液化影响作用

砂石桩在成孔和挤密桩体过程中，桩周土在水平和垂直振动力作用下产生径向和竖向位移，使桩周土体密实度增加；同时，土体在往复振动作用下局部可产生液化，液化后的土体在上覆压力、填料挤压力、振动力作用下，土颗粒重新排列成密实状态，从而提高了桩间土的抗剪强度和抗液化能力。另外，复合地基中砂石桩桩体强度远大于桩间土强度，在地震剪应力作用下，应力向桩体集中，减少了桩间土的剪应力，砂石桩体具有减少地震作用的效果。

（4）置换作用

沉管砂石桩对黏性土的置换作用是将桩管位置的工程性能较差的土排挤至四周，用密实的砂石桩桩体取代了与桩体体积相同的软弱土，砂石桩与桩间土共同构成复合地基。由于砂石桩的强度和抗变形性能优于其桩周土，形成的复合地基承载力比原天然地基承载力大，沉降量也比天然地基小，从而提高了地基的整体稳定性和抗破坏能力。

（5）排水作用

砂石桩设置后，在黏性土中形成良好的排水通道，缩短了水平向排水距离，改善了软黏土的排水条件，加快地基的排水速率，可提高软黏土的物理力学性能，使桩间土与砂石桩能够更有效地协调工作，从而提高了地基承载性能和抗变形能力。

三、设计计算

1. 设计原则

（1）加固范围

振冲碎石桩、沉管砂石桩处理地基要超出基础一定宽度，这是基于基础的压力向基础外扩散。另外，考虑到基础下最外边的（2～3）排桩挤密效果较差，宜在基础外缘扩大

（1～3）排桩。对重要的建筑以及要求荷载较大的情况应加宽多些。振冲碎石桩、沉管砂石桩法用于处理液化地基，原则上必须确保建筑物的安全使用，在基础外缘扩大宽度不应小于基底下可液化土层厚度的 1/2，且不应小于 5m。

（2）桩位布置

对大面积满堂处理和独立基础，可采用三角形、正方形、矩形布桩；对条形基础，布置在基础内的桩可沿基础轴线布桩；对于圆形或环形基础还可采用放射状布置。

对大面积挤密处理，用等边三角形布置比正方形和其他布置形式可以得到更好的挤密效果。

（3）桩径

桩径可根据地基土质情况、成桩方式和成桩设备等因素确定，桩的平均直径可按每根桩所用填料量计算。

对采用振冲法成孔的碎石桩，桩径与振冲器的功率和地基土条件有关，一般振冲器功率大、地基土松散时，成桩直径大，砂石桩直径可按每根桩所用填料量计算。桩径宜为 800～1200mm。

对采用振动沉管法成桩，直径的大小取决于施工设备桩管的大小和地基土的条件。对饱和黏性土宜采用较大的桩径。目前，国内使用碎石桩直径一般为 300～800mm。小直径桩管挤密质量较均匀但施工效率低；大直径桩管需要较大的机械能力，工效高，采用过大的桩径，一根桩要承担的挤密面积大，通过一个孔要填入的砂石料多，不易使桩周土挤密均匀。沉管法施工时，设计成桩直径与套管直径比不宜大于 1.5，主要考虑振动挤压时如扩径较大，会对地基土产生较大扰动，不利于保证成桩质量。

（4）桩间距

振冲碎石桩、沉管砂石桩的间距应根据复合地基承载力和变形要求以及对原地基土要达到的挤密要求通过现场试验确定。

桩间距应符合下列规定：

1）振冲碎石桩的间距应根据上部结构荷载大小和场地土层情况，并结合所采用的振冲器功率大小综合考虑。30kW 振冲器布桩间距可采用 1.3～2.0m；55kW 振冲器布桩间距可采用 1.4～2.5m；75kW 振冲器布桩间距可采用 1.5～3.0m。不加填料振冲挤密孔距可为 2～3m；

2）沉管砂石桩的桩间距，不宜大于桩孔直径的 4.5 倍；初步设计时，对松散粉土和砂土地基，以消除液化为目的，桩间距可根据挤密后要求达到的孔隙比通过计算确定。

（5）桩长

振冲碎石桩、沉管砂石桩的长度，主要取决于需加固的软土层厚度，并根据地基的稳定和变形要求通过计算确定，可液化地基还需考虑抗液化要求。

1）根据软土层厚度或相对硬层埋深确定

①当软土层厚度不大时，桩长宜超过整个松软土层，达到相对硬层，可按相对硬层埋深确定；

②当软土层厚度较大，相对硬土层埋深较深时，应按建筑物地基变形允许值通过计算确定，同时，应验算软弱下卧层地基承载力满足设计要求。

2）根据地基的稳定要求确定

对按稳定性控制的工程，桩长应不小于最危险滑动面以下 2.0m 的深度，其长度可通过复合地基稳定计算确定。

3）根据可液化层厚度确定

对可液化的砂层，为保证处理效果，碎石桩桩长应穿透液化层，达到液化深度的下限，且加固后桩间土标准贯入锤击数不宜小于其液化判别标准贯入锤击数临界值，即采取完全消除地基液化沉陷措施。

如可液化层过深，碎石桩桩长不穿透液化层，采取部分消除地基液化沉陷措施，桩长的确定应按现行国家标准《建筑抗震设计规范》GB 50011 有关规定确定。

4）有效桩长

振冲碎石桩、沉管砂石桩桩体材料为散体，没有粘结强度，依靠桩周土的约束形成桩体，桩体传递竖向荷载能力与桩周土的约束能力密切相关，桩周土的围压越大，桩体传递竖向荷载能力越强。从受力机理分析，碎（砂）石桩加载后首先在桩头部分产生侧向压胀变形，深度范围约 4 倍桩径。碎（砂）石桩的设计长度应大于主要受荷深度，碎（砂）石桩桩径一般小于 1m，因此碎（砂）石桩长度不宜小于 4m。室内试验和工程实践均表明，当碎（砂）石桩桩长达到某一限值时，再增加桩长对提高地基承载力减少变形并不明显，即碎（砂）石桩复合地基存在着有效桩长。设计时，桩长超过有效桩长，对提高复合地基承载力并没有多大意义，此时应考虑采用其他地基处理方法或多种处理方法综合使用。

（6）材料

振冲桩桩体材料可采用含泥量不大于 5% 的碎石、卵石、矿渣或其他性能稳定的硬质材料，不宜使用风化易碎的石料。对 30kW 振冲器，填料粒径宜为 20～80mm；对 55kW 振冲器，填料粒径宜为 30～100mm；对 75kW 振冲器，填料粒径宜为 40～150mm。

振动沉管桩桩体材料可用碎石、卵石、角砾、圆砾、砾砂、粗砂、中砂或石屑等硬质材料，含泥量不得大于 5%，最大粒径不宜大于 50mm。

（7）垫层

振冲碎石桩、沉管砂石桩桩身材料是没有粘结强度的散体材料，由于施工的影响，施工后的表层土需挖除或密实处理，然后再铺设垫层，垫层与碎（砂）石桩桩顶贯通，起水平排水作用，有利于施工后土层加快固结。垫层厚度为 300～500mm，垫层材料宜用中砂、粗砂、级配砂石和碎石等，最大粒径不宜大于 30mm，垫层铺设后需压实，可分层进行，夯填度（夯实后的垫层厚度与虚铺厚度的比值）不得大于 0.9。

2. 设计计算

碎（砂）石桩复合地基主要用于解决下列工程问题：以提高地基承载力减少变形为主要目的的工程；以消除或部分消除砂土液化为目的的工程；以提高地基整体稳定性为主要目的的工程。

（1）碎（砂）石桩复合地基承载力和变形计算

1）碎（砂）石桩复合地基承载力

应按建筑物地基基础设计等级和场地复杂程度以及碎（砂）石桩复合地基在本地区使用的成熟程度，在场地有代表性的区域进行相应的现场试验，来确定碎（砂）石桩复合地基承载力。试验可根据需要采取复合地基静载荷试验或采用增强体静载荷试验结果和其周边土的承载力特征值结合经验确定。初步设计时可按下式估算复合地基的承载力：

$$f_{spk} = [1 + m(n-1)]f_{sk} \tag{7-3}$$

式中　f_{spk}——复合地基承载力特征值（kPa）；

　　　f_{sk}——处理后桩间土承载力特征值（kPa），可按地区经验确定；无试验资料时，除灵敏度较高的土外，可取天然地基承载力特征值；

　　　n——复合地基桩土应力比，可按地区经验确定；

　　　m——复合地基置换率。

公式参数取值说明：

①复合地基桩土应力比 n

碎（砂）石桩复合地基桩土应力比 n，与原地基土强度、荷载水平、置换率以及桩间距、桩长、桩体密实度等一系列影响因素有关，宜采用实测值确定，如无实测资料时，对于黏性土可取 2.0～4.0，对于砂土、粉土可取 1.5～3.0。桩土应力比的取值砂土和粉土小于黏性土，这主要由于砂土和粉土与黏性土相比较，在碎（砂）石桩成桩后，桩间土挤密效果好，土体强度高，且桩体还将加速土体的排水固结，土体承担的荷载大，桩土应力比小。

桩土应力比与原土强度密切相关，桩周土的压缩模量和强度直接影响碎（砂）石桩的刚度和强度，当其他条件相同时，若桩周土体强度低，则桩土相对刚度较大，应力将向桩体集中，故桩土应力比较大；若桩周土强度高，则桩土相对刚度较小，桩的应力集中现象不明显，故桩土应力比较小。因此，在桩土应力比取值范围内，原土强度低取大值，原土强度高取小值。

对于塑性指数高的硬黏性土、密实砂土不宜采用碎（砂）石桩复合地基。如北京某电厂工程，天然地基承载力 $f_{ak} = 200$kPa，基底土层为粉质黏土，采用振冲碎石桩，加固后桩土应力比 n＝0.9，承载力没有提高，具体见图 7-2。

②复合地基置换率 m

根据桩间距可按下式计算复合地基置换率

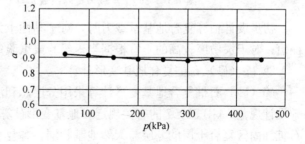

图 7-2　北京某工程桩土应力比随荷载的变化

$$m = d^2/d_e^2 \tag{7-4}$$

式中　d——桩身平均直径（m）；

　　　d_e——一根桩分担的处理地基面积的等效圆直径（m）；等边三角形布桩 $d_e = 1.05S$，正方形布桩 $d_e = 1.13S$，矩形布桩 $d_e = 1.13\sqrt{S_1 S_2}$，S、S_1、S_2 分别为桩间距、纵向桩间距和横向桩间距。

碎（砂）石桩复合地基置换率 m 通常取 10%～40%，置换率的确定除满足设计承载力计算要求外，还必须考虑施工的可行性。当采用振冲法施工时，其成孔过程是在部分排土，成桩过程是在挤土；而振动沉管施工是挤土工艺，因此，当桩间距过小，设计的置换率太高时，会造成成桩施工难度加大，有时即使能成桩但挤土效应造成桩径变细，置换率也达不到设计要求。

③处理后桩间土承载力特征值 f_{sk}

对砂土和粉土采用碎（砂）石桩复合地基，由于成桩过程对桩间土的振密或挤密，使桩间土承载力比天然地基承载力有较大幅度的提高，为此可用桩间土承载力提高系数 α 来表达。$f_{sk} = \alpha f_{ak}$，对国内采用碎石桩 44 个工程桩间土承载力提高系数进行统计见图 7-3。从图中可以看出，桩间土承载力提高系数在 $1.07 \sim 3.60$ 之间，有两个工程小于 1.2，且桩间土承载力提高系数与原土天然地基承载力相关，天然地基承载力低时桩间土承载力提高系数大。对于松散粉土、砂土，在初步设计估算复合地基承载力时，当没有当地经验时，桩间土承载力提高系数可取 $1.2 \sim 1.5$，原土强度低取大值，原土强度高取小值。

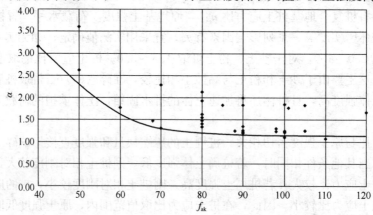

图 7-3　桩间土承载力提高系数 α 与原土承载力 f_{ak} 关系统计图

初步设计估算复合地基承载力时，对于黏性土无试验资料时，可取天然地基承载力特征值；对于灵敏度较高的土宜根据当地经验或试验资料确定。

2）碎（砂）石桩复合地基变形计算

碎（砂）石桩复合地基变形计算采用分层总和法，应符合现行国家标准《建筑地基基础设计规范》GB 50007 的有关规定，地基变形计算深度应大于复合土层的深度。碎（砂）石桩加固区复合土层的分层与天然地基相同，各复合土层的压缩模量等于该层天然地基压缩模量的 ζ 倍，ζ 值可按下式确定：

$$\zeta = \frac{f_{spk}}{f_{ak}} = [1 + m(n-1)]\alpha \tag{7-5}$$

式（7-5）中桩土应力比 n 在无实测资料时，对于黏性土可取 $2.0 \sim 4.0$；对于砂土、粉土可取 $1.5 \sim 3.0$。承载力提高系数 α 在无实测资料时，对于黏性土可取 1.0；对于砂土、粉土可取 $1.2 \sim 1.5$。

由于碎（砂）石桩向深层传递荷载的能力有限，当桩长较大时，复合地基的地基变形计算，不宜全桩长加固土层压缩模量采用统一的放大系数。在桩长 12d 范围内，加固土层压缩模量的提高按式（7-5）取值，桩长超过 12d 以上的加固土层压缩模量的提高对于砂土、粉土宜按挤密后桩间土的模量取值；对于黏性土不宜考虑挤密效果，但有经验时可按排水固结后经检验的桩间土的模量取值。

复合地基的变形计算经验系数 ψ_s 可根据地区沉降观测资料统计值确定，无经验取值时，可采用表 7-1 的数值。

$\overline{E}_s$ (MPa)	4.0	7.0	15.0	20.0	35.0
ψ_s	1.0	0.7	0.4	0.25	0.2

注：$\overline{E}_s$ 为变形计算深度范围内压缩模量的当量值，应按下式计算：

$$\overline{E}_s = \frac{\sum\limits_{i=1}^{n} A_i + \sum\limits_{j=1}^{m} A_j}{\sum\limits_{i=1}^{n} \dfrac{A_i}{E_{spi}} + \sum\limits_{j=1}^{m} \dfrac{A_j}{E_{sj}}} \tag{7-6}$$

式中 A_i——加固土层第 i 层土附加应力系数沿土层厚度的积分值；

A_j——加固土层下第 j 层土附加应力系数沿土层厚度的积分值。

（2）用于消除砂性土液化的设计计算

1）桩间距计算

碎（砂）石桩处理松砂地基的效果受地层、土质、施工机械、施工方法、填砂石的性质和数量、碎（砂）石桩排列和间距等多种因素的综合影响，较为复杂。国内外虽已有不少实践，并曾进行了一些试验研究，积累了一些资料和经验，但是有关设计参数如桩距、灌砂石量以及施工质量的控制等仍须通过施工前的现场试验才能确定。

对松散粉土和砂土可液化地基采用碎（砂）石桩处理方案，桩间距是关键的设计参数，若桩间距过大，则难以保证消除地基液化，达不到处理效果；若桩间距过小，又会造成不必要的浪费，且施工困难。根据经验振动沉管成桩法采用桩距一般可控制在 3～4.5 倍桩径之内。合理的桩径取决于具体的机械能力和地层土质条件。当合理的桩距和桩的排列布置确定后，一根桩所承担的处理范围即可确定。土层密度的增加靠其孔隙的减小，把原土层的密度提高到要求的密度，孔隙要减小的数量可通过计算得出。这样可以设想只要灌入的砂石料能把需要减小的孔隙都充填起来，那么土层的密度也就能够达到预期的数值。据此，设碎（砂）石桩的布置如图 7-4 所示，假定地层挤密是均匀的，同时挤密前后土的固体颗粒体积不变，成桩过程也没有隆起和下沉现象，则可推导出桩距计算公式如下

当正方形布置时

处理前体积 $\qquad V_0 = S^2 \times 1 = V_s(1+e_0)$ \hfill (7-7)

处理后体积 $\qquad V_1 = V_s(1+e_1) = V_0 - A_p$ \hfill (7-8)

处理前后孔隙比的变化见图 7-5。从式（7-7）和式（7-8）可求得

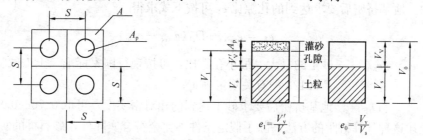

图 7-4　正方形桩位布置计算桩距　　　　图 7-5　孔隙比 e 变化图

$$\frac{V_1}{V_0} = \frac{1+e_1}{1+e_0} = \frac{V_0 - A_p}{V_0}$$

故

$$A_p = \frac{e_0 - e_1}{1 + e_0}V_0 = \frac{e_0 - e_1}{1 + e_0}S^2$$

式中　S——碎（砂）石桩间距（m）；

　　　e_0——地基处理前的孔隙比，可按原状土样试验确定，也可根据动力或静力触探等对比试验确定；

　　　e_1——地基挤密后要求达到的孔隙比；

　　　A_p——一根碎（砂）石桩所分担的加固面积（m²）；

　　　A_p——单位深度灌碎（砂）石量（m³）；

　　　V_0——面积为 A 的原砂土地基单位深度的体积（m³）。

设桩径为 d，$A_p = \frac{\pi}{4}d^2$，得

当正方形布置时

$$S = 0.89d\sqrt{\frac{1 + e_0}{e_0 - e_1}} \tag{7-9}$$

当等边三角形布置时

$$S = 0.95d\sqrt{\frac{1 + e_0}{e_0 - e_1}} \tag{7-10}$$

对粉土和砂土地基，桩间距计算公式推导是假设地面标高施工后和施工前没有变化。实际上，很多工程采用振动沉管法施工，施工时对地基有振密和挤密双重作用，而且地面下沉，施工后地面平均下沉量可达 100～300mm。因此，当采用振动沉管法施工砂石桩时，桩距可适当增大，修正系数 ξ 建议取 1.1～1.2，则式（7-9）和式（7-10）可表达为：

正方形布置

$$S = 0.89\xi d\sqrt{\frac{1 + e_0}{e_0 - e_1}} \tag{7-11}$$

等边三角形布置

$$S = 0.95\xi d\sqrt{\frac{1 + e_0}{e_0 - e_1}} \tag{7-12}$$

地基挤密要求达到的密实度是从满足建筑结构地基的承载力、变形或防止液化的需要而定的。地基挤密后要求达到的孔隙比 e_1 可按下式求得

$$e_1 = e_{max} - D_{r1}(e_{max} - e_{min}) \tag{7-13}$$

式中　e_{max}、e_{min}——砂土的最大、最小孔隙比，可按现行国家标准《土工试验方法》GB/T 50123 的有关规定确定；

　　　D_{r1}——地基挤密后要求砂土达到的相对密实度，可取 0.70～0.85。

上述这种计算桩距的方法，除了假定条件不完全符合实际外，砂石桩的实际直径也较难准确地定出。因而有的资料把砂石桩体积改为灌砂石量，即控制砂石填料量，作为控制桩径和桩体积的依据。砂石桩桩孔填料量应通过现场试验确定，估算时可按设计桩孔体积乘以充盈系数确定。如施工中地面有下沉或隆起现象，则填料数量应根据现场具体情况进行调整。

144

碎（砂）石桩每根桩每米长度填料量估算：

$$q = \eta \frac{e_0 - e_1}{1 + e_0} A \tag{7-14}$$

式中　η——充盈系数，可取 $1.2\sim1.4$。

2）消除液化处理的计算

对可液化的砂土和粉土地基，挤密加固后地基的相对密实度应大于液化临界时所对应的密实度。根据《建筑抗震设计规范》GB 50011—2010 规定，应采用标准贯入试验判别法判别地面下 20m 范围内土的液化，但对规定可不进行天然地基及基础的抗震承载力验算的各类建筑，可只判别地面下 15m 范围内土的液化。

液化土层加固后的标准贯入试验击数 $N_{63.5}$ 应大于由式（7-15）计算的液化判别标准贯入锤击数临界值 N_{cr}

$$N_{cr} = N_0 \beta \left[\ln(0.6d_s + 1.5) - 0.1d_w \right] \sqrt{3/\rho_c} \tag{7-15}$$

式中　N_0——液化判别标准贯入锤击数基准值，可按表 7-2 采用；

　　　d_s——饱和土标准贯入点深度（m）；

　　　d_w——地下水位（m）；

　　　ρ_c——黏粒含量百分率，当小于 3 或为砂土时，应采用 3；

　　　β——调整系数，设计地震第一组取 0.80，第二组取 0.95，第三组取 1.05。

液化判别标准贯入锤击数基准值 N_0 　　　　　　　　　　　表 7-2

设计基本地震加速度（g）	0.10	0.15	0.20	0.30	0.40
液化判别标准贯入锤击数基准值	7	10	12	16	19

需要说明的是，碎（砂）石加固后的可液化地基，在地震时，地震剪应力是由碎（砂）石桩和桩间土共同承担的，并且碎（砂）石桩的剪切刚度大于同面积的桩间土的剪切刚度，地震剪应力会在桩身发生应力集中现象，也就意味着在同样地震烈度作用下桩间土所承受的剪应力会较未经碎（砂）石桩加固的地基大大减少。此外，碎（砂）石桩桩体还加速了地震引起的超静孔隙水压力的消散，使液化的可能性大为降低。因此，采用天然地基抗液化判别式计算所得到的液化判别标准贯入锤击数临界值 N_{cr}，显然是偏于安全的。

3）设计时注意的几个问题

①碎（砂）石桩施工时，在表层 1~2m 范围内，由于周围土所受约束小，有时达不到设计的挤密效果，因而需采用其他表层压实的方法进行再处理。

② 对于黏粒含量大于 20% 的砂性土，因为会影响挤密效果，所以，对碎（砂）石桩加固后的地基强度、液化处理效果必须另行评价。

③采用振动沉管法施工的碎（砂）石桩，当场地松散砂层厚度较大时，由于挤土效应及振密作用，会出现振动沉管穿不透砂层达不到设计深度的问题。选择施工设备及工艺时需考虑这一因素。

（3）稳定计算

若碎（砂）石桩用于改善天然地基整体稳定性时，可利用复合地基的抗剪特性，再使用圆弧滑动法进行计算。

如图 7-6 所示，假定在复合地基某深度处剪切面与水平面的夹角为 θ，如果考虑碎（砂）石桩和桩间土都发挥抗剪强度，则可按平面面积加权分担的计算方法计算复合地基的抗剪强度 τ_{sp}。

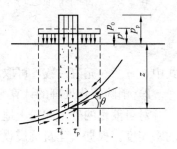

图 7-6　复合地基抗剪

$$\tau_{sp} = (1+m)c + m(\mu_p p + \gamma_p z)\tan\varphi_p \cos^2\theta \quad (7\text{-}16)$$

式中　c——桩间土的黏聚力（kPa）；

　　　z——桩顶至滑弧上计算点的垂直距离（m）；

　　　γ_p——碎（砂）石料的重度（kN/m³）；

　　　φ_p——碎（砂）石料的内摩擦角（°）；

　　　μ_p——应力集中系数，$\mu_p = \dfrac{n}{1+(n-1)m}$；

　　　m——面积置换率。

如不考虑荷载产生的固结对桩间土强度的提高，则可采用天然地基黏聚力 c_0，如考虑作用于桩间土上的荷载 $p_s = \mu_s p$ 产生的固结对桩间土强度的提高，则可计算提高后的黏聚力：

$$c = c_0 + \mu_s p U \tan\varphi_{cu}$$

式中　μ_s——应力降低系数 $\mu_s = \dfrac{1}{1+(n-1)m}$；

　　　U——固结度；

　　　φ_{cu}——桩间土固结不排水剪内摩擦角（°）。

四、施工方法

1. 振冲法

振冲法又称振动水冲法，是以起重机吊起振冲器，启动潜水电机带动偏心块，使振动器产生高频振动，同时启动水泵，通过喷嘴喷射高压水流，在边振边冲的共同作用下，将振动器沉到土中的预定深度，经清孔后，从地面向孔内逐段填入碎石，使其在振动作用下被挤密实，达到要求的密实度后即可提升振动器，如此反复直至地面，在地基中形成一个大直径的密实桩体，与原地基构成复合地基，达到提高地基承载力、减少沉降量、增加地基稳定性、提高抗地震液化能力的地基处理方法。

在中粗砂地基中使用振冲法时可不另外加料，而是利用大功率振冲器的振动力，使松散砂振挤密实，达到处理效果。这一方法特别适合用于人工回填或吹填的大片砂层。

（1）振冲设备选择

振冲器是振冲法施工中的关键机具，选用振冲器要考虑设计荷载的大小、工期、工地电源容量、设计桩长及地基土天然强度的高低等因素。目前，国内振冲器定型产品主要技术指标见表 7-3，可根据设计要求、地质条件和现场情况进行选用，75kW 及以下的振冲器为常规振冲器，市场应用较多；100kW 以上振冲器为大功率振冲器，主要应用于穿透硬质土层或处理深度有较高要求的工程。施工前应在现场进行试验，以确定水压、振密电流和留振时间等各种施工参数。

型 号	ZCQ13	ZCQ30	ZCQ55	ZCQ75C	ZCQ75Ⅱ	ZCQ100	ZCQ132	ZCQ180
电机功率(kW)	13	30	55	75	75	100	132	180
电动机转速(r/min)	1450	1450	1460	1460	1460	1460	1480	1480
偏心力矩(N·m)	14.89	38.5	55.4	68.3	68.3	83.9	102	120
激振力(kN)	35	90	130	160	160	190	220	300
头部振幅(mm)	3	4.2	5.6	5	6	8	10	8
外形尺寸(mm)	$\phi273\times$ 1965	$\phi351\times$ 2440	$\phi351\times$ 2642	$\phi426\times$ 3162	$\phi402\times$ 3047	$\phi402\times$ 3100	$\phi402\times$ 3315	$\phi402\times$ 4470

30kW 功率的振冲器每台机组约需电源容量 75kW，其制成的碎石桩径约 0.8m，桩长不宜超过 8m，因其振动力小，桩长超过 8m 加密效果明显降低；75kW 振冲器每台机组需要电源容量 100kW，桩径可达 0.9~1.5m，振冲深度可达 20m。

在邻近既有建筑物场地施工时，为减小振动对建筑物的影响，宜用功率较小的振冲器。

升降振冲器的机械一般采用起重机、汽车吊、自行井架式专用吊机或其他合适的设备，施工设备应配有电流、电压和留振时间自动信号仪表。

（2）正式施工前的现场试验

现场试验的目的一方面是确定正式施工时采用的施工参数，如振冲孔间距、密实电流、填料量、留振时间、造孔制桩时间等；另一方面是摸清处理效果，为加固设计提供可靠依据。因此，规范要求对大型的、重要的或场地地层复杂的工程，在正式施工前应通过现场试验确定其设计施工参数和处理效果。

（3）振冲施工步骤

振冲施工可按下列步骤进行：

1）清理平整施工场地，布置桩位；

2）施工机具就位，使振冲器对准桩位；

3）启动供水泵和振冲器，水压宜为 200~600kPa，水量宜为 200~400L/min，将振冲器徐徐沉入土中，造孔速度宜为 0.5~2.0m/min，直至达到设计深度。记录振冲器经各深度的水压、电流和留振时间；

4）造孔后边提升振冲器，边冲水直至孔口，再放至孔底，重复 2~3 次扩大孔径并使孔内泥浆变稀，开始填料制桩；

5）大功率振冲器投料可不提出孔口，小功率振冲器下料困难时，可将振冲器提出孔口填料，每次填料厚度不宜大于 500mm。将振冲器沉入填料中进行振密制桩，当电流达到规定的密实电流值和规定的留振时间后，将振冲器提升 300~500mm；

6）重复以上步骤，自下而上逐段制作桩体直至孔口，记录各段深度的填料量、最终电流值和留振时间；

7）关闭振冲器和水泵。

（4）振冲施工质量控制

要保证振冲桩的质量，必须控制好密实电流、填料量和留振时间三个方面。

要控制加料振密过程中的密实电流。在成桩时，注意不能把振冲器刚接触填料的一瞬间的电流值作为密实电流。瞬时电流值有时可高达 100A 以上，但只要把振冲器停住不下降，电流值立即变小。可见瞬时电流并不真正反映填料的密实程度。只有让振冲器在固定深度上振动一定时间（称为留振时间）而电流稳定在某一数值，这一稳定电流才能代表填料的密实程度。要求稳定电流值超过规定的密实电流值，该段桩体才算制作完毕。使用 30kW 振冲器密实电流一般为 45～55A；55kW 振冲器密实电流一般为 75～85A；75kW 振冲器密实电流为 80～95A。为保证施工质量，电源电压低于 350V 则应停止施工。

要控制好填料量。施工中加填料不宜过猛，原则上要"少吃多餐"，即要勤加料，但每批不宜加得太多。值得注意的是在制作最深处桩体时，为达到规定密实电流所需的填料远比制作其他部分桩体多。有时这段桩体的填料量可占整根桩总填料量的 1/4～1/3。这是因为最初阶段加的料有相当一部分从孔口向孔底下落过程中被粘留在某些深度的孔壁上，只有少量能落到孔底。另一个原因是如果控制不当，压力水有可能造成超深，从而使孔底填料量剧增。第三个原因是孔底遇到了事先不知的局部软弱土层，这也能使填料数量超过正常用量。

（5）振冲施工顺序

对砂土、粉土以挤密为主的振冲碎石桩施工时，宜由外侧向中间推进；对黏性土地基，碎石桩主要起置换作用，为了保证设计的置换率，宜从中间向外围或隔排施工；在既有建（构）筑物邻近施工时，为了减少对邻近既有建（构）筑物的影响，应背离建（构）筑物方向进行。

（6）施工保护土层预留和垫层铺设

为了保证桩顶部的密实，振冲前应在桩顶高程以上预留一定厚度的土层。一般 30kW 振冲器应留 0.7～1.0m，75kW 应留 1.0～1.5m。当基槽不深时可振冲后开挖。桩体施工完毕后，将顶部预留的松散桩体挖除，铺设 500mm 垫层并压实。

2. 沉管砂石桩法

沉管砂石桩施工可采用振动沉管、锤击沉管或冲击成孔等成桩法。当用于消除砂土及粉土液化时，宜用振动沉管成桩法。

（1）正式施工前的现场试验

不同的施工机具及施工工艺用于处理不同的地层会有不同的处理效果。常遇到设计与实际情况不符或者处理质量不能达到设计要求的情况，因此施工前应进行成桩工艺和成桩挤密试验。通过现场成桩试验检验设计要求和确定施工工艺及施工控制要求，包括穿透砂层能力、填砂石量、提升高度、挤压时间等。为了满足试验及检测要求，试验桩的数量应不少于（7～9）个。正三角形布置至少要 7 个（即中间 1 个，周围 6 个）；正方形布置至少要 9 个（3 排 3 列，每排每列各 3 个）。如发现问题，则应及时会同设计人员调整设计或改进施工，当成桩质量不能满足设计要求时，应调整施工参数后，重新进行试验或设计。

（2）施工工艺及质量控制要点

1）振动沉管成桩法

振动沉管法施工，成桩步骤如下：

①移动桩机及导向架，把桩管及桩尖对准桩位；

②启动振动锤，把桩管下到预定的深度；

③向桩管内投入规定数量的砂石料（根据施工试验的经验，为了提高施工效率，装砂石也可在桩管下到便于装料的位置时进行）；

④ 把桩管提升一定的高度（下砂石顺利时提升高度不超过 1~2m），提升时桩尖自动打开，桩管内的砂石料流入孔内；

⑤ 降落桩管，利用振动及桩尖的挤压作用使砂石密实；

⑥ 重复④、⑤ 两工序，桩管上下运动，砂石料不断补充，砂石桩不断增高；

⑦ 桩管提至地面，砂石桩完成。

施工中应选用能顺利出料和有效挤压桩孔内砂石料的桩尖结构。当采用活瓣桩靴时，对砂土和粉土地基宜选用尖锥型，对黏性土地基宜选用平底型；一次性桩尖可采用混凝土锥形桩尖。

振动沉管成桩法施工，应根据沉管和挤密情况，控制填砂石量、提升高度和速度、挤压次数和留振时间、电机的工作电流等；其中，施工中电机工作电流的变化反映挤密程度及效率。电流达到一定不变值，继续挤压将不会产生挤密效能。一般情况下，桩管每提高100cm，下压 30cm，然后留振 10~20s。

施工中不可能及时进行效果检测，因此按成桩过程的各项参数对施工进行控制是重要的环节，必须予以重视，有关记录是质量检验的重要资料。

2）锤击沉管成桩法

锤击沉管法施工有单管法和双管法两种，但由于单管法难以发挥挤密作用，故一般宜用双管法。

双管法的施工成桩过程如下：

① 将内外管安放在预定的桩位上，将用作桩塞的砂石投入外管底部；

② 以内管作锤冲击砂石塞，靠摩擦力将外管打入预定深度；

③ 固定外管将砂石塞压入土中；

④ 提内管并向外管内投入砂石料；

⑤ 边提外管边用内管将管内砂石冲出挤压土层；

⑥ 重复④、⑤ 步骤；

⑦ 待外管拔出地面，砂石桩完成。

此法优点是砂石的压入量可随意调节，施工灵活。锤击法挤密应根据锤击能量，控制分段的填砂石量和成桩的长度，用贯入度和填料量两项指标双重控制成桩的直径和密实度。对于以提高地基承载力为主要目的的非液化土层，以贯入度控制为主，填料量控制为辅；对于以消除砂土和粉土液化为主要目的的液化土层，以填料量控制为主，贯入度控制为辅。填料量和贯入度可通过试桩确定。

（3）填料量的控制及表层处理

砂石桩桩孔内材料填料量，应通过现场试验确定。考虑到挤密砂石桩沿深度不会完全均匀，实践证明砂石桩施工挤密程度较高时地面要隆起，另外施工中还会有所损失等，因而实际设计灌砂石量要比计算砂石量增加一些。估算时，可按设计桩孔体积乘以充盈系数确定，充盈系数可取 1.2~1.4。

砂石桩施工完毕后，地面下沉与隆起与投料量有密切关系，当设计或施工投砂石量不足时地面会下沉；当投料过多时地面会隆起，同时表层 0.5～1.0m 常呈松软状态。如遇到地面隆起过高也说明填砂石量不适当。实际观测资料证明，砂石在达到密实状态后进一步承受挤压又会变松，从而降低处理效果，遇到这种情况应注意适当减少填砂石量。

砂石桩桩顶部施工时，由于上覆压力较小，因而对桩体的约束力较小，桩顶形成一个松散层。砂石桩施工完毕后，应将表层的松散层挖除或夯压密实，随后铺设砂石垫层并压实，砂石垫层厚度为 300～500mm。

（4）砂石桩的施工顺序

对砂土地基以挤密为主的砂石桩施工时，应间隔（跳打）进行，并宜从外围或两侧向中间进行；

对黏性土地基，砂石桩主要起置换作用，为了保证设计的置换率，宜从中间向外围或隔排施工；

在既有建（构）筑物邻近施工时，为了减少对邻近既有建（构）筑物的振动影响，应背离建（构）筑物方向进行。

五、质量检测

振冲碎石桩、沉管砂石桩施工后，由于在制桩过程中原状土的结构受到不同程度的扰动，强度会有所降低，饱和土地基在桩周围一定范围内，土的孔隙水压力上升。待休置一段时间后，孔隙水压力会消散，强度会逐渐恢复，恢复期的长短是根据土的性质而定。原则上应待孔压消散后进行检验。黏性土孔隙水压力的消散需要的时间较长，砂土则很快。根据实际工程经验，对粉质黏土地基不宜少于 21d，对粉土地基不宜少于 14d，对砂土和杂填土地基不宜少于 7d。

施工质量的检验，对桩体可采用重型动力触探试验；对桩间土可采用标准贯入、静力触探、动力触探或其他原位测试等方法；对消除液化的地基检验应采用标准贯入试验。桩间土质量的检测位置应在等边三角形或正方形的中心。检验深度不应小于处理地基深度，检测数量不应少于桩孔总数的 2%。

竣工验收时，地基承载力检验应采用复合地基静载荷试验，试验数量不应少于总桩数的 1%，且每个单体建筑不应少于 3 点。

需要特别说明的是静载荷试验需考虑垫层厚度对试验结果的影响。由于碎石桩复合地基垫层厚度一般为 300～500mm，但考虑载荷板尺寸的应力扩散影响，试验时垫层厚度应取 100～150mm。如采用设计的垫层厚度进行试验，试验承压板的宽度对独立基础和条形基础应采用基础的设计宽度，对大型基础试验有困难时应考虑承压板尺寸和垫层厚度对试验结果的影响。

六、工程实例

1. 河北冀腾纸业牛皮箱板纸技改工程

（1）工程概况

河北冀腾纸业牛皮箱板纸技改工程位于河北省滦南县县城东南部，滦柏公路东侧，拟建车间长 200m，宽 30m，框架混凝土结构，主跨二层，副跨二～三层，主跨 21m，纵向柱距 6m，横向柱距分别为 7.5m、6.0m、7.5m、9.0m。建筑物基础埋深 3m，采用条形基础和独立基础两种形式，基底坐落在场地新近堆积细砂②层、粉土②₁ 层、粉质黏土③₁ 层和细砂④层。由于场地天然地基承载力和变形不能满足设计要求，而且存在可液化及震陷土层，须对地基进行处理。

（2）工程特点和土质分析

1）工程特点

拟建建筑物纵向尺寸较大，不仅土性空间分布存在差异，而且设备工艺对基础的沉降量特别是相邻基础间的差异沉降量要求极为严格，结合场地条件，上部结构设计单位提出的地基处理要求如下：

①消除液化、震陷和地基的不均匀性；

②复合地基承载力特征值不小于 300kPa；

③绝对沉降不大于 50mm，差异沉降不大于 1/1000。

2）土质分析

根据勘察报告，在建筑物主要压缩层内（地表以下 10m 范围内），岩性及其成因不一致，除新近堆积细砂②层、粉土②₁ 层外，西侧为湖相沉积的③₁ 层粉质黏土和③₂ 层粉土，东部是以冲洪积形成的④层细砂和⑤层粉土，物理力学性质相差较大。自④层细砂向下，主要由第四系冲洪积黏性土和砂类土组成，土层分布稳定、均匀。属中软场地土，Ⅲ类建筑场地，稳定地下水位埋深 2m 左右。各土层的物理力学性质指标见表 7-4。

场地土的物理力学性质指标统计表（平均值）　　表 7-4

土的物理力学指标　　土层编号	含水量（%）	天然重度 γ（kN/m³）	孔隙比 e	液性指数 I_L	压缩模量 E_s（MPa）	静力触探 q_c（MPa）	静力触探 f_s（kPa）	标准贯入试验锤击数 $N_{63.5}$	地基承载力特征值（kPa）
②细砂	—	—	—	—	—	3.83	45.13	4	100
②₁ 粉土	19.3	20.6	0.56	0.96	13.6	1.70	20.21	4.2	100
③₁ 粉质黏土	36.9	18.1	1.09	0.83	4.2	0.94	18.10	2.8	90
③₂ 粉土	29.2	19.1	0.84	1.18	7.7	1.38	19.39	5.2	90
④细砂	—	—	—	—	—	15.6	125.64	13.1	150
⑤粉土	17.6	21.1	0.50	0.74	12.0	4.23	52.74	13.2	160
⑥细砂	—	—	—	—	—	11.5	136.31	18.9	180
⑥₁ 粉质黏土	29.2	19.1	0.85	0.57	6.4	1.77	50.76	8.9	150
⑦粉质黏土	28.0	19.3	0.81	0.80	6.2	2.64	92.00	8.2	130
⑧粉土	17.7	20.9	0.52	0.51	12.1	5.68	181.70	13.2	200
⑨细砂	—	—	—	—	—	—	—	79.3	240
⑩粉土	20.3	20.6	0.59	0.68	10.4	—	—	—	210

场地土质具有如下特点：

a. ②层细砂和②₁ 层粉土为可液化土层；

b. ③层粉质黏土及粉土为震陷土层；

c. 场地不均匀，基底土层为新近堆积细砂②层、粉土②₁ 层、③₁ 粉质黏土层和细砂④层，承载力特征值从 90kPa 到 150kPa 不等，地基处理须消除土层不均匀性。

（3）复合地基设计

1）方案选择

根据本工程特点，方案选择如下：

①碎石桩复合地基方案

可消除液化，但承载力不能满足设计要求，变形过大。同时也不能全部消除地基不均匀性。

②强夯方案

可消除液化，但强夯影响深度有限，③层土的震陷没有全部消除。拟建场地周围已有建筑物，强夯会给已有建筑物造成不良影响。

③钻孔灌注桩方案

能够满足承载力和变形要求，但车间地坪液化和震陷没有消除，需作二次处理。另外该方案施工周期长，造价高。

④深层搅拌桩和粉喷桩复合地基

两种桩型均不能消除液化，特别是在不均匀地基中，桩身强度沿轴线方向严重不均，导致各承台之间产生较大的差异沉降，不宜采用。

⑤振动沉管挤密碎石桩和 CFG 桩联合使用的多桩型复合地基

首先用具有振动挤密效应的挤土成桩工艺，将②层、②₁层土以及③层土振密，消除细砂、粉土层的液化和③层土的震陷，然后在基础内布设 CFG 桩来提高地基承载力、减少沉降量和差异沉降。

经对上述方案综合分析比较，认为振动沉管挤密碎石桩和 CFG 桩联合使用的多桩型复合地基方案是合理的。

2）碎石桩、CFG 桩多桩型复合地基方案要点

①振动沉管碎石桩主要利用振动成桩工艺挤密桩间土（可液化土层和震陷土层），碎石桩为散体材料桩，置换作用较小，桩体置换作用不是主要的，布桩时应在基础外布设 2 排桩。桩长和桩间距的设计以满足消除液化为准，即处理后土的标贯击数大于临界标贯击数。

②CFG 桩系高粘结强度桩，对于变化大的不均匀地基，有非常好的适应性。由于⑦层土的强度低，经下卧层验算不能满足设计要求，桩端持力层宜选在细砂⑨层。

③由于场地存在细砂⑥层，振动沉管打桩机无法穿透，CFG 桩施工宜采用长螺旋钻孔管内泵压施工工艺。

3）复合地基设计

综合上述分析，场地宜采用碎石桩和 CFG 桩联合使用的多桩型复合地基加固方案，碎石桩的设计参数确定取决于可液化、震陷土层的深度、厚度以及液化等级。CFG 桩复合地基设计采用承载力与变形双控来确定复合地基参数。经计算确定的设计参数见表 7-5，典型的独立基础布桩示意图见图 7-7。

复合地基设计参数 表 7-5

桩类型	桩 长 (m)	单桩极限承载力特征值 (kN)	桩 径 (mm)	桩 数 (根)	桩间距 (m)
碎石桩	3～9	—	380	5032	1.2～1.4
CFG 桩	18.5	1000	400	1478	1.5

（4）复合地基加固效果及评价

复合地基施工完毕后，由检测单位进行如下检测试验：

1）静载荷试验及低应变检测

本工程静载荷试验结果见图 7-8 和图 7-9，可知复合地基承载力满足设计要求。对桩身质量进行低应变检测，抽检数量为布桩数量的 10%。低应变检测结果表明 CFG 桩桩身完整。

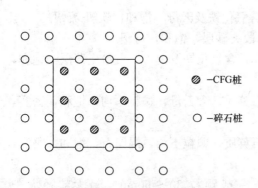

图 7-7　独立基础布桩示意图

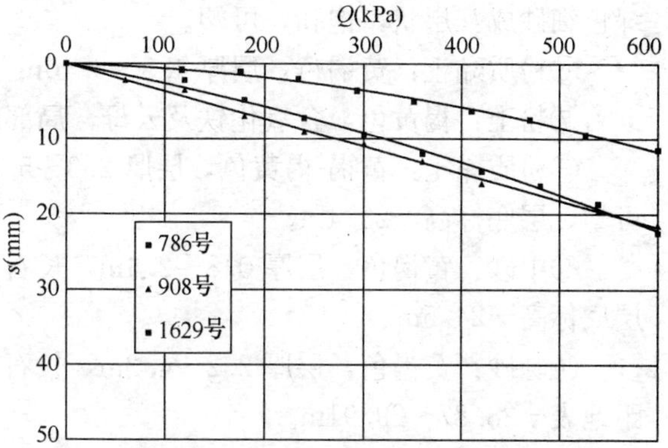

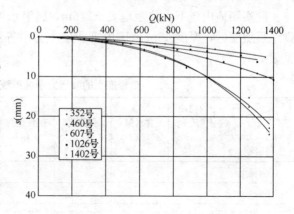

图 7-8　CFG 单桩复合地基静载荷试验 Q-s 曲线

2）液化处理效果检测

采用振动挤密碎石桩后，液化和震陷处理效果明显：整个场地平均下沉 30cm，由加固前后的桩间土标贯击数的变化规律可知，加固后的桩间土标贯击数较天然地基有明显的提高。表明地基处理后桩间土受到明显的加密。

标准贯入试验结果表明振动沉管挤密碎石桩加固后，地基已消除液化。该工程已投入使用多年，状况良好。

图 7-9　CFG 单桩静载荷试验 Q-s 曲线

2. 烟台工贸大厦振冲地基处理工程[4]

（1）工程概况

烟台工贸大厦位于烟台经济技术开发区中心主干道北侧，大厦 21 层，主楼为钢筋混凝土筒中筒结构，箱形基础，基础面积为 25m×40m，埋深为 7.3m。主楼西侧为紧接长 55m、宽 46m 的工贸大厦展厅、宴会厅、商城等建筑，东侧紧接长 30m、宽 46m 的银行及大厦附属建筑，柱网均为 7.5m×7.5m 的二层框架结构，独立基础，埋深为 2.5m。

（2）工程地质

工贸大厦场地属滨海平原地貌，场地地面标高为 4.10～4.40m，从上到下，工程地质情况如下：

①人工填土：主要由云母片岩碎块组成，层厚 1.8～2.5m，其下分布有 20～30cm 原耕植土植物层；

②细砂：灰黄色，层厚0.9～2.1m，湿润-饱和，松散-稍密；

③粉土（Q_4^m）：深灰-灰黑色，层厚4.0～7.0m，含有机质及云母，局部夹细砂层，饱和，软塑—流塑状态（箱基基底位于此层）。

④细砂（Q_4^m）：灰色，层厚0.8～2.9m，长石-石英质，含云母，颗粒不均，饱和，稍密—松散。

⑤粉土：灰绿色，层厚1.30～3.50m，混砂，局部地段含少量氯化铁，局部地段与灰绿色细砂成互层状，饱和，可塑。

⑥粉质黏土：黄褐色，层厚4.5～6.40m，含氧化铁及云母，饱和，软塑-流塑。

⑦粉土：褐黄色，含氧化铁及云母，局部地段夹砂层，饱和，可塑。

⑧粉质黏土：黄褐-褐黄色，层厚2.3～5.9m，含氧化铁及云母，夹粉土薄层，饱和，可塑，层底标高-23.4m。

⑨中砂：黄褐色，层厚0.8～2.4m，长石-石英质，含云母，颗粒不均，饱和，密实，层底标高-24.5m。

⑩砾砂：黄褐色，层厚2.2～4.2m，长石-石英质，颗粒不均，混卵石，饱和，密实，距地表-28.87～29.91m。

⑪卵石：主要由石英砂岩组成，亚圆形，一般颗粒30～60mm。最大粒径大于100mm，冲填砂，饱和、密实，层厚大于16.3m。

勘察场地内地下水位距地表-2.6m，属潜水类型。根据国家地震区划，工程场地为7度地震烈度区，厚度15m范围内第③层土为中等液化土层。各土层的物理力学性质指标见表7-6。

C楼座土的物理力学性质统计表（平均值）　　　　　表7-6

土的物理力学指标 土层编号	含水量（%）	孔隙比 e	塑性指数 I_P	液性指数 I_L	压缩系数 a_{1-2}（MPa^{-1}）	压缩模量 E_{s1-2}（MPa）	地基承载力特征值（kPa）
①新填土	—	—	—	—	—	—	—
②细砂	—	—	—	—	—	—	120
③含淤泥质粉土	28	0.787	7.8	0.96	0.22	6.0	100
④细砂	—	—	—	—	—	—	140
⑤粉土	21	0.615	7.6	0.77	0.30	6.5	180
⑥粉质黏土	29	0.811	12.7	0.93	0.28	5.5	150
⑦粉土	25	0.69	6.4	0.89	0.04	12.0	250
⑧粉质黏土	23	0.649	11.8	0.61	0.15	8.0	180
⑨中砂	—	—	—	—	—	—	300
⑩砾砂	—	—	—	—	—	—	400
⑪卵石	—	—	—	—	—	—	500

（3）主楼振冲桩复合地基设计

振冲桩复合地基设计目的为消除第③层粉土液化，提高地基承载力，减少箱基沉降量。建筑物基底压力标准值为242kPa，振冲处理后复合地基承载力特征值要求达到 250kPa。

根据工程勘察，建筑物箱基坐落在第③层含淤泥质粉土层，该层土承载力特征值为 100kPa，考虑粉土振冲桩挤密加固后，桩间土承载力提高系数取 1.2，则加固后桩间土承载力为 120kPa。振冲桩直径设计为 0.8m，布桩采用 1.5m×1.5m 正方形布桩，并在形心中点增设一桩为加固单元，则计算碎石桩置换率为 0.44，桩土应力比取 3.5，复合地基承载力特征值 $f_{spk} = [1+m(n-1)]f_{sk} = [1+0.44×(3.5-1)]×120 = 252kPa$。

为了满足承载力、变形要求，确定本工程③、④、⑤、⑥层土进行加固，有效桩长为 12.0m。对建筑物沉降量计算，振冲处理后地基最终沉降量为 9.10cm，能够满足地基变形要求。

布桩范围除在基础范围内布桩外，并在南北两侧基础外围设置 3 排围护桩，东西两侧由于裙楼下已布置有碎石桩，不需再设围护桩，主楼区布桩 1085 根。施工完毕后，在碎石桩顶铺设 30cm 厚夯实碎石垫层。

关于振冲法处理地基消除液化问题。开发区在振冲地基应用前曾专门进行过试验，以了解该地区用振冲法加固地基的效果。试验结果表明，桩径 0.8m，采用 2m×2m 布桩，置换率为 0.125，抗液化效果非常显著，满足抗 7 度地震液化要求。本工程置换率远大于 0.125，抗 7 度地震液化已有足够的安全度。

（4）振冲桩复合地基施工

振冲桩施工采用 ZCQ-30 型振冲器，主楼施工预先挖除地面土层 2.0m 深形成基坑，由坑底起算主楼设计桩长 16.5m，进入⑦层顶，保护桩长 4.5m。施工顺序，采用从西南逐渐向东北角施工，先打 1.5m×1.5m 四角桩，再补打中心桩。施工参数，振冲造孔水压 40N/cm²，造孔电流 20A～30A。振冲器在黏性土层放慢造孔速度并适当留振扩孔。振冲造孔到设计标高后，上提振冲器到孔口再迅速回落孔底，挤出孔内泥浆进行通孔和扩孔，再将水压减到 10～20 N/cm²，填入石料进行制桩。填料采用 2～6cm 的碎石，并用连续填料法填料，即石料用 ZL-30 型装载机每斗碎石 2～3 次倒入落料斗，灌入孔内，使振冲器周围充满石料。振冲器振冲制桩的挤密电流控制为③层淤泥质粉土层以下各层的挤密电流均需达到 45A，第③层淤泥质粉土层需达到 55A。每段振冲达到挤密电流标准后，留振 5s，确保振密才能上提振冲器，每段振密后振冲器上提高度不超过 0.8m。

（5）振冲桩检测和加固效果

当开挖到距自然地面-6.2m 后，做 1.5m×1.5m 复合地基静载荷试验，压板下为第三层淤泥质粉土，厚 0.6m，其下为④层含淤泥质土团块的粉细砂，厚度为 2.4m。实测压板所压四角振冲桩桩径为 0.8m，中心桩桩径为 0.6m，置换率为 0.348，试压到第 10 级，加荷为 500kPa 时，压板总沉降量为 2.72mm，取 $s/b=0.01$，则复合地基承载力特征值大于 250kPa，满足设计要求。

1989 年 6 月开始进行主楼箱基沉降观测，1989 年 12 月主楼主体建筑施工完毕，沉降量为 2.63cm，1991 年 8 月全部装修竣工，建筑物沉降量为 4.47cm。

参 考 文 献

[1] 龚晓南. 地基处理手册(第三版). 北京：中国建筑工业出版社，2008

[2] 叶观宝，叶书麟. 地基加固新技术. 北京：机械工业出版社，1999

[3] 刘景政、杨素春、钟冬波. 地基处理与实例分析. 北京：中国建筑工业出版社，1998

[4] 马骥，张震，张东刚，阎明礼. 碎石桩和 CFG 桩联合加固地基的工程应用. 施工技术，2007，(8)

[5] 曾昭礼. 地震区高层建筑振冲地基工程实例—烟台工贸大厦工程//地基处理工程实例. 北京：中国水利水电出版社，2000

第三节 水泥土搅拌桩复合地基

水泥土搅拌桩是利用水泥或水泥系材料为固化剂，通过特制的深层搅拌机械，在地基深处将原位土和固化剂（浆液或粉体）强制搅拌，形成水泥土增强体。由于固化剂和其他掺合料与土之间产生一系列物理化学反应，使增强体具有一定强度，桩周土得到部分改善，组成具有整体性、水稳性和一定强度的复合地基，也可做成连续的地下水泥土壁墙和水泥土块体以承受荷载或隔水。

一、发展概况

自 1824 年英国人阿斯琴首先制造出硅酸盐水泥并取得专利以来，利用水泥灌浆止水，利用水泥和土拌合作为道路基层已得到应用，但主要是作土的浅层处理。

美国在第二次世界大战后研制成功一种就地搅拌桩（MIP），即从不断回转的螺旋钻中空轴的端部向周围已被搅松的土中喷出水泥浆，经叶片的搅拌而形成水泥土桩，桩径 0.3～0.4m，长度 10～12m。1953 年日本清水建设株式会社从美国引进这种方法，继而又开发出以螺旋钻机为基本施工机械的 CSL 法，MR-D 法（以开发公司名称的首字母命名）。CSL 法和 MR-D，都是采用螺旋钻杆上带有特殊形状的搅拌翼片，并通过钻杆供给水泥浆，与土进行强制搅拌。

以上采用喷射水泥浆的湿法工艺成桩的统称 CDM 法。

由 CDM 法派生的 DLM 工法、HCM 工法、SMW 工法、TRD 工法等，均由日本首先研发。

所谓 DLM 法，是 1965 年日本运输省港湾技术研究所开发的将石灰掺入软弱地基中加以原位搅拌，使之固结的深层搅拌工法。1974 年由于大面积软土加固工程的需要，由日本港湾技术研究所、川崎钢铁厂等对石灰搅拌机械进行改造，合作研制开发成功水泥搅拌固化法（CMC），用于加固钢铁厂矿石堆场地基，加固深度达 32m。此外还有类似的 DCM 法、POCM 法等。

DLM 施工法，如其名称中所指明的那样，是一种以生石灰为固化剂的施工法，由两根带有旋转翼片的回转轴及在其中间部位兼作导向柱的固化剂输入管组成，固化剂是从两个搅拌面的交叉部位输入地基中的，通常形成两个圆叠合形状断面的双柱状加固体。

施工顺序是：首先在预定的位置安装好机械，转动搅拌翼片，使其边切土边靠自重下沉。待搅拌翼片下沉到预定深度时开始压入固化剂，同时边提升搅拌轴边回转，使固化剂与地基土充分拌匀，形成柱状加固体。根据需要，也可将加固柱体搭接排列，形成壁状或块状加固体。其他的 DLM 类施工机械，是 DLM 机械的改进型，几乎均采用水泥浆作固化剂。这些施工机械虽然各有特色，但基本结构都和 DLM 机械相同，都由偶数搅拌轴（2、4、6、8）组成。

HCM 类施工法，是 DLM 工法的发展，是日本北川铁工所，受日本通产省技术研究基金资助，于 1975 年研究成功的海底软弱地基稳定处理法（Hedoro Continuous Mixing Method）的一系列施工方法，包括 DCM 法（Deep Continuous Method），DMIC 法（Deep Mixing Improvement by Cement Stabilizer）和 DCCM 法（Deep Cement Continuous Mixing Method）等三种施工法。

这类施工方法，搅拌翼片边回转边上下移动，慢速前进，在一定的活动范围内连续进行加固。固化剂以水泥浆为主，采用加压送入搅拌轴的输送方式。水泥浆经搅拌轴从搅拌翼片背面的几个喷出口喷撒出来。

其施工顺序是：先将搅拌翼片降落到预定位置的海底表面，启动搅拌翼片边回转，边喷出一定量的水泥浆，并以一定速度向前推进，直到搅拌翼片下降到设计深度，最后按一定的速度提升到海底表面。如此进行，直至完成全部加固范围。

搅拌翼片的运动轨迹，为 W 字形轨迹，它是由同时进行的垂直上下和水平移动形成的。通过调整水平方向的移动速度，可提高同一地方混合搅拌的效果。

日本的 CDM 法还开发了伸缩式和连结式可变搅拌轴，以降低机架高度，增加搅拌深度。其水上搅拌船搅拌深度达水面下 70m，海底下 50m，8 头一次搅拌面积 $6.91m^2$，每小时搅拌能力达 90m³ 以上。

除日本外，美国、西欧、东南亚地区也广泛采用了 CDM 法。苏联在 1970 年研究成功一种淤泥水泥土桩，用于港湾建设工程中。淤泥含水量高达 100%～120%，但掺加 10%～15% 的水泥后，半年龄期强度可达 3MPa，较钢筋混凝土桩的造价低 40%。

国内由原冶金部建筑研究总院和交通部水运规划设计院于 1977 年在塘沽新港开始进行机械考核和搅拌工艺试验。1980 年初上海宝山钢铁总厂的三座卷管设备基础，采用了深层搅拌处理软土地基，获得了成功。同年 11 月由原冶金部主持通过了"饱和软黏土深层搅拌加固技术"鉴定，开始了推广应用。同时开发了单轴粉浆两用机。

1980 年初天津市机械施工公司与交通部一航局科研所等单位合作，利用日本进口螺旋钻孔机，改装制成单搅拌轴、叶片输浆型深层搅拌机（GZB-600 型，后来又开发了 600 型双轴叶片喷浆搅拌机）。尔后，浙江大学和浙江临海市一建公司机械施工处共同研究成功 DSJ-Ⅱ型单头深层搅拌机，最大加固深度 20～22m，桩径 $\phi400～700mm$，单轴搅拌机可适用于喷浆（CMD 法）喷粉（DJM 法）。

粉体喷射搅拌法（DJM），最早由瑞典人 Kjeld Paus 于 1967 年提出，1971 年成功采用喷射石灰粉加固 15m 厚软土。作为日本建设省综合开发计划中有关"地基加固新技术开发"的一部分，以建设省土木研究所（施工技术研究室）和日本建设机械化协会（建设机械化研究所）为中心，在 1977 年至 1979 年开发了专项技术，由于开发了在土中分离加固材料与空气以及排出空气的技术，使工法达到了实用化，DJM 法采用了压缩空气连续通过钻杆向土中喷射水泥粉的技术。

搅拌机有单轴和双轴，标准搅拌直径 1000mm，深度达 33m。

1983 年铁道部第四勘测设计院开始进行粉体喷射（石灰粉）搅拌法的试验研究，1984 年在广东省云浮硫酸铁矿铁路专用线盖板箱涵软土地基加固工程中应用。使用的深层搅拌机是铁道部第四勘测设计院和上海探矿机械厂共同开发的单头 GPP-5 型桩机，桩径 $\phi500mm$，桩长 8m。经过几年的实践和改进，上海探矿机械厂，铁道部武汉工程机械研究所等厂家纷纷生产了步履式单头粉喷搅拌机 GPP 型和 PH 型等，桩长可达 14～20m，桩径 φ500mm。铁道部第四设计院与空军雷达学院共同开发的 GS-1 型气固两相粉体流量计，使计量监控有了发展。这些粉喷机目前多数采用水泥粉喷射，喷射生石灰粉者很少。

铁道部科学研究院 1988 年研制成功 DDG-2 型工程钻机，配以泥浆泵和粉喷机等可以进行浅层水泥浆搅拌和粉喷搅拌，加固深度 6m，成孔直径 200mm，可作 60°的斜搅，主要用于整治路基及道床病害。

20 世纪 80 年代日本在 CDM 工法的基础上开发了一种名叫 SMW 工法的技术，采用三轴搅拌机在施工水泥土地下连续墙的过程可实现套孔搅拌，保证了水泥土墙的止水效果，是目前基坑工程止水帷幕常用的有效方法。在基坑支护被动区软土加固中也常用三轴搅拌机进行施工。在连续的水泥搅拌墙中插入型钢形成抵抗土压力的同时兼作止水帷幕的水泥土型钢挡墙称为 SMW 工法，上海市已形成地方标准，建设部也颁布了行业标准。

近几年我国又从日本引进了 TRD 工法，该工法类似地下连续墙双轮铣的形式可施工水泥土地下连续墙，墙厚 0.7～1.0m，成墙深度可达 60m。

二、应用范围

深层搅拌水泥土桩问世以来，发展迅速，大量用于各种建筑物的地基加固、稳定边坡、防止液化、减少沉降等。

CDM 法在日本及其他发达国家还广泛用于海上工程，如海底盾构稳定掘进、人工岛海底地基加固，桥墩基础地基加固、岸壁码头地基加固、护岸及防波堤地基的加固等等。由于日本国的特殊环境，其海上工程的投入相当巨大，也促进了 CDM 工法的迅速发展。

国外的深层搅拌机械采用了高新技术，动力功率大，穿透能力强，实现了施工监控的自动化，确保了施工质量，目前尚未见到失败的工程例证。其工程应用中，置换率高达 40%～80%，桩体设计强度取值一般不超过 0.6MPa。

20 世纪 70～80 年代，我国的水泥土搅拌桩广泛应用于多层建筑的软基处理、基坑支护重力式挡墙、基坑止水帷幕或被动区加固、路基软基加固、堆载场地加固等领域，少数高层建筑也采用过水泥土搅拌桩复合地基。由于我国研发的搅拌机械为轻型机械，功率较小、穿透能力不足，规范规定仅适用于 $f_{ak}=140kPa$ 以下的软土，应用范围受到限制，同时也出现了不少质量事故。20 世纪 90 年代水泥土搅拌桩已淡出建筑物地基处理，但在路基、堆载场地软基加固及基坑工程中的应用在广泛使用。总结我国建筑地基处理采用水泥土搅拌桩复合地基的工程经验，我国的施工机械性能较差，对于较深土层的搅拌及喷浆效果差，采用的置换率也较低。近年来国产的施工设备性能有了较大改进，提高了水泥土搅拌桩的成桩质量。本次修订，增加了用于建筑工程水泥土搅拌桩施工设备配备的泥浆泵工作压力不应小于 5.0MPa，干法施工的送粉压力不应小于 0.5 MPa 的技术要求。

21 世纪初 SMW 工法在我国发展迅速，除了在基坑支护结构支护中大量应用外，还采用三轴搅拌机械施工止水帷幕，效果良好。三一重工等厂家生产的国产单轴、三轴搅拌机已接近国际先进水平。其显著的特点是加固深度大、穿透能力强、效率高，加固深度已达 35m，拓宽了应用范围，不再局限于软土中，在中密粉细砂、中密粉土、稍密中细砂中均可应用。因此规范取消了不能用于承载力特征值高于 140kPa 土中的限制。

三、水泥土桩的增强机理

水泥土桩是水泥或水泥系固化材料与土混合形成的桩，由于土质的不同，其固化机理也有差别。用于砂性土时，水泥土的固化原理类同于建筑上常用的水泥砂浆，具有很高的强度，固化时间也相对较短。用于黏性土时，由于水泥掺量有限（7%～20%），且黏粒具有很大的比表面积并含有一定的活性物质，所以固化机理比较复杂，硬化速度也比较缓慢。

水泥土桩作成块体用来挡土隔水或直接用作建筑物的地基或基础等，主要考虑混合体本身的固化机理，作为复合地基处理时，尚要涉及桩间土力学性质的变化。

（一）水泥土的固化原理

1. 水泥的水解和水化反应

水泥的主要成分有氧化硅、氧化钙、氧化铝，还有氧化铁、氧化硫等。这些氧化物分别组成不同的水泥矿物，有硅酸三钙、硅酸二钙、铝酸三钙、铁铝酸四钙、硫酸钙等。上述水泥矿物和水化合后，产生水解和水化反应，生成氢氧化钙、含水硅酸钙、含水铝酸钙及含水铁铝酸钙等化合物。

其主要反应通式归纳为：

$$水泥 + H_2O \rightarrow CSH + Ca(OH)_2 \tag{7-17}$$

$$水泥 + H_2O \rightarrow CAH \tag{7-18}$$

上述水泥水化物 CSH、CAH 及 $Ca(OH)_2$ 生成后，能迅速溶于水，直至饱和。此时水分子虽然能继续深入水泥颗粒，与水泥矿物产生反应，但新生物已不能再溶解，只能以细分散状态的胶体析出，上述反应称为水泥的水解水化反应。这些凝胶粒子有的自身硬化，形成水泥石骨架，有的则与其周围的具有一定活性的黏粒发生反应，这种反应即所谓的离子交换团粒化作用和凝硬反应。

2. 离子交换团粒化作用

黏土作为一个多相散布系，和水结合时就表现出一般的胶体特征。土中含量最高的 SiO_2 遇水后，形成硅酸胶体微粒，其表面带有钠离子 Na^+ 或钾离子 K^+，它们能和水泥水化生成的 $Ca(OH)_2$ 中的钙离子 Ca^{2+} 进行当量吸附交换，使较小的土颗粒形成较大的团粒，从而使土的强度提高。

水泥水化物的凝胶粒子的比表面积比原来水泥颗粒大 1000 倍左右，因而产生很大的表面能，有强烈的吸附活性，能使较大的土团粒进一步结合起来，形成水泥土的团粒结构，并封闭各土团之间的空隙，形成坚固的连结。从宏观上来看，可使水泥土的强度进一步提高。

3. 凝硬反应

随着水泥水化反应的深入，溶液中析出大量的钙离子，当其数量超过上述离子交换的需要量后，则在碱性环境中，能使组成黏土矿物的二氧化硅、三氧化二铝的一部分或大部分与钙离子进行化学反应，生成不溶于水的稳定的结晶化合物。其反应通式为：

$$Ca^{2+} + 2(OH)^- + SiO_2 \rightarrow CSH \tag{7-19}$$

$$Ca^{2+} + 2(OH)^- + Al_2O_3 \rightarrow CAH \tag{7-20}$$

根据电子显微镜扫描，X 射线衍射和差热分析得知这些结晶物大致是属于铝酸钙水化物 CAH 系的 $4CaO \cdot Al_2O_3 \cdot 13H_2O$、$3CaO \cdot Al_2O_3 \cdot 6H_2O$、$CaO \cdot Al_2O_3 \cdot 10H_2O$ 等；

属于硅酸钙水化物 CSH 系的 $4CaO \cdot 5SiO_3 \cdot 5H_2O$ 等，还有钙黄长石水化物 $2CaO \cdot Al_2O_3 \cdot SiO_3 \cdot 6H_2O$ 等。

这些新生的化合物在水中和空气中逐渐硬化，增大了水泥土强度，而且由于其结构致密，水分不易侵入，从而使水泥土具有足够的水稳性。

至于碳酸化反应，由于土中 CO_2 的含量很少，且反应缓慢，其固化效果不予考虑。

4. 水泥系固化剂的固化原理

以上为使用水泥的固化原理。如果使用水泥系固化材料，则因为水泥系固化材料中除水泥外尚加入了火山灰类材料或无机化合物（硫酸钙等）通过火山灰反应可以生成各种水化物，如硫酸铝酸钙、钙矾石、碳酸铝酸钙等，其分子式分别为 $3CaO \cdot Al_2O_3 \cdot CaSO_4 \cdot 12H_2O$，$3CaO \cdot Al_2O_3 \cdot 3CaSO_4 \cdot 32H_2O$，$3CaO \cdot Al_2O_3 \cdot CaCO_3 \cdot 11H_2O$。这些水化物有助于水泥土的强度增长。

（二）水泥土桩复合地基桩间土的性状

关于混合体以外土的性状有无改善的问题，经测试认为，虽然固化材料可以从混合体向周围渗透，但其反应缓慢，渗透范围有限，应用中不予考虑。因此，桩间土仍采用天然地基的力学指标。至于粉喷时水泥粉吸水所产生的影响也忽略不计。

当水泥土桩作为复合地基中的竖向增强体时，由于水泥土桩界于柔性桩与刚性桩之间，在软土中主要呈现了桩体的作用，在正常置换率的情况下，桩分担了大部分荷载，桩通过侧阻力和端阻力将荷载传至深层土中，在桩和土共同承担荷载的过程中，土中高应力区增大，从而提高了地基的承载力，复合地基还具有垫层的扩散作用。

四、桩体材料

水泥土桩的桩体材料由固化材料、混合料和水所组成。固化材料以水泥为主，深层搅拌水泥土桩的混合料是原位土，而夯实水泥土桩的混合料可以是原位土（渣），也可以采用性能更好的土（渣）。以满足加固要求和提高混合体强度以及降低造价为主要目的，对桩体材料的选用至关重要。

（一）固化材料

1. 分类

水泥土桩的固化材料分为两大类，一类是水泥，一类是水泥系固化材料。这两种固化材料对砂性土混合体强度影响不大，但对黏性土特别是腐殖土则表现出不同的效果。

关于水泥系固化材料的解释，日本学者认为，水泥加火山灰质材料和无机化合物时称水泥系固化材料。火山灰质材料包括粉煤灰、高炉水淬矿渣、火山灰等。无机化合物包括硫酸钙、氯化钙等。

我国把水泥与废石膏和活性废渣按不同比例配制的各种固化剂统称为水泥系固化剂。从节约出发，强调采用工业废料。

2. 水泥系固化材料

水泥系固化材料主要用于采用水泥固化效果不好的特殊环境，例如腐殖土、孔隙水中 CaO、OH^- 浓度较小的土、需要抵抗硫酸盐腐蚀的工程等，也在为了满足工程使用或施工需要的情况下采用，比如促凝、缓凝、早强提高混合体强度等等。这些外加剂种类繁多，适用的条件也不相同，工程中必须进行室内及现场试验，确定其效果及掺入量。

掺加粉煤灰可以提高混合体的强度，表 7-7 和图 7-10 可以说明上述结论。一般情况下，当掺入与水泥等量的粉煤灰后，强度均比不掺粉煤灰的提高 10％左右，同时还可消耗工业废料，增加社会效益。

粉煤灰对水泥土强度的影响   表 7-7

试件编号	水泥掺入比 α_ω（％）	粉煤灰掺入量（占水泥重量的百分数）	水泥土强度（kPa）
1	10	0	1827
		100	2036
2	10	0	2823
		100	3086
3	12	0	2613
		100	2893

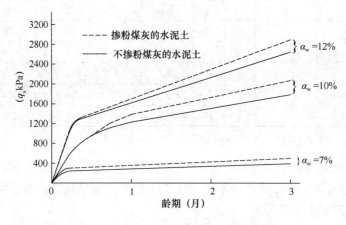

图 7-10　粉煤灰对强度的影响

水泥土桩中掺加粉煤灰的测试数据说明，在砂类土中掺加粉煤灰时，不论采用什么配方的水泥浆，也不论水泥土强度的高低，试件 28 天以后的强度增长值均极为明显，3 个月的强度为 28 天强度的 1.27～2.0 倍，半年的强度为 28 天强度的 2.6～3.67 倍。但早期强度普遍偏低。

中冶建筑研究总院进行了掺加磷石膏的试验和工程实践，认为水泥磷石膏固化剂之所以比水泥固化剂效果好，是因为水泥磷石膏除了有与水泥相同的胶凝作用外，还能与水泥水化物反应产生大量钙矾石，这些钙矾石一方面因固相体积膨胀填充水泥土部分空隙，降低了混合体的孔隙量，另一方面由于其针状或柱状晶体在孔隙中相互交叉，和水泥硅酸钙等一起形成空间结构，因而提高了加固土的强度。

表 7-8 列出了部分试验数据，结果说明，水泥磷石膏对于大部分软黏土来说是一种经济有效的固化剂，尤其对于单用水泥加固效果不好的泥炭土、软黏土效果更佳。它一般可以节省水泥 11％～37％。凡主要成分为 $CaSO_4 \cdot 2H_2O$ 的磷石膏或其他废石膏均有可能成为节省水泥、提高加固效果的固化材料，它与水泥混合使用，不需二次加工，且和易性好，施工困难不大。

加固土样	主要物理指标				试块编号	加固配方	磷石膏掺量(占水泥%)	无侧限抗压强度 q_u(kPa)			磷石膏增强效果 H-g/H		
	γ (kN/m³)	G	w (%)	e				7d	30d	90d	7d	30d	90d
云南泥炭土	13.7	2.41	142	3.31	1	H_{25}	—	114	134	182	—	—	—
					2	$H_{25}g_5$	20	360	687	900	3.2	5.1	5.0
					3	$H_{25}g_{10}$	40	222	840	1100	1.9	6.3	6.0
					4	$H_{25}g_{15}$	60	238	1054	1380	2.1	7.9	7.6
福建淤泥	16.1	2.60	70	1.77	5	H_{18}	—	379	761	1107	—	—	—
					6	$H_{18}g_{3.6}$	20	1170	2695	3857	3.1	3.5	3.5
					7	$H_{18}g_{7.2}$	40	480	1003	2318	1.3	1.3	2.1
云南淤泥质粉质黏土	17.2	2.65	47	1.28	8	H_{10}	—	321	440	667	—	—	—
					9	$H_{10}g_2$	20	400	1320	1780	1.3	3.0	2.7
					10	$H_{10}g_4$	40	262	600	1120	0.8	1.4	1.7
江苏淤泥质粉质黏土	17.8	2.65	40	1.11	11	H_{10}	—	432	625	839	—	—	—
					12	$H_{10}g_2$	20	813	1297	2059	1.9	2.1	2.5
云南粉土	18.2	2.65	34	0.97	13	H_{10}	—	250	600	909	—	—	—
					14	$H_{10}g_2$	20	688	1460	2100	2.8	2.4	2.3
					15	$H_{10}g_4$	40	354	1140	2180	1.4	1.9	2.4

注：H—水泥；g—磷石膏；右下角数字—掺入比。

其他掺加剂如起减水作用的木质素磺酸钙（日本的 AE 木质磺酸钙同时具有减水和缓凝两种作用），对水泥土强度的影响不大。三乙醇胺可促凝早强等。为了实现施工中桩体的搭接，使用缓凝剂十分必要。

3. 水泥

水泥或水泥系固化料两类固化料中，水泥均为主固化剂。应针对具体情况选用不同种类、不同标号的水泥以满足技术经济指标的要求。针对某些软黏土地区地下水存在有大量的硫酸盐（如沿海盐水渗入地区），硫酸盐与水泥发生反应，对混凝土具有结晶性侵蚀作用。为探讨水泥土桩在这类地区的适应性，对水泥土在硫酸盐介质中的稳定性进行了研究，共做 200 余组水泥土试块的抗硫酸盐侵蚀试验。使用各种水泥制作水泥土试块浸泡在浓度为 1.5% 的硫酸钠溶液中，观察结果为：

用 325 号及 425 号矿渣水泥制作的各种水泥掺入比的试块在盐液中浸泡 28～50 天全部开裂膨松、崩坏。

用 425 号大坝水泥和 425 号抗硫酸盐水泥制作的各种水泥掺入比的试块在盐液中浸泡 360 天均未发现任何破坏现象。

浙江大学就杭州、宁波、福州等沿海地区土中的水具有古海水的化学特征，对这种古海水对水泥土侵蚀问题开展了试验研究。结论是含有硫酸盐离子、镁离子的溶液对水泥土有一定的侵蚀性。被侵蚀的水泥土近期强度会有一定程度的提高，但后期强度下降。特别在高浓度溶液侵蚀下，水泥土产生较大的体积膨胀，在膨胀力作用下，水泥土可能发生破坏。我国大部分沿海工程遇到的海水对水泥土的强度基本没有影响，在这种情况下可不考虑海水的侵蚀作用。

选用合适的水泥掺入比、水泥品种，如抗硫酸盐水泥等，加入一定量的粉煤灰等外加剂，将有助于水泥的抗侵蚀性能。

鉴于研究的深度和广度的限制，我国建筑地基处理规范仅作了原则性说明，目前在水泥选用时应注意到，使用普通水泥拌制的水泥土受硫酸盐溶液侵蚀会出现结晶性的开裂、崩坏而丧失强度。如选用抗硫酸盐水泥，使水泥土中产生的结晶膨胀物质控制在一定数量范围内，则可大大提高水泥土的抗侵蚀性能。

选用水泥时还需考虑水泥的强度等级、种类能否适应水泥土桩体强度的要求，是否适用于场地的土质。

一般情况下，当水泥土桩体强度要求大于 1.0MPa 时，宜选用强度等级 42.5 以上的水泥，桩体强度小于 1.0MPa 时可选用 32.5 水泥。当需要水泥土体有较高的早期强度时，宜选用普通硅酸盐水泥。

不同种类和标号的水泥用于同一类土中，效果不同，同一种类和标号的水泥用于不同种类的土中，效果亦不同。

一般情况下，无论何种土质，何种水泥，水泥土强度均随水泥强度等级的提高而增大，但增大的规律有差别。

水泥种类应与土质相适应。在砂类土中不同种类同一强度等级的水泥其混合体强度变化不大。黏性土中，情况比较复杂。

原核工业部第四勘察院与同济大学在同一种淤泥质粉质黏土（$w=36.4\%$，$e=1.03$）中，选用同一的水泥掺入比（21%），对 32.5 矿渣水泥、32.5 钢渣水泥、42.5 普通硅酸盐水泥、52.5 波兰特水泥作了对比试验，结果是 32.5 矿渣水泥和钢渣水泥的水泥土无侧限抗压强度要大于后两者。其原因可能是水泥中的矿渣、钢渣和黏粒水化反应的缘故。

日本通常用普通硅酸盐水泥和高炉矿渣水泥（B 种）作固化材料。

有机质含量较多的土如淤泥等，用上述水泥加固效果不佳，日本生产了 10 余种特种水泥，可以改善加固效果。当使用特种水泥时，因受有机质土的物理化学性质的影响，其强度发展不同，所以应进行配合比试验以决定采用何种特种水泥及其掺入量。

4. 浆液和粉体

在浆液和粉体两种深层搅拌桩的对比中，常出现一些不同看法，现仅就浆液和粉体搅拌对水泥土力学性能某些方面的影响作介绍。

图 7-11 表示的日本埼玉县行田黏土加固时的试验结果，其水泥掺入量为 300kg/m³（即每 m³ 湿土中掺入 300kg 水泥），龄期 21 天，水泥浆的水灰比 1∶1。

从图 7-11 中可以看出，水泥材料中粉体比浆液的加固强度大，随着拌合时间的延长，水泥材料（浆液和粉体）的加固强度有提高倾向。而石灰材料则与拌合时间几乎没有关系，始终为同一强度。粉体和浆液的拌合时间短时其强度的离散性大。

以上试验说明，水泥加水后的浆液即为水泥浆，深层搅拌法中所用的水泥浆其水灰比大多采用 50% 左右。软土本身又具有较高含水量，因此，除水泥固化时所必需的水分外，还会有多余的水分，水灰比增大，强度降低。所以，在满足施工要求的前提下，使用粉状水泥可望得到较高的强度，且可以加速固化进程。

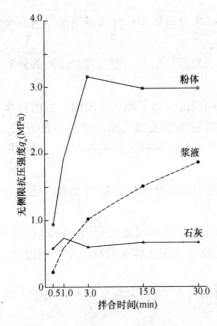

图 7-11　加固材料种类不同造成的
混合性能的区别（室内掺合试验）

但是，国内的粉喷机在搅拌黏性土时，由于叶片的构造影响，水泥土往往呈水平层状，其抗渗及抵抗水平力的性能以及搅拌均匀度不如浆液搅拌。因此，用于挡土隔渗的工程，效果不理想。

（二）混合材料

混合材料是水泥土混合体的骨干材料，占水泥土总重的 80% 以上。

搅拌水泥土桩的混合材料主要是原位土，和混凝土的混合料不同，其不仅具有骨干和填充的作用，除砂类土外，还能和固化剂产生化学反应，使桩体固化。为提高桩体强度，只能改变固化剂种类或增加固化剂的掺入量。

当采用水泥系固化材料中火山灰质材料掺量很大时，这些火山灰质材料（如粉煤灰），一方面起固化材料作用，另一方面起充填材料的作用。

在施工工艺许可下，各种土均可作为混合材料，但其效果不同，具体情况在桩体无侧限抗压强度的讨论中加以阐述。

混合材料还包括土中水和水泥浆的拌合用水。水泥浆液拌合用水可以用淡水，也可以用海水。当水中含酸、碱、盐的浓度过大时，应经过试验确定能否采用。

（三）桩体的物理力学指标

水泥土桩桩体的力学指标，主要由无侧限抗压强度、变形模量、抗剪强度和抗拉强度四个指标来衡量其力学性能。另外水泥土桩体的密度也是重要的物理指标。

水泥土桩应用于阻渗隔水，则要求其具有一定的抗渗性，并由混合体的渗透系数来衡量。

1. 桩体的无侧限抗压强度

无侧限抗压强度与固化料的种类、掺合量、土质（混合料）、土中含水量、龄期、浆液水灰比、搅拌时间、土层的渗透性、施工工艺水平等因素有关。

（1）混合体材料种类的影响

不同成因软土的水泥加固试验结果，见表 7-9。

不同成因软土的水泥加固试验结果　　　　　　　　　　　　表 7-9

土层成因	土　名	土 的 性 质							掺加水泥试验			
		含水量 w (%)	天然密度 ρ (g/cm³)	孔隙比 e	液性指数 I_L (%)	塑性指数 I_p (%)	压缩系数 a_{1-2} (MPa)	无侧限抗压强度 q_u (kPa)	水泥标号	水泥掺量 (%)	龄期 (d)	水泥土无侧限抗压强度 (kPa)
滨海相沉积	淤　泥	50.0	1.73	1.39	1.21	22.8	1.33	24	325	10	90	1096
	淤泥质粉质黏土	36.4	1.83	1.03	1.26	10.4	0.64	26	425	8	90	1415
	淤泥质黏土	68.4	1.56	1.80	1.71	21.8	2.05	19	425	14	90	1097

土层成因	土名	土 的 性 质							掺加水泥试验			
		含水量 w (%)	天然密度 ρ (g/cm³)	孔隙比 e	液性指数 I_L (%)	塑性指数 I_p (%)	压缩系数 a_{1-2} (MPa)	无侧限抗压强度 q_u (kPa)	水泥标号	水泥掺量 (%)	龄期 (d)	水泥土无侧限抗压强度 (kPa)
河川沉积	淤泥质粉质黏土	47.4	1.74	1.29	1.63	16.0	1.03	28	425	10	120	998
	淤泥质黏土	56.0	1.67	1.31	1.18	21.0	1.47	20	525	10	30	880
湖沼相沉积	泥炭	448.0	1.04	8.06	0.85	341.0	—	≈0	425	25	90	155
	泥炭土	58.0	1.63	1.48	0.65	26.0	1.78	15	425	15	90	714

试验证明砂性土混合料的水泥土强度高于黏性土混合料的水泥土强度，采用普硅水泥试验结果表明在腐殖土中当水泥掺合量为 $200\sim400$ kg/m³ 时水泥土无侧限抗压强度仅为 $0.1\sim0.8$ MPa。

(2) 固化料掺合量的影响

粉喷工艺现场取样试验表明，当水泥固化料掺合量小于 100 kg/m³ 时，黏性土基本不显示加固效果，砂类水泥土无侧限抗压强度不大于 2MPa。当水泥掺量大于 100 kg/m³ 时，水泥土无侧限抗压强度大体呈线性增长。

当水泥掺量为 250 kg/m³（约占混合料土重的 15%）时，腐殖土水泥土 28 天龄期无侧限抗压强度约为 $0.2\sim0.7$ MPa，淤泥及淤泥质土约为 $0.3\sim1.0$ MPa，一般黏性土约为 $0.5\sim2.0$ MPa、砂类土约为 $1.5\sim4.0$ MPa。

试验表明，拟加固土是砂性土时，固化材料的种类对强度的影响不大，但随掺合量的增加，强度则明显提高，且离散性小。黏性土中无侧限抗压强度离散性大。对于腐殖土，增加固化材料的掺合量，其强度提高不大，特别是普通波兰特水泥和B种高炉水泥（矿渣水泥），这种倾向比较明显。但是使用水泥系固化材料时，其强度和强度离散性均有明显改善，对于黏性土也有类似的效果。使用水泥系固化材料时，黏性土及腐殖土固化体强度随掺合量增加也有明显的增大。

表 7-10 为上海软黏性土的室内试验结果，③软黏为淤泥质粉质黏土，$w=38.5\%$，$e=1.28$，④软黏为淤泥质黏土 $w=50.6\%$，$e=1.46$。

黏性土中水泥掺量与水泥土无侧限抗压强度关系　　　　　　　　表 7-10

土层 \ 试件 q_u	原状土 (kPa)	不同水泥掺入比试件（kPa）			
		7%	10%	15%	20%
③软黏	68.0	305.6	628.3	987.7	1184.2
④软黏	47.0	291.4	484.1	746.9	853.5

以上试验可以看出，不论何种土质，水泥土的无侧限抗压强度均随固化料掺合量的增加而增大，只是效果不同，增大速率不等。固化料的掺合量与强度多数呈近似线性关系。

根据上述试验结果，规范规定增强体水泥掺量不应小于天然土质量的 12%，块状加固时不应小于加固天然土质的 7％，水泥土搅拌墙不少于 20％。

（3）无侧限抗压强度与龄期的关系

水泥浆液搅拌的试验资料表明，水泥土的强度随龄期的增长而增长。一般情况下，7 天水泥土强度可达标准强度的 30％～50％；30 天可达标准强度的 60％～75％；90 天为 180 天的 80％；而 180 天以后，水泥土强度增加仍未终止。另外，根据电子显微镜的观察，水泥土的硬凝反应需要 3 个月才能完成。因此，选用龄期 3 个月的强度作为水泥土的标准强度。

日本的一组粉体喷搅的试验结果说明，固化土的无侧限抗压强度与龄期接近线性的关系。各种土质和各种固化材料构成的加固土体，其 28 天强度大约是 7 天强度的 1.5 倍。早期强度高于浆液搅拌。

另一组室内试验资料，所用土样为日本行田黏土（含水量 60％），水泥和黏土的干燥重量比分别为 10％、20％、30％。结果说明，当掺入比为 10％左右时，粉体和浆液龄期与强度的关系基本一致。而掺入比愈大则粉体搅拌水泥土的强度随龄期的增长愈快。

经过归纳分析，中冶建筑研究总院提出的水泥土无侧限抗压强度与龄期的关系大体为：

$$f_{cu7} = (0.47 \sim 0.63) f_{cu28}$$

$$f_{cu} = (0.62 \sim 0.80) f_{cu28}$$

$$f_{cu60} = (1.15 \sim 1.46) f_{cu28}$$

$$f_{cu90} = (1.43 \sim 1.80) f_{cu28}$$

上述数据可供应用中参考。

（4）土中含水量的影响

在固化剂种类和掺入量相同的情况下，浆液搅拌时，加固土的强度随土天然含水量的降低而增高。

日本进行几组浆液搅拌加固土强度与土天然含水量的关系的试验，土性为冲积黏土，水泥掺入量为天然土重量的 10％，水泥浆水灰比 10％，将天然土的含水量加上水泥浆的含水量为总含水量，得出不同土质，3 天和 28 天的水泥强度均与总含水量呈线性关系的结论。当总含水量为 150％时，水泥土 3 天强度为 0.1～0.5MPa，水泥土 28 天强度为 0.7～1.3MPa；当总含水量为 300％时，水泥土 3 天强度为 0.02～0.1MPa，水泥土 28 天强度为 0.05～0.5MPa。试验还表明，不同种类黏性土在相同的水泥掺入量的条件下，虽然水泥土强度不等，但其强度随土中含水量增大而减小的递减率十分接近。

由于土的种类及固化剂性质和掺量不同，土中含水量与水泥土强度的关系有些变化，有的试验表明浆液搅拌当土样含水量在 50％～80％范围内变化时，含水量每降低 10％，水泥土强度可提高 30％左右。

对粉喷桩，土中含水量对水泥土强度的影响不同于浆液搅拌，当土中含水量过低时，水泥水化不充分，水泥土强度反而降低。

（5）拌合时间的影响

固化剂与土的拌合程度，对水泥土强度影响很大，因此，搅拌拌合是水泥土桩的关键工序。影响拌合程序的因素很多，如固化剂的供给方式，搅拌叶片的形状、数量和布置，搅拌时间的长短等。为此，曾进行过大量的试验，但仍未能定量地揭示这些影响因素与拌合效果间的关系。

少数试验定性地表示了拌合时间对加固土强度的影响。在拌合开始阶段（拌合时间3分钟以内），水泥土强度增加很快，搅拌时间超过了3分钟后，强度上升速度逐渐减缓，对粉状水泥，拌合时间超过一定时间后，强度不再增长。

（6）水泥强度等级的影响

试验表明水泥土的抗压强度随水泥强度的提高而增加，当水泥强度等级从 32.5 提高到 42.5 时，水泥土强度约增大 20%～30%。

（7）土的渗透性的影响

要减少水泥土中的自由水，目前还没有人为的手段，只有通过蒸发和渗透两个途径。由于蒸发量很小，所以主要靠自由水向周围土中的渗透，在高压喷注水泥土桩的试验中，曾作过对比试验。结果是在渗透性好的土中的试样强度比另一组试样高出 46.8%。

上述试验只是定性地说明一些问题，同时应当考虑，在地下水下，即使土的渗透性大，也不能排出水泥土中的自由水。因此，上述试验结果仅在地下水以上的土层是适用的。

（8）施工工艺的影响

水泥土桩体强度在其他条件相同时，还与施工工艺有密切关系。如同一种土中，固化剂掺入量相同，采用复搅的办法可明显提高桩体强度。

在含水量很小的松散填土中，搅拌时块状土不能破碎，造成桩体松散，采用注水后上下多次预搅，即可保证桩体强度。

在塑性指数大于 25 的黏性很大的黏土中，可能出现搅拌头上形成土团，随搅拌头转动，搅拌不均，复搅也不能奏效，只有改变搅拌头的形式才是有效途径。

当搅拌深度超过 15～18m 后，在黏性较大的淤泥或其他黏性土中，固化料喷入产生困难，喷搅不均，影响桩体强度，加大压力改进搅拌头后可以奏效。

2. 现场与室内无侧限抗压强度的关系

室内制样试验所得到的无侧限抗压强度 q_{ul} 与在现场取样试验得来的无侧限抗压强度 q_{uf}，由于水灰比和拌合养生条件不一样，其差异较大。据统计粉体喷搅 $q_{uf} = (1/3～1/5) q_{ul}$。如果固化料掺合量较少，又没有得到充分的搅拌，现场强度会出现很大的离散性。

日本曾进行了浆液搅拌现场水泥土无侧限抗压强度与室内无侧限抗压强度 q_{ul} 的对比试验，24 组对比试验中，有 17 组 q_{uf}/q_{ul} 的最小值在 1/5～1/2 之间，平均值多为 $q_{uf}/q_{ul} \approx (1/4～1)$。

日本 CDM 工法设计和施工手册中提出，设计标准强度最好是取现场实际加固体的无侧限抗压强度 q_{uf}。但是 q_{uf} 随取样位置的不同而有偏差。考虑这种偏差，设计标准强度 $q_{uc,k}$ 与现场强度的平均值 $\overline{q}_{uf}$ 之间可建立以下关系：

$$q_{uc,k} = \gamma_1 \overline{q}_{uf}$$

γ_1 值，海上工程约为 2/3；陆地工程约为 1/2。

现场无侧限抗压强度 q_{uf} 与室内配制试验的无侧限抗压强度 q_{ul} 之间的关系为：

$$q_{uf} = \eta \bar{q}_{ul}$$

η 值，海上工程用大型机械时取 1，用小型机械时取 1/2；陆上工程取 1/2。设计标准强度 $q_{uc,k} = \gamma_1 \eta \bar{q}_{ul}$

即：$q_{uc,k} = \left(\dfrac{1}{3} \sim \dfrac{2}{3}\right) \bar{q}_{ul}$（海上工程）

$q_{uc,k} = \dfrac{1}{4} \bar{q}_{ul}$（陆上工程）

我国工程应用浆液搅拌强度折减系数为 $0.25 \sim 0.33$，粉体搅拌为 $0.20 \sim 0.30$，与日本的规定相近。因我国施工工艺落后于日本，折减系数严于日本海上工程的标准。

3. 桩体的变形模量及压缩模量

影响桩体模量的因素很多，归根结底，是要明确模量与无侧限抗压强度的关系。日本的试验表明不论哪种土类和固化材料，水泥土体的变形模量 E_{50}（峰值应力的 50% 所对应的割线模量）都有较大的变化幅度，大体情况为 $E_{50} = (50 \sim 120) q_u$，$q_u$ 为试样的无侧限抗压强度。

表 7-11 为我国的试验结果，当 $q_u = 300\text{kPa} \sim 4000\text{kPa}$ 时，$E_{50} = (40 \sim 600)\text{MPa}$，一般为 q_u 的 $120 \sim 150$ 倍，即 $E_{50} = (120 \sim 150) q_u$，与前述日本的试验结果相近。

水泥土的变形模量　　　　　　　　　　　　　　　表 7-11

试件编号	无侧限抗压强度 q_u (kPa)	破坏应变 ε_f (%)	变形模量 E_{50} (kPa)	$\dfrac{E_{50}}{q_u}$
1	274	0.80	37000	135
2	484	1.15	63400	131
3	524	0.95	74800	142
4	1093	0.90	165700	151
5	1554	1.00	191800	123
6	1651	0.90	223500	135
7	2008	1.15	285700	142
8	2393	1.20	291800	121
9	2513	1.20	330600	131
10	3036	0.90	474300	156
11	3450	1.00	420700	121
12	3518	0.80	541200	153

水泥土桩的压缩系数约为 $(2.0 \sim 3.5) \times 10^{-5}\text{kPa}^{-1}$，其相应的压缩模量约为 $E_p = 60 \sim 100\text{MPa}$，小于变形模量，这是因为无侧限抗压时桩体多呈脆性破坏，其变形较小的缘故。应用中可采用 $E_p = (100 \sim 120) f_{cu,k}$，$f_{cu,k}$ 为 70.7mm 立方体室内配制时的 90 天龄期无侧限抗压强度。

4. 桩体的抗剪强度

室内试验的抗剪强度 τ 与无侧限抗压强度 q_u 的关系如图 7-12 所示。无侧限抗压强度

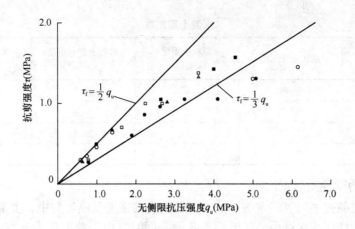

图 7-12　桩体的抗剪强度与无侧抗压强度

q_u 在较低范围内($q_u < 0.8\text{MPa}$)，τ/q_u 的值大体上为 $1/2$，随着 q_u 的增大，该比值有变小的倾向。其总体规律为 $\tau = (1/2 \sim 1/3)q_u$。

用高压三轴仪进行剪切试验表明，水泥土的抗剪强度随抗压强度的增加而提高。当 $q_u = 500 \sim 4000\text{kPa}$ 时，其黏聚力 $c = 100 \sim 1100\text{kPa}$，内摩擦角变化在 $20° \sim 30°$ 之间。水泥土在三轴剪切试验中受剪破坏时，试件有平整而清楚的剪切面，剪切面与最大主应力平面的夹角约为 $60°$。

在实用中考虑到桩体强度的离散性，其容许的抗剪强度一般采用 $0.15q_u$，安全系数大于 2。

当水泥土桩复合地基和承受水平力的格栅式结构需要计及未加固土的抗剪能力时，其计算原理见图 7-13。假定加固土的抗剪强度为 τ_p，置换率为 m，与加固土的破坏应变相对应的未加固土的抗剪强度为 τ_{si}。平均抗剪强度 $\overline{C}$ 可用下式表示：

$$\overline{C} = m\tau_p + (1-m)\tau_{si} \qquad (7\text{-}21)$$

上式仅在某些情况下采用，在多数情况下，加固土与未加固土的刚度相差太远，同时水泥土不允许产生大变形，此时，不能考虑未加固土对剪力的分担。在基坑支护工程中水泥土大多是抗弯破坏，不能盲目采用上式进行计算。

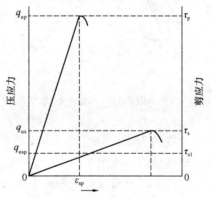

图 7-13　加固土和未加固土的
应力-应变关系

5. 桩体的抗拉强度

用劈裂法求得黏土的加固土抗拉强度 σ_t 与无侧限抗压强度 q_u 的关系，抗拉强度 $\sigma_t = (0.1 \sim 0.4)q_u$，随着 q_u 的增大，抗拉强度的增加速率有逐渐降低的趋向。

6. 桩体的重度

由于拌入土中的固化材料与孔隙中水的重度相差不大，搅拌中还产生部分土的挤出和隆起，且固化后固化材料本身存在孔隙，因此，在饱和软土中加固土体的重度与天然土的饱和重度较接近，但在非饱和的大孔隙土中，固化体的重度将较天然土的重度增加量要大一些。参看表 7-12。此外，固化料掺合量大时，固化土重度增加幅度也大。

土　类	原状土含水量	原状土重度（kN/m³）	水泥土饱和重度（kN/m³）	水泥土干燥重度（kN/m³）
粉砂	饱和	15.0	18.8	17.4
黏砂土	饱和	18.0	19.8	17.5
黄土	15.5%	16.0	20.2	17.1
淤泥质砂黏土	饱和	17.5	17.5	12.4

7. 桩体的力学性质的不均匀性

由于施工中喷搅不匀等因素的影响，一般桩底的强度及模量与中、上部均有差别。在粉喷桩施工中钻杆往往在桩中心留下一个孔洞，同时，由于喷射压力及离心力，水泥浆、粉向桩周集中，因此，在桩体的同一水平截面上，桩中心部位的桩体，力学性能不如周边附近的桩体，两者相差约 20%～30%。

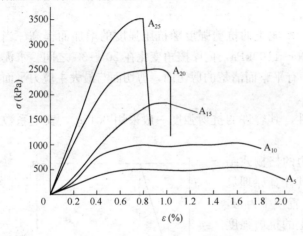

图 7-14　水泥土的应力-应变关系

8. 水泥土桩桩体应力应变性状

水泥土桩的变形特征随强度不同而界于脆性体与弹塑性体之间。应特别强调指出的是，在土中类似弹性约束的桩体，其变形特征不同于室内试验的结果，在这方面的研究还有待深入。图 7-14 为室内试验求得的应力-应变曲线。水泥土受力开始阶段，应力与应变关系基本符合虎克定律。当外力达到极限状态的 70%～80% 时，应力应变不再保持线性关系。当外力达极限荷载时，对于强度大于 2MPa的水泥土，很快出现脆性破坏，此时

轴向应变约为 0.8%～1.2%（见图 7-14 中 A_{20}、A_{25}），对于强度小于 2MPa 的试件，则表现为塑性破坏（见图 7-14 中 A_5、A_{10}、A_{15}）。

三轴不排水剪得到的水泥土应力-应变曲线中，在受力开始阶段，应力-应变曲线近似直线，当偏应力（$\sigma_1 - \sigma_3$）达到破坏时偏应力的 60%～80% 时，曲线开始弯曲。对同一强度的水泥土，不同围压下弯曲点对应的偏应力大致相同，且与水泥土无侧限抗压强度相接近。

注意到三轴试验中，试件破坏后均保持一定的残余强度，残余强度随围压的增加而加大。同时破坏时的应变也大于无侧限抗压时的应变值，较接近于水泥土桩在土中的工作状态。水泥土桩在土中类似弹性约束，特别是在大基础下，其应力-应变的关系以及其变形特征与无侧限抗压试验差异很大。总的倾向是变形加大、模量减小。

9. 水泥土的渗透系数

水泥土桩作为隔水帷幕，要求具有低渗透性。渗透试验采用变水头法，在南 55 型渗透仪上进行，试验结果见表 7-13。

表 7-13

土层 \ 试件 K_{10}	原状土 (cm/s)	不同水泥掺入比试件(cm/s)			
		7%	10%	15%	20%
③软黏	$5.16×10^{-5}$	$1.01×10^{-5}$	$7.25×10^{-6}$	$3.97×10^{-6}$	$8.92×10^{-7}$
④软黏	$2.53×10^{-6}$	$8.30×10^{-7}$	$4.83×10^{-7}$	$2.09×10^{-7}$	$1.17×10^{-7}$

试验土样软黏③为淤泥质粉质黏土 $w=38.5\%$，软黏④为淤泥质黏土，$w=50.6\%$。

结果说明，水泥掺入量愈大其渗透系数愈小，水泥土的渗透系数小于原状土。

水泥土的渗透系数与原状土性、水泥掺入量、搅拌均匀度、初始含水量等因素相关。一些资料提出水泥土的渗透系数在 $10^{-10}\sim10^{-7}$ cm/s 之间。工程实践也说明水泥土具有较好的隔水性能。

10. 水泥土的抗冻性能

将水泥土试件放置于自然负温下进行抗冻试验表明，其外观无显著变化，仅少数试块表面出现裂缝，有局部出现片状剥落及边角脱落，但深度及面积均不大，可见自然冰冻没有造成水泥土深部的结构破坏。

水泥土试块经长期冰冻后的强度与冰冻前强度相比，几乎没有增长。但恢复正温后其强度能继续提高，冻后正常养护 90 天的强度与标准强度相差不多，抗冻系数达 0.9 以上。

一般情况下地温比较稳定，除高寒地区外，水泥土桩不会产生冻害。但冬季施工时，要注意浆液的防冻。

五、设计计算

（一）技术特点

1. 混合料采用原位土，无须开采原材料，大量节约资源。

2. 针对拟加固土质和加固目的，可以自由选择加固材料，包括水泥粉、水泥浆、石膏、矿渣、粉煤灰、砂或碎石粉末等。如果事先加以混合，可以同时喷射两种以上的混合加固材料。

3. 可以自由选择加固材料的喷入量，能适用于多种土质。

4. 施工工艺振动和噪声很小。

5. 施工速度快，国产的深层搅拌桩机每台班（8h）可成桩 350m 左右。日本的深层搅拌船每小时可加固 90m³ 以上。

6. 原位深层搅拌引起地基的隆起较小，对周围环境影响不大。

7. 国产粉喷机有一定的粉尘污染，采用水泥浆时亦有一些浆液污染。日本等国采用了封闭的输送供给系统，雨天也能施工，基本消除了环境污染。

8. 可以喷搅成圆柱状桩、壁墙状、格栅状、块体状的加固体，用于不同的目的。

（二）技术措施及要点

1. 只在基础下布置水泥土桩，一般情况下不需设置围护桩。布置方式可为正方形、矩形、正三角形、格栅形、壁式等多种形式。

2. 目前深层搅拌水泥土的桩径多为 $\phi500\sim700$mm，由于基础宽度的限制，常给布桩造成困难。解决这个矛盾的途径一是基础下设 $300\sim500$mm 厚砂石垫层，拉开桩距；二是增加桩长，减少桩数。实践证明在深厚的软土地区，采用上述措施是有效的。

复合地基中桩距不宜小于 2d。

3. 端承短桩宜采用大直径双轴搅拌桩，或做成壁状、格栅状、甚至块体。具体应视工程要求及地质条件确定。壁状、格栅状形式可以增大地基刚度，减少差异沉降，在建筑物或地基的薄弱环节处采用，效果较好。

4. 设计桩顶标高宜选 在承载力较高的土层，充分发挥桩间土的承载力，且宜低于原地面以下 500mm。

5. 根据具体情况，可长短桩并用。

6. 注意基础角桩及长高比大于 3 的建筑物中部桩的加强。

7. 根据桩的受力情况，不同深度的喷料量可以变化，因桩体最大应力在桩顶下 3～5d 处，因此，在桩顶以下 2～3m 向上可增加喷料量，或采用复搅工艺。停灰面应高于设计桩顶标高 500mm 左右。

8. 桩端宜进入承载力相对较高的土层。

9. 复合地基承载力特征值不宜大于 200kPa，一般情况下采用 120～180kPa。单桩承载力特征值（$\phi500mm$）不宜大于 150kN。

10. 固化料掺入比一般为土重的 15％左右。

（三）水泥土搅拌桩复合地基承载力计算

由于水泥土搅拌桩身有一定强度，呈桩体效应，因此，复合地基承载力计算中按常规先计算单桩承载力，取单元面积的单桩承载力及天然土的承载力之和为复合地基承载力。需要说明的是，由于水泥土强度不高，单桩承载力由桩身强度控制，在软黏土中一根 $\phi500mm$ 搅拌桩，其单桩承载力特征值一般不超过 150kN，由此限制了复合地基承载力。承载力较高的土层采用搅拌桩往往是不合理的。

复合地基承载力特征值应通过单桩或多桩复合地基静载荷试验确定，初步设计时可按式 7-22 计算：

$$f_{spk} = \lambda m \frac{R_a}{A_p} + \beta(1-m)f_{sk} \qquad (7\text{-}22)$$

式中单桩承载力发挥系数取 1，桩间土承载力发挥系数的确定较复杂，本次规范修编中做了一些改动，当加固土层为淤泥、淤泥质土、流塑状软土或未经压实的填土时，考虑到上述土层固结程度差，桩间土难以发挥承载作用，所以 β 取 0.1～0.4，固结程度好或设褥垫时取高值；其他土层 β 可取 0.4～0.8。确定 β 值时还应考虑建筑物对沉降的要求及桩端持力层性质，当桩端持力层强度高或建筑物对沉降要求严格时，β 应取低值。

（四）水泥土搅拌桩复合地基变形计算

2002 版的地基处理技术规范将水泥土搅拌桩复合地基变形计算分为两部分，一部分为加固深度范围内复合土层的压缩变形，利用材料力学的轴向压缩变形计算原理，轴向力呈三角形分布，变形模量取复合土层的变形模量进行计算；另一部分为桩端以下土层的变形，按分层总和法进行计算。褥垫层的变形忽略不计。

本次规范修编对沉降计算进行了简化，按统一的方法，将复合土层的压缩模量予以提高，提高系数近似等于复合地基承载力特征值与天然地基承载力特征值之比，然后按分层总和法进行复合地基变形计算。

这里特别指出，不论采用哪一种方法计算，其前提条件是水泥搅拌桩端必须进入较好土层。对于深厚淤泥、淤泥质等软土中的搅拌桩，当桩未能穿透软土而呈"悬浮"状态时，计算结果明显偏小，处于不安全状态。其原因为软土与桩身模量相差数百倍以上，桩土难以共同工作，单桩将向下刺入，群桩则呈实体基础的受力状态，桩端附加应力增加，与分层总和法的计算原理相悖，多项工程曾发生沉降过大的事故，因此在深厚淤泥、淤泥质土的"悬浮桩"应按桩基实体基础的计算方法计算沉降。

六、施工工艺

（一）水泥土浆液搅拌法（CDM法）

如概述中所述，施工机械种类繁多，传动原理及搅拌翼的形状也不相同。表7-14为日本典型的陆上CDM法机械组合表。

日本陆上标准施工方式双轴搅拌机机械组合　　　　　　表7-14

最大贯入长 机械名称	10m	20m	30m	40m
深层拌合处理机 （含施工控制仪器）	履带式起重机：25～27t吊，导架长：20m，处理机功率：45kW×2台	履带式起重机：35～37t吊，导架长：30m，处理机功率：55～60kW×2台	履带式起重机：50～55t吊，导架长：40m，处理机功率：75～90kW×2台	履带式起重机：50～55t吊（特殊履带式装置），导架长：50m，处理机功率：75～90kW×2台
发电机组	250kVA	300kVA	400kVA	450kVA
反铲挖土机	履带式0.8m³	履带式0.8m³	履带式0.8m³	履带式0.8m³
灰浆搅拌设备	10m³/h	10～20m³/h	20m³/h	20m³/h
水泥筒仓	30t	30t	30t	30t
水槽	10m³	10m³	10m³	10m³
潜水泵	100mm×2台	100mm×2台	100mm×2台	100mm×2台
灰浆泵	(200)L/分×2台	(200～300)L/分×2台	300L/分×2台	300L/分×2台
灰浆搅动槽	2m³	2～5m³	5m³	5m³

双轴搅拌机均为履带式走行，搅拌桩直径可达1000～1200mm，桩长达30m。通过多个传感器实现搅拌的自动化操作，质量有保障。

日本的海上CDM法搅拌机机械列于表7-15中。

海上深层混合处理船及搅拌机性能表　　　　　　表7-15

规格 船名	船体					深层拌合处理机					
	长(m)	宽(m)	深(m)	吃水(m)	塔高(m)	加固面积(m)	加固深度(m) 水面下 海底面下	拌合能力(m³/h)	处理机位置 C：中央 F：前	驱动方法	重量(t)	转矩(kN·m)
デコム7号	63.0	30.0	4.5	3.2	69.5	5.74	−70 50	90以上	C	电动	410	40

规格\船名	船体					深层拌合处理机						
	长(m)	宽(m)	深(m)	吃水(m)	塔高(m)	加固面积(m)	加固深度(m) 水面下 / 海底面下	拌合能力(m³/h)	处理机位置 C：中央 F：前	驱动方法	重量(t)	转矩(kN·m)
ボコム2号	48.0	28.0	4.1	3.0	61.0	5.75	−65 / 40	90以上	C	油压	341	41
DCM3号	47.5	28.0	4.6	3.0	55.5	5.74	−65 / 40	90以上	C	油压	305	40
デコム5号	60.0	27.0	4.0	2.7	67.4	6.91	−60	90以上	F	电动	270	70
デコム1号	46.0	25.0	4.5	3.3	55.9	6.06	−50	70～90	F	油压	210	42
CDM7号	55.0	28.0	4.86	3.5	85.0	4.08	−70	50～70	C	电动	160	53.1
DCM6号	45.0	26.0	4.2	2.6	53.0	4.42	−60 / 38	50～70	C	油压	160	22.5
DCM2号	43.2	24.0	3.2	2.0	54.0	4.42	−55 / 38	50～70	F	油压	160	22.6
CMC8号	48.2	24.0	4.0	2.0	65.0	3.85	−50	50～70	F	电动	75	26.4
ボコム10号	52.0	22.8	4.0	2.8	60.5	3.81	−49 / 40	50～70	F	油压	178	42
DCM5号	38.6	18.6	3.2	1.4	36.5	3.47	−40 / 25	30～50	F	油压	60	20
デコム3号	38.0	13.4	2.65	1.7	33.5	3.46	−25	30～50	F	油压	30	16
ボコム8号	38.0	14.0	2.3	1.5	36.0	2.23	−30	30～50	F	电动	58	30
CMC3号	36.0	15.0	2.5	1.8	40.0	2.0	−20	30以下	F	电动	21	14.4
CMC5号	36.0	15.0	2.5	1.8	40.0	2.0	−20	30以下	F	电动	21	14.4
ボコム5号	26.0	13.0	2.25	1.25	39.0	2.0	−18	30以下	F	电动	20	21
デコムS−3号	24.0	12.5	2.4	1.3	38.0	1.74	−32	30以下	F	油压	16	15
デコムS−5号	26.0	10.5	2.2	1.2	36.0	1.5	−32	30以下	F	电动	20	25.5

国内的单轴、双轴搅拌机为步履式走行，机型轻便，但穿透能力差。

国内机械采用定量泵输送水泥浆，转速又是恒定，因此灌入地基中的水泥量完全取决于搅拌机钻头的提升速度和复搅次数，质量控制系统不完善，目前已研发了一些自动记录装置，但效果不尽人意。

（二）粉体搅拌法（DJM法）

日本生产的粉喷机性能、适用性及机械组合分别列入表7-16及表7-17。

粉体喷射搅拌工法的粉喷机及其适用性 表7-16

型号		DJM-1070	DJM-2070	DJM-2070L	DJM-2090	DJM-2090L
机械的适用性		小规模工程、小型建筑物基础地基加固、围绕建筑物周围的地基加固	一般工程适用		加固范围特别大、加固深度也大的情况适用	
粉喷机主机标准规格	搅拌轴数（根）	1	2		2	
	标准搅拌翼直径(mm)	1000	1000		1000	
	搅拌轴转数(r/min)	5～50	24、48(50Hz)		32、64(50Hz)	
	最大施工深度(m)	20	23 ｜ 26		30 ｜ 33	
	钻进、提升速度(m/min)	0～7.0	0.5～3.0		0.5～3.0	
	轴间距离(m)		1000、1200、1500		1000、1200、1500	
	粉体机尺寸(长×宽×高)	7150×3080×2000	6400×4600×4485		9227×4920×6800	
	粉喷机总重(kg)	24000	67000 ｜ 69200		85500 ｜ 87600	
	加固材料输送机重量(含贮存仓，kg)	10500	13100		13600	

施工机械的组成 表7-17

粉喷机型号	DJM-1070	DJM-2070	DJM-2070L	DJM-2090	DJM-2090L
轴数	单轴	双轴		双轴	
最大施工深度	20m	23m	26m	30m	33m
粉喷机功率	70kW×1	55kW×2		90kW×2	
发电机	125kVA×1	300kVA×1		350kVA×1	
发电机	60 kVA×1	60 kVA×1		60 kVA×1	
空压机	10.5m³/min×1	10.5m³/min×2		10.5m³/min×2	
挖土机	0.6m³	0.6m³		0.6m³	

注：粉喷机包含加固材料输送机、加固材料贮存缺罐、空气除湿机、空气罐、施工监测计、控制盘等。

日本的粉喷机主要有5种型号，最大施工深度已达33m。当场地狭窄时，还有DJM-1037型可以使用，当钻架高度受限制时，可用DJM-1070E型。除轻型机外，都是履带式。

（三）多轴浆液搅拌法

近几年国内三轴、多轴搅拌法发展迅速，三一重工等公司相继研发多个型号的多轴搅拌机，搅拌深度可达35m，表7-18及表7-19分别列出三一重工和湖北金宝公司生产的单轴和多轴搅拌机参数，两家公司的产品代表了我国重型和轻型搅拌机的概况，可供参考。

三一重工多轴搅拌机主要参数表 表 7-18

产品型号	输入功率	单根钻杆额定扭矩	输出转速	钻孔直径	钻孔深度
SYD653	55kW×2	19kN·m	18r/min	3×φ650mm	27m
SYD853	90kW×2	40kN·m	14r/min	3×φ850mm	35m
SYD1003	90kW×3	55kN·m	14r/min	3×φ1000mm	35m

武汉天宝公司单轴、多轴搅拌机及配套设备参数表 表 7-19

序号	设备型号	功率(kW)	直径(φ)	深度(m)	重量(t)	用 途
1	SPM-Ⅲ 大直径三轴搅拌桩机	170	650~1000	18~32	60	型钢水泥土墙施工
2	SPM-Ⅲ 小直径三轴搅拌桩机	90	350~500	18~25	45	止水帷幕墙施工
3	SP-10B 大直径单轴搅拌桩机	55	600~1200	18~32	30	软土、被动区加固
4	SP-5A 单轴搅拌桩机	45	350~600	14.5~22	20	干法、湿法施工

序号	设备型号	功率(kW)	流量(L/min)			用 途
			400r/min	600r/min	800r/min	
1	PJ-5A 泥浆泵	4.5	35	48	80	小直径用
2	PJ-5B 泥浆泵	7.5	46	76	120	大直径用

序号	设备型号	功率(kW)	输灰量(h/kg)	压力(MPa)	容积(t)	用 途
1	立锥式输灰罐	1.1	>800	≤0.60	0.85	干喷法用

序号	设备型号	功率(kW)	输气量	压力(MPa)	排量(m³)	用 途
1	气体压缩机	15	活塞式	0.6~1.0	1.6~2.8	干喷法用

七、施工质量及加固效果检验

日本将质量检测分为三个阶段的所谓调查：即确定设计条件的施工前调查；了解对环境影响的施工中调查；检验加固体质量和形状的施工后调查。由于其施工质量管理系统完善，监控手段先进，各种施工参数自动记录，随时调整，因此，其施工质量检验仅需对环境影响加以检验调查。我国的工艺水平较低，人为因素较多，施工中的质量检验必不可少。

（一）施工质量

1. 搅拌桩的施工质量与前期准备工作的质量息息相关。主要为核实工程地质水文情况，桩体材料的质量检验，室内配合比试验，现场工艺试验，人的质量及工作质量的保证等。

2. 搅拌桩在施工中和竣工后都难以直观桩的质量，只能通过其他手段进行间接判断。在施工阶段以施工记录、强度试验（触探、取芯等）、开挖检验三项检验为主。

3. 施工记录应反映每根桩施工全过程的真实情况，应按照规范规定的内容填写，凡是需要了解的施工问题，几乎都能从施工记录上找到线索或答案。

通过对施工记录的上述检查，大致可以判断施工的总体质量。

4. 检查现场及室内试验设备是否符合标准，试验方法是否正确，强度换算有无问题，固化剂牌号，检验报告是否合乎要求等。

（二）加固效果检验

1. 复合地基承载力检验

规范规定应采用静载荷试验的方法检验复合地基承载力，检验应在成桩 28d 后进行，验收检测的数量不少于总桩数（多轴搅拌为绷数）的 1%，其中每单项工程复合地基静载荷试验的数量不应少于 3 台，其余可进行单桩静载荷试验；对重要的工程或对变形要求严格的工程宜进行多桩复合地基静载荷试验。实际上单桩静载荷试验更能反映加固质量，受桩间土滞后变形的影响较小，每项工程均应进行单桩静载荷试验，较为稳妥。本次规范修编特别补充了复合地基单桩静载荷试验的方法，可供使用。

2. 桩身质量及强度检验

搅拌桩身质量检测目前尚无成熟的方法，特别是对常用的直径 500mm 粉喷桩遇到的困难更大，规范规定可用钻芯法、触探法等检验桩身质量，实践证明钻芯过程中由于钻头冷却冲水，芯样很难保持原状，给判定工作带来困难。补救办法是必须采用双管单动取样器钻芯，可辅以挖开桩身取样检验桩身强度并观察桩身连续性。由于钻芯检测存在一定困难，规范规定仅在其他检测合格仅对桩身质量有怀疑时，进行钻芯检验。

对桩身质量的检验中，除桩身强度外，更重要的是桩身搅拌的均匀性和连续性，湖北省近期推行圆锥动力触探连续贯入检测被动区加固水泥土均匀性和连续性的方法，效果较好，今后尚应建立动力触探击数与桩身强度关系曲线，便于推广。

采用单桩静载荷试验检验桩身质量时，往往有一个误区，认为单桩静载荷试验合格，桩身强度即可满足要求。规范要求桩身强度的安全系数大于 4，而静载试验时加载量仅为单桩承载力特征值的 2 倍，考虑到群桩中各桩受力不均匀等不利因素，在静载试验中应加大加载量，检查桩头是否破坏。

八、工程实例——汕头广信房地产公司综合楼地基处理

（一）概况

广信房地产公司综合楼为两栋 8 层（局部 9 层）框架结构建筑物，两栋主楼之间以两层裙楼连结，总建筑面积 11500m²。

场地位于汕头滨海地区，海相沉积软土厚达 48m，原设计为 ϕ1000mm、ϕ900mm 钻孔灌注桩，桩长 51m，桩底嵌入基岩面 3m，单桩承载力 2100kN，1800kN。由于钻孔桩工期长、造价高，深度很大的钻孔桩质量不易保证，经研究改为深层搅拌桩复合地基，基础由原独立承台改为柱下条形基础。

（二）工程地质情况

场地土自下而上分为 7 大层。

①层填砂层：新近回填的中细砂，厚度 0.5m 左右，未加压实。

②层淤泥质土加粉砂：厚度 5～6m，$w=48\%$，$e=1.27$；标贯击数 2～3 击，承载力 80kPa。

③层淤泥夹贝壳：厚度 8～11m，$w=52\%～65\%$，$e=1.51$；标贯击数 0.7～2 击，承载力 55kPa。

④层粉质黏土：厚度 3～5m，$w=32\%$，$e=0.81$；标贯击数 6～7 击，承载

力 180kPa。

⑤层淤泥质土、粉砂互层：厚度 25～30m，$w=42\%～51\%$，$e=1.25～1.45$；标贯击数 2～4 击，承载力 90～100kPa。

⑥层中细砂：厚度 2～4m，中密；标贯击数 5～6 击。

⑦层基岩：强风化层厚度 1～2m。

（三）设计计算

采用粉喷桩复合地基。上部结构要求复合地基承载力不少于 140kPa，基础采用钢筋混凝土柱下条基，在桩顶部设 0.5m 厚的砂垫层。

设计桩径 $\phi500mm$，桩长（自基底算起）16m，采用 425 号普通硅酸盐散装水泥，每延米桩体掺入 60kg，掺入比约为 18%。

单桩承载力

$$R_a = \bar{q}_s u_p L + \alpha_p A_p q_p = 175kN$$

取现场②层淤泥在 70.7mm 立方体试模内制样，24 小时脱模，埋于现场土中，养护 7 天，做无侧限抗压强度试验，结果见表 7-20。

水泥土无侧限抗压强度 　　　　　　　　　　　　　　　　　　　　　　表 7-20

试件编号	无侧限抗压强度（MPa）	试件编号	无侧限抗压强度（MPa）
1	0.62	4	0.53
2	0.57	5	0.58
3	0.45	平均值	0.55

换算成 90 天龄期的标准强度

$$q_{u7} = 0.5 q_{u28} = 0.5 \times 0.6 f_{cu,k}$$

$$f_{cu,k} = 1.83MPa$$

按桩体强度计算单桩竖向承载力

$$R_a = \mu f_{cu,k} A_p = 89.8kN$$

取单桩承载力为 90kN。

粉喷桩布置见图 7-15。

桩中心行距 1200mm，列距 800～900m，按桩总面积与基础面积之比得置换率 $m=0.265$。

复合地基承载力

$$f_{spk} = m \frac{R_a}{A_p} + \beta(1-m) f_{sk} = 144.8kPa > 140kPa$$

考虑桩端土质较硬，β 取 0.4。

（四）施工

采用铁道部武汉工程机械研究所生产的 PH-5 型粉喷机，平整地面后进行粉喷桩施工。钻杆下沉时注意电流的变化，直到进入③层土面，电流明显增大时，开始慢速提钻喷粉。由于深度较大（自地面算起 17.5m），土质很黏，有时造成堵管，疏通管道后，在上下各 1m 的范围内复喷，防止断桩。为加强桩顶强度，所有桩都在桩顶以下 3m 范围内

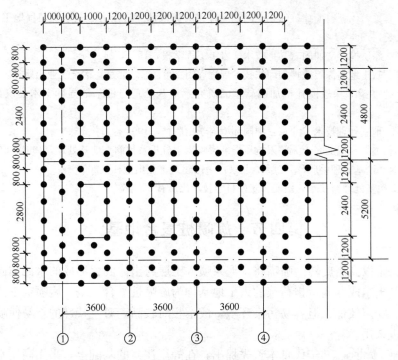

图 7-15　粉喷桩平面布置

复搅。

　　由于土质很软,钻进速度很快,每台班(8 小时)可成桩 12 根,近 200 延长米。每昼夜两大班施工,平均成桩 550m,全部工程共 1250 根桩,历时 45 天完成了全部施工任务。

　　(五)效果检验

　　施工完毕 45 天后,进行了单桩、单桩复合地基及两桩复合地基的静载荷试验。单桩复合地基压板尺寸 0.8m×0.8m,两桩复合地基压板尺寸 1.25m×1.25m。

　　载荷试验 P-s 曲线见图 7-16,试验加载均超过两倍设计荷载,未发生破坏。按沉降比为 0.01 确定承载力特征值,单桩承载力特征值大于 150kN,单桩复合地基承载力特征值 203kPa,两桩复合地基承载力特征值 183kPa,满足设计要求。

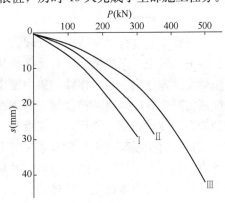

图 7-16　静载荷试验 P-s 曲线

Ⅰ—单桩;Ⅱ—单桩复合地基;Ⅲ—两桩复合地基

参 考 文 献

[1]　行业标准.建筑地基处理技术规范 JGJ 79—2012.北京:中国建筑工业出版社,2013

[2]　龚晓南.地基处理技术发展与展望.北京:中国水利水电出版社,知识产权出版社,2004

[3]　张捷,韩杰,叶书麟.水泥土桩复合地基的固结特性分析//第七届土力学及基础工程学术会议论文集.北京:中国建筑工业出版社,1994

[4]　白日昇．有关粉体喷射搅拌桩的几个问题的探讨．海峡两岸岩土力学及基础工程地工技术学术研讨会论文集，1994

[5]　周国钧等．深层搅拌法加固软黏土技术．岩土工程学报，1981，04

[6]　行业标准．软土地基深层搅拌加固法技术规程 YBJ 225—91．北京：冶金工业出版社，1991

[7]　叶观宝，叶书麟．深层搅拌桩加固软基的研究∥地基处理与桩基础国际学术会议论文集．深圳，1992

[8]　阎明礼等．地基处理技术．北京：中国环境科学出版社，1996

[9]　孙立川，韩杰．水泥加固土无侧限抗压强度影响因素分析及预测．地基处理，1994，5(4)

[10]　龚晓南等．地基处理手册(第二版)．北京：中国建筑工业出版社，2000

[11]　龚晓南．地基处理新技术．西安：陕西科学技术出版社，1997

第四节　旋喷桩复合地基

旋喷桩，是以高压旋转的喷嘴将水泥浆喷入土层与土体混合形成的水泥加固体，由旋喷桩和原地基土组成共同承担荷载的人工地基称为旋喷桩复合地基。旋喷桩工法施工占地少、振动小、噪声较低，但容易污染环境，成本相对较高，对于特殊的不易使喷出浆液凝固的土质不宜采用。

旋喷桩是 20 世纪 70 年代日本首先提出，在静压注浆的基础上，采用高压水射流切割技术而发展起来的。近年来高压喷射注浆技术得到了很大的发展，利用超高压水泵（泵压大于 50MPa）和超高压水泥浆泵（水泥浆压力大于 35MPa），辅以低压空气，大大提高了高压喷射注浆桩的处理能力。在软土中的切割直径可超过 2.0m，注浆体的强度可达 5.0MPa，有效加固深度可达 60m。

一、适用范围

（1）旋喷桩复合地基适用于处理淤泥、淤泥质土、黏性土（流塑、软塑和可塑）、粉土、砂土、黄土、素填土、碎石土等地基。由于高压喷射注浆使用的压力大，因而喷射流的能量大、速度快。当它连续和集中地作用在土体上，压应力和冲蚀等多种因素便在很小的区域内产生效应，对从粒径很小的细粒土到含有颗粒直径较大的卵石、碎石土，均有巨大的冲击和搅动作用，使注入的浆液和土拌合凝固为新的固结体。

（2）当对于硬黏性土中含有较多的大粒径块石，因喷射流可能受到阻挡或削弱，冲击破碎力急剧下降，切削范围小或影响处理效果；对于大量植物根茎、有较高含量的有机质软土，其处理效果取决于固结体的化学稳定性；鉴于上述几种土的组成复杂、差异悬殊，高压喷射注浆处理的效果差别较大，不能一概而论，故应根据现场试验结果确定其适用程度和技术参数。对于湿陷性黄土地基，因当前试验资料和施工实例较少，亦应预先进行现场试验。

（3）对基岩和碎石土中的卵石、块石、漂石呈骨架结构的地层，地下水流速过大和已涌水的地基防水工程，地下水具有侵蚀性，由于工艺、机具和瞬时速凝材料等方面的原因，应慎重使用，应通过现场试验确定。

二、基本规定

（1）旋喷桩复合地基的设计和施工，应因地制宜，综合考虑地基类型和性质、地下水条件、上部结构形式、荷载大小、场地环境、施工设备性能等因素，做到技术先进，经济合理，确保工程质量。

（2）旋喷桩复合地基的施工，可根据工程需要、土质条件和机具设备条件，分别采用单管法、二管法和三管法，加固体形状可采用圆柱状、壁状和板状。由于上述 3 种喷射流的结构和喷射的介质不同，有效处理范围也不同，以三管法最大，双管法次之，单管法最小。

（3）在制定旋喷桩复合地基的施工方案时，应掌握场地的工程地质、水文地质和建筑结构设计资料等。对既有建筑尚应搜集有关的历史和现状等资料、邻近建筑和地下埋设物等资料。主要是：岩土工程勘察（土层和基岩的性状，标准贯入击数，土的物理力学性质，地下水的埋藏条件、渗透性和水质成分等）资料；建筑物结构受力特性资料；施工现场和邻近建筑的四周环境资料；地下管道和其他埋设物资料及类似土层条件下使用的工程经验等。

（4）旋喷桩复合地基的施工方案确定后，应结合工程情况进行现场试验、试验性施工或根据工程经验确定施工参数及工艺。

（5）旋喷桩复合地基的施工试验场地应选择在对整个工程有代表性地段，通过试验能够反映出旋喷桩地基处理工程所起到的加固效果。

三、工艺原理

旋喷桩施工是利用钻机把带有喷嘴的注浆管钻进土层的预定位置后，以高压设备使浆液或水、（空气）成为 $20\sim40$MPa 的高压射流从喷嘴中喷射出来，冲切、扰动、破坏土体，同时钻杆以一定速度逐渐提升，将浆液与土粒强制搅拌混合，浆液凝固后，在土中形成一个圆柱状固结体（即旋喷桩），以达到加固地基或止水防渗的目的。

根据喷射方法的不同，喷射注浆可分为单管法、双管法和三管法。

单管法：单层喷射管，仅喷射水泥浆。

双管法：又称浆液气体喷射法，是用二重注浆管同时将高压水泥浆和空气两种介质喷射流横向喷射出，冲击破坏土体。在高压浆液和它外圈环绕气流的共同作用下，破坏土体的能量显著增大，最后在土中形成较大的固结体。

三管法：是一种浆液、水、气喷射法，使用分别输送水、气、浆液三种介质的三重注浆管，在以高压泵等高压发生装置产生高压水流的周围环绕一股圆筒状气流，进行高压水流喷射流和气流同轴喷射冲切土体，形成较大的空隙，再由泥浆泵将水泥浆注入被切割、破碎的地基中，喷嘴作旋转和提升运动，使水泥浆与土混合，在土中凝固，形成较大的固结体，其加固体直径可达 2m。

喷射注浆的加固半径和许多因素有关，其中包括喷射压力 P、提升速度 S、被加固土的抗剪强度 τ、喷嘴直径 d 和浆液稠度 B。加固范围与喷射压力 P、喷嘴直径 d 成正比，与提升速度 S、土的抗剪强度 τ 和浆液稠度 B 成反比。加固体强度与单位加固体中的水泥掺入量和土质有关。

旋喷桩的成桩机理包括以下 5 种作用：

（1）高压喷射流切割破坏土体作用。喷射流动压以脉冲形式冲击破坏土体，使土体出现空穴，土体裂隙扩张。

（2）混合搅拌作用。钻杆在旋转提升过程中，在射流后部形成空隙，在喷射压力下，迫使土粒向着与喷咀移动方向相反的方向（即阻力小的方向）移动位置，与浆液搅拌混合形成新的结构。

（3）升扬置换作用（三管法）。高速水射流切割土体的同时，由于通入压缩气体而把一部分切下的土粒排出地上，土粒排出后所留空隙由水泥浆液补充。

（4）充填、渗透固结作用。高压水泥浆迅速充填冲开的沟槽和土粒的空隙，析水固结，还可渗入砂层一定厚度而形成固结体。

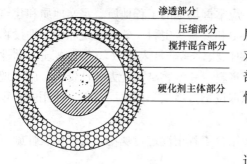

图 7-17　旋喷桩固结体

（5）压密作用。高压喷射流在切割破碎土层过程中，在破碎部位边缘还有剩余压力，并对土层可产生一定压密作用，使旋喷桩体边缘部分的抗压强度高于中心部分。旋喷桩固结体情况如图 7-17 所示。

四、设计规定

（1）旋喷桩形成的加固体强度和直径，应通过现场试验确定。当无现场试验资料时，可参照相似土质条件的工程经验进行初步设计。

旋喷桩直径的确定是一个复杂的问题，尤其是深部的直径，无法用准确的方法确定。因此，除了浅层可以用开挖的方法验证之外，只能用半经验的方法加以判断、确定。根据国内外的施工经验，初步设计时，其设计直径可参考表 7-21 选用。

旋喷桩的设计直径（m）

表 7-21

土　质	方　法	单管法	双管法	三管法
黏性土	0<N<5	0.5～0.8	0.8～1.2	1.2～1.8
	6<N<10	0.4～0.7	0.7～1.1	1.0～1.6
砂土	0<N<10	0.6～1.0	1.0～1.4	1.5～2.0
	11<N<20	0.5～0.9	0.9～1.3	1.2～1.8
	21<N<30	0.4～0.8	0.8～1.2	0.9～1.5

（2）旋喷桩复合地基承载力特征值和旋喷桩单桩竖向承载力特征值应通过现场静载荷试验确定。初步设计时，可分别按式（7-23）和式（7-24）估算，其桩身材料强度尚应满足式（7-25）和式（7-26）要求。

旋喷桩复合地基承载力特征值可按下式估算：

$$f_{spk} = \lambda m \frac{R_a}{A_p} + \beta (1-m) f_{sk} \tag{7-23}$$

式中　f_{spk}——复合地基承载力特征值（kPa）；

　　　　f_{sk}——处理后桩间土承载力特征值（kPa），应按地区经验确定；无试验资料时除灵敏度较高的土外可取天然地基承载力特征值；

　　　　λ——单桩承载力发挥系数，应按地区经验取值；

　　　　m——复合地基置换率，$m = d^2/d_e$；d 为桩身平均直径（m），d_e 为一根桩分担的

182

处理地基面积的等效圆直径（m）；等边三角形布桩 $d_e = 1.05S$，正方形布桩 $d_e = 1.13S$，矩形布桩 $d_e = 1.13\sqrt{S_1 S_2}$，S、S_1、S_2 分别为桩间距、纵向桩间距和横向桩间距；

R_a——单桩承载力特征值（kN）；

A_p——桩的截面积（m^2）；

β——桩间土承载力发挥系数，应按地区经验取值。

旋喷桩单桩竖向承载力特征值可按下式估算：

$$R_a = u_p \sum_{i=1}^{n} q_{si} l_{pi} + \alpha_p q_p A_p \qquad (7\text{-}24)$$

式中 u_p——桩的周长（m）；

q_{si}——桩周第 i 层土的侧阻力特征值（kPa），应按地区经验确定；

l_{pi}——桩长范围内第 i 层土的厚度（m）；

α_p——桩端端阻力发挥系数，应按地区经验确定；

q_p——桩端端阻力特征值（kPa），对于水泥搅拌桩、旋喷桩应取未经修正的桩端地基土承载力特征值。

旋喷桩桩身强度应满足式（7-25）的要求，当复合地基承载力验算进行基础埋深的深度修正时旋喷桩桩身强度还应满足式（7-26）的要求。

$$f_{cu} \geqslant 4 \frac{\lambda R_a}{A_p} \qquad (7\text{-}25)$$

$$f_{cu} \geqslant 4 \frac{\lambda R_a}{A_p} \left[1 + \frac{\gamma_m (d - 0.5)}{f_{spa}} \right] \qquad (7\text{-}26)$$

式中 f_{cu}——桩体试块（边长 150mm 立方体）标准养护 28d 的立方体抗压强度平均值（kPa），对水泥土应满足 7.3.3 条的规定；

γ_m——基础底面以上土的加权平均重度（kN/m^3），地下水位以下取浮重度；

d——基础埋置深度（m）；

f_{spa}——深度修正后的复合地基承载力特征值（kPa）。

（3）旋喷桩复合地基的地基变形计算应符合的规定

复合地基变形计算应符合现行国家标准《建筑地基基础设计规范》GB 50007 的有关规定，复合地基变形计算深度必须大于复合土层的深度，在确定的计算深度下部仍有软弱土层时，应继续计算。复合土层的分层与天然地基相同，复合土层的压缩模量可按下式计算：

$$E_{sp} = \zeta \cdot E_s \qquad (7\text{-}27)$$

$$\zeta = \frac{f_{spk}}{f_{ak}} \qquad (7\text{-}28)$$

式中 E_{sp}——复合土层的压缩模量（MPa）；

E_s——天然地基的压缩模量（MPa）；

f_{ak}——桩间土天然地基承载力特征值（kPa）。

复合地基的变形计算经验系数 ψ_s 应根据地区沉降观测资料统计确定，无经验资料时可采用表 7-22 数值。

复合地基变形计算经验系数 ψ_s 表 7-22

$\overline{E}_s$ (MPa)	4.0	7.0	15.0	20.0	35.0
ψ_s	1.0	0.7	0.4	0.25	0.2

注：$\overline{E}_s$ 为变形计算深度范围内压缩模量的当量值，应按下式计算：

$$\overline{E}_s = \frac{\sum\limits_{i=1}^{n} A_i + \sum\limits_{j=1}^{m} A_j}{\sum\limits_{i=1}^{n} \dfrac{A_i}{E_{spi}} + \sum\limits_{j=1}^{m} \dfrac{A_j}{E_{sj}}} \tag{7-29}$$

式中　A_i——加固土层第 i 层土附加应力系数沿土层厚度的积分值；
　　　A_j——加固土层下第 j 层土附加应力系数沿土层厚度的积分值。

（4）当旋喷桩处理范围以下存在软弱下卧层时，应按现行国家标准《建筑地基基础设计规范》GB 50007 的有关规定进行下卧层承载力验算。

（5）旋喷桩复合地基宜在基础和桩顶之间设置褥垫层。褥垫层厚度可取 150～300mm，其材料可选用中砂、粗砂、级配砂石等，最大粒径不宜大于 20mm。

（6）旋喷桩的平面布置可根据上部结构和基础特点确定。独立基础下的桩数不应少于 3 根。

五、施工规定

（1）施工前应根据现场环境和地下埋设物的位置等情况，复核旋喷桩的设计孔位；

（2）旋喷桩的施工工艺及参数应根据土质条件、加固要求通过试验或根据工程经验确定，并在施工中加以严格控制。水泥掺入量宜取 5%～30%，建议一般土层 15%，软土、松散砂土、粉土 20%，杂填土 25%～30%。单管法及双管法的高压水泥浆和三管法高压水的压力应大于 20MPa，流量大于 30L/min，气流压力宜大于 0.7MPa，提升速度可取 0.1～0.2m/min。表 7-23 列出建议的旋喷桩的施工参数，供参考。

旋喷桩的施工参数一览表 表 7-23

旋喷施工方法			单管法	二管法	三管法
适用土质			砂土、黏性土、黄土、杂填土、小粒径砂砾		
浆液材料及配方			以水泥为主材，加入不同的外加剂后具有速凝、早强、抗腐蚀、防冻等特性，常用水灰比 1：1，也可适用化学材料		
旋喷桩	水	压力（MPa）	—	—	25
		流量（L/min）	—	—	80～120
		喷嘴孔径（mm）及个数	—	—	2～3（1～2）
	空气	压力（MPa）	—	0.7	0.7
		流量（m³/min）	—	1～2	1～2
		喷嘴间隙（mm）及个数	—	1～2（1～2）	1～2（1～2）

旋喷施工方法		单管法	二管法	三管法
旋喷桩	浆液	压力（MPa）	25	25	25
		流量（L/min）	80~120	80~120	80~150
		喷嘴孔径（mm）及个数	2~3（2）	2~3（1~2）	10~2（1或2）
		灌浆管外径（mm）	$\phi42$ 或 $\phi45$	$\phi42$，$\phi50$，$\phi75$	$\phi75$ 或 $\phi90$
		提升速度（cm/min）	20~25	10~30	5~20
		旋转速度（r/min）	约20	10~30	5~20

（3）浆量计算

浆量计算有两种方法，即体积法和喷量法，取大者作为设计喷射浆量。

体积法

$$Q = \frac{\pi D_e^2}{4} K_1 h_1 (1+\beta) + \frac{\pi D_0}{4} K_2 h_2 \tag{7-30}$$

喷量法
$$Q = \frac{H}{V} q (1+\beta) \tag{7-31}$$

式中　Q——需要的喷浆量（m^3）；

　　　D_e——旋喷固结体直径（m）；

　　　D_0——注浆管直径（m）；

　　　K_1——填充率，0.75~0.9；

　　　h_1——旋喷长度（m）；

　　　K_2——未旋喷范围土的填充率，0.5~0.75；

　　　h_2——未旋喷长度（m）；

　　　β——损失系数，0.1~0.2；

　　　V——提升速度（m/min）；

　　　H——喷射长度（m）；

　　　q——单位喷浆量（m^3/min）。

根据计算所需的喷浆量和设计的水灰比，即可确定水泥的使用数量。

（4）旋喷桩的主要材料为水泥，对于无特殊要求的工程宜采用强度等级为42.5级的普通硅酸盐水泥，根据需要可在水泥浆中分别加入适量的外加剂及掺合料，以改善水泥浆液的性能，如早强剂、悬浮剂等。所用外加剂或掺合剂的数量，应根据水泥土的特点通过室内配比试验或现场试验确定。当有足够实践经验时，亦可按经验确定。喷射注浆的材料还可选用化学浆液。因费用昂贵，只有少数工程应用。

（5）水泥浆液的水灰比应按工程要求确定。水泥浆液的水灰比越小，旋喷桩处理地基的强度越高。在工程中因注浆设备的原因，水灰比太小时，喷射有困难，故水灰比通常取0.8~1.2，生产实践中常用0.9。由于生产、运输和保存等原因，有些水泥厂的水泥成分不够稳定，质量波动较大，可导致高压喷射水泥浆液凝固时间过长，固结强度降低。因此事先应对各批水泥进行检验，合格后才能使用。对拌制水泥浆的用水，只要符合混凝土拌合标准即可使用。

（6）喷射孔与高压注浆泵的距离不宜大于50m。高压泵通过高压橡胶软管输送高压浆液至钻机上的注浆管，进行喷射注浆。若钻机和高压水泵的距离过远，势必要增加高压橡胶软管的长度，使高压喷射流的沿程损失增大，造成实际喷射压力降低的后果。因此钻机与高压泵的距离不宜过远，在大面积场地施工时，为了减少沿程损失，则应搬动高压泵保持与钻机的距离。钻孔的位置与设计位置的偏差不得大于50mm。垂直度偏差不大于1％。实际孔位、孔深和每个钻孔内的地下障碍物、洞穴、涌水、漏水及岩土工程勘察报告不符等情况均应详细记录。实际施工孔位与设计孔位偏差过大时，会影响加固效果。故规定孔位偏差值应小于50mm，并且必须保持钻孔的垂直度。土层的结构和土质种类对加固质量关系更为密切，只有通过钻孔过程详细记录地质情况并了解地下情况后，施工时才能因地制宜及时调整工艺和变更喷射参数，达到处理效果良好的目的。

（7）当喷射注浆管贯入土中，喷嘴达到设计标高时，即可喷射注浆。在喷射注浆参数达到规定值后，随即按旋喷的工艺要求，提升喷射管，由下而上旋转喷射注浆。喷射管分段提升的搭接长度不得小于100mm。

（8）对需要局部扩大加固范围或提高强度的部位，可采用复喷措施。在不改变喷射参数的条件下，对同一标高的土层作重复喷射时，能加大有效加固范围和提高固结体强度。这是一种局部获得较大旋喷直径或定喷、摆喷范围的简易有效方法。复喷的方法根据工程要求决定。在实际工作中，旋喷桩通常在底部和顶部进行复喷，以增大承载力和确保处理质量。

（9）当喷射注浆过程中出现下列异常情况时，应查明原因并及时采取相应措施：

①流量不变而压力突然下降时，应检查各部位的泄漏情况，必要时拔出注浆管，检查密封性能。

②出现不冒浆或断续冒浆时，若系土质松软则视为正常现象，可适当进行复喷；若系附近有空洞、通道，则应不提升注浆管继续注浆直至冒浆为止或拔出注浆管待浆液凝固后重新注浆。

③压力稍有下降时，可能系注浆管被击穿或有孔洞，使喷射能力降低。此时应拔出注浆管进行检查。

④压力陡增超过最高限值、流量为零、停机后压力仍不变动时，则可能系喷嘴堵塞。应拔管疏通喷嘴。

（10）高压喷射注浆完毕，应迅速拔出喷射管。为防止浆液凝固收缩影响桩顶高程，必要时可在原孔位采用冒浆回灌或第二次注浆等措施。当高压喷射注浆完毕后，或在喷射注浆过程中因故中断，短时间（小于或等于浆液初凝时间）内不能继续喷浆时，均应立即拔出注浆管清洗备用，以防浆液凝固后拔不出管来。为防止因浆液凝固收缩，产生加固地基与建筑基础不密贴或脱空现象，可采用超高喷射（旋喷处理地基的顶面超过建筑基础底面，其超高量大于收缩高度）、冒浆回灌或第二次注浆等措施。

（11）施工中应做好废泥浆处理，及时将废泥浆运出或在现场短期堆放后作土方运出。在城市施工中泥浆管理直接影响文明施工，必须在开工前做好规划，做到有计划的堆放或废浆及时排出现场，保持场地文明。

（12）施工中应严格按照施工参数和材料用量施工，用浆量和提升速度应采用自动记录装置，并如实做好各项施工记录。应在专门的记录表格上做好自检，如实记录施工的各项参数和详细描述喷射注浆时的各种现象，以便判断加固效果并为质量检验提供资料。

六、施工工艺流程

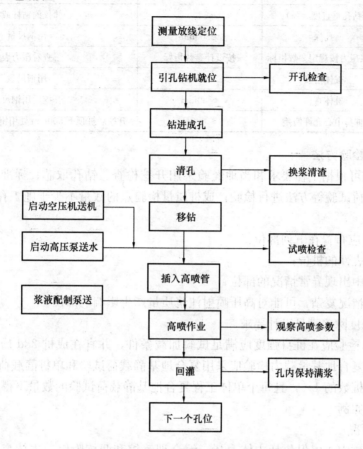

图 7-18 旋喷桩的施工工艺流程图

七、质量检验标准

1. 施工前应检查水泥、外掺剂等的质量，桩位、压力表、流量表的精度和灵敏度，高压喷射设备的性能等。

2. 施工中应检查施工参数（压力、水泥浆量、提升速度、旋转速度等）及施工程序。

3. 施工结束后，应检验桩体强度、平均直径、桩身中心位置、桩体质量及承载力等。桩体质量及承载力检验应在施工结束后 28d 进行。

4. 旋喷桩复合地基质量检验标准应符合表 7-24 的规定。

旋喷桩复合地基质量检验标准   表 7-24

项　序		检查项目	偏差允许值	检查方法
主控项目	1	水泥及外掺剂	符合出厂要求	查看产品合格证书或抽样送检
	2	水泥用量	设计要求	查看流量表及水泥浆水灰比
	3	桩体强度或完整性检验	设计要求	按规定方法
	4	地基承载力	设计要求	按规定方法

项 序		检查项目	偏差允许值	检查方法
一般项目	1	钻孔位置	≤50mm	用钢尺量
	2	钻孔垂直度（%）	≤1.0	经纬仪测钻杆或实测
	3	孔深	±200mm	用钢尺量
	4	注浆压力按规定参数指标	按设计参数指标	查看压力表
	5	桩体搭接	>200mm	用钢尺量
	6	桩体直径	≤50mm	开挖后用钢尺量
	7	桩身中心允许偏差	≤0.2D	开挖后桩顶下500mm处用钢尺量，D为桩径

八、质量检验方法

1. 旋喷桩可根据工程要求和当地经验采用开挖检查、钻孔取芯、标准贯入试验、动力触探、静载荷试验等方法进行检验；成桩质量检验点的数量不少于施工孔数的 2%，并不应少于 6 点。

2. 检验点应布置在下列部位：

（1）有代表性的桩位；

（2）施工中出现异常情况的部位；

（3）地基情况复杂，可能对高压喷射注浆质量产生影响的部位。

3. 检测深度除应满足设计要求

4. 承载力检验应在桩身强度应满足试验加载条件，并宜在成桩 28d 后进行。竣工验收时，旋喷桩复合地基承载力检验应采用复合地基静载荷试验和单桩静载荷试验。检验数量不得少于总桩数的 1%，且每个单体工程复合地基静载荷试验的数量不得少于 3 点。

九、工程实例

1. 工程概况

河南省体育中心工程包括主体育场，综合训练馆和两栋附馆，主体育场东西看台高 60m，南北看台高 30m，为框架结构，柱下独立基础，最大单柱荷载设计值为 16500kN，最小单柱荷载设计值 1870kN；附馆和综合训练馆高 20m，为框架结构，柱下为独立基础，预估荷载设计值为 3500kN。采用高压旋喷桩加固地基，要求处理后地基承载力特征值不低于 300kPa，高压旋喷桩设计桩径为 600mm，设计有效桩长为 12.0m，桩距为 1.2m ×1.2m。

工程场地位于郑州市北部，地貌上属黄河冲积平原，勘探深度范围内土层自上而下共分 5 层：①全新统上段（Q_{4-3}）黄河近期泛滥沉积的褐色-褐黄色、软塑-可塑状粉土和粉质黏土层，埋深 10.5m 左右；②全新统中段（Q_{4-2}）静水相或缓流水相沉积形成的灰-灰黑色、可塑-软塑状粉土和粉质黏土层，层底埋深 18.5m 左右；③全新统下段（Q_{4-1}）冲洪积的浅灰-褐灰色、中密-密实的粉、细砂层，层底埋深 30.0m 左右；④第四系上更新统（Q_3）冲洪积的褐黄-褐红色、可塑-硬塑状粉质黏土和粉土层，层底埋深约 56.0m；⑤第四系中更新统（Q_2）冲洪积的褐黄色、硬塑至坚硬状态的粉质黏土、黏土层。场区地下水为潜水，稳定水位在自然地面下 4.0m。

施工采用单管高压旋喷设备，水泥掺入量 200kg/m，喷射压力大于 20MPa. 要求桩身强度达到 8MPa。

由桩身强度估算的单桩承载力特征值为 540kN，由土对桩的支承力估算的单桩承载力特征值为 700kN 左右，独立基础基底承载力 120kPa。

2. 单桩、复合地基承载力

（1）载荷试验

为了确定复合地基的承载力及变形特性，在复合地基施工结束后进行了 9 桩复合地基、单桩复合地基和单桩载荷试验，其中 9 桩复合地基、单桩载荷试验各 3 组，单桩复合地基载荷试验 9 组。

试验严格按《建筑地基处理技术规范》进行。试验前，先采用低应变对各桩进行完整性检测，检测表明各桩桩身完整。另对桩身取样进行了无侧限抗压强度试验，桩身无侧限抗压强度和变形模量分别为 7.7MPa 和 1.22×10^3 MPa，基本满足设计要求。

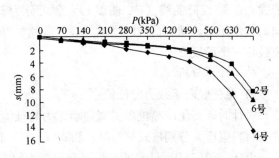

图 7-19　九桩复合地基载荷试验 P-s 曲线

9 桩复合地基载荷试验承压板尺寸为 3.0m×3.0m，承压板下铺 200mm 厚的砂石褥垫层，桩距为 1.2m，桩径为 0.6m，桩长 12m，置换率 0.196，3 组 9 桩复合地基（编号分别为 2 号、4 号和 6 号）载荷试验的 P-s 曲线如图 7-19 所示。

单桩复合地基载荷试验承压板尺寸为 1.2m×1.2m，承压板下铺 200mm 厚的砂石褥垫层，桩长为 12m，桩径为 0.6m，面积置换率 0.196，9 组单桩复合地基（编号为 1 号 F～9 号 F）载荷试验的 P-s 曲线如图 7-20 所示。

单桩载荷试验采用 φ600mm 的圆形承压板，桩长为 12.0m，3 组单桩（编号为 1 号 Z，3 号 Z 和 5 号 Z）载荷试验的 Q-s 曲线如图 7-21 所示。

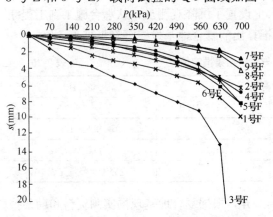

图 7-20　单桩复合地基载荷试验 P-s 曲线

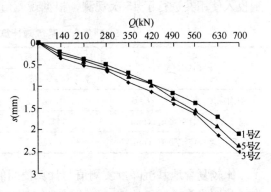

图 7-21　单桩载荷试验 Q-s 曲线

在对试验所得的 P-s 曲线、Q-s 曲线和变形特性进行综合分析的基础上，根据《建筑地基处理技术规范》JGJ 79 的规定确定的 9 桩、单桩复合地基承载力特征值 f_{spk} 及单桩轴向承载力特征值 R_a，见表 7-25。

单桩、复合地基承载力特征值试验结果 表 7-25

试验组号	单桩承载力值 （kN）	单桩复合地基承载力值 （kPa）	多桩复合地基承载力 （kPa）
1	≥350	350、350、315	350
2	≥350	350、350、350	350
3	≥350	350、350、350	350

从上述结果可看出：单桩复合地基与多桩复合地基在竖向荷载作用下具有相同的变形形式，荷载-沉降曲线（*P-s* 曲线）大致可分为直线段、缓变段和陡降段三段，说明在竖向荷载作用下，随着荷载的增加，高压旋喷桩复合地基相继出现压密、局部剪切破坏和完全破坏三个阶段。

（2）计算分析

1）单桩竖向承载力特征值

设计时，高压旋喷桩单桩竖向承载力特征值 R_a 是根据桩周和桩端土提供的抗力以及桩身材料强度，分别按式（7-24）和式（7-25）计算，并取两式计算结果的较小值。

由 $f_{cu}=7.7$MPa 计算的单桩竖向承载力值为 540kN。

2）复合地基承载力特征值

高压旋喷桩复合地基承载力特征值 f_{spk} 可按式（7-23）计算。

取 $\beta=0.9$、$\lambda=0.9$、$f_{sk}=120$kPa、$R_a=540$kN、$m=0.1965$ 计算复合地基承载力特征值，有 $f_{spk}=424$kPa。

由试验结果，单桩承载力取 $R_a=350$kN，计算复合地基承载力特征值，有 $f_{spk}=305$kPa，大于设计要求的 300kPa。

该结果与实测到的 350kPa 接近，说明采用上述规范方法估算承载力偏于安全。

3. 复合地基沉降量

为准确掌握复合地基的沉降变化，在承台上设置了沉降观测点，从承台施工到工程完工投入使用共进行了 15 次观测，根据观测值推算出的复合地基最终沉降量见表 7-26。

复合地基沉降计算与实测结果推定值 表 7-26

计算基本参数	承台尺寸/荷载（kN）		备 注
	7.5×7.5/16500	2.5×2.5/1870	—
加固深度/承台宽度（L/B）	1.47	4.40	桩长 11m
规范方法计算沉降值（mm）	141.5	46.14	分层总和法
实测结果推定沉降值（mm）	80.00	43.00	工程完工沉降量完成 70%

比较复合地基沉降量实测值与计算值间的差异，根据复合地基现场实测资料和勘察报告对其沉降量进行了计算。根据《建筑地基处理技术规范》JGJ 79—2012 采用分层总和法计算复合地基沉降，计算时复合土层的压缩模量按式（7-28）计算。

4. 结论

通过对载荷试验及复合地基承载力、沉降量实测值与计算值的对比分析，可得如下结论：

（1）旋喷桩复合地基在相同荷载作用下，多桩复合地基的沉降量比单桩复合地基稍大，采用多桩复合地基载荷试验确定复合地基承载力偏于安全。

（2）复合地基承载力估算时，旋喷桩承载力、桩间土发挥系数均可大于 0.9。

（3）用分层总和法计算复合土层的沉降量时，高压旋喷桩的加固深度与承台宽度的比值 L/B 对复合地基沉降量的计算有较大影响，较小的 L/B 值会使沉降量计算值偏大。

参 考 文 献

[1] 国家标准. 建筑地基基础设计规范 GB 50007—2011. 北京：中国建筑工业出版社，2012
[2] 国家标准. 建筑地基基础工程施工质量验收规范 GB 50202—2002. 北京：中国建筑工业出版社，2002
[3] 地基处理手册编写委员会. 地基处理手册(第三版). 北京：中国建筑工业出版社，2008
[4] 工程地质手册编写委员会. 工程地质手册(第四版). 北京：中国建筑工业出版社，2006
[5] 叶观宝，高彦斌. 地基处理(第三版). 北京：中国建筑工业出版社，2009
[6] 李小杰. 高压旋喷桩复合地基承载力与沉降计算方法分析. 岩土力学，2004，25(9)
[7] 耿殿魁. 旋喷桩复合地基技术在加固软土路基中的应用. 铁道勘察，2009，(3)
[8] 韩志超. 高压旋喷桩施工技术. 交通世界，2009，(13)
[9] 张忠苗. 桩基工程. 北京：中国建筑工业出版社，2007
[10] 李小杰. 高压旋喷桩复合地基承载力与沉降计算方法分析[J]. 岩土力学，2004，(9)

第五节　灰土挤密桩、土挤密桩复合地基

一、技术研究进展

灰土挤密桩、土挤密桩是利用沉管、爆扩、冲击或钻孔夯扩等方法，在地基土中挤压成桩孔，迫使桩孔内土体侧（横）向挤出，从而使桩周土得到加密，随后向桩孔内分层填入灰土或素土等填料夯实成桩。用灰土或素土分层夯实的桩体，作为增强体，与挤密的桩间土一起组成复合地基，共同承受基础的上部荷载。

湿陷性黄土地基的土桩挤密法由前苏联阿别列夫教授 1934 年首创，其施工方法初期仅采用沉管法挤土成桩工艺，随后于 1948 年开始采用爆扩法挤土成桩工艺，自 1963 年开始广泛采用冲击法挤土成孔和成桩施工工艺。冲击法所用锥形冲击锤重 0.6～3.7t，冲锤直径 0.34～0.43m，冲击形成的桩孔直径约 0.5～0.6m，然后用同一设备和冲锤分层夯填素土成桩，处理深度可达 20m。

1965 年西安地区在土桩挤密法的基础上，成功试验了具有中国特色的灰土桩挤密法，并自 1972 年起逐步推广应用。40 年来，甘、陕、豫及华北等黄土地区都先后开展了灰土桩和土桩挤密地基的试验研究和推广应用，获得了丰富的试验资料和实践经验，同时取得了显著的技术经济和社会效益。

随着工程机械化水平的发展和各地区工程建设的需要，桩孔填料不仅采用素土或灰土，也有利用工业废料作成二灰桩（石灰与粉煤灰）、灰渣桩（石灰与矿渣）等，上述桩体材料均具有一定的胶凝强度，与灰土性质相近，在挤密桩复合地基中，亦具有柔性桩的特征。在施工工艺方面，除以往常用的沉管法外，小型冲击成孔挤密法已成功用于既有建

筑地基的加固处理；预钻孔后用重锤冲击夯扩成桩，用于含水量偏高的黄土地基也较为有效，这种工法是冲击成孔与成桩法的发展，可简称为"钻孔夯扩桩挤密法"。有关桩间挤密效果的规律、合理的检测方法，挤密地基的作用机理与技术效果等问题研究，也已取得较大进展。灰土桩挤密法已成功用于60m以上高层建筑黄土地基的处理。

大量的试验研究资料和工程实践表明，灰土挤密桩、土挤密桩复合地基适用于处理地下水位以上的粉土、黏性土、素填土、杂填土和湿陷性黄土等地基。处理厚度宜为3～15m，若利用冲击法或钻孔夯扩桩挤密法施工，处理厚度可增大至20m以上。

二、设计、施工、质量检验技术要求

1. 概述

大量的试验研究资料和工程实践表明，灰土挤密桩、土挤密桩复合地基用于处理地下水位以上的粉土、黏性土、素填土、杂填土和湿陷性黄土等地基，不论是消除土的湿陷性还是提高承载力都是有效的。当以消除地基土的湿陷性为主要目的时，桩孔填料可选用素土；当以提高地基土的承载力为主要目的时，桩孔填料宜采用灰土。

关于灰土挤密桩、土挤密桩法处理的厚度，原规范规定"可处理地基的深度为5～15m"，修订后改为"处理厚度宜为3～15m"，厚度比深度合理确切，已有试验和工程经验证明桩长2.5～4.5m的挤密桩，只要施工时有一定的预留覆土层，其技术经济效果是可靠的。鉴于换填垫层处理厚度超过3m已不经济，又可能存在基坑开挖与支护的问题，对此，采用灰土挤密桩、土挤密桩复合地基处理不仅经济，也是可行的。基底下3m内的素填土、杂填土，通常采用土（或灰土）垫层或强夯等方法处理。大于15m的土层，由于成孔设备限制，一般采用其他方法处理，规定可处理地基的厚度为3～15m，基本上符合目前陕西、甘肃和山西等省的情况。

关于地基土的含水量、饱和度超过某一定量时，能否采用灰土挤密桩、土挤密桩复合地基处理，主要看能否成孔及工程要求而定，难以给予明确界定，故规范提出"应通过现场试验确定其适用性"。

2. 灰土挤密桩、土挤密桩复合地基的设计要求

（1）灰土挤密桩、土挤密桩复合地基处理的面积（宽度）和厚度，原则上与现行《湿陷性黄土地区建筑规范》GB 50025 的有关规定一致。

（2）原规范规定"桩孔直径宜为300～450mm"，本次修订为"桩孔直径宜为300～600mm"这是根据我国湿陷性黄土地区的现有成孔设备和工程实践作出的修订。若桩径过小，桩的数量增多，施工繁琐费时；若桩径过大，不仅处理地基均匀性较差，同时容易使桩周上层土变松，或使桩边土因过分挤压产生超孔隙水压力而形成橡皮土。由此可见桩径过大或过小对桩间土的挤密效果与处理地基的综合效益都会产生不良影响，因此有必要作出明确规定。

桩孔之间的中心距离通常为桩孔直径的 2.0～3.0 倍。桩间距计算公式中主要参变量有桩间土的最大干密度 ρ_{dmax}，处理前天然地基土的平均干密度 $\bar{\rho}_d$。以往的浸水载荷试验结果表明，只要桩间土的平均挤密系数达到一定要求，挤密地基即可消除其湿陷性，本次规范修订，桩间土的平均挤密系数规定不宜小于0.93。

（3）灰土挤密桩复合地基中对填料灰土新增了具体规定，并为防止填入桩孔内的灰土吸水后产生膨胀，不得使用生石灰与土拌合，而应用消解后的石灰与黄土或其他黏性土拌合，石灰富含钙离子，与土混合后产生离子交换作用，在较短时间内便成为凝硬件材料，因此拌合后的灰土放置时间不可太长，并宜于当日使用完毕。

（4）由于桩体是用松散状态的灰土或素土经夯实而成，桩体的夯实质量可用灰土或土的干密度表示，土的干密度大，说明夯实质量好，反之，则差。桩体的夯实质量一般通过测定全部深度内灰土或土的干密度确定，然后将其换算为平均压实系数进行评定。桩体土的干密度取样：自桩顶向下 0.5m 起，每 1m 不应少于 2 点（1 组），即桩孔内距桩孔边缘 50mm 处 1 点，桩孔中心（即 1/2）处 1 点，当桩长大于 6m 时，全部深度内的取样点不应少于 12 点（6 组），当桩长不足 6m 时，全部深度内的取样点不应少于 10 点（5 组）。

桩体土的平均压实系数 $\bar{\lambda}_c$，是根据桩孔全部深度内的平均干密度与室内击实试验求得填料土在最优含水量状态下的最大干密度的比值，即 $\bar{\lambda}_c = \dfrac{\bar{\rho}_{d0}}{\rho_{dmax}}$，式中 $\bar{\rho}_{d0}$ 为桩孔全部深度内的填料，经分层夯实的平均干密度（t/m^3）；ρ_{dmax} 为桩孔内的填料，通过击实试验求得最优含水量状态下的最大干密度（t/m^3）。原规范规定桩孔内填料的平均压实系数 $\bar{\lambda}_c$ 均不应小于 0.96，本次修订改为填料的平均压实系数 $\bar{\lambda}_c$ 均不应小于 0.97，与现行国家标准《湿陷性黄土地区建筑规范》GB 50025 的要求一致。工程实践表明只要填料的含水量和夯锤锤重合适，是完全可以达到这个要求的。同时在挤密地基中的桩体，具有逐步向周边土层及向下传布荷载的作用，对桩体的强度和刚度应有一定的要求，故桩体填料的平均压实系数要求达到 0.97 外，尚应保证其中最小的压实系数不应低于 0.93，以免形成部分虚桩。

（5）桩孔回填夯实结束后，在桩顶标高以上应设置 300～600mm 厚的垫层，一方面可使桩顶和桩间土找平，另一方面有利于改善应力扩散，调整桩土的应力比，并对减小桩身应力集中也有良好作用。大量工程实践表明，多种材料可作为垫层材料，规范扩展了垫层材料的选择范围。

（6）复合地基承载力特征值应通过现场复合地基载荷试验确定，或通过桩体的载荷试验结果和桩周土的承载力特征值根据经验确定。当初步设计采用规范公式（7.1.5-1）估算时，桩间土承载力提高系数 α 可取 1.0。桩土应力比 n 应按试验或地区经验确定。初步估算时，桩土应力比 n 可取 4～8，原土强度低取大值，原土强度高取小值。

3. 灰土挤密桩、土挤密桩复合地基的施工要求

（1）原有成孔方法，包括沉管（锤击、振动）和冲击等方法，但都有一定的局限性，在城市建设和居民较集中的地区往往限制使用，如锤击沉管成孔，通常允许在新建场地使用，故选用上述方法时，应综合考虑设计要求、成孔设备或成孔方法、现场土质和对周围环境的影响等因素。本次修订根据施工机械的发展水平和现场施工现状与经验新增钻孔法成孔，钻孔夯扩挤密法的优点是施工噪声和振动影响较小。

（2）挤密桩施工时，在成孔或拔管过程中，对桩孔（或桩顶）上部土层有一定的松动作用，因此施工前应根据选用的成孔设备和施工方法，在基底标高以上预留一定厚度的松动土层，待成孔和桩孔回填夯实结束后，将其挖除或按设计规定进行处理。

（3）成孔和孔内回填夯实的施工顺序，习惯做法从外向里间隔 1～2 孔进行，但施工到中间部位，桩孔往往打不下去或桩孔周围地面明显隆起，为此有的修改设计，增大桩孔

之间的中心距离，这样很麻烦。为此对整片处理，宜从里（或中间）向外间隔 1～2 孔进行。对大型工程可采取分段施工，对局部处理，宜从外向里间隔 1～2 孔进行。局部处理的范围小，且多为独立基础及条形基础，从外向里对桩间土的挤密有好处，也不致出现类似整片处理或桩孔打不下去的情况。

桩孔的直径与成孔设备或成孔方法有关，成孔设备或成孔方法如已选定，桩孔直径基本上固定不变，桩孔深度按设计规定，桩孔垂直度偏差不宜大于 1%。为防止施工出现偏差或不按设计图施工，在施工过程中应加强监督。

（4）施工记录是验收的原始依据。必须强调施工记录的真实性和准确性，且不得任意涂改。为此应选择有一定业务素质的相关人员担任施工记录，这样才能确保做好施工记录。

（5）土料和灰土受雨水淋湿或冻结，容易出现"橡皮土"，且不易夯实。当雨季或冬季施工时，应采取防雨或防冻措施，保护填料不受雨水淋湿或冻结，以确保施工质量。

4. 灰土挤密桩、土挤密桩复合地基的质量检验要求

（1）规范新增桩孔质量检验，要求所有桩孔在成孔后及时进行检验并作出记录，检验合格或经处理后方可进行夯填施工。

（2）桩孔夯填质量检验，是灰土挤密桩、土挤密桩复合地基质量检验的主要项目。质检单位宜采用开挖探井取样法检测夯后桩长范围灰土或土的平均压实系数 $\overline{\lambda}_c$。规范对抽样检验的数量作了规定。由于挖探井取土样对桩体和桩间土均有一定程度的扰动及破坏，因此选点应具有代表性，并保证检验数据的可靠性。根据现场试验结果的统计数据，实测的灰土桩复合地基桩土应力比达到 6.6～15.6，而土桩复合地基的桩土应力比仅为 1.3～2.4。说明灰土桩的增强体作用明显，土桩的增强体作用很小。若灰土桩的含灰比达不到要求，将影响复合地基的承载力和承载性状。当检测的灰土桩的压实系数多数大于 1.0，或对施工中的灰土质量有疑问时，应进行含灰比的检测。

（3）桩间土挤密质量的检验是灰土挤密桩、土挤密桩复合地基质量检验的一项主要内容，以往的浸水载荷试验结果表明，只要桩间土的平均挤密系数达到一定要求，挤密地基即可消除其湿陷性，挤密施工后应取样检测处理深度内桩间土的平均挤密系数 $\overline{\eta}_c$，抽样检验的数量按规范规定实施。

（4）取样结束后，其探井应分层回填夯实，压实系数不应小于 0.93。

（5）关于检测灰土挤密桩、土挤密桩复合地基承载力载荷试验的时间，本规范规定应在成桩后 14～28d，主要考虑桩体强度的恢复与发展需要一定的时间。

（6）灰土挤密桩、土挤密桩复合地基竣工验收时，承载力检验应采用复合地基静载荷试验，以确定复合地基承载力特征值。若桩间土挤密效果、桩体质量检验不合格或存在问题较多时，以及对消除湿陷性的重要工程与地基受水浸湿可能性大的建筑物尚应进行现场浸水载荷试验，判定处理后地基消除湿陷性的效果。

三、工程实例分析

【实例一】 陕西省农贸中心大楼自重湿陷性黄土场地灰土挤密法复合地基

1. 工程概况

陕西省农贸中心大楼（现名金龙大酒店）是一幢包括客房、办公、商贸和服务的综合

性建筑，主楼地面以上 17 层，局部 19 层，高 59.7m；地下一层，平面尺寸 32.45m×22.9m。剪力墙结构，地下室顶板以上总重 185MN，基底压力 303kPa。主楼三面有 2～3 层的裙房，结构为大空间框架结构，柱距 4.80m 和 3.75m，主楼与裙房用沉降缝分开。主楼基础采用箱形基础，地基为 Ⅱ～Ⅲ 级自重湿陷性黄土，设计采用灰土挤密桩复合地基，经认真的设计与施工，成功地解决了地基湿陷和承载力不足的问题。

建成后沉降观测及使用情况表明，沉降量显著减小且基本均匀，至今使用已近二十年，一切正常。农贸中心主楼结构平面及剖面如图 7-22 和 7-23 所示。近年回访建设单位，认为该楼采用灰土桩挤密法处理地基，技术经济效果都十分满意。

2. 工程地质条件

建筑场地位于西安市北关外龙首塬上，地下水位深约 16.0m。地层构造自上而下分别为黄土状粉质黏土或粉土与古壤层相间，黄土④以下为粉质黏土、粉土和中砂。勘察孔深到 57m。基底以下主要土层及其主要工程性质指标列入表 7-27 中，再下面的土层的承载力 $f_k \geqslant 280\text{kPa}$，压缩模量 $E_s \geqslant 11.4\text{MPa}$，工程性质较好，故未列出。

场地内湿陷性黄土层厚 10.6～12.0m，7.0m 以上土的湿陷性较强，湿陷系数 $\delta_s = 0.040～0.124\text{m}$；7.0m 以下土的 $\delta_s \leqslant 0.020$，湿陷性减弱。勘察分析判定，该场地属 Ⅱ～Ⅲ 级自重湿陷性黄土地基，消除地基土的湿陷性应是地基处理的首要目的，而提高地基土的承载力以满足高层建筑的需要，也是地基处理的另一个重要目的。

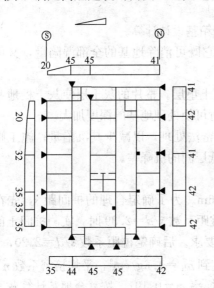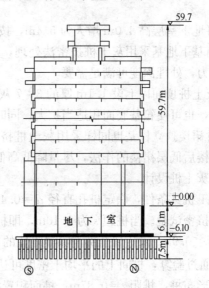

图 7-22　主楼平面及沉降展开图　　　图 7-23　建筑与地基剖面图
（沉降量：mm）

基底以下主要土层的工程性质指标　　　　　　　　　　表 7-27

土层名称	层底深度（m）	w（%）	f_k（kPa）	E_s（MPa）
黄土①$_1$	$\leqslant 5.0$	18.6	110	5.9
黄土①$_2$	6.8～9.5	18.6	150	5.9
黄土①$_3$	10.5～12.0	21.3	130	14.2
古土壤①	15.8～16.6	21.3	150	14.1

土层名称	层底深度 (m)	w (%)	f_k (kPa)	E_s (MPa)
黄土②$_1$	18.6～21.7	（水位以下）	120	5.9
黄土②$_2$	23.0—24.6	（水位以下）	140	6.6
黄土②$_3$	26.5—28.3	（水位以下）	180	8.6
古土壤②	27.7～28.3	（水位以下）	250	12.6

3. 设计计算

（1）地基基础方案的确定

从工程地质条件分析，建筑场地具有较强的湿陷性和自重湿陷性，且在 27m 以上地基土的承载力偏低，压缩性较高，不能满足建筑的要求。在考虑地基础设计方案时，曾拟采用双层箱形深基础，穿越湿陷性土层，同时扩大基底面积的方案。但这种方案使裙房与主楼接合部的沉降差异加大，并使基础高低的衔接处理更加困难，且增加一层箱基在建筑功能上亦无此必要。另一种设想的方案是采桩基础，由于没有较坚硬的桩端持力层，单桩承载力仅 750～800kN，桩的承载效率低，费用较高，且上部土层为自重湿陷性黄土，对存在负摩阻力的问题也相当棘手。

经反复研究比较后，设计采用一层箱基和灰土桩挤密法处理地基的方案，具体做法是：

① 将地下室层高 4.0m 增大为 5.4m，按箱基设计计算。

② 箱基下地基采用灰土桩挤密法处理，它既可消除地基的全部湿陷量，又可提高地基的承载力，处理深度可满足需要。

③ 灰土桩顶面以上设 1.1m 厚的 3：7 灰土垫层。整片的灰土层使灰土桩地基的受力趋于均匀，也可使箱基底面积适当扩大，同时可使处理地基的深度加大。

④ 对裙楼独立柱基也同样采用灰土桩挤密法处理，以减少其沉陷量；施工顺序采取先高层主楼后低层裙楼的作法，尽量降低高低层间的沉降差。

（2）灰土桩设计

按施工机具条件，确定桩孔直径 $d=0.46$m。为了确定合理的桩间距 s，先在现场进行了成孔挤密试验。当桩距 s 为 1.10m，即桩距系数 $s/d=2.39$ 时，实测桩间土的平均挤密系数 $\bar{\eta}_c<0.93$，未达到全部消除湿陷性的要求。后确定桩距系数 $s/d=2.20$，桩距 $s=$ 1.00m，通过验算，桩间土的平均干密度可达到 $\bar{\rho}_{d1}=1.6$g/cm^3，平均挤密系数 $\bar{\eta}_c\geqslant0.93$。按正三角形布桩，排距 $t=0.87$m，桩面积置换率 $m=0.191$，按复合地基计算灰土桩挤密地基的承载力标准值 $f_{spk}=250$kPa。设计基底压力为 303kPa，扣除地基深度修正值部分后，要求地基的承载力值为 247kPa。由此可见，灰土桩挤密复合地基的承载力可满足设计的需要。

桩长的确定。根据古土壤①以上的湿陷性黄土层需要处理，同时考虑施工机具条件，设计桩长为 7.50m，桩端标高在 -13.70 处。包括桩顶面以上 1.10m 厚的 3：7 灰土垫层，地基处理层的合计厚度为 8.60m。

4. 施工方法

灰土桩施工前，先将基坑开挖到接近设计桩顶以上标高处。灰土桩施工采用沉管法成孔挤密，成孔机械为 1.8t 的柴油沉桩锤，由 Wl001 履带起重机带动。桩孔夯填用 2：8 灰土，人工控制填料，电动夯实机连续夯击。

施工及建设单位对成孔及夯填施工进行了严格的监督和检验，除对桩位、孔径、桩身垂直度和桩身灰土的压实系数等逐项检查外，还对每根桩孔的灰土回填量和夯击次数作了记录，对发现的问题及时研究处理，确保灰土桩施工的质量达到设计要求。

灰土桩施工结束后，挖去设计桩顶以上的预留土层，其上再分层碾压作 3：7 灰土垫层。

5. 质量检验

现场质量监督和检验，施工及建设单位均由专人负责，日夜跟班抽检。成孔质量采用目测和尺量等方法及时检查。夯填质量采用深层环刀取样或开剖取样测试桩身灰土的干密度及其压实系数，检查结果均做好记录，出现的问题及时研究处理。

为了综合检验地基处理的效果，在建筑物上预埋了 17 个沉降观测点，分期进行沉降观测。到主体施工完成并砌完外围墙时，17 个观测点测得和最大沉降量为 45mm，最小沉降量 20mm（图 7-22），实测值不包括四层以前未观测到的沉降，预计建筑物主体完成的最大沉降量为 64.5mm。

按最后一次的沉降观测结果计算，主楼基础的倾斜为南北方向 0.00031，东西方向几乎无倾斜，西南角对东北角的倾斜最大，为 0.00063，均小于规范允许值 0.005。该建筑建成使用至今近 20 年，结构完好，无裂缝破损现象。

6. 技术经济效果

农贸中心建筑在 Ⅱ～Ⅲ 级自重湿陷性黄土地上，采用灰土桩挤密法处理地基，既解决了湿陷问题，又提高了地基的承载力，满足了高层建筑的需要，技术效果十分显著。同时还节约了近一半费用和水泥、钢筋等材料，加快了工程进度，具有明显的经济效益，深得建设等单位的好评。

【实例二】　兰州二电厂冷却塔挤密地基试验和工程实践

1. 工程概况

兰州第二热电厂冷却塔，高 70m，直径 60m。所在场地为高湿陷、强敏感自重湿陷性黄土场地，湿陷性黄土层厚约 12m，最大湿陷系数 0.142，总湿陷量 140cm 左右，平均 12cm/m 以上；最大自重湿陷系数 0.113，计算自重湿陷量 70cm，平均 6cm/m 以上。按《湿陷性黄土地区建筑规范》GBJ 25—90 的规定，应判定为自重Ⅳ（很严重）级湿陷性黄土地基。消除如此严重的湿陷量，则是冷却塔地基处理的主要目的。

2. 试验结果

为提供冷却塔地基的处理方案和有关设计、施工参数，建设单位委托甘肃省建研所结合工程进行了系统的土桩和灰土桩挤密地基试验研究，并将试验结果应用于工程中。试验的主要结果如下：

（1）桩间土的挤密效果

表 7-28 为不同桩距系数（$\alpha = s/d$）时桩间土的干密度 ρ_d 及挤密系数 η_c。表中列出的天然土干密度为 $1.31t/m^3 \sim 1.38t/m^3$，计算其挤密系数相当于 0.75～0.79；桩间土经挤密后的干密度增大到 $1.43t/m^3 \sim 1.66t/m^3$，挤密系数为 0.82～0.95。显然，桩距愈小，土的干密度愈大，挤密系数亦相应提高。甘肃省建研所根据当地大量试验结果提出：当桩

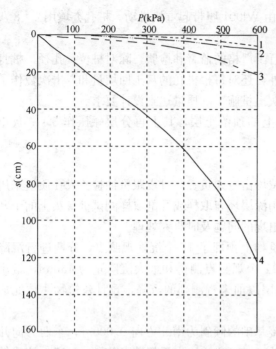

图 7-24　浸水载荷试验 $P\text{-}s$ 曲线

1—3：7 灰土桩挤密地基；2—上 4m 灰土，
下素土桩挤密地基；3—素土桩挤密地基；
4—天然地基

间土的最小挤密系数 $\eta_{cmin} \geqslant 0.84$ 时，土的湿陷起始压力 $P_s \geqslant 200\text{kPa}$，湿陷性即已消除。按此标准分析，桩距 $S = 2.5d$ 时，就可达到消除湿陷性的要求。另据室内湿陷试验表明，$S = 2.5d$ 桩间土的湿陷起始压力 $P_s \geqslant 300\text{kPa}$，而天然土的 $P_s = 30\text{kPa}$，前者比后者提高 10 倍以上，同样也证明此时桩间土的湿陷性已经消除。

（2）浸水载荷试验及大面积试坑浸水试验

在现场分别进行了天然地基、土桩挤密地基、灰土桩挤密地基和组合型（上 4m 为灰土，下 5m 夯填素土）桩挤密地基浸水状态下的载荷试验。最大荷载加至 600kPa，$P\text{-}s$ 关系曲线如图 7-24 所示。图中显示，在 300kPa 的压力下，天然地基的沉陷量为 45cm，而各类挤密地基仅为其值的 2%～15%；所有挤密地基的 $P\text{-}s$ 曲线在 600kPa 的压力以内仍未出现明显转折点或破损征兆，表明处理后地基在浸水条件下的承载力特征值将不低于 200～300kPa。大面积试坑浸水试验结果表明，天然地基浸水后的自重湿陷量为 67cm；而挤密地基仅有 7.2cm，且其中的 5cm 是处理层以下天然土层内发生的，9m 厚的处理土层的自重湿陷量仅为 2cm 左右。并主要发生于上部浅层中。推算挤密土层的平均自重湿陷系数约为 0.002，已不属于自重湿陷性地层。不言而喻，土桩、灰土桩或组合型桩挤密地基消除湿陷性的效果十分显著，从消除湿陷性的目的来看，土桩或灰土桩都可满足工程需要。

不同桩距时桩间土的干密度（ρ_d）及挤密系数（η_c）　　　　表 7-28

地基土类别		ρ_d (t/m³)	η_c
天然土		1.31～1.38	(0.75～0.79)
挤密土	$\alpha = 3.0$	1.43～1.56	0.82～0.89
	$\alpha = 2.5$	1.52～1.62	0.87～0.93
	$\alpha = 2.0$	1.62～1.66	0.93～0.95

注：1. $\alpha = \dfrac{S}{d}$ 为桩距系数即桩间距与桩径之比值：

2. 土的最大干密度根据击实试验 $\rho_{dmax} = 1.75\text{t/m}^3$。

（3）其他试验成果

通过现场试验，还证明了挤密地基具有提高地基均匀性、减少差异沉降的显著效果。大面积试坑浸水时，天然地基产生的沉降差为 21cm，局部倾斜高达 25%，而挤密地基沉降差为 2cm，最大的局部倾斜 2‰已不会危及建筑物的安全。根据浸水后地面沉陷的情况及地面裂缝产生的范围，确定整片处理范围超出边缘的宽度不宜小于处理层厚度的一半。其次根据室内渗透试验及现场浸水观测结果，挤密地基具有良好的防渗隔水作用，挤密地基的渗透速度只有天然地基的 1/5～1/10。试验还表明土桩的渗透系数仅为灰土桩的 13%～20%，其防渗效果更好，主要是因为土桩的密度高于灰土桩。单从防渗效果看，无需强调采用灰土。

3. 工程应用及效果

根据试验结果和工程情况，冷却塔地基采用土桩挤密法和垫层法相结合的处理方案。上部垫层为厚 2m 的整片灰土垫层；下部为厚 6～8m 的土桩挤密地基，处理范围超出基础边缘的尺寸大于环形基础宽度的 3/4，且不小于 7m。桩孔直径 $d=0.4$m，桩间距离 $S=0.9$m$(2.25d)$，按等边三角形布桩。按计算桩间土干密度增大 22%，平均干密度 $\bar{\rho}_{d1}=1.63$t/m^3，平均挤密系数 $\bar{\eta}_c=0.93$，符合规范要求。施工采用沉管法成孔，要求预留 1m 厚的土层，待挤密桩施工完成后挖除，然后再做整片灰土垫层。处理地基的承载力计算值为 250kPa。

冷却塔地基处理施工早已完成，效果良好。挤密地基方案比桩基方案费用降低一半以上，并无需钢材和水泥，经济效益十分显著。

参 考 文 献

[1] 国家标准. 湿陷性黄土地区建筑规范 GB 50025—2004[S]. 北京：中国建筑工业出版社，2004.
[2] 陕西省工程技术标准. 挤密桩法处理地基技术规程 DBJ61－2－2006[S]. 西安：陕西省建筑标准设计办公室，2006.
[3] 杨鸿贵. 地基处理的设计与应用[M]. 西安：陕西科学技术出版社，2011.
[4] 龚晓南. 地基处理手册(第三版)[M]. 北京：中国建筑工业出版社，2008.
[5] 郑建国. 湿陷性黄土地区地基处理工程实录[M]. 北京：中国建筑工业出版社，2003.
[6] 龚晓南. 地基处理技术的发展与展望[M]. 北京：中国水利水电出版社，知识产权出版社，2004.

第六节 夯实水泥土桩复合地基

一、技术发展概况

夯实水泥土桩复合地基技术，是在旧城区危房改造工程的地基处理中，由于场地条件有时不具备动力电源和充足的水源供应，或者由于场地施工条件复杂，不具备大型设备进出场条件，场地土层在某些情况下不能适合搅拌水泥土的施工。为了满足这些情况下的房屋地基处理的需要，急需开发一种工效高、无噪声、无污染的地基处理方法，满足旧城区危房改造工程的需要。中国建筑科学研究院地基基础研究所针对这类工程的需要，1993年开始研究开发了夯实水泥土桩复合地基工法，取得了很好的社会效益和经济效益。

夯实水泥土桩是将水泥和土搅和在孔内夯实成桩，夯实水泥土桩和搅拌水泥土桩的主要区别在于：

1. 搅拌水泥土桩桩体强度与现场的含水量、土的类型密切相关，搅拌后桩体密度增加很少，桩体强度主要取决于水泥的胶结作用，且由于土的分层性质，桩体强度沿深度是不均匀的，局部软弱夹层处的强度较低，影响荷载向深层传递。

夯实水泥土桩水泥和土在孔外拌和、均匀性好，场地土岩性变化对桩体强度影响不大，桩体强度以水泥的胶结作用为主，桩体密度的增加也是构成桩体强度的重要分量。夯实水泥土桩的现场强度和相同水泥掺量的室内试样强度，在夯实密度相同条件下是相同的。

2. 由于成桩是将孔外拌和均匀的水泥土混合料回填孔内并强力夯实，桩体强度与天然土体强度相比有一个很大的增量，这一增量既有水泥的胶结强度，又有水泥土密度增加产生的密实强度，而搅拌水泥土的密度比较天然土的密度增加有限。

基于以上的主要差异，相同水泥掺量的夯实水泥土桩的桩体强度为搅拌水泥土桩的2～10倍，由于桩体强度较高，可以将荷载通过桩体转至下卧较好土层。由夯实水泥土桩形成的复合地基均匀性好，地基强度提高幅值较大。工程实践证明，夯实水泥土桩复合地基可以满足多层及小高层房屋地基的使用要求，同时具有施工速度快、无环境污染、造价低、质量容易控制等特点。夯实水泥土桩复合地基工法在工程实践中使用以来，立即被广大设计人员、建设单位等接受。据初步统计，每年在北京、河北等地的工程应用已达近千万平方米，使用情况良好。

夯实水泥土桩复合地基工法的技术发展主要体现在施工技术及施工设备自动化，保证桩体成桩质量等方面。早期该工法主要采用人工洛阳铲成孔，人工夯实成桩，质量控制难度大，质量监督人员劳动强度大；采用机械成孔、机械夯实后，不仅保证了桩体质量，工效也大大提高。

二、加固机理

1. 夯实水泥土桩复合地基是由夯实水泥土桩、桩间土和散体材料构成的柔性褥垫层三部分组成。

由于夯实水泥土桩桩体模量相对较高，褥垫层的设置是必须的，也是复合地基不可缺少的一部分。工程使用中复合地基面积置换率一般为0.1～0.2，褥垫层厚度根据上部结构荷载要求一般取100～300mm。

2. 夯实水泥土桩桩体模量比天然地基土模量大得多，所以夯实水泥土桩复合地基在承受竖向荷载时，由于刚度较大的桩体存在，可以将荷载通过桩体传递到下卧较好土层，因而在多种场地条件下形成的夯实水泥土桩复合地基具有良好的承载性能。

在保证桩体强度情况下，夯实水泥土桩可将荷载向深层土传递，所以夯实水泥土桩复合地基验算时一般仅将夯实水泥土桩布置在基础平面范围内，基础平面范围外的护桩对竖向荷载传递并无大的帮助。

3. 变形特征

夯实水泥土桩复合地基的变形应该包括褥垫层的压缩变形、夯实水泥土桩在褥垫层的刺入变形、夯实水泥土桩加固体的变形、夯实水泥土桩向桩端土刺入变形、桩端土层的压缩变形。这些变形量的逐一计算，有些还不能解决。为了解决工程问题，我们将夯实水泥土桩复合地基的变形分为三个组成部分——褥垫层的压缩变形、加固土体的变形及下卧土层的压缩变形。

褥垫层的压缩变形与褥垫层的厚度及压实度有关，且该部分压缩变形是有限的，以压实系数 $\lambda \geqslant 0.93$ 为其施工控制标准，该部分变形的最大量为 $H_c(1-\lambda_c)$，一般褥垫层厚度为 100~300mm，则最大变形量为 7~21mm，同时由于该部分变形随着上部结构荷载的增加均匀完成，一般不对上部结构产生不均匀变形和附加应力。

加固土层的变形，若已知桩、土应力比及桩的侧阻力分布，可以由桩体的压缩量计算得到。该桩土应力比为 n，总荷载为 p，夯实水泥土桩的面积置率为 m。则桩、土分别承担的荷载为：

$$\delta_p = \frac{mn}{1+m(n-1)} \cdot p \tag{7-32}$$

$$\delta_s = \frac{1-m}{1+m(n-1)} \cdot p \tag{7-33}$$

设 a_s 为桩侧阻力与桩承受总荷载的比例，桩体材料模量为 E_P。对于由 N 根桩组成的复合地基，当侧阻力沿桩侧均匀分布时加固土体的压缩量为：

$$s = \frac{mn}{1+m(n-1)} \cdot \frac{p}{N \cdot E_p} \cdot \frac{1}{2} \cdot a_s \tag{7-34}$$

下卧土层变形量可由桩间土承受的荷载在下卧土体引起的附加应力及桩端阻力在下卧土体引起的附加应力，按分层总和法计算。

上述夯实水泥土桩复合地基的变形计算是在某些假定下的理论分析结果，工程应用中需测定若干计算参数，例如桩、土应力比，桩体压缩模量 E_P，褥垫层的压实系数 λ_c，桩的侧阻力及端阻力分配系数 a_s 等，这给变形计算带来不确定性及不可操作性。规范根据载荷试验类比的方法得到按复合土体模量采用规范的方法计算加固土体变形及下卧土体变形，便于操作，并与工程实测有较好吻合，是一种简便易行的计算方法。

4. 夯实水泥土桩复合地基承载力计算

复合地基承载力是由桩间土和增强体（桩）共同组成。目前复合地基承载力计算公式比较多，但比较普遍的有两种：其一是由天然地基承载力和单桩承桩力，考虑它们与复合地基的桩间土和复合地基中桩承载力的差异及受力特性，进行组合叠加；其二是将复合地基承载力用天然地基承载力扩大一个倍数来表示。

必须指出，复合地基承载力不是天然地基承载力和单桩承载力的简单叠加。需要对如下的一些因素予以考虑：

(1) 施工时对桩间土是否产生扰动或挤密，桩间土承载力有无降低或提高；

(2) 复合地基中桩承载力能力的大小与桩距有关；

(3) 桩和桩间土承载力的发挥与变形有关，变形小时，桩和桩间土承载力的发挥都不充分；

(4) 复合地基桩间土承载力的发挥与褥垫层厚度有关。

综合考虑以上情况，结合工程实践经验的总结，夯实水泥土桩复合地基承载力可用下面的公式进行计算：

$$f_{spk} = \lambda m \frac{R_a}{A_p} + \beta(1-m)f_{sk} \tag{7-35}$$

式中　λ——单桩承载力发挥系数，可按地区经验取值；

　　　R_a——单桩承载力特征值（kN）；

　　　A_p——桩的截面积（m²）；

　　　β——桩间土承载力发挥系数，可按地区经验取值，对施工工艺土层不扰动可

201

取 1.0；

f_{sk} ——处理后桩间土承载力特征值（kPa），可按地区经验确定；无试验资料时，除灵敏度较高的土外，可取天然地基承载力特征值。

单桩承载力特征值 R_a 可按下面二式计算，取其较小者：

$$R_a = \eta R_{28} \cdot A_b \qquad (7\text{-}36)$$

或

$$R_a = (U_p \Sigma q_{si} L_i + q_p \cdot A_p)/k \qquad (7\text{-}37)$$

式中　η ——取 0.25；

R_{28} ——桩体 28d 立方体试块强度（15cm×15cm×15cm）；

U_p ——桩的周长；

q_{si} ——第 i 层土与土性和施工工艺有关的极限侧阻力；

q_p ——与土性和施工工艺有关的极限端阻力；

L_i ——第 i 层土厚度；

k ——安全系数，一般取 2.0。

当用单桩静载试验求得单桩极限承载力 R_u 后，R_a 可按下式计算：

$$R_a = R_u/k \qquad (7\text{-}38)$$

按上述公式进行复合地基承载力设计，当加固土体下存在软弱土层时，应对软弱下卧层承载力进行复核验算。

夯实水泥土桩复合地基应用的建筑地基埋深一般较浅，设计时复合地基承载力一般情况下不进行埋深修正。基础埋深大于 0.5m，可考虑深度修正，修正系数应取 1.0。当进行地基承载力的埋深修正时，夯实水泥土桩桩体强度应按基底压力复核，进行桩体强度设计。

5. 变形计算

目前，复合地基在荷载作用下应力场和位移场的实测资料还不多，就测试手段而言，测定复合地基位移场要比测定应力场容易些。有些学者试图以测定的位移场为基础，再通过测定桩间土表面应力、桩顶应力和桩的轴力沿桩长的变化，利用土本构关系的研究成果，用有限元计算应力场，将其计算结果与测定的土表面应力和桩顶应力进行比较，对计算结果不断进行修正，以期得到符合实际的复合地基应力场，为建立合理的复合地基沉降计算模式提供依据。

沉降计算理论和实践正处在不断发展之中，相比之下，复合地基沉降计算远不如承载力计算研究的更深入更成熟。尽管按变形控制进行复合地基设计更为合理，但由于沉降计算理论尚不成熟，在实际工作中用的还比较少。

在进行沉降计算时，一般以土为计算对象，荷载是桩间土表面应力 σ_s 和桩荷载 p_p。通常又可将 p_p 用桩侧阻力 p_{ps} 和桩端阻力 p_{pd} 替代。这样，土体受到的荷载为三项，即 p_{ps}、p_{pd} 和 σ_s 由它们产生的附加应力分布，计算地基土的沉降。显然，这一思路是合理的，但还需进一步做工作。

目前比较统一的认识是把总沉降量分为加固区的压缩变形 s_1 和下卧层的压缩变形 s_2，分别计算再求和。

下面建议的沉降计算方法，可称为复合模量法。

假定加固区的复合土体为与天然地基分层相同的若干层均质地基，不同的是压缩模量

都相应扩大 ζ 倍。这样，加固区和下卧层均按分层总和法进行沉降计算。

当荷载 p 不大于复合地基承载力时，总沉降量 s 为：

$$s = s_1 + s_2 = \psi\Big(\sum_{i=1}^{n_1} \frac{\Delta p_i}{\zeta E_{si}} h_i + \sum_{i=n_1+1}^{n_2} \frac{\Delta p_i}{E_{si}} h_i \Big)$$ （7-39）

式中　n_1——加固区的分层数；

　　　n_2——总的分层数；

　　　Δp_i——荷载 p 在第 i 层土产生的平均附加应力；

　　　E_{si}——第 i 层土的压缩模量；

　　　h_i——第 i 层分层厚度；

　　　ζ——模量提高系数，经推导可知 $\zeta = f_{spk}/f_{ak}$；

　　　ψ——沉降计算经验系数，参照《建筑地基基础设计规范》GB 50007 取值。

计算深度一定要大于加固区的深度，即必须计算到下卧层的某一深度。

三、夯实水泥土桩复合地基技术的适用范围

（1）夯实水泥土桩适应的土性范围很广，限于目前成孔工艺要求，多用于地下水埋藏较深的地基土，当有地下水时，适于渗透系数小于 10^{-5}cm/s 的黏性土地质条件。

当天然地基承载力值 f_{ak} <80kPa 的填土地基，可考虑挤土成孔以利于桩间土承载力的提高和发挥。

（2）夯实水泥土的最大干密度接近于土料的最大干密度，夯实最佳含水量为 w_{opt} ±(1～2)%，此时夯实水泥土有最大强度。室内试验的结果表明，夯实水泥土的桩体强度与养护龄期、养护条件、夯实干密度、水泥品种等有关，夯实水泥土的桩体最大无侧限强度约为3.0～7.0MPa。

（3）夯实水泥土强度随混合料成型干密度的不同而异，当压实系数（γ_d/γ_{dmax}）为 0.9 时，其强度仅为最大干密度对应强度的一半。现场施工时，应根据土料性质、配比控制夯实干密度，压实系数应大于等于 0.93。设计采用的桩体强度应满足规范公式（7.1.6）的要求。

（4）夯实水泥土强度随龄期增长有一定提高。

（5）水泥土桩具有良好的抗冻性，成桩后冻结对桩体不产生较大的强度降低。

（6）桩体三轴应力-应变曲线与围压关系不大，其破坏时的应变约为 2%，无侧限抗压强度试验的破坏应变约为 0.5%～1%，表现为脆性破坏性质。

（7）夯实水泥土桩复合地基中的褥垫层是复合地基的一部分，它具有保证桩土共同承担荷载，减少基础底面应力集中，调整桩、土垂直和水平荷载分担的作用。

（8）复合地基需确定桩长、桩径、桩距、褥垫厚度及材料和桩体强度。褥垫厚度一般取 100～300mm，垫层材料多用粗砂、中砂等。桩体强度按 4 倍桩顶应力平均值设计。

（9）对于没有振密和挤密效应的地基宜采用排土法成孔，当选用排土法成孔时，一般用长螺旋钻和洛阳铲成孔，孔深大时宜采用机械成孔。

（10）对于有挤密和振密效应的地基，当需要提高桩间土承载力时，可用挤土法成孔。一般选用锤击式打桩机或振动打桩机，也可采用钻孔重型尖锤强夯法。

（11）可采用人工或机械夯实。孔浅时宜采用夹板锤式夯实机，孔深时宜采用吊锤式夯实机。机械夯实优于人工夯实，机械夯实机的夯锤重宜为 1.0～1.5kN，提升高度宜取0.8～1.1m，随着夯锤重力增加，桩体的密度随之增加。工程实践证明尖锤有明显的挤土

效应。

四、夯实水泥土桩施工设备及施工工艺

1. 夯实水泥土桩施工工艺

夯实水泥土桩施工的程序分为：成孔、制备水泥土、夯填成桩三步。成桩示意图如图7-25所示。

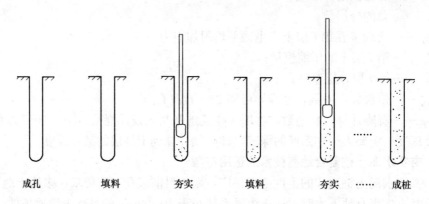

图 7-25 夯实水泥土桩成桩示意图

（1）成孔

根据成孔过程中取土与否，成孔可分为排土法成孔和挤土法成孔两种，排土成孔在成孔过程中对桩间土没有挤密，而挤土成孔则对桩间土有一定挤密和振密作用，对于处理地下水位以上，有振密和挤密效应的土宜选用挤土成孔。而含水量超过24％，呈流塑状，或含水量低于14％，呈坚硬状态的地基宜选用排土成孔。

（2）制备水泥土

制备水泥土就是把水泥和土按一定配合比进行拌和。水泥一般采用425号普通硅酸盐或矿渣水泥，土料可就地取材，基坑（槽）挖出的粉细砂、粉土及粉质黏土均可用作水泥土的原料，淤泥、耕土、冻土、膨胀土及有机物含量超过5％的土不得使用，土料应过15mm×15mm筛。

施工时，应将水泥土拌和均匀，控制含水量，如土料水分过多或不足时，应晾干或洒水润湿，一般可按经验在现场直接判断，其方法为手握成团，两指轻弹即碎，这时水泥土基本上接近最佳含水量。水泥土拌和可采用人工拌和或机械拌和，人工拌和不得少于三遍，机械拌和可用强制式混凝土搅拌机，搅拌时间不低于2min。拌和好的水泥土要及时用完，放置时间超过2h，不宜使用。

（3）夯填成桩

桩孔夯填可用机械夯实，也可用人工夯实。机械夯机夯锤质量宜大于100kg，夯锤提升高度宜大于900mm。人工夯锤一般重25kg，提升高度不少于900mm，桩孔填料前，应清除孔底虚土并夯实，然后根据确定的分层回填厚度和夯击次数逐次填料夯实。

2. 夯实水泥土桩成孔机具

成孔是夯实水泥土桩加固地基的第一步，成孔机具的优劣直接影响着该工艺加固地基的质量和施工效率，如何选择或研制成孔机具，是该工艺重要的一环。目前常采用的成孔机有以下几种：

（1）排土法成孔机具

所谓排土法是指在成孔过程中把土排出孔外的方法，该法没有挤土效应，多用于原土已经固结、没有湿陷性和振陷性的土。其成孔机具有以下几种：

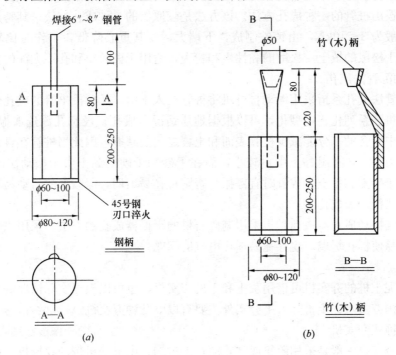

图 7-26　洛阳铲构造图（尺寸单位：cm）

① 洛阳铲

人工洛阳铲的构造见图 7-26（a）所示为钢柄洛阳铲，该洛阳铲宜成 5m 以内的孔。图 7-26（b）所示为木把加绳，可以成 5m 以下的孔。当下部土较硬时，可用加长钢柄匀配 10″ 管钳取土，对于素填土地基，遇到硬杂物时，可用钢钎将杂物冲碎，然后用洛阳铲取出。

成孔时将洛阳铲刃口切入土中，然后摇动并用力拧转铲柄，将土剪断，拨出洛阳铲，铲内土柱被带出。利用孔口附近插入土中的退土钎（$\phi 20\sim 25mm$，$L=0.8\sim 1.2m$ 的钢钎）将铲内土柱刮出。

人工洛阳铲成孔直径一般在 250～400mm 之间，机动洛阳铲成孔直径可达 600mm。洛阳铲成孔的特点是设备简单，不需要任何能源，无振动、无噪声，可靠近旧建筑物成孔，操作简单，工作面可以根据工程的需要扩展，特别适合中小型工程成孔。

② 长螺旋钻孔机成孔

长螺旋钻孔机成孔是夯实水泥土桩的主要机种，该机能连续出土，效率高，成孔质量好，成孔深，颇受欢迎。该机适用于地下水以上的填土、黏性土、粉土，对于砂土其含水量要适中，太干的砂土和饱和砂土由于坍孔难以成孔。

（2）挤土法成孔机具

所谓挤土法成孔是在成孔过程中把原桩位的土体挤到桩间土中去，使桩间土干密度增加，孔隙比减少，承载力提高的一种方法。

此工艺有以下几种成孔机具：

① 锤击成孔法

所谓锤击法是指采用打桩锤将桩管打入土中，然后拔出桩管的一种成孔法。

采用简易打桩架，配以卷扬机将重锤提升一定高度后，下放吊锤冲击桩管入土，达到设计深度后拔出桩管的一种成孔方法。该方法是较原始的一种成孔方法，其特点是设备简单，锤重一般为3～10kN，由铸铁制成，下端大，使其重心降低，工作时比较稳定。这种方法适用于松散的填土、松散的黏性土和粉土，适用于桩较小和孔不太深的情况。

② 振动沉管法成孔

振动沉管法成孔系指采用振动打桩机将桩管打入土中，然后拔出管的成孔法。目前我国振动打桩机已系列化、定型化，可以根据地质情况、成孔直径和孔深选取振动打桩机，振动时土壤中所含的水分能减少桩管表面和土壤之间的摩擦，因此当桩管在含水饱和砂土中，沉管阻力最小，在湿黏土中也较小，而在干砂和干硬的黏土中用振动法沉桩阻力很大。另外对于砂土和粉土在拔管时宜停振，否则桩孔易坍塌，但频繁的启动易损坏电机。

（3）干法振动器成孔法

利用干法振动成孔器成孔是指采用制碎石桩的干振器成孔的方法。采用该法也宜停振拔管，否则易使桩孔坍塌，也存在易损坏电机的问题。

3. 夯实机械

夯实水泥土桩的夯实机可借用灰土和土桩夯实机，也可以根据实际情况进行研制或改制。目前我国夯实水泥土桩除人工夯实外主要有以下几种夯实机。

（1）吊锤式夯实机

吊锤式夯实机一般是采用胶轮或铁轮的行走机构，由电动机带动卷扬机，由卷扬机钢丝绳通过机架拖动夯锤进行工作。该类夯实机构造简单，行走方便，机架低，稳定，特别适用于深孔夯实。石家庄二建公司、化工部矿山规划设计院、河北省第三基础工程公司等单位都先后研制了该类型夯实机，并且通过工程实践，优选了机型。

（2）夹板锤式夯实机

夹板锤式夯实机，目前有利用装载机或翻斗车改制的，此种机型在场地内行走灵活，辅助时间短，效率高，但该类夯实机要占用一台装载机或翻斗机，因此造价较高；另一种是由河北省建筑科学研究院研制的走管式夯实机（图7-27），该机效率高，造价低，是很有推广发展前途的一种机型。该机主要由机架、滚管、电动机、齿轮箱、链条、提升轮、锤杆、夯锤、制动夹板组成。该机的特点是突破了一般用圆杆的传统做法，锤杆采用了工字钢，增大了提升轮与锤杆的接触面积，因此增加了提升力。另外将摩擦片预先压制在钢片上，增大

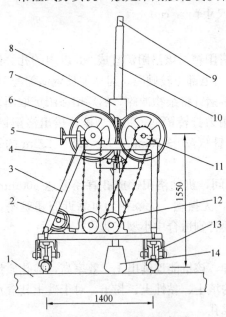

图 7-27 夹板锤构造示意图

1—枕木；2—电机；3—机架；4—制动夹板；
5—调节轮；6—提升轮；7—摩擦片；8—导
向座；9—锤杆；10—导向筒；11—链轮；
12—齿轮箱；13—滑轮；14—夯锤

了摩擦片的附着力，不致因摩擦片受压时循环应变，造成摩擦片在交变应力作用下快速折断，从而降低了摩擦片的损耗；二是可以改变摩擦片的长度，具有根据工程需要调节锤的提升高度的功能，且更换方便快捷，以上是该机颇具特色的地方。

（3）SH30 型地质钻改装式夯实机

SH30 型钻机原配动力为 7.5kW，主卷扬机单绳提升能力为 15kN，可以改成提升夯锤重 10kN 以内的夯实机。其方法是在 SH30 型钻机支腿顶部用一槽钢做一横梁，其上安装一定滑轮，卷扬机上的钢丝绳通过滑轮起吊夯锤。在横梁前额焊上两个可穿 $\phi20mm$ 螺栓的叶片，该螺栓在机前连结一根前后活动的支腿，起到支撑和固定夯机的作用。这样一个简易的夯实机就形成了。该机每 10min 可以夯实一个长 6.0m 的水泥土桩。

4. 夯锤

夯实机的夯锤自重和形状对于夯实效果至关重要。工程经验证明夯锤一般 1～1.5kN 为宜。但是对于产生挤土效应的锤重要大于 2kN，且下部为尖形，使其夯实时产生水平挤土力，使桩间土挤密，使湿陷性黄土湿陷性消失。平底锤一般不产生挤土效应。锤径孔径的比值称为锤孔比，一般锤孔比宜采用 0.78～0.9。锤孔比越大，夯实效果越佳。

五、夯击参数确定的基本试验

夯实水泥土桩与其他水泥土桩之不同主要是对水泥土进行了夯实，能否正确地确定夯实参数是该工艺的关键技术，为此对不同的锤重、单位夯击能、落距、含水量等参数进行了试验研究，为合理的确定夯击参数提供了依据。

（1）场地地层条件

试验场地地层物理力学指标见表 7-29。

试验场地地层物理力学指标　　　　　　　　　　　　　　　　　　表 7-29

层次	埋深 (m)	土名	值别	含水量 w (%)	密度 ρ (g/cm³)	干密度 ρ_d (g/cm³)	孔隙比 e	饱和度 S_r (%)	塑性指数 I_p	液性指数 I_L	压缩系数 a_{1-2} (MPa⁻¹)	压缩模量 E_s (MPa)
①	0～0.3	杂填土	—	—	—	—	—	—	—	—	—	—
②	0.3～0.8	粉土	平均值	15.04	1.813	1.576	0.711	57.0	8.3	−0.114	0.339	5.82
			最大值	16.76	1.831	1.593	0.734	58.3	8.9	0.143	0.541	9.05
			最小值	14.45	1.801	1.556	0.692	55.3	7.7	−0.218	0.187	3.21
③	0.8～1.4	粉质黏土	平均值	16.68	1.732	1.485	0.827	55.0	11.2	−0.041	0.575	4.20
			最大值	19.10	1.788	1.543	0.996	63.7	11.9	0.096	1.375	7.271
			最小值	15.09	1.581	1.360	0.757	44.4	10.4	−0.172	0.251	1.451
④	1.4～	粉土	平均值	14.99	1.743	1.517	0.781	51.7	8.9	−0.269	0.402	5.33
			最大值	17.44	1.763	1.562	0.839	56.4	9.3	−0.028	0.609	7.46
			最小值	12.89	1.725	1.469	0.729	47.8	8.3	−0.396	0.233	2.95

（2）试验方法

用洛阳铲人工成孔，孔深 1.6m，孔径 0.35m，填料为素土或水泥土，夯实采用人工夯实或机械夯实，共成桩 17 根，分别做不同锤重、不同夯击能量、不同桩径；不同配比、不同落距、不同含水量及人工夯实与机械夯实的对比试验，成桩后三个月开始挖桩，分别在桩中、桩边、桩外取样，在 0.5m、1.0m、1.3m 三个深度处取样，主要试验项目为密度、含水量试验。

(3) 试验结果

1) 锤重的影响

分别在 1.1kN 和 1.5kN 锤夯实桩体。锤径均为 273mm，落距 0.9m，每填 0.018m³ 夯击 4 次，试验结果见表 7-30。

表 7-30

桩 号	锤重 (kN)	含水量 (%)	密度 (g/cm³)	干密度 (g/cm³)	压实系数
2 号	1.1	16.4	1.992	1.711	0.935
14 号	1.5	16.8	2.044	1.750	0.956
天然土		15.93	1.795	1.579	—

由此可见，2 号桩比天然土干密度提高 10.5%，14 号桩提高 13.0%，在相同条件下重锤夯实效果较好。

2) 单位体积夯击能的影响

选用 1.5kN 锤，落距 0.9m，每填 0.018cm³ 分别夯 2 次、4 次、6 次，试验结果见表 7-31。

表 7-31

桩 号	每层夯次 (次)	夯击能 (kN·m/m³)	含水量 (%)	密度 (g/cm³)	干密度 (g/cm³)	压实系数
3 号	2	150	15.45	2.005	1.737	0.949
14 号	4	300	16.80	2.044	1.750	0.956
4 号	6	450	15.03	2.063	1.793	0.980

随夯击次数增加，压实系数提高，即随单位体积夯击能增加，夯实效果提高。

3) 人工夯实与机械夯实的对比

如表 7-32 所示，人工夯锤重 0.3kN，锤径 230mm，落距 70cm，5 号桩每填 0.019m³（20cm 厚）夯 7 次，6 号桩每填 0.029m³（30cm 厚）夯 7 次，与 3 号桩进行对比（机械夯实，锤重 1.5kN，落距 0.9m，每填 0.018m³ 夯 2 次）。

表 7-32

桩 号	夯实方法	锤重 (kN)	每次填料 (m³)	每层夯次 (次)	含水量 (%)	密度 (g/cm³)	干密度 (g/cm³)	压实系数
3 号	机械夯实	1.5	0.018	2	15.45	2.005	1.737	0.949
5 号	人工夯实	0.3	0.019	7	17.34	1.898	1.618	0.884
6 号	人工夯实	0.3	0.029	7	17.79	1.785	1.515	0.828
天然土					16.43	1.738	1.493	

3 号桩比 5 号桩干密度提高 7.4%，比 6 号桩提高 14.6%，比天然土提高 16.3%，而

5 号、6 号桩分别比天然土提高 8.4%、1.5%，机械夯实比人工夯实效果明显提高。

4）成孔直径的影响

用 1.5kN 锤，锤径 0.273m，落距 0.9m，每填 0.018m³ 夯 4 次，孔径分别为 0.3m、0.35m、0.40m，试验结果见表 7-33。

表 7-33

桩号	孔径 （m）	锤径/孔径	含水量 （%）	密度 （g/cm³）	干密度 （g/cm³）	压实系数
7 号	0.30	0.91	17.64	2.056	1.748	0.955
14 号	0.35	0.78	16.80	2.044	1.750	0.956
8 号	0.4	0.683	17.24	2.017	1.721	0.941

7 号桩和 14 号桩夯实效果很接近，8 号桩夯实效果较差，说明成孔直径越大（锤径/孔径越小），夯实效果降低。不过，虽然本次试验成孔直径较大，桩体本身夯实效果仍较均匀，即桩截面上，桩中心与桩边夯实效果很接近，见图 7-28。

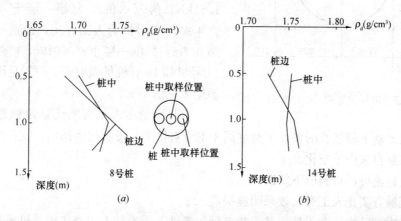

图 7-28　桩中与桩边夯实效果比较

5）落距的影响

试验夯锤重 1.5kN，落距分别为 0.6m、0.9m、1.04m，试验结果见表 7-34。

表 7-34

桩号	落距 （m）	含水量 （%）	密度 （g/cm³）	干密度 （g/cm³）	压实系数
17 号	0.6	17.08	2.037	1140	0.951
14 号	0.9	16.80	2.044	1.750	0.956
16 号	1.04	17.23	2.096	1.789	0.977

随着落距增大，干密度增加不大，当落距超过 0.6m 再增加落距，对夯实效果影响不大。然而根据本夯实机的性能，落距大小并不影响其夯击速度，所以还是选用大落距为宜。

6）桩体含水量的影响

本次试验所用土的试验室配制最佳含水量为15.3%，分别用高于和低于此含水量的土机械夯实成桩，结果见表7-35。

表 7-35

桩号	含水量（%）	密度（g/cm³）	干密度（g/cm³）	压实系数
13 号	14.69	2.089	1.821	0.995
14 号	16.80	2.044	1.750	0.956

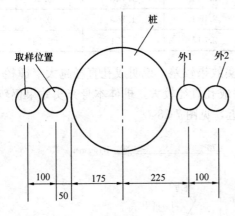

图 7-29 桩外取样位置图(尺寸单位：mm)

13号桩夯实效果明显好于14号桩，压实系数接近1，说明现场机械夯实土含水量略低于试验室配制最佳含水量的夯实效果更佳。

7) 夯实水泥土桩对周围土体的影响用水泥土夯实成桩，水泥：土（体积比）=1：7，水泥采用425号水泥，11号桩为机械夯实，锤重1.51kN，落距0.9m，每填一层土（0.018m³）夯4次，18号桩为人工夯实，锤重0.3kN，落距0.7m，每填一层土（0.019m³）夯7次，在11号桩和18号桩桩周取土，位置见图7-29，试验结果见图7-30。

可见无论是人工夯实还是机械夯实水泥土桩，当天然地基土较坚硬的条件下对桩周土都没有影响，没有挤密作用，试验结果还表明桩周土含水量也未产生变化。

由以上讨论可以得到以下认识：

（1）机械夯实比人工夯实效果明显提高。

（2）本次试验中，在天然地基土较坚硬的条件下无论是人工夯实还是机械夯实素土或水泥土对桩周土均没有影响。

（3）随着夯锤质量增加，填料速度减慢，夯锤落距增加，夯实效果提高。

（4）随着锤径与孔径比例增大，夯实效果提高，试验中 $\frac{锤径}{孔径} = 0.683$ 时，桩体夯实效果仍较均匀。

（5）现场机械夯实最佳含水量略低于试验室最佳含水量。

上述试验说明，夯实水泥土桩施工前，应进行针对工程的工艺试验，对采用的夯实设备、夯实工艺及夯实后桩体质量是否符合设计要求等情况，确定工程施工参数、质量控制方法等参数。

六、质量检验

施工过程中，对夯实水泥土桩的成桩质量，应及时进行抽样检验。抽样检验的数量不应少于总桩数的2%。

对一般工程，可检查桩的干密度和施工记录。干密度的检验方法可在24h内采用取土样测定或采用轻型动力触探击数 N_{10} 与现场试验确定的干密度进行对比，以判断桩身

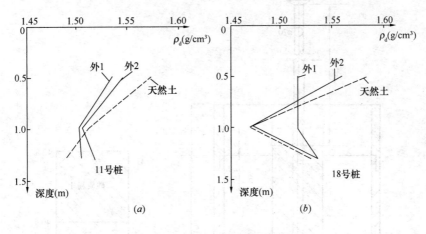

图 7-30 水泥土桩桩周土与天然土对比

质量。

夯实水泥土桩地基竣工验收时，承载力检验应采用单桩静载荷试验和复合地基载荷试验。对重要或大型工程，尚应进行多桩复合地基载荷试验。

夯实水泥土桩地基承载力检验数量不应少于总桩数的 1%，包括复合地基载荷试验和夯实水泥土桩单桩承载力检验，且每个单体工程复合地基载荷试验不应少于 3 点。

夯实水泥土配比强度试验应符合下列规定：

(1) 试验采用的击实模和击锤如图 7-31 所示，尺寸应符合表 7-36 规定。

(2) 试样的制备应符合现行国家标准《土工试验方法标准》GB/T 50123—1999 的有关规定。水泥和过筛土料应按土料最优含水量拌合均匀。

击实试验主要部件规格 表 7-36

锤质量（kg）	锤底直径（mm）	落高（mm）	击实试模（mm）
4.5	51	457	150×150×150

(3) 击实试验步骤：

在击实试模内壁均匀涂一薄层润滑油，称量一定量的试样，倒入试模内，分四层击实，每层击数由击实密度控制。每层高度相等，两层交界处的土面应刨毛。击实完成时，超出击实试模顶的试样用刮刀削平。称重并计算试样成型后的干密度。

(4) 试块脱模时间为 24h，脱模后必须在标准养护条件下养护 28d，按标准试验方法作立方体强度试验。

七、工程实例

1.【工程实例一】 中科院北郊住宅 B 区 4 号楼地基处理

中科院北郊住宅 B 区 4 号楼为六层砖混结构住宅，筏形基础，设计要求地基承载力标准值≥140kPa。拟建场地基底下 2～3m 范围为泥炭土，f_{ak} 为 50～70kPa，其下为 $f_{ak} = 180kPa$ 的砂土（见地质剖面图 7-32），因地基土承载力达不到设计要求，故采用夯实水泥土桩复合地基方案加固。设计夯实水泥土桩 800 根，桩长 2.5～5.9m 不等（桩距、桩长视桩端进入砂层的长度确定），桩径 φ350mm，混合料配合比为水泥：土（质量比）＝1：6，施工

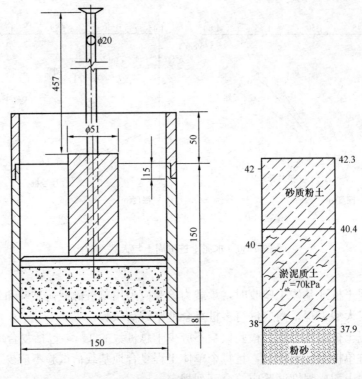

图 7-31　击实试验主要部件示意　　　图 7-32　地质剖面图

采用人工洛阳铲成孔，人工夯实工艺，控制混合料压实系数≥0.93，1991 年 5 月完成。施工中抽检 2% 的桩体随机进行成桩干密度检验，成桩干密度均大于 15.8kN/m³，满足试块强度大于 1.0MPa 的设计要求。

成桩 10d 后做 2 台单桩复合地基试验，试验曲线见图 7-33，确定加固后的复合地基承载力≥160kPa。

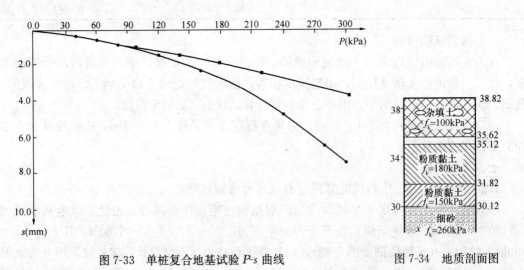

图 7-33　单桩复合地基试验 P-s 曲线　　　图 7-34　地质剖面图

2.【工程实例二】　北京方庄东绿化区搬迁住宅楼地基处理

方庄东绿化区搬迁住宅楼位于北京市南二环南侧，方庄路东侧，建筑结构为6.5层砖混结构，条形基础，其中基础面积1090m²。设计要求处理后的地基承载力标准值f_{ak}≥180kPa。

场地地层由人工堆积及第四纪沉积土组成，人工堆积杂填土及素填土厚度达3.5～6.0m，典型土层剖面图见图7-34。

地基处理采用夯实水泥土桩复合地基方案，每幢楼设计夯实水泥土桩1450根，有效桩长5.0～7.0m，桩径φ350m，桩端在②层粉质黏土层上，典型单元布桩图见图7-35。

混合料配合比水泥(425号矿渣)：土(质量比)=1：5。施工工艺采用螺旋钻机成孔，人工洛阳铲清孔，人工夯实施工方案，控制混合料压实系数≥0.93，有效施工工期12d/楼，于1994年5月10日完成。该工程回填土厚度较大，采用了15%的面积置换率，保证复合地基变形满足差异变形要求。

施工中抽检2%的桩体随机进行成桩干密度检验，成桩干密度均大于16.1kN/m³，满足试块强度大于1.0MPa的设计要求。

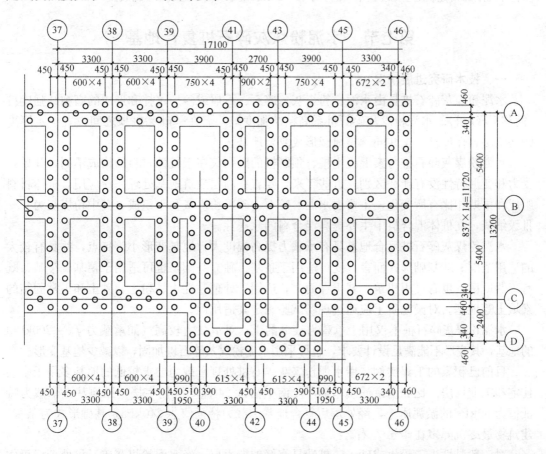

图7-35 典型单元布桩图

施工结束后10d，作4台单桩复合地基承载力静载试验，确定处理后复合地基承载力f_{ak}≥180kPa，试验曲线见图7-36。房屋入住后，使用情况良好。

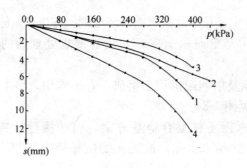

图 7-36　单桩复合地基试验 *P-s* 曲线

参 考 文 献

[1]　闫明礼等. 夯实水泥土桩复合地基试验研究. 中国建筑科学研究院地基基础研究所，1995
[2]　国家标准. 建筑地基基础设计规范 GB 50007—2011. 北京：中国建筑工业出版社，2012
[3]　行业标准. 建筑地基处理技术规范 JGJ 79—2012. 北京：中国建筑工业出版社，2013

第七节　水泥粉煤灰碎石桩复合地基

一、技术研究进展情况

水泥粉煤灰碎石桩是由水泥、粉煤灰、碎石、石屑或砂加水拌和形成的高粘结强度桩（简称 CFG 桩）。水泥粉煤灰碎石桩系高粘结强度桩，需在基础和桩顶之间设置一定厚度的褥垫层，保证桩、土共同承担荷载形成复合地基。

水泥粉煤灰碎石桩与素混凝土桩、预制桩的区别仅在于桩体材料的构成不同，其单桩受力和变形特性没有什么区别。近些年来，随着在高层建筑地基处理广泛应用，桩体材料组成和早期相比有所变化，主要由水泥、碎石、砂、粉煤灰和水组成，其中粉煤灰为Ⅱ～Ⅲ级细灰，在桩体混合料中主要提高混合料的泵送性。

水泥粉煤灰碎石桩复合地基具有承载力提高幅度大，地基变形小等特点，并具有较大的适用范围。就基础形式而言，既可适用于条基、独立基础，也可适用于箱基、筏基；既有工业厂房，也有民用建筑。就土性而言，适用于处理黏性土、粉土、砂土和正常固结的素填土等地基。对淤泥质土应通过现场试验确定其适用性。

水泥粉煤灰碎石桩不仅用于承载力较低的土，对承载力较高（如承载力 $f_{ak}=200$kPa）的地基，其变形不能满足设计要求，也可采用水泥粉煤灰碎石桩加固，以减少地基变形。

目前已积累的工程实例，用水泥粉煤灰碎石桩处理承载力要求较低的地基多用于多层住宅和工业厂房。比如南京浦镇车辆厂厂南生活区 24 幢 6 层住宅楼，原地基土承载力特征值为 60kPa 的淤泥质土，经处理后复合地基承载力特征值达 240kPa，基础形式为条基，建筑物最终沉降多在 4cm 左右。

对一般黏性土、粉土或砂土，桩端具有好的持力层，经水泥粉煤灰碎石桩处理后可作为高层建筑地基，如北京华亭嘉园 35 层住宅楼，天然地基承载力特征值为 $f_{ak}=200$kPa，采用水泥粉煤灰碎石桩处理后建筑物沉降在 5cm 以内。成都 40 层、41 层，高度均为 119.90m，强风化泥岩的承载力特征值 $f_{ak}=320$kPa，采用水泥粉煤灰碎石桩处理后，承载力和变形均满足设计和规范要求，并且经受住了汶川"5·12"大地震的考验。

中国建筑科学研究院地基所，对 CFG 桩复合地基做了如下试验研究：

(1) 复合地基设计参数的研究；

(2) CFG 桩施工工艺的研究；

(3) 基础刚度对复合地基桩土承载力发挥系数的研究；

(4) 独立基础选用非等承载力设计方法的研究；

(5) CFG 桩与其他桩型增强体组成的多桩型复合地基试验研究；

(6) 局部矩形超载下 CFG 桩复合地基侧向土压力的试验研究；

(7) 刚性桩复合地基变厚径比设计试验研究。

二、本次修订主要内容

1. 复合地基增强体增加了泥浆护壁钻孔灌注素混凝土桩和钢筋混凝土预制桩；

2. 《建筑地基处理技术规范》JGJ 79—2002，初步设计时复合地基承载力按下式估算：

$$f_{spk} = m\frac{R_a}{A_p} + \beta(1-m)f_{sk} \tag{7-40}$$

即假定单桩承载力发挥系数为 1.0，根据中国建筑科学研究院地基所多年研究，采用式 (7-41) 更为符合实际情况：

$$f_{spk} = \lambda m\frac{R_a}{A_p} + \beta(1-m)f_{sk} \tag{7-41}$$

式中　λ——单桩承载力发挥系数，宜按当地经验取值，无经验时可取 0.8～0.9，厚径比小时取大值；

　　　β——桩间土承载力发挥系数，按当地经验取值，无经验时可取 0.9～1.0，厚径比大时取大值；

　　　f_{sk}——处理后桩间土承载力特征值（kPa），应按静载荷试验确定。无试验资料时对非挤土成桩工艺，可取天然地基承载力特征值；对挤土成桩工艺，一般黏性土可取天然地基承载力特征值；松散砂土、粉土可取天然地基承载力特征值的 (1.2～1.5) 倍，原土强度低的取大值。

水泥粉煤灰碎石桩厚径比定义为褥垫厚度和桩径之比，取 0.4～0.6 倍桩径时，桩和桩间土承载力均发挥得比较充分。

3. 与桩基不同，地基承载力可以做深度修正，基础两侧的超载越大（基础埋深越大），深度修正的数量也越大，桩承受的竖向荷载越大，设计的桩体强度应越高；考虑到施工检测增加了单桩静载试验，将桩身强度公式 $f_{cu} \geqslant 3\frac{R_a}{A_p}$ 修订为增强体桩身强度应满足式 (7-42) 的要求。当复合地基承载力进行基础埋深的深度修正时，增强体桩身强度应满足式 (7-43) 的要求。

$$f_{cu} \geqslant 4\frac{\lambda R_a}{A_p} \tag{7-42}$$

$$f_{cu} \geqslant 4\frac{\lambda R_a}{A_p}\left[1 + \frac{\gamma_m(d-0.5)}{f_{spa}}\right] \tag{7-43}$$

式中　f_{cu}——桩体试块（边长 150mm 立方体）标准养护 28d 的立方体抗压强度平均值（kPa）；

γ_m——基础底面以上土的加权平均重度（kN/m^3），地下水位以下取有效重度；

d——基础埋置深度（m）；

f_{spa}——深度修正后的复合地基承载力特征值（kPa）。

4. 增加了布桩要求，水泥粉煤灰碎石桩宜在基础范围内布桩，并可根据建筑物荷载分布、基础形式、地基土性状，合理确定布桩参数：

（1）对框架核心筒结构形式，核心筒和外框柱宜采用不同布桩参数，核心筒部位荷载水平高，宜强化核心筒荷载影响部位布桩，相对弱化外框柱荷载影响部位布桩；通常核心筒外扩一个板厚范围，为防止筏板发生冲切破坏需足够的净反力，宜减小桩距或增大桩径，当桩端持力层较厚时最好加大桩长，提高复合地基承载力和复合土层模量；

（2）对相邻柱荷载水平相差较大的独立基础，可按非等承载力设计方法，柱荷载大的选用高承载力、柱荷载小的选用低承载力，每个独立基础承载力可以不同。即按变形控制确定桩长和桩距。

（3）筏板厚度与跨距之比小于 1/6 的平板式筏板基础、梁的高跨比大于 1/6 且板的厚跨比（筏板厚度与梁的中心距之比）小于 1/6 的梁板式基础，应在柱（平板式筏基）和梁（梁板式筏基）每边外扩 2.5 倍板厚的面积范围内布桩；并按有效布桩范围确定基底压力。

（4）对荷载水平不高的墙下条形基础可采用墙下单排布桩。

5. 增加了施工验收应做单桩静载试验的要求。

三、设计施工

1. 设计参数

CFG 桩复合地基有 5 个设计参数，分别是：桩长、桩径、桩间距、褥垫层厚度、桩体强度。

（1）桩端持力层选择

水泥粉煤灰碎石桩应选择承载力和压缩模量相对较高的土层作为桩端持力层。水泥粉煤灰碎石桩具有较强的置换作用，其他参数相同，桩越长、桩的荷载分担比（桩承担的荷载占总荷载的百分比）越高。设计时须将桩端落在承载力和压缩模量相对高的土层上，这样可以很好地发挥桩的端阻力，也可避免场地岩性变化大可能造成建筑物沉降的不均匀。桩端持力层承载力和压缩模量越高，建筑物沉降稳定也越快。

（2）桩径

桩径与选用施工工艺有关，长螺旋钻中心压灌、干成孔和振动沉管成桩宜取 350～600mm；泥浆护壁钻孔灌注素混凝土成桩宜取 600～800mm；钢筋混凝土预制桩宜取 300～600mm。

表 7-37 给出了其他条件相同、不同桩径单方混合料提供的承载力值。可以看出，桩径越小桩的比表面积越大，单方混合料提供的承载力越高。若桩径太小施工质量不容易控制，桩体强度要求也越高。

其他条件相同、不同桩径单方混合料提供的承载力值　　　　　　　表 7-37

序号	桩径 （m）	桩长 （m）	桩数	单桩方量 （m^3）	总方量 （m^3）	总承载力 （kN）	单方混合料承载力 （kN/m^3）
①	2	10	1	31.4	31.4	3454	110
②	1	10	4	7.85	31.4	5338	170

序号	桩径 (m)	桩长 (m)	桩数	单桩方量 (m³)	总方量 (m³)	总承载力 (kN)	单方混合料承载力 (kN/m³)
③	0.5	10	16	1.96	31.4	9106	290
④	0.4	10	25	1.26	31.4	10990	350

注：计算时侧阻、端阻特征值分别为：$q_{sia}=30kPa$，$q_{pa}=500kPa$

（3）桩间距

桩间距应根据设计要求的复合地基承载力、建筑物控制沉降量、土性、施工工艺等综合考虑确定。

从施工角度考虑，尽量选用较大的桩距，以防止新打桩对已打桩的不良影响。

就土的挤（振）密性而言，可将土分为：

1）挤（振）密效果好的土，如松散粉细砂、粉土、人工填土等；

2）可挤（振）密土，如不太密实的粉质黏土；

3）不可挤（振）密土，如饱和软黏土或密实度很高的黏性土，砂土等。

就施工工艺而言，可分为两大类：

1）对桩间土产生扰动或挤密的施工工艺，如振动沉管打桩机成孔制桩，属挤土成桩工艺。

2）对桩间土不产生扰动或挤密的施工工艺，如对长螺旋钻灌注成桩，属非挤土（或部分挤土成桩工艺），对挤土成桩工艺和不可挤密土宜采用较大的桩距。

在满足承载力和变形要求的前提下，可以通过调整桩长来调整桩距，桩越长，桩间距可以越大。

采用长螺旋钻灌注成桩和振动沉管成桩工艺施工时，箱基、筏基和独立基础，桩距宜取3～5倍桩径；墙下条基单排布桩和选用挤土成桩施工工艺，桩距可适当加大，宜取3～6倍桩径。桩长范围内有饱和粉土、粉细砂、淤泥、淤泥质土层，为防止施工发生窜孔、缩颈、断桩，减少新打桩对已打桩的不良影响，宜采用较大桩长和桩距。

（4）褥垫层

桩顶和基础之间应设置褥垫层，褥垫层在复合地基中具有如下的作用：

1）保证桩、土共同承担荷载，它是水泥粉煤灰碎石桩形成复合地基的重要条件。

2）通过改变褥垫厚度，调整桩垂直荷载的分担，通常褥垫越薄桩承担的荷载占总荷载的百分比越高，反之亦然。

3）减少基础底面的应力集中。

4）调整桩、土水平荷载的分担，褥垫层越厚，土分担的水平荷载占总荷载的百分比越大，桩分担的水平荷载占总荷载的百分比越小。

5）褥垫层的设置，可使桩间土承载力充分发挥，作用在桩间土表面的荷载，在桩侧的土单元体产生竖向和水平向附加应力，水平向附加应力作用在桩表面具有增大侧阻的作用，在桩端产生的竖向附加应力具有增大桩端阻的作用，对提高单桩承载力是有益的。此外，水平向附加应力增加桩的侧限，有助于提高桩身抗压的安全性。

褥垫厚度是影响桩土承载力发挥度主要因素之一，通常用厚径比表示（褥垫厚度和桩径之比定义为厚径比）。基础刚度和桩径确定后，褥垫层厚桩承载力发挥少，褥垫层薄桩间土承载力发挥少。当荷载达到复合地基承载力时，定义桩顶受力与单桩承载力特征值之比为单桩承载力发挥系数 λ；桩间土受力与桩间土承载力之比为桩间土承载力发挥系数 β。试验表明，厚径比越小单桩承载力发挥系数越大，桩间土承载力发挥系数越小；厚径比越大单桩承载力发挥系数越小，桩间土承载力发挥系数越大。厚径比在 0.4～0.6 时，桩和桩间土承载力均发挥得比较充分。

因此褥垫层厚度宜取 0.4～0.6 倍桩径。褥垫材料宜用中砂、粗砂、级配砂石和碎石等。

2. CFG 桩施工

水泥粉煤灰碎石桩的施工，应根据设计要求和现场地基土的性质、地下水埋深、场地周边是否有居民、有无对振动反应敏感的设备等多种因素选择施工工艺。这里给出了四种常用的施工工艺：

（1）长螺旋钻干成孔灌注成桩，适用于地下水位以上的黏性土、粉土、素填土、中等密实以上的砂土以及对噪声或泥浆污染要求严格的场地；

（2）长螺旋钻中心压灌灌注成桩，适用于黏性土、粉土、砂土；对含有卵石夹层场地，宜通过现场试验确定其适用性。北京某工程卵石粒径不大于 60mm，卵石层厚度不大于 4m，卵石含量不大于 30%，采用长螺旋钻施工工艺取得了成功。目前城区施工对噪声或泥浆污染要求严格，可优先选用该工法。

对遇有深厚淤泥、淤泥质土时，需提供试验确定其适用性，由于长螺旋钻中心压灌灌注成桩工艺，混合料坍落度高，桩保持自身性状的能力低，常发生严重扩径、自身断裂、桩顶下陷等事故。

桩长范围内有饱和粉土、粉细砂和淤泥、淤泥质土，当桩距较小时，新打桩钻进时长螺旋叶片对已打桩周边土剪切扰动，使土结构强度破坏，桩周土侧向约束力降低，处于流动状态的桩体侧向溢出、桩顶下沉，亦即发生所谓窜孔现象。施工时须对已打桩桩顶标高进行监控，发现已打桩桩顶下沉时，正在施工的桩提钻至窜孔土部位停止提钻继续压料，待已打桩混合料上升至桩顶时，在施桩继续泵料提钻至设计标高。为防止窜孔发生，除设计采用大桩长大桩距外，可采用隔桩跳打措施。

（3）振动沉管灌注成桩，适用于粉土、黏性土及素填土地基及对振动和噪声污染要求不严格的场地。当遇有对遇有深厚淤泥、淤泥质土时，采用大桩距、低坍落度的混合料施工方案。若地基土是松散的饱和粉土、粉细砂，以消除液化和提高地基承载力为目的的，此时应选择振动沉管打桩机施工；振动沉管灌注成桩属挤土成桩工艺，对桩间土具有挤（振）密效应。但振动沉管灌注成桩工艺难以穿透厚的硬土层、砂层和卵石层等。

（4）泥浆护壁成孔灌注成桩，适用于地下水位以下的黏性土、粉土砂土、填土、碎石土及风化岩层。特别是遇有承压水时，泥浆可使孔内外水力平衡，避免发生渗流将水泥和细骨料带走。

褥垫层材料可为粗砂、中砂、级配砂石或碎石，碎石粒径宜为 5～16mm，不宜选用卵石。当基础底面桩间土含水量较大时，应避免采用动力夯实法，以防扰动桩间土。对基底土为较干燥的砂石时，虚铺后可适当洒水再行碾压或夯实。

电梯井和集水坑斜面部位的桩，桩顶须设置褥垫层，不得直接和基础的混凝土相连，防止桩顶承受较大水平荷载。工程中一般做法见图7-37。

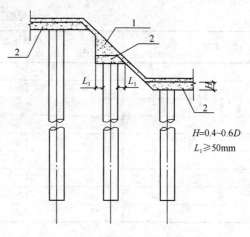

图7-37 井坑斜面部位褥垫层做法示意图
1—素混凝土垫层；2—褥垫层

$H=0.4\sim0.6D$
$L_1\geqslant50mm$

四、工程实例

1.【工程实例一】

对挤土成桩工艺，当地基土为淤泥或淤泥质土，为考察新打桩对已打桩的不良影响，在山东某工地做了现场试验。

地基土描述如下：

①素填土（Q_4^{ml}）：场区普遍分布，松散状态，湿—饱和。该层成分主要以粉砂为主，为人工近期吹填形成。该层层厚2.3～6.4m。

②粉砂（Q_4^m）：场区内普遍分布，松散状态，饱和。砂质结构不均匀，局部混淤泥质土，偶见贝壳残骸，成分以石英及长石为主。该层层厚0.3～12m。

③粉砂（Q_4^m）：仅分布于场区北侧，灰黑色，稍密-中密状态，饱和，砂质较均匀，偶见贝壳残骸，成分以石英及长石为主。该层层厚1.3～9.6m。

④淤泥（Q_4^{m+h}）：主要分布于场区南侧，灰黑色，流塑状态。土质较均匀，具腥味，偶见贝壳残骸，局部混粉砂。该层层厚4.0～13.9m。

⑤粉质黏土（Q_4^{al+pl}）：该层于场区大部分钻孔内有揭露，青灰色-褐黄色，可塑状态。土质较均匀，切面光滑，干强度及韧性中等，局部混细砂较多。该层层厚0.5～20.0m。

⑥残积土—全风化花岗片麻岩（Q_4^{el}）：该层仅在孔26号、40号、78号、99号钻孔内揭露，黄色，风化呈土状，原岩结构完全破坏，矿物成分难以辨认。该层最大揭露层厚2.0m。各层土物理力学参数见表7-38。

各层土物理力学参数 表7-38

土的物理力学指标 土层编号	重度 γ (kN/m³)	液性指数 I_L	变形模量 E_0 (MPa)	压缩模量 $E_{s0.1-0.2}$ (MPa)	内聚力标准值 c (kPa)	内摩擦角标准值 φ (°)	渗透系数 K_v (cm/s)	固结系数 C_v (cm²/s)
①吹填土	18.0*	—	6*	—	0*	22.0*	—	—
②细砂	18.5*	—	8*	—	0*	25*	6×10^{-3}*	—
③淤泥	14.1	1.58	—	1.40*	10.7 (uu)	3.2 (uu)	1.66×10^{-7}	1.69×10^{-3}
④细砂	18.0*	—	25*	—	0*	33*	3×10^{-3}*	—
⑤粉质黏土	19.6	0.36	—	5.52	35.1 (cq)	11.6 (cq)	—	—

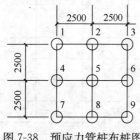

图7-38 预应力管桩布桩图

试桩布置见图7-38，共布桩径400mm的预应力管桩（型号PHC400A95）桩9根，1号～3号桩长11m；4号～6号桩长23m；7号～9号桩长27m，桩距2500mm，先打5号桩，再打其余8根桩，观测5号桩桩顶位移。试验结果如表7-39所示，对该工程条件下，选用不小于6倍桩径的桩距，挤土成桩工艺挤土效应不明显，新打桩对已打桩没有产生明显不良影响。

桩位编号	桩长(m)	最终压力(MPa)	换算压力(t)	桩顶标高(m)	施工日期	5 号桩顶标高读数
5	23	14	175	平地面	2011.12.25	1.216
2	11	11	138	平地面	2011.12.25	1.216
8	27	23	289	平地面	2011.12.25	1.216
7	27	23	289	平地面	2011.12.25	1.216
4	23	15	188	平地面	2011.12.25	1.216
1	11	12	150	平地面	2011.12.25	1.216
3	11	13	163	平地面	2011.12.25	1.216
6	23	15	188	平地面	2011.12.25	1.216
9	27	23	289	平地面	2011.12.25	1.216

2. 【工程实例二】

某建筑物地上 24 层，地下 2 层，结构形式为剪力墙结构，基础形式为箱形基础，底板面积为 927m²。场地±0.000 相当于绝对标高 38.450m，基底标高为 30.805m，地下水位标高为 31.400m。基础底面处的平均压力标准值为 450.0kN/m²。场地剖面图见图 7-39,各土层的物理力学指标见表 7-40,地基处理后要求建筑物最终沉降量控制在 50mm 以内。

土的物理力学指标统计表（平均值）　表 7-40

土层编号　　土的物理力学指标	含水量 w (%)	天然重度 γ (kN/m³)	孔隙比 e	液性指数 I_L	压缩模量 E_s (MPa)			标准贯入试验锤击数 N	重型动力触探锤击数 $N_{63.5}$	各层土承载力标准值 (kPa)
					$p_z \sim p_{z+100}$	$p_z \sim p_{z+200}$	$p_z \sim p_{z+200}$			
③粉质黏土	24.4	20.2	0.69	0.57	7.2	8.1	9.0	—	—	160
③₁重粉质黏土	32.2	18.8	0.91	0.87	4.9	5.7	6.6			120
③₂砂质粉十	22.8	20.3	0.64	0.23	20.8	23.6	26.3			220
④粉质黏土	21.8	20.6	0.61	0.33	9.0	10.3				180
④₁砂质粉土	23.5	20.1	0.65	0.37	30.5	34.6	38.1			250
④₂粉砂	—	—	—	—				36		250
⑤粉质黏土	23.6	20.2	0.65	0.49	11.1	12.2	13.2			180
⑤₁黏质粉土	17.7	21.1	0.51	0.24	20.1	22.2	24.0			250
⑥黏质粉土	22.8	20.4	0.63	0.45	18.6	20.0	—			—
⑥₁黏土	31.5	19.0	0.88	0.42	13.3	13.8	13.7			—
⑥₂砂质粉土	21.8	20.3	0.64	0.18	34.2	35.9	—			—
⑦细砂-粉砂	—	—	—	—				93		—
⑦₁砂质粉土	15.9	21.0	0.49	0.34	31.5	34.0				—
⑧卵石-圆砾	—	—	—	—					100	—
⑨重粉质黏土	28.4	19.5	0.83	0.62	17.6	18.1				—
⑨₁黏土	40.8	17.9	1.16	0.65	13.2	14.0				—

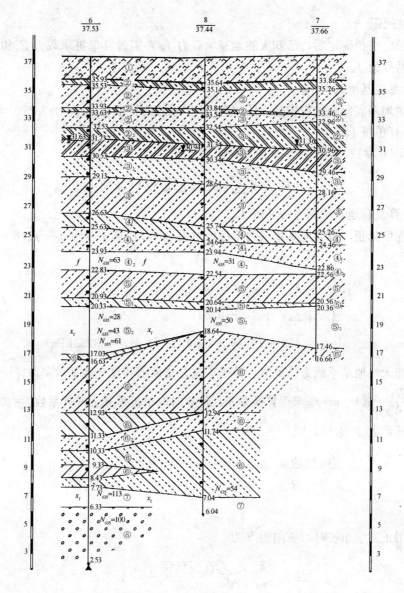

图 7-39　场地典型地质剖面图

设计：（1）桩长

由地质剖面图和土的物理力学指标可以看出，场地标高 7.0m 以下存在密实的细中砂⑦层和卵石、圆砾⑧层，层厚为 5.0m 左右，是较理想的桩端持力层。但该层埋藏较深，若选择该层作为桩端持力层，需考虑设备条件、施工难度及方案合理性。场地⑥₂层分别为砂质粉土层，压缩模量 34.2MPa，亦可作为桩端持力层。初步确定桩端落在⑥₂层，桩长为 18.5m。

（2）桩径

桩径取决于设计时所选用的施工设备。由于场地土强度较高，且存在粉土、粉砂层，不适宜采用挤土的振动沉管工艺，拟采用非挤土工艺的长螺旋钻孔管内泵压 CFG 桩施工工艺，确定桩径为 415mm。

（3）桩间距

在桩长、桩径确定后，已知天然地基承载力 f_{ak}，需计算单桩承载力 R_a 和计算复合地基承载力特征值 f_{spk}。

1）天然地基承载力 f_{ak}

建筑物地基底面在重粉质黏土③₁层，该层承载力特征值 $f_{ak}=120$kPa。

2）计算单桩承载力

由表 7-30 参数计算单桩承载力特征值得：

$$R_a = u\sum_{i=1}^{n} q_{si}l_i + q_p A_p = 670\text{kN}$$

3）计算复合地基承载力特征值 f_{spk}

考虑深度修正，复合地基承载力特征值可由 $p_k \leqslant f_a$ 和 $f_a = f_{spk} + \gamma_m(d-0.5)$ 求出，即

$$p_k \leqslant f_a = f_{spk} + \gamma_m(d-0.5)$$

$$f_{spk} \geqslant p_k - \gamma_m(d-0.5)$$

$$= 450 - 19.19 \times (6.635-0.5) = 332.3\text{kPa}$$

在已知天然地基承载力特征值、单桩承载力特征值和复合地基承载力特征值，可按式 $f_{spk} = \lambda m \dfrac{R_a}{A_p} + \beta(1-m)f_{sk}$ 求得置换率 m，计算时取单桩承载力发挥系数 $\lambda=0.8$，桩间土承载力发挥系数 $\beta=1.0$，则

$$m = \frac{f_{spk} - \beta f_{sk}}{\lambda \dfrac{R_a}{A_p} - \beta f_{sk}} = \frac{332.3 - 1.0 \times 120}{0.8 \times \dfrac{670}{\dfrac{\pi(0.415)^2}{4}} - 1.0 \times 120} \geqslant 0.055$$

当采用正方形布桩时，桩间距 S 为

$$S = \sqrt{\frac{A_p}{m}} \leqslant \sqrt{\frac{\pi(0.415)^2/4}{0.055}} = 1.57\text{m}$$

初步确定桩间距为 1.5m，此时复合地基承载力特征值 $f_{spk}=350.7$kPa。

（4）变形验算

最终变形量按下式进行计算：

$$s = \psi_s \left[\sum_{i=1}^{n_1} \frac{p_0}{\zeta E_{si}} (z_i \bar{\alpha}_i - z_{i-1} \bar{\alpha}_{i-1}) + \sum_{i=n_1+1}^{n_2} \frac{p_0}{E_{si}} (z_i \bar{\alpha}_i - z_{i-1} \bar{\alpha}_{i-1}) \right]$$

式中 s——地基最终变形量（mm）；

ψ_s——沉降计算经验系数；

n_1——加固区范围内土层分层数；

n_2——沉降计算深度范围内土层总的分层数；

p_0——对应于荷载效应准永久组合时的基础底面处的附加压力（kPa）；

ζ——加固区土的模量提高系数，$\zeta = \dfrac{f_{\text{spk}}}{f_{\text{ak}}}$；

E_{si}——基础底面下第 i 层土的压缩模量，应取土的自重压力至土的自重压力与附加压力之和的压力段计算；

z_i，z_{i-1}——基础底面至第 i 层土、第 $i-1$ 层土底面的距离（m）；

α_i，α_{i-1}——基础底面计算点至第 i 层土、第 $i-1$ 层土底面范围内平均附加应力系数。

在变形计算时，由式 $p_0 = p - r_{\text{m}}d$ 确定基底平均附加压力 p_0：

$$p_0 = p - r_{\text{m}}d = 450 - 19.19 \times (37.44 - 30.805) = 322.7 \text{kPa}$$

由于已知条件没有给出固结试验的 e-p 曲线，压缩模量可近似地根据实际压力区间取表 7-40 中的模量。

在计算模量提高系数时，复合地基承载力特征值应取试验值，这里近似地取计算值，模量提高系数为

$$\zeta = \frac{f_{\text{spk}}}{f_{\text{ak}}} = \frac{350.7}{120} = 2.92$$

计算得该建筑物的最大变形量为 33.5mm，可见变形计算结果满足 50mm 的要求。

（5）桩身强度

桩身强度按下式计算：

$$f_{\text{cu}} \geqslant 4\frac{\lambda R_a}{A_p}\left[1 + \frac{\gamma_{\text{m}}(d-0.5)}{f_a}\right]$$

$$= 4 \times \frac{0.8 \times 670}{\dfrac{\pi(0.415)^2}{4}}\left[1 + \frac{19.19 \times (6.635 - 0.5)}{468.4}\right] = 19.84 \text{MPa}$$

计算得桩体试块抗压强度平均值应满足 $f_{\text{cu}} \geqslant 19.84$MPa，许多地区习惯用混凝土强度等级表征桩体强度，取 CFG 桩桩体强度等级为 C20。

（6）褥垫层厚度

根据规范要求，褥垫层厚度宜取（0.4～0.6）倍桩径，确定褥垫层厚度为 200mm。

（7）布桩

在上述参数确定后，可进行布桩，布桩时需考虑的因素较多，在这里可近似地根据等间距进行布桩，确定理论布桩数 $n = \dfrac{A}{S^2} = \dfrac{927}{1.5 \times 1.5} = 412$ 根，实际布桩数要比理论布桩多，实际布桩数为 431 根。

（8）加固效果及评价

该工程施工完毕后，业主委托有资质的专业检测单位对 CFG 桩进行了静载荷试验检测和低应变检测。随机抽取了 2 根桩进行单桩静载荷试验，检测结果见图 7-40 和表 7-41。

单桩试验结果　　　　　　　　　　　　　　　　　　　　　　　表 7-41

桩号	最大加载量	对应单桩最大加载量时的沉降（mm）	单桩使用荷载（kN）	对应单桩使用荷载时的沉降（mm）
37 号	1000kN	4.5	460	1.5
407 号	1000kN	6.0	460	2.9

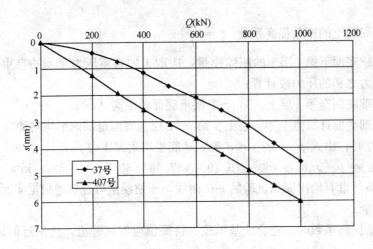

图 7-40 CFG 桩单桩 $Q\text{-}s$ 曲线

根据单桩荷载试验结果，确定的复合地基承载力均满足设计要求。

对该建筑物 CFG 桩低应变检测抽检了 10%，结果表明全部为 I 类桩，不存在桩身明显缩颈或离析缺陷的 III 类桩。

业主委托专业的测量单位对该建筑物进行了沉降观测，在该建筑物四周布置了 8 个观测点，内部布置了 2 个观测点，建筑物封顶时沉降观测最大值为 18.8mm，最小值 6.5mm，平均值为 13.4mm，预计该建筑物最终沉降量将在 50mm 以内，地基处理是成功的。

参 考 文 献

[1] 闫明礼，张东刚. CFG 桩复合地基技术及工程实践(第二版). 北京：中国水利水电出版社，2006
[2] 闫明礼，杨军. CFG 桩复合地基的褥垫技术. 地基处理，1996，7(3)
[3] 闫明礼等. 复合地基的复合模量分析. 建筑科学. 2004，(4)
[4] 闫明礼等. 刚性桩复合地基应用的几个误区. 岩土工程界，2007，(2)
[5] 佟建兴，闫明礼等. CFG 桩复合地基承载力的确定. 土木工程学报，2005，(7)
[6] 孙训海等. 基础刚度对刚性桩复合地基桩土荷载分担比的影响. 岩土工程学报，2010，(6)
[7] 闫明礼，李春灵. 有边载条件下 CFG 桩复合地基性状. 地基处理，2000，(9)
[8] 雷晓雨等. 中心受压独立基础下 CFG 桩复合地基设计. 建筑结构，2011，(5)

第八节　柱锤冲扩桩复合地基

一、技术的发展概况

柱锤冲扩桩复合地基是采用起吊设备将细长柱锤提高到一定高度自由下落冲孔，然后分层填料分层冲扩夯实形成的增强体与桩间土形成的复合地基。

在 1994 年以前，该技术主要用于浅层松软土层（≤4m），桩身填料主要是渣土或 2：8 灰土，建筑物多为 4～6 层砖混住宅。主要在河北省沧州、衡水地区及山东、河南等地应用，加固机理以挤密为主。

20 世纪 90 年代中期引进天津，多用于沟、坑、洼地、水塘等松软土层或杂填土等地基的处理。为解决坍孔及提高地基处理效果，对成孔工艺及桩身填料进行改进，开发出复打成孔及套管成孔新工艺。借鉴生石灰桩的加固机理，在桩身填料中加入生石灰（即《建筑地基处理技术规范》JGJ 79—2002 中的碎砖三合土），实践证明加固效果良好，加之造价较低，因此被广泛使用。仅天津市华苑居住区就达 40 万 m² 建筑面积。其加固机理主要是置换及生石灰的水化胶凝反应。

2000 年以后，由于市场形势变化，柱锤冲扩桩在原有基础上开始向深、强方向发展。桩身填料除了渣土、碎砖三合土及灰土以外，也开始采用级配砂石、水泥土、干硬性水泥砂石料、低标号混凝土等。除建筑工程外，公路工程地基处理、堆场等也开始采用这一地基处理方法。

近几年来，柱锤冲扩桩应用领域进一步扩大。工程实践表明，柱锤冲扩挤密灰土（土）桩可用于湿陷性黄土地区。北京周边地区可采用柱锤冲扩挤密砂石桩消除砂土液化，效果良好。在山区不均匀地基处理中，柱锤冲扩桩法也得到了广泛应用。

柱锤冲扩设备的另一个用途，对于在建筑垃圾或生活垃圾等杂填土地基中进行桩基础施工并遭遇成孔困难时，柱锤冲扩设备可以预成孔或称为引孔，非常有效。

柱锤冲扩桩法一般用无导向柱锤冲孔，起吊柱锤设备一般为轮胎式起重机，柱锤一般质量 1～8t，长 2～6m。一般用于深度不大于 6m 的浅层地基处理。近十年在机具、设备和填料等方面有很大发展，如下所述：

1. 柱锤

目前生产上采用的柱锤质量已由原来的 1～8t 增加至 10～15t，处理深度也超过 6m。柱锤形式多样，尖锥形柱锤（形式可为尖锥形、截锥形或半圆形）更适用于较硬土层、有硬夹层或大块粗骨料的地基土中，圆形凹底杆状柱锤一般在软土地基中使用。常用柱锤类型见表 7-42。

常用柱锤类型　　　　　　　　　　　　　　　　　表 7-42

序号	规　格			锤底形状	锤底静压力（kPa）
	直径（mm）	长度（m）	质量（t）		
1	325	2～6	1.0～4.0	凹底或平底	120～480
2	377	2～6	1.5～5.0	凹底或平底	134～447
3	500	2～6	3.0～9.0	凹底或平底	153～459

柱锤可用钢材制作或用钢板作外壳内部浇筑混凝土制成，也可用钢管作外壳内部浇铸铁制成。为了适应不同工程的要求，钢制柱锤可制成装配式，由组合块和锤顶两部分组成，使用时用螺栓连成整体，调整组合块数（一般 0.5t/块），即可按工程需要组合成不同质量和长度的柱锤。

锤型选择应按土质软硬、处理深度及成桩直径经试成桩后加以确定。

2. 起吊机具

由于柱锤质量和落距的增加，起重机起吊能力随之不断增加。目前，生产上使用的起重设备除起重量较小的轮胎式起重机外，履带式起重机凭借重心低、稳定性好、行走方便、起重能力大等优点，现已广泛使用，其常用起重量为15t、20t、25t、30t、50t；此外，也可采用专用三角起重架或龙门架作为起重设备；为增加机械设备的起重能力和提升高度、防止自动脱钩落锤时臂杆回弹，也可采用加钢辅助人字桅杆或龙门架的方法。

3. 多功能柱锤冲扩桩机

由沧州某公司和河北工业大学联合研制的多功能冲扩桩机，如图7-41所示。整机为液压步履式（分为前置式及中置式），可完成柱锤冲扩、沉管及螺旋钻取土等作业，配有长螺旋取土钻头及振动装置。

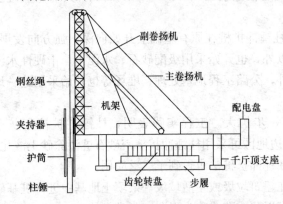

图 7-41　前置式多功能冲扩桩机示意图

冲孔过程中坍孔不严重时，可利用钢丝绳起吊柱锤完成冲孔及填料夯扩。必要时可利用护筒导向及孔口防护。在地下水位以下或冲孔过程中坍孔严重时，可采用跟管成孔，即：一边用柱锤冲孔一边下压护筒（分液压抱压式及绳索式加压），以防止孔壁坍塌。成桩时边提护筒边填料冲扩成桩。当遇到硬夹层或为防止冲孔产生挤土造成地面发生隆起时，也可换上螺旋钻头先引孔再冲扩成桩。

4. 桩身填料

随着改革开放的飞速发展，旧城改造拆除砖房的数量不断减少，柱锤冲扩桩的桩身填料发生了很大的变化，如级配砂石、矿渣、灰土、水泥土、土夹石或干硬性混凝土已成为常用桩身填料。北京周边地区采用柱锤冲扩挤密砂石桩，处理砂土液化，深度达6～8m。西北地区采用柱锤冲扩灰土桩挤密桩间土，消除黄土湿陷性，深度达15～20m。河北地区利用干硬性水泥砂石料及干硬性水泥土柱锤冲扩成桩也取得了成功，桩身直径可达0.6m，处理深度可达10～20m。表7-43为部分填料参考配比。

柱锤冲扩桩桩身填料配合比

表 7-43

填料	碎砖三合土	级配砂石	灰土	水泥混合土	水泥砂石料（或干硬性混凝土）	土夹石	二灰
配合比	生石灰：碎砖：黏性土＝1：2：4（体积比）	石子：砂＝1：(0.6～0.9)或土石屑（$d<2mm$不宜超过总重的50%，$C_u>5$)	消石灰：土＝1：(3～4)（体积比）	水泥：土＝1：(5～9)（体积比）	水泥：骨料＝1：(5～10)（重量）；骨料＝砂：碎石＝1：(2～3)（重量）；骨料也可用土石屑	其中碎石含量不小于50%（重量比）	生石灰：粉煤灰＝1：2～1.5：1（体积比）

注：根据柱锤冲扩桩受力特点，当桩身采用散体材料时，可在上部桩身改用粘结性材料或加入少量水泥。

河北省工程建设标准《柱锤冲扩水泥粒料桩复合地基》DB13（J）/T 115—2011 中，其复合地基桩身填料采用干硬性水泥砂石料等粘结性材料，桩长可达 10～20m，单桩承载力约 500～1500kN，复合地基承载力可达 150～300kPa。对于有粘结的桩身材料，施工顺序应注意以下几点：

（1）对密集桩群，一般采用横移退打，自中间向二个方向或向四周对称施工；

（2）当一侧毗邻建筑物时，由毗邻建筑物向另一个方向施打；

（3）为防止成孔及填料冲扩对邻桩的不利影响，可采用隔行跳打，并在施工中做好观测工作，如发现邻桩位移及桩顶上浮较大时，应调整设计施工参数。

需要说明的是，干硬性混凝土作为填料的一种，并没有在本次规范修订的条文中给出，主要考虑它是有粘结强度增强体的类型，只是用柱锤的施工工艺冲击成孔成桩，设计计算应按照 7.7 节相关规定执行。本节的设计计算是以散体桩增强体为主的。

二、加固机理

1. 冲孔时的侧向挤密：

对于非饱和的黏性土、松散粉土、砂土、填土以及达到最优含水量的黏性土，挤密效果最佳。当土的含水量偏低，土呈坚硬状态时，有效挤密区减小；当含水量过高时，由于挤压引起超孔隙水应力，土难以挤密，提锤时，由于应力释放，易出现缩颈甚至坍孔。

2. 冲孔及填料夯击的孔内强力夯实。

3. 填料冲扩对桩间土的二次挤密作用及镶嵌作用：

一般散体材料挤密桩的桩间土挤密主要发生在成孔过程中的横向挤密。当被加固的地基土软硬不均时，在相同夯击能量及填料量情况下成桩直径会有很大不同。土软部分成桩直径增大，且会有部分粗骨料挤入桩间土，使桩身与桩间土镶嵌咬合、密切接触，共同受力。

三、设计、施工和检测

1. 设计

（1）处理范围和深度的调整

处理范围应大于基底面积：对一般地基，在基础外缘应扩大（1～3）排桩，且不应小于基底下处理土层厚度的 1/2；对可液化地基，在基础外缘扩大的宽度，不应小于基底下可液化土层厚度的 1/2，且不应小于 5m。柱锤冲扩桩处理地基深度不宜大于 10m。

（2）桩间距的调整

桩位布置宜为正方形和等边三角形，桩距宜为 1.2～2.5m 或取桩径的（2～3）倍。

（3）褥垫层的要求

桩顶部应铺设 200～300mm 厚砂石垫层，垫层的夯填度不应大于 0.9。对湿陷性黄土，垫层材料应选用灰土。

（4）桩间土 f_{sk} 确定

加固后桩间土承载力特征值 f_{sk} 应根据土质条件按当地经验取值或经现场对比试验确定；当天然地基承载力特征值 f_{ak} 小于 80kPa 时，可取 $f_{sk}=（1.1～1.3）f_{ak}$；无经验的地区也可依据桩间土动力触探击数平均值（$\overline{N}_{10}$ 或 $\overline{N}_{63.5}$）参考表 7-44 确定。

桩间土 f_{sk} 确定						表 7-44
$\overline{N}_{10}$	8	10	15	20	30	40
f_{sk} （kPa）	70	80	100	120	130	140
$\overline{N}_{63.5}$	2	3	4	5	6	7
f_{sk} （kPa）	80	110	130	140	150	160

注：1. 计算 $\overline{N}_{10}$ 及 $\overline{N}_{63.5}$ 时去掉 10% 的极大值和极小值，当触探深度大于 6m 时，$N_{63.5i}$（N_{10i}）应乘以 0.9 折减系数；

2. 对于杂填土及淤泥质土，表中 f_{sk} 应乘以 0.9 折减系数；

2. 施工

针对本方法处理的地基一般为松散的填土地基，柱锤冲扩夯击能量较大，由于表层土的上覆压力较小，因此地表 1~1.5m 范围土质不仅没有夯击密实，反而振松了，造成桩间土和增强体上部均为疏松状态，一般可以通过预留较厚的保护土而后挖除解决这个问题，但有时工作量较大，如果保护土预留 500mm，则宜在地基处理施工结束后采用振动压路机进行碾压，会得到较好的效果。

3. 检测

本次规范修订注重地基处理后的均匀性的评价上，目的是控制地基处理的质量和保证地基处理的长期效果。

四、工程实例

【工程实例一】　柱锤冲扩碎石桩

1. 工程概况：

北京某小区 B-14 别墅和相邻的 2 号车库，别墅地下两层，地上 3 层，车库地下一层，比别墅基础高 2m。在地质勘察报告中发现，其地基存在一个形状不规则的最大深度 8.9m 的填土坑，填土坑以外为原状土，填土为素填土，局部少量建筑垃圾，剖面见图 7-42。

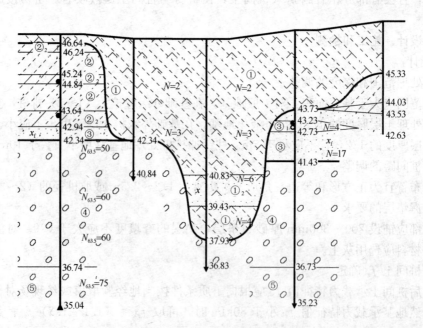

图 7-42　填土坑地质剖面图

上部结构设计单位提出要求：

（1）地基处理后地基承载力特征值不小于130kPa；

（2）建筑物最大沉降不大于50mm；

（3）建筑物任意两点最大沉降差不大于0.1％。

2. 工程地质情况

根据地质勘察报告，地层按其成因年代划分为人工堆积层、新近沉积层及第四纪沉积层三大类，并按地层岩性及其物理力学性质指标进一步划分为5个大层及亚层，现分述如下：

表层为厚度约0.40～2.50m（局部4号、补1号及补5号孔附近人工堆积层厚度为3.50～8.90m）的人工堆积之砂质粉土素填土、黏质粉土素填土①层、房渣土①$_1$层及细砂填土①$_2$层。

人工堆积层以下为新近沉积之砂质粉土②层，粉砂、细砂②$_1$层及粉质黏土、黏质粉土②$_2$层；细砂、粉砂③层及砂质粉土③$_1$层；

新近沉积层及局部人工堆积层以下第四纪沉积之卵石、圆砾④层，卵石⑤层。

地勘报告指出，地层中的填土坑深度较大（最大深度可达约8.90m），坑内人工回填土成分较杂乱，土质疏松、压缩性高，力学性质很差，未经处理无法作为本工程建筑物的直接持力层。

3. 地基处理设计

根据规范第7章第7.8.4条第7款，初步设计按照下式估算地基承载力：

$$f_{spk} = [1 + m(n-1)]f_{sk}$$

式中　f_{spk}——复合地基承载力特征值，设计要求不小于130kPa；

　　　f_{sk}——处理后桩间土承载力特征值，取80kPa；

　　　n——复合地基桩土应力比，取4；

　　　m——置换率，等边三角形布桩$m=0.209$，桩径600mm，桩间距1.25m。

计算得复合地基承载力特征值大于130kPa，满足设计要求。

布桩扩出基础边三排桩，桩长需达到原状土。桩身填料为级配碎石。

4. 地基处理检测

B-14别墅和2号车库分别做了3台，试验数据见表7-45。

载荷试验结果

表7-45

	试验最大荷载（kPa）	试验累计沉降量（mm）	130kPa对应的沉降量（mm）	复合地基承载力特征值（kPa）
车库29号桩	260	11.44	3.24	≥130kPa
车库85号桩	260	10.28	2.81	
车库93号桩	260	11.12	2.90	
别墅116号桩	260	11.19	3.17	≥130kPa
别墅66号桩	260	11.52	3.22	
别墅189号桩	260	10.58	2.87	

另外现场对桩间土还采用轻便触探进行了检验，击数30~50，挤密效果明显。

5. 沉降观测情况

结构施工中的沉降观测结果为，最大沉降小于14mm，地基处理效果很好。现该别墅的精装修已完成并交付使用。

【工程实例二】 天津福东北里地基处理工程——柱锤冲扩碎砖三合土桩

1. 工程及地质概况

该工程为天津市福东北里住宅小区三期经济适用房工程。该场区原为砖厂取土坑，后为养鱼池，坑深4~5m左右。底部冲填黏土及粉质黏土，局部含粉煤灰，上部为施工前刚刚填筑的饱和软黏土（局部为杂填土）。因填土时未采取抽水措施，所以土中含水量很大，局部尚有冰夹层。拟建物为六层砖混住宅，采用柱锤冲扩三合土桩复合地基，条形基础或筏片基础。场区地层岩性特征见表7-46。

福东北里地层岩性特征　　　　　　　　　　　　　　表7-46

成因年代	层号	层面埋深(m)	层面标高(m)	厚度(m)	岩性	土质特征及说明
人工填土	①	—	3.19~4.28	3.0~5.4	新填土及冲填土，局部为素填土	该层上部为新近黏性素填土，黄褐色-灰褐色，属欠固结高压缩性土，下部0.6~2.2m厚为灰褐-黑灰色冲填土，属高压缩性土，局部中部夹冰层0.3m厚，为冬季填土所致。局部为粉煤灰冲填土
上部陆相沉积层	②	3.0~5.4	0.77~1.35	0.0~1.5	粉土及粉质黏土	灰褐-灰黄色，可塑，中压缩性，$f_{ak}=125\text{kPa}$
海相沉积层	③	4.2~5.4	−0.21~1.35	9.5~10.6	粉质黏土夹淤泥质土及粉土	灰色，软可塑，中压缩性土。$f_{ak}=110~130\text{kPa}$，淤泥质土 $f_{ak}=85\text{kPa}$
下部陆相冲积层	④	14.0~15.2	−10.64~−1.16	4.0	粉质黏土夹粉土	浅灰-黄褐色，可塑，中压缩性土。$f_{ak}=150\text{kPa}$
下部沼泽沉积层	⑤	18.0~19.0	−14.64~−4.89	—	粉土及粉质黏土夹粉细砂	灰褐-黄褐色，可塑，中压缩性土。$f_{ak}=180\text{kPa}$

该场区一期、二期六层砖混住宅工程采用振动沉管钢筋混凝土灌注桩和深层搅拌桩处理地基。建成后一层地面及室外下沉严重，部分建筑物墙体开裂。三期住宅工程采用柱锤冲扩三合土桩处理地基，效果良好。竣工一年后沉降小于3cm，至今未见墙体开裂及地面下沉现象发生。

2. 设计及施工参数

根据试验性施工结果，柱锤冲扩桩设计桩径800mm，桩长3~5m，方格网2.0m×

2.0m 布桩，中间加桩一根，面积置换率约 $m=0.25$。桩身材料为碎砖三合土，即生石灰：碎砖：黏性土为 1：2：4。施工采用柱锤直径 380mm，长度 3.5m，质量 2.5～3.0t。每根桩的总投料量不应小于 1.5～2.0 倍桩身体积。

加固土层上部的复合地基承载力要求达到 $f_{spk} \geqslant 135kPa$，下部复合地基承载力 $f_{spk} \geqslant 120kPa$。桩身及桩间土采用重型动力触探进行检测，检测数量不少于总桩数的 2%。桩身重型动力触探击数 $N_{63.5min} \geqslant 5$，每延米 $\overline{N}_{63.5} \geqslant 8$。桩间土重型动力触探击数 $N_{63.5min} \geqslant 1 \sim 2$，每延米 $\overline{N}_{63.5} \geqslant 2 \sim 3$，或轻便动力触探击数 $\overline{N}_{10} \geqslant 10$。

3. 设计及施工建议

(1) 地基加固前，应用轻便动力触探摸清各幢号软土层厚度，以便确定具体加固深度。

(2) 建议采用边冲击边填料的成孔工艺，即边冲孔边填料直至孔底设计标高，要求孔壁直立不坍塌、不涌土。土质较好地段也可采用先冲击成孔后填料成桩工艺。正式施工前应编制出具体施工措施。

(3) 桩身填料应视软土层厚度及成孔质量灵活掌握。一般可在底部夯填碎砖形成扩大端；中部采用碎砖三合土，白灰宜用新鲜生石灰块，上部可采用 2：8 或 3：7 灰土封顶。

(4) 要求成桩终止直径大于 800mm。桩身成孔后总填料量大于 (1.5～2.0) 倍桩身体积，每延米填料量以不小于 $1m^3$ 为宜。

(5) 成桩顺序采用自中间向外逐行进行，同行之间可隔打，方格网中间桩孔最后补打。成桩过程中应随时观测地面变形情况，防止地面过分隆起并不得发生涌土及翻浆现象。

(6) 成桩后即可进行基槽开挖，槽底宜用低落距小强夯夯击 1～2 遍，然后进行质量检测。质量检测合格后方可进行下部施工。

4. 质量检验

动力触探检测结果表明，桩身及桩间土质量均达到设计要求。加固土层上部 0～1.5m 的复合地基承载力特征值平均为 171kPa，下部 1.5m～桩底的复合地基承载力特征值平均为 194kPa，满足设计要求。

5. 沉降观测结果

本工程沉降观测工作从建筑物主体砌筑开始，工程竣工业主入住后又连续观测四年，前后持续共 5 年时间。采用柱锤冲扩三合土桩条形基础的住宅在工程竣工时平均沉降量为 85.20mm，使用四年后平均沉降量为 104.57mm，此时沉降速率平均值为 0.007mm/d，已达到稳定。采用柱锤冲扩三合土桩筏片基础的住宅在工程竣工时平均沉降量为 47.17mm，使用 3 年后平均沉降量为 55.93mm，此时沉降速率平均值为 0.0035mm/d，已达到稳定。

福东北里 6 号楼 A 单元柱锤冲扩三合土桩条形基础的沉降观测曲线如图 7-43 所示，15 号楼

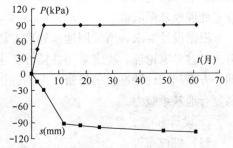

图 7-43　福东北里 6 号楼 A 单元 P-t-s 曲线

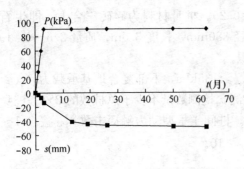

图 7-44　福东北里 15 号楼 P-t-s 曲线

柱锤冲扩三合土桩筏片基础的沉降观测曲线如图 7-44 所示。

6. 工程总结

(1) 利用柱锤冲扩桩法处理地下水位以下松软土层，该工程在天津是首例。经质量检验和沉降观测证明只要精心设计、精心施工，采用该工法是完全可行的。填料中加入生石灰块可以起到类似生石灰桩的效应；填料复打成孔很好地解决了松软土层坍孔问题，从而保证了成桩质量。

(2) 该场区部分地段用粉煤灰吹填，且夹有淤泥、建筑垃圾，土层含水丰富，根本无法成孔，最后采用多次填料复打施工工艺，桩间软土被填料置换（置换率 $m=50\%\sim100\%$）。经开挖检查，桩顶标高 1m 以下的桩体已基本连成一体，其性状已接近换填垫层。

工程实践证明，对于地下水位以下极其松软的土层，当软弱土层厚度不超过 3m 时，即便成孔困难，采用多次填料复打，用填料强行置换松软土层，柱锤冲扩桩法同样是行之有效的。

【工程实例三】　河北矾山磷矿地基处理工程——柱锤冲扩水泥砂石桩

1. 地质条件及设计要求

进行勘探、试桩时，基槽已开挖，基底以下主要分布土层如下：

②黄土状粉土：黄褐色，大孔，稍密-中密状态，稍湿，较均匀，含云母及少量角砾；可见少量植物根茎；无光泽；干强度中等，韧性差，夹砂类土薄层。层厚 15.5m 左右，分布稳定，具湿陷性，含水量 6.05%，孔隙比 0.856，$E_s=22MPa$，地基承载力特征值 $f_{ak}=160kPa$。

③碎石：灰褐色；密实状；均匀；成分多为沉积岩碎块组成，棱角状，碎石粒径 3～6cm，含量约 60%，骨架充填砂，级配差，含块石，勘探揭露厚度约 10m，$E_s=25MPa$，地基承载力特征值 $f_{ak}=300kPa$。

第②层黄土状粉土具有中等湿陷性，湿陷土层最大厚度 15.5m，单孔最大平均湿陷系数 0.031；相对湿陷量为 388mm，湿陷起始压力平均值 106kPa，根据《湿陷性黄土地区建筑规范》GB 50025—2004，该场地应按Ⅱ级非自重湿陷性场地进行设计施工。

加固后复合地基承载力不小于 280kPa，复合地基压缩模量不小于 20MPa。根据《湿陷性黄土地区建筑规范》GB 50025—2004，本工程为乙类建筑，应按规范 6.1.4 条有关规定处理地基湿陷性。

根据设计要求，所采用地基处理方法不仅要消除桩间土湿陷性，还要具有较高的承载力。经过专家论证，决定采用柱锤冲扩水泥砂石桩技术进行地基处理，实现"一桩两用"，即一方面利用柱锤冲扩的挤密效果消除桩间土的湿陷性，另一方面利用其刚性桩的特点提高复合地基承载力。

2. 设计和施工参数

(1) 桩位布置

根据成桩试验结果，取桩径 $d=450mm$，桩长 $l=12.0m$，$R_a=450kN$，按 $m=0.1$ 正

三角形布桩。

(2) 桩身填料配比

桩身填料配合主要参数：桩身水泥砂石混合料 $f_{cu} \geqslant 15\text{MPa}$，骨料采用级配砂石，采用普通硅酸盐 32.5 水泥，砂率 $\alpha_s = 0.33$，水泥掺入比 $\alpha_c = 0.1$，水灰比 $\alpha_w = 0.3$。要求桩身填料密度 ρ 不小于 2500kg/m^3。

(3) 桩身填料夯实要求

每次填料体积 0.1m^3（虚方），约 200kg。柱锤重量 3.5t，落距 3m，每次填料夯击 2~3 次，成桩厚度 0.5m，成桩直径 $d \geqslant 450\text{mm}$。

3. 施工经验

采用冲击成孔，由于处理土层含水量低，在每次落锤冲击前，将锤表面洒水湿润，以减小冲击阻力并改善桩周土的含水量。

4. 检测结果

(1) 承载力检测结果

表 7-47 列出了 8 根工程桩复合地基承载力检测结果。图 7-45 对应 $P\text{-}s$ 曲线。综合判定，复合地基承载力特征值 f_{spk} 不小于 366.8kPa，满足设计要求。

复合地基静载试验结果汇总　　　　　　　　　　　　　　表 7-47

荷载 (kPa)	沉降量（mm）									$\bar{s}/b$
	93 号	122 号	572 号	718 号	114 号	630 号	208 号	620 号	平均值$\bar{s}$	
0	0	0	0	0	0	0	0	0	0	0
104.8	0.43	0.6	0.46	0.33	0.38	0.58	0.61	0.42	0.48	0.0004
209.6	1.07	1.37	1.05	0.88	0.93	1.2	1.37	1.21	1.14	0.0009
314.4	2.16	2.21	2.15	2.27	2.14	2.02	2.99	1.82	2.22	0.0018
419.2	3.34	3.08	3.38	3.71	3.71	2.94	4.2	3.34	3.46	0.0028
524	4.69	4.54	4.94	5.19	4.85	4.67	5.57	5.68	5.02	0.0040
628.8	6.12	6.36	6.32	6.98	6.11	6.4	6.85	8.25	6.67	0.0053
733.6	7.65	8.23	7.96	9.29	7.55	8.29	8.58	10.59	8.52	0.0068
838.4	10.65	10.38	9.98	11.66	9.72	10.4	10.34	12.68	10.73	0.0086

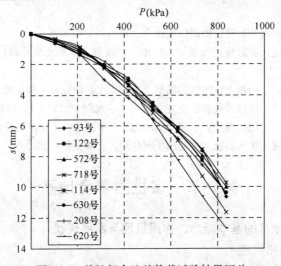

图 7-45　单桩复合地基静载试验结果汇总

（2）桩身完整性检测结果

随机抽取 123 根桩进行小应变试验，检验柱锤冲扩水泥砂石桩桩身完整性。检验结果表明，除 3 根桩由于局部缩径被判定为Ⅱ类桩外，其他 120 根桩均为Ⅰ类桩，桩身完整，部分桩存在较明显的扩径。

（3）湿陷性检测结果

检测结果表明，柱锤冲扩水泥砂石桩处理深度（12m）范围内桩间土湿陷性完全消除，达到设计要求。

（4）试成桩时桩间土检测结果

桩间土处理前后物理力学指标对比见表 7-48。

桩间土处理前后物理力学指标对比表 　　　　　表 7-48

力学指标	含水量 （%）	天然密度 （g/cm³）	干密度 （g/cm³）	孔隙比	压缩系数 （MPa⁻¹）	压缩模量 （MPa）	湿陷系数	f_{ak} （kPa）
处理前	6.05	1.51	1.43	0.856	0.085	22.1	0.031	160
处理后	5.5	1.71	1.61	0.659	0.09	19.7	0.006	200
改善幅度	−8.5%	13%	13%	−23%	5.9%	−10%	−80%	25%

试验结果表明采用柱锤冲扩水泥砂石桩处理后桩间土的物理力学指标均有不同程度的提高，湿陷性基本消除，孔隙比减小；干密度增大，桩间土的挤密效果显著，由于检测工作在试桩完成后 3 天就开始进行，桩间土的结构强度尚未恢复，桩间土压缩性指标有所降低。

5. 工程总结

本工程采用冲击成孔、分层填料工艺顺利成桩，桩间土湿陷性消除，地基承载力明显提高。工程应用结果表明柱锤冲扩水泥砂石桩是处理含水量低、土质坚硬湿陷性黄土地基的有效方法。

参 考 文 献

[1] 王恩远，刘熙媛. 柱锤冲扩桩法加固机理研究. 建筑科学，2008
[2] 吴迈，赵欣，王恩远，李岩峰，郭成波，杨彬. 柱锤夯实混凝土桩承载性状及施工工艺研究. 工业建筑，2010
[3] 吴迈，赵欣，王恩远，杨彬. 柱锤夯实混凝土桩施工工艺研究及工程应用. 施工技术，2010
[4] 河北省工程建设标准. 柱锤冲孔夯扩桩复合地基技术规程 DB13（J）10-97
[5] 王恩远，吴迈. 工程实用地基处理手册[M]. 北京：中国建材工业出版社，2005
[6] 安悦东，张峰. 柱锤冲扩碎石桩地基处理工程应用. 工程质量，2011

第九节　多桩型复合地基

一、多桩型复合地基的基本概念、作用机理与发展现状

1. 基本概念与作用机理

由两种或两种以上不同类型增强体或者同一类型增强体所采用的材料、工法不同，或

同类增强体相同工法采用不同长度或不同直径与桩（增强体）间土组合形成的复合地基称之为多桩型复合地基。

常用的多桩型复合地基：

（1）用于处理可液化土或软黏土地基的"碎石桩加CFG桩"复合地基、"碎石桩加水泥土桩"复合地基、"塑料排水板或砂井加水泥土搅拌桩"复合地基。

（2）用于处理湿陷性黄土的"灰土挤密桩加CFG桩"复合地基，"灰土桩加挤密CFG桩"复合地基、"灰土桩加预应力管桩"复合地基。

（3）桩端位于不同持力层的长短桩复合地基，常用的有CFG长短桩复合地基，静压长短桩复合地基。

（4）不同直径灌注桩复合地基、静压管桩复合地基。

（5）用于处理工程事故的多桩型复合地基，常用的钢筋混凝土灌注桩与水泥土桩组合的复合地基，钢筋混凝土桩与CFG桩组合的复合地基。

多桩型复合地基上作用的荷载仍然由桩与桩间土共同承担，与单一桩型复合地基的区别在于各不同型桩之间刚度的差异，使得桩、土间分担的荷载强度不同，各型桩之间分担的荷载强度亦有区别。

以可液化地基或湿陷性地基为例说明加固机理：采用振冲碎石桩与CFG桩组合成多桩型复合地基，其中振冲碎石桩不仅可以提高一定的地基承载力，减小沉降与不均匀沉降，而且能有效地消除或降低地基的液化或湿陷性，而CFG桩可以提供较大的地基承载力，以补偿地基承载力的不足。

2. 多桩型复合地基技术的发展

早期的复合地基一般为单一桩型（或增强体）的复合地基，所能解决的地基问题往往也比较单一。近年来，高层建筑的地基处理、特殊土地基问题、填土地基问题等，给地基处理提出了越来越多的要求。为充分利用和发挥桩体（增强体）对不同地基土的不同处理效果，结合工程地质特点和地基处理需求，人们开始在复合地基中采用由两种或两种以上不同类型的桩（增强体）或同一种增强体，长度或直径不同的桩（增强体）与桩间土组成的复合地基，称为多桩型复合地基。

多桩型复合地基是近年来较为活跃的热点研究和应用课题之一，在国内使用已有近20年历史，如1995年施工完成的河南新闻大厦高压旋喷水泥土桩复合地基，设计桩径600mm，设计桩长分别为长桩16m，短桩12m，长桩用于处理软下卧层进入承载力较高的砂层。该楼主体26层，竣工后沉降量小于30mm。近年来多桩型复合地基呈现更多应用的发展趋势，表现在：

（1）已处理特殊土地基如湿陷性、可液化为目标之一的多桩型复合地基得到较快发展；

（2）以静压桩为代表的小直径桩通过不同直径或不同桩长进行组合的多桩型复合地基，得到快速推广；

（3）用于处理工程事故为目的的多桩型复合地基，已成为桩基工程事故处理的重要手段之一。

二、多桩型复合地基的设计计算

基于多桩型复合地基的加固机理，目前以各增强体在复合地基中的置换率和桩间土的承载力在复合地基中的发挥情况进行计算，基本符合多桩型复合地基的作用机理，简便实用。

1. 多桩型复合地基承载力设计

基于地基土和各型桩的承载力特征值及其相应的置换率，并适当考虑各部分承载力在复合地基中的发挥情况，建立多桩型复合地基承载力特征值的计算方法。

多桩型复合地基承载力特征值应采用多桩复合地基静载荷试验确定，初步设计时可采用以下方式估算：

（1）由具有不同黏结强度的桩组合形成的多桩型复合地基

$$f_{spk} = m_1 \frac{\lambda_1 R_{a1}}{A_{p1}} + m_2 \frac{\lambda_2 R_{a2}}{A_{p2}} + \beta(1 - m_1 - m_2)f_{sk} \tag{7-44}$$

式中　m_1、m_2——分别为桩1、桩2的面积置换率；

　　　　λ_1、λ_2——分别为桩1、桩2单桩承载力发挥系数，应由单桩复合地基试验按等变形准则确定，有地区经验时也可按地区经验确定；

　　　　R_{a1}、R_{a2}——分别为桩1、桩2单桩承载力特征值（kN）；

　　　　A_{p1}、A_{p2}——分别为桩1、桩2的截面面积（m^2）；

　　　　β——桩间土承载力发挥系数；无经验时可取 0.9～1.0；

　　　　f_{sk}——处理后复合地基桩间土承载力特征值（kPa）。

（2）由具有黏结强度桩与散体材料桩组合形成的复合地基承载力特征值

$$f_{spk} = m_1 \frac{\lambda_1 R_{a1}}{A_{p1}} + \beta[1 - m_1 + m_2(n-1)]f_{sk} \tag{7-45}$$

式中　β——加固形成的复合地基桩间土承载力发挥系数；

　　　　n——加固后散体材料桩桩体应力与桩间土应力之比值；

　　　　f_{sk}——加固处理后桩间土承载力特征值（kPa）；

　　　　m_1——有黏结强度桩的面积置换率；

　　　　m_2——散体材料桩的面积置换率。

多桩型复合地基面积置换率应根据基础面积与该面积范围内实际的布桩数进行计算，当基础面积较大或条形基础较长时，也可以单元面积置换率替代。单元面积计算模型如图7-46 所示。

当按图 7-46（a）布桩时，$m_1 = \dfrac{A_{p1}}{2S_1 S_2}$，$m_2 = \dfrac{A_{p2}}{2S_1 S_2}$；

当按图 7-46（b）布桩且 $S_1 = S_2$ 时，$m_1 = \dfrac{A_{p1}}{S_1^2}$，$m_2 = \dfrac{A_{p2}}{S_1^2}$。

2. 多桩型复合地基变形计算

多桩型复合地基沉降变形，可将复合地基的沉降以复合土层与下卧土层沉降分别计算后相加得到，其中复合土层的变形计算可能采用的方法有假想实体法、桩身压缩法、应力扩散法、有限元法等，下卧土层的沉降计算一般采用分层总和法。理论研究与实测表明，大多数复合地基的沉降变形计算的精度取决于下卧土层的变形计算精度，在沉降计算经验

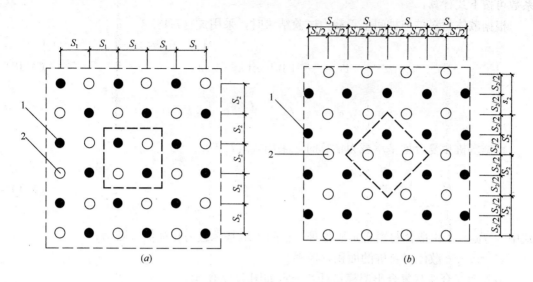

图 7-46　多桩型复合地基单元面积计算模型

(a) 矩形布桩；(b) 三角形布桩

1—桩 1；2—桩 2

系数确定后，复合土层底部作用在天然地基顶面附加应力的计算取值是关键。该附加应力随上述复合地基沉降计算的方法不同而存在较大的差异，即使采用如应力扩散法的一种方法，也因应力扩散角的取值不同计算结果不同。对多桩型复合地基，复合土层变形及下卧土层顶面附加应力的计算将更加复杂。

工程实践中，多桩复合地基承载力特征值 f_{spk} 可由多桩复合地基静载荷试验确定，但由其中的一种桩处理形成的复合地基承载力特征值 f_{spk1} 的试验，对已施工完成的多桩型复合地基而言，具有一定的难度，有经验时可采用计算结果代替。

本次修订提出的计算方法虽在理论假定上不完善，但计算简单，具有可操作性。

多桩型复合地基变形计算可按规范第 7.1.8 条规定确定，复合土层的压缩模量可按下面计算：

(1) 有黏结强度增强体的长短桩复合加固区、短桩桩端至长桩桩端加固区土层压缩模量提高系数分别按下式计算：

$$\zeta_1 = \frac{f_{spk}}{f_{ak}} \qquad (7\text{-}46)$$

$$\zeta_2 = \frac{f_{spk1}}{f_{ak}} \qquad (7\text{-}47)$$

式中　f_{spk1}、f_{spk}——分别为仅由长桩处理形成复合地基承载力特征值和长短桩复合地基承载力特征值（kPa）；

ζ_1、ζ_2——分别为长短桩复合地基加固土层压缩模量提高系数和仅由长桩处理形成复合地基加固土层压缩模量提高系数；

(2) 对由有黏结强度的桩与散体材料桩组合形成的复合地基加固区土层压缩模量提高

237

系数可按下式计算：

根据散体材料桩与桩间土承载力试验结果时，采用式（7-48）

$$\zeta_1 = \frac{f_{spk}}{f_{spk2}}[1 + m(n-1)]\alpha \qquad (7\text{-}48)$$

$$\alpha = f_{sk}/f_{ak}$$

根据多桩型复合地基承载力估算时，采用式（7-49）

$$\zeta_1 = \frac{f_{spk}}{f_{ak}} \qquad (7\text{-}49)$$

式中　f_{sk2}——由散体材料桩加固处理后桩间土地基承载力特征值（kPa）；

　　　m——散体材料桩的面积置换率。

多桩型复合地基复合土层模量计算图示如图 7-47 所示。

3. 多桩型复合地基承载力试验要求

多桩型复合地基的承载力试验应按以下要求进行：

(1) 设计时，多桩复合地基的荷载板尺寸原则上应与计算单元的几何尺寸相等，当采

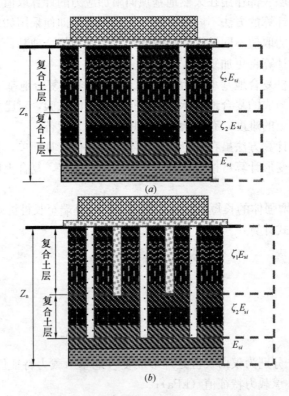

图 7-47　多桩型复合地基复合土层模量计算

(a) 仅有长桩（或具有黏结材料增强体桩）的复合地基；

(b) 短桩（或散体材料增强体）与长桩（或具有黏结材料增强体桩）共同处理的复合地基

238

用多桩复合地基试验确有困难、而有地区经验时，也可采用增强体单桩试验与桩间土静载荷试验结果结合经验确定。

（2）竣工验收时，多桩型复合地基承载力检验应采用多桩型复合地基静载荷试验和单桩静载荷试验，检验数量不得少于总桩数的1%。

（3）多桩复合地基荷载板静载荷试验的数量对每一单体工程不得少于三点。

（4）增强体施工质量检验对每一桩型的检验数量不应少于其桩数的2%，对具有黏结强度的增强体的完整性检验数量不应少于其桩数的10%。

4. 其他技术要求

（1）多桩型复合地基单桩承载力采用规范第7.1.5条规定估算时，应对施工扰动敏感的土层，考虑后施工桩对已施工桩的单桩承载力的折减。

（2）多桩型复合地基的布桩宜采用正方形或三角形间隔布置，刚性桩可仅在基础范围内布置，其他增强体桩位布置应满足液化土地基、湿陷性黄土地基对不同性质土处理范围的要求。

（3）关于垫层设置要求

多桩型复合地基垫层设置，对刚性长短桩复合地基宜选择砂石垫层，垫层厚度宜取对复合地基承载力贡献较大增强体直径的1/2；对刚性桩与其他材料增强体桩组合的复合地基，宜取刚性桩直径的1/2；对未要求全部消除湿陷性的黄土，宜采用灰土垫层，其厚度宜为300mm。

根据近年来复合地基理论研究的成果，复合地基的垫层厚度与增强体直径、间距，桩间土承载力发挥度要求，复合地基变形控制严格程度等有关，褥垫层过厚会形成较深的负摩阻区，影响复合地基增强体承载力的发挥；褥垫层过薄不利于复合地基的水平受力，同时影响复合地基桩间土承载力的发挥。考虑垫层材料颗粒的可滑动性，厚度一般为增强体直径的1/2，并应具有良好级配。

三、工程实例

1. 高层建筑采用管桩多桩型复合地基的工程实例

（1）工程概况

郑州国贸中心由五栋100m高层建筑及一栋7层商业建筑组成的建筑群，总建筑面积50万m²，基础埋深约12m，地下二层与各高层建筑地下室连通组成大底板地下空间。

整个场地三面环路，东南角为一小区，有5层住宅楼3栋，7层住宅楼1栋及18层保险公司大楼，西北角为居民区，有5栋4~7层老住宅楼，西邻为办公楼及生活区。周边住宅楼共17栋，距离小于15m。除18层大楼采用桩基础、西侧一住宅楼采用水泥土桩复合地基外，大多数为天然地基混凝土条形基础或砖基础，个别为天然地基混凝土筏基，环境条件十分复杂。

1）地层情况

地下室基础标高以上土层为郑州地区典型软土，粉土与粉质黏土的交互层，底板标高处为第④层粉土，以下为第⑤层粉质黏土与粉土互层、第⑥层粉土层，第⑦层细砂层，埋深在自然地面以下约17~19m，厚度10~12.50m，为复合地基和桩基的理想持力层。地基各层土承载力及模量见表7-49、表7-50。

地基土承载力特征值表　　　　　表 7-49

层 号	②	③	④	⑤	⑥	⑦	⑧	⑨	⑩	⑪	⑫	⑬	⑭	⑮
f_{ak}（kPa）	120	100	140	120	180	250	280	300	300	300	300	300	320	360

地基土压缩性评价表　　　　　表 7-50

层 号	②	③	④	⑤	⑥	⑦	⑧	⑨	⑩	⑪	⑫	⑬	⑭	⑮
压缩模量 E_s（MPa）	7.0	5.6	10.8	6.3	16.0	25.0	11.2	11.5	11.7	12.0	10.6	22.0	12.5	12.5
压缩性评价	中	中	中	中	低	低	中	中	中	中	中	低	中	中

2）地下水

地下水位埋深为 4.30～4.8m，18m 以上为孔隙潜水，18m 以下的细砂层为微承压水，场地水 pH 为 7.15～7.18，对钢结构具弱腐蚀性，对钢筋混凝土中的钢筋具弱腐蚀性。

3）场地地基为稳定、均匀地基。

（2）地基方案比较与选择

通过复合地基与桩基方案的比较与论证，认为地基处理采用刚性桩复合地基或预应力管桩基础较为经济。

本工程若采用预应力管桩复合地基或预应力管桩桩基，均应考虑管桩施工对周围环境的影响，根据规范基本规定第 3 条第 1 款的规定，当地基或基础方案对周围环境可能造成影响时，可考虑采用两种或两种以上方法处理地基；或者采用减少挤土效应和降低孔隙水压力的措施。

根据上述规定和计算分析，地基基础的方案可在刚性桩复合地基、组合桩复合地基、预应力管桩基础三种情况中选择。相比较而言，组合桩复合地基在经济指标、工期等方面具有一定优势。

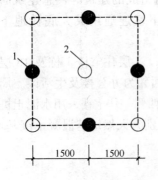

图 7-48　复合地基单元
增强体布置
1—400mm 直径管桩；
2—300mm 直径管桩

地基处理施工，当采用长短桩复合地基方案时，应先施工静压桩后施工 CFG 桩。

可先进行地基处理（桩基）施工，再进行围护结构施工。也可同时或部分同时施工。但当采用（或部分采用）PHC、CFG 桩施工方案时，应先施工止水帷幕再施工 PHC、CFG 桩。

（3）实施方案

考虑造价与工期，决定采用管桩复合地基方案，为减小压桩对周围环境的影响，选用了 400mm 与 300mm 混合的 PHC 桩复合地基方案（图 7-48）。设计桩间距 1500mm，方形布置，总用桩量 10000 余根。工程于 2006 年开工建设，2008 年建成交付使用，施工开挖情况见图 7-49，应用情况及效果

(a)　　　　　　　　　　　　　(b)

图 7-49　复合地基开挖现场照片

见表 7-51。

预应力管桩复合地基应用情况　　　　　　　　　表 7-51

楼　号	1 号	2 号	3 号	4 号	5 号
建筑层数	30	29	30	29	29
桩间距（mm）	1500	1500	1500	1500	1500
桩长（m）	10	10	10	10	10
桩径（mm）	400	400/300	400/300	400/300	400/300
单桩抗压承载力特征值（kN）	1200	1200/720	1206/700	1200/723	1200/720
单桩抗拔承载力特征值（kN）	800	800	800	800	800
平均桩侧阻力特征值（kPa）	63	63	63	63	63
主体结构封顶沉降实测结果（mm）	21.69	—	18.97	20.82	20.06

（4）技术效果与经济效益

1）高层建筑基础沉降变形

采用不同桩径进行复杂条件下的地基处理，与同桩径相比，对周围环境的影响较小，施工结束时周边建筑物最大沉降 12mm。高层建筑结构封顶时沉降小于 25mm，收到很好的技术效果。经济比较结果表明，该技术方案较为经济。

2）基坑周围建筑与环境变形

基坑及环境监测结果表明，基坑水平位移均小于 25mm。

3）本工程采用 $L=10m/400$ 型 PHC 管桩、筏板基础与 $L=20m/d=600mm$ 直径灌注桩、筏板基础相比，可以节省桩基工程造价 50%、基础工程造价的 25%；采用 $L=10m/400$、300 型 PHC 管桩复合地基与 $L=10m/400$ 型 PHC 管桩、筏板基础相比，可以节省桩基工程造价的 15%。

（5）结论

1）采用小直径的 PHC 桩复合地基进行高层建筑地基处理，减小了因打桩的挤土效应和孔隙水压力上升对建筑物地基土强度的降低，有效减低打桩施工对基坑周围建筑环境的影响。

2）除技术可行、质量可靠外，与灌注桩相比可以节省基础工程造价 25%，与管桩基础相比可以节省桩基工程造价 15%，具有较好的技术经济效益。

2. 湿陷性黄土地区采用多桩型复合地基处理的工程实例

(1) 工程概述

洛阳某小区高层住宅，地下一层，五级人防地下室，地上 18 层，建筑高度 55.2m，东西向长 37.8m，南北向宽 35.0m。主体设计为短肢剪力墙结构，钢筋混凝土梁筏基础，基底埋深 6.0m。

(2) 场地工程地质

建筑场地地貌单元属洛河Ⅱ级阶地后缘，自然地形较平坦，室外地面标高 159.2m，场地土层结构及各层土的物理力学指标见表 7-52。场地稳定地下水位埋藏于地下第⑬层粉砂及第⑭层卵石中，即 −28.7～−29.6m，埋藏较深，地下水类型为孔隙潜水。

土层结构及各土层的物理力学指标　　　　表 7-52

土层名称	层厚 (m)	层底深度 (m)	状态描述	天然含水量 w (%)	天然孔隙比 e	压缩模量 $E_{s0.1-0.2}$ (MPa)	湿陷系数 δ_s	承载力特征值 f_{ak} (kPa)
③黄土状粉质黏土	3.5～3.9	6.5～8.1	可塑，具湿陷性	20.6	0.959	4.02	0.039	155
④黄土状粉质黏土	2.5～3.60	9.8～11.	可塑，具湿陷性	22.4	0.978	5.66	0.03	140
⑤、⑥黄土状粉质黏土	2.8～3.9	11.2～4.5	可塑-硬塑，具湿陷性	23.5～18.6	0.828～0.90	8.25～10.27	0.023～0.029	160～175
⑦黄土状粉土	0.7～1.4	14.3～5.8	稍密，具湿陷性	20.3	0.926	7.79	0.029	155
⑧黄土状粉质黏土	3.6～4.2	18.5～9.5	可塑	24.6	0.881	13.24	0.01	155
⑨黄土状粉土	2.3～2.7	20.9～1.8	稍密	28.2	0.924	11.41	0.009	145
⑩、⑪黄土状粉质黏土	4.4～5.9	24.6～27.1	可塑-硬塑	25.8～21.6	0.822～0.705	11.56～15.62	0.007～0.01	175～200 1000②
⑫黄土状粉土	0.9～2.9	27～29.5	密实	19.9	0.661	12.5	0.004	210/1100②
⑬粉砂	0.5～1.6	28.2～30.4	湿，中密					200/1000②
⑭卵石（局部夹砂）	5.1①		饱和，中密-密实					4000②

① 为最大揭露厚度；

② 为极限端阻力标准值。

该场地为Ⅰ级（轻微）非自重湿陷性黄土场地，局部有Ⅱ级（中等）自重湿陷性黄土，其中最大湿陷系数为 0.060。③、④、⑥、⑦层土个别土样具自重湿陷性，自重湿陷系数为 0.016～0.037，最大湿陷深度 17.5m（相对地面处）。

(3) 地基与基础选型

根据场地工程地质情况及上部结构形式，进行了基础方案设计比较，可采用人工挖孔扩底灌注桩，以第⑭层卵石层为持力层，但桩端位于地下水位以下 1.5～3.5m，成孔施工难度大；亦可采用钢筋混凝土摩擦群桩，以第⑬层粉砂为持力层，但造价较高；采用天然地基以第③层黄土状粉质黏土为持力层，基础形式为筏基，则地基强度不能满足设计要求，且该层土具湿陷性，不可行。综合分析后，确定先采用以夯实水泥土桩法消除地基土湿陷性，再以CFG桩法提高地基土承载能力，形成夯实水泥土桩与CFG桩组合的多桩型复合地基。

（4）多桩型复合地基设计计算

根据上部结构基础筏板的埋深及场地工程地质，基底位于第③层黄土状粉质黏土上，该层土至其下第⑦层土均为湿陷性黄土，根据有关规范规定，该建筑属甲类建筑，应全部消除基底以下土层的全部湿陷量，要求处理后组合复合地基承载力标准值≥350kPa。

夯实水泥土增强体桩处理消除地基土层湿陷性，设计水泥土桩成孔直径为 $d=$ 350mm，桩距 $S=1.3$m，梅花形布桩，面积置换率为 $m_1=0.059$，桩长 $l=8\sim10.5$m（桩端穿透第⑦层黄土状粉土）。成孔工艺采用机械旋压法挤扩成孔，孔内夯填水泥土拌合料，水泥与粉质黏土比为 $1:6.7$，形成夯实水泥土桩，桩身设计强度 $f_{cu}\geq3$MPa。

CFG桩直径 $d=350$mm，桩距 $S=1.3$mm，桩长 $l=18$m（桩端进入第⑩层黄土状粉质黏土），梅花形布桩，面积置换率为 $m_2=0.059$，成孔工艺采用先由洛阳铲成孔 $d=$ 250mm的引孔，再由机械旋压法挤扩成孔，孔内灌注C20混凝土。复合地基平面布置见图7-50。

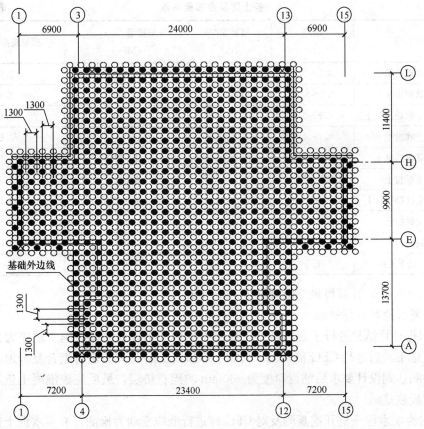

图 7-50 复合地基平面布置

1）夯实水泥土桩复合地基和CFG桩组合复合地基承载力计算采用：

$$f_{spk} = m_1 \frac{\lambda_1 R_{a1}}{A_{p1}} + m_2 \frac{\lambda_2 R_{a2}}{A_{p2}} + \beta(1 - m_1 - m_2) f_{sk}$$

其中，$R_{a1} = \eta f_{cu} A_{p1}$，$R_{a2} = u_p \Sigma q_{si} l_{pi} + \alpha q_p A_p$

经计算，$R_{a1} = 100$kN、$R_{a2} = 540$kN。

不考虑夯实水泥土桩对复合地基承载力的贡献，CFG桩复合地基承载力特征值 f_{spk} =390kPa；

考虑夯实水泥土桩对复合地基承载力的贡献，得多桩形复合地基承载力特征值 f_{spk} =440kPa。

2）多桩形复合地基变形计算

$$s = \psi_{sp} \sum_{i=1}^{n} \frac{p_0}{\zeta_i E_{si}} (z_i \bar{\alpha}_i - z_{i-1} \bar{\alpha}_{i-1})$$

其中，基底下8m范围复合土层中③～⑦层土模量提高系数：

$$\zeta_1 = f_{spk}/f_{ak} = 440/155 = 2.8$$

基底下8～18m复合土层模量提高系数：

$$\zeta_2 = f_{spk}/f_{ak} = 390/155 = 2.5$$

复合土层以下土层 ζ_3 =1.0，计算结果见表7-53。

各土层复合模量系数　　　　　　　　　　　表7-53

土层名称	层厚 (m)	层底深度 (m)	压缩模量 $E_{s0.1-0.2}$ (MPa)	模量提高系数 ζ
③黄土状粉质黏土	3.5～3.9	6.5～8.1	4.02	2.8
④黄土状粉质黏土	2.5～3.60	9.8～11.0	5.66	2.8
⑤、⑥黄土状粉质黏土	2.8～3.9	11.2～4.5	8.25～10.27	2.8
⑦黄土状粉土	0.7～1.4	14.3～5.8	7.79	2.8
⑧黄土状粉质黏土	3.6～4.2	18.5～9.5	13.24	2.5/2.8
⑨黄土状粉土	2.3～2.7	20.9～1.8	11.41	2.5
⑩、⑪黄土状粉质黏土	4.4～5.9	24.6～27.1	11.56～15.62	2.5
⑫黄土状粉土	0.9～2.9	27～29.5	12.5	1.0
⑬粉砂	0.5～1.6	28.2～30.4	35	1.0
⑭卵石（局部夹砂）	5.1	—	—	—

取 ψ_{sp} =0.25，计算得最终沉降量 s =22.5mm。

（5）复合地基处理效果

1）根据计算结果进行了现场试验，各项指标均满足设计要求，施工顺序为先进行夯实水泥桩施工，后进行CFG桩施工，去除上部预留土层及桩头进行组合复合地基承载力检测，检测达到设计要求后铺设厚度为200mm的碎石垫层，最后完成混凝土垫层及钢筋混凝土梁板筏基础。

2）对夯实水泥土桩开挖观测及对CFG桩进行低应变动力检测，夯实水泥土桩水泥胶结作用明显、桩身组合材料密实，桩身直径由350mm夯扩至平均直径389mm，桩身强度亦满足设计要求。根据CFG桩桩身反射波时域及频域曲线，分析确定CFG桩桩身结构完整性、桩身强度及桩长等指标均满足设计要求。

3）对桩间土原各湿陷性土层探井取样，并对土样进行黄土湿陷性试验及检测，经夯实水泥土桩法及CFG桩法组合处理后的地基，在处理范围内的地基土压缩模量均有增加、压缩系数均有减小，湿陷系数均小于0.015，地基土湿陷性已消除。

4）对夯实水泥土桩法复合地基和夯实水泥土桩法及CFG桩法组合复合地基分别进行面积为1.69m²的方形承压板载荷板试验，试验结果为：夯实水泥土桩复合地基承载力特征值大于210kPa，夯实水泥土桩与CFG桩组合形成的复合地基承载力特征值大于460kPa。

5）该工程完成主体结构沉降观测记录显示（见表7-54），累计最大沉降量4.0mm，为沉降预测值的18%。

沉降观测记录表 表7-54

观测点编号	1	2	3	4	5	6
累计沉降量（mm）	3.0	2.0	0.0	2.0	4.0	4.0

注：现场工作状态为18层主体及屋顶水箱间、电梯间，斜屋面施工完毕。

（6）结论

1）根据洛阳市水文局观测结果，近年来洛阳地下水位有较大升幅，并且还在继续上升，现已平均升高近3m，地层中较好的基础持力层卵石层全部位于地下水位以下，传统的利用卵石层作为持力层的基础形式施工难度越来越大，采用灰土桩与CFG桩形成的多桩型复合地基可作为较好的替代桩基础的处理方法。

2）夯实水泥土桩的作用仅为挤密土体，消除土层湿陷性，夯实填料中水泥用量可减小或仅以素土夯填，以降低地基处理造价。

3）由于夯实水泥土桩对湿陷土层的挤密效应，使地基湿陷土层湿陷性消除后，原湿陷土层对桩的极限侧阻力标准值有所提高外，处理后桩间土承载力也有较大提高，复合地基承载力计算应进行调整。

3. 多桩型复合地基在处理桩基工程事故中的应用实例

（1）工程概况与场地工程地质条件

某工程，建筑面积23310m²，地下一层，地上19层，总高72m。建筑结构形式为框架-剪力墙结构，柱距8m。基础形式为桩承台基础，基础埋深7m。拟建场地地貌单元属山前冲积倾斜平原。根据钻探、静力触探，结合室内土工试验分析结果，得出各层土性状见表7-55。

各土层技术参数 表7-55

层号	岩土名称	平均厚度	w（%）	γ（kN/m³）	$E_{s0.1-0.2}$（MPa）	q_s（kPa）	q_p（kPa）	f_{ak}（kPa）
①	粉土	1.97	19.8	20	—	—	—	98
①₁	粉土	1.30	17.3	20.8	—	—	—	80
②	粉土	4.42	21.8	20.3	—	—	—	150

层号	岩土名称	平均厚度	w (%)	γ (kN/m³)	$E_{s0.1-0.2}$ (MPa)	q_s (kPa)	q_p (kPa)	f_{ak} (kPa)
③	粉土	1.71	21.7	20.4	23	20	—	90
④	粉土	2.66	21.4	20.4	30	26	—	165
⑤	粉土	1.67	23.5	20.1	34	21	—	98
⑥	粉土	3.07	23.8	20.0	53	25	—	150
⑦	粉质黏土	4.58	22.6	20.3	60	33	—	160
⑧		5.41	20.5	20.5	63	28	400	190
⑨		6.44	22.6	20.3	41	35	550	240

(2) 地基处理方法选择

本工程已采用挤扩支盘灌注桩，桩径 630mm，桩长 24m，承力盘直径 1580mm，间距 3.2m。上部结构要求单桩竖向承载力特征值为 2600kN，经桩基检测单桩竖向承载力特征值仅为 1040kN，不能满足上部结构需要，需进行加固处理。现采用桩径为 400mm，有效桩长为 16m、间距 1.6m 的 CFG 桩进行加固，桩端落在第⑧层土上，进入持力层的深度部不小于 0.6m。CFG 桩与已有 24m 支盘桩共同组成长短桩复合地基，基础结构形式由桩-承台基础改为筏板基础。复合地基单元平面布置见图 7-51。

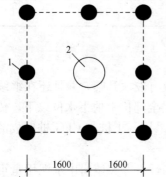

图 7-51 复合地基单元平面布置
1—CFG 桩；2—支盘桩

(3) 地基处理计算参数

1) 置换率计算

CFG 桩间距 $d = 1.6$m，单元面积中参与计算的 CFG 桩数量为 $(0.5 \times 4 + 0.25 \times 4) = 3$，有：

$$m_1 = 3 \times 200^2 \pi / 3200^2 = 0.037$$

支盘桩置换率

$$m_2 = 1 \times 315^2 \pi / 3200^2 = 0.030$$

2) 增强体单桩竖向承载力特征值

$$R_{a1} = u_p \Sigma q_{sia} l_i + q_{pa} A_P = \pi \times 0.4 \sum_{i=2}^{8} q_{sia} l_i + 400 \times \pi \times 0.2^2 = 526.63 + 50.26$$

$$= 576.90 \text{kN}$$

支盘桩承载力特征值按照桩基检测结果见表 7-56，考虑离散型较大，取支盘桩的承载力特征值 R_{a2} 为 1040kN。

长桩单桩承载力试验结果   表 7-56

桩号	单桩极限承载力 (kN)	单桩承载力特征值 (kN)	平均值 (kN)	极差 (%)	备注
119	2080	1040		41.2	>30%
38	3640	1820		2.94	—
76	3640	1820	1768	2.94	—
89	4680	2340		32.35	>30%
122	3640	1820		2.94	—

3）根据 CFG 短桩单桩竖向承载力特征值确定桩身的混凝土强度等级

$$f_{cu} \geqslant 4 \frac{\lambda R_a}{A_p}$$

CFG 桩混凝土强度计算结果不小于 17MPa，取 CFG 桩身混凝土强度等级采用 C20。

4）长短桩复合地基承载力计算

$$f_{spk} = m_1 \frac{\lambda_1 R_{a1}}{A_{p1}} + m_2 \frac{\lambda_2 R_{a2}}{A_{p2}} + \beta(1 - m_1 - m_2)f_{sk}$$

$\lambda_1 = 0.85, \lambda_2 = 0.95, \beta = 0.9, f_{sk} = 90kPa$，有：

$f_{spk} = 310kPa$。

按照典型单元面积上的长桩数量及设计要求支盘桩的单桩竖向承载力特征值，可知上部结构要求的复合地基承载力特征值 f_{spk} 为 284.4kPa，复合地基承载力满足设计要求。

（4）变形计算

依据《建筑地基基础设计规范》GB 50007—2011，基础中点的计算深度 z_n 表达式为：

$$z_n = b(2.5 - 0.4\ln b)$$

基坑最宽宽度为 22.3m，变形计算深度为 28.06m。经计算最大沉降量为 198.58mm，经验系数调整后沉降量为 39.72mm。

（5）结论与建议

1）经验算建议采用桩径为 400mm，有效桩长为 16m 的 CFG 桩进行加固处理，CFG 桩端落在第⑧层土上，桩端进入持力层深度不小于 0.6m，桩间距为 1600mm，桩身混凝土强度等级为 C20。

2）CFG 桩与已有 24m 支盘桩共同组成长短桩复合地基，基础结构形式改为筏板基础。经验算复合地基变形计算满足规范要求。

4. 多桩型复合地基沉降计算与实测工程实例

（1）工程概况

由河南开祥置业股份有限公司开发建设、河南省纺织设计研究院有限公司设计的郑州十二里屯城中村改造工程设计高层住宅 22 栋，地下车库与主楼地下室基本连通。2 号住宅楼为地下 2 层地上 33 层的剪力墙结构，裙房采用框架结构，筏板基础，主楼地基采用多桩型复合地基。

（2）地基土层情况

1）基底及以下土层情况分述如下：

第⑥层：粉土（Q_{4-2}^1），黄褐色，湿，中密，干强度低，摇振反应中等，无光泽反应，韧性低，含有少量蜗牛屑、少量小姜石及铁质氧化物；

第⑦层：粉质黏土（Q_{4-2}^1），褐灰-深灰色，饱和，可塑，干强度中等，无摇振反应，韧性中等。含铁质氧化物、小姜石；局部夹粉土薄层；

第⑦₁层：粉土（Q_{4-2}^1），褐灰色，湿，稍密，干强度低，摇振反应中等，无光泽反应，韧性低，含有少量蜗牛屑、少量小姜石；

第⑧层：粉土（Q_{4-1}^{al+pl}），褐黄色，湿，中密-密实，干强度低，摇振反应中等，无光泽反应，韧性低，含有少量蜗牛屑、少量小姜石及铁质氧化物，局部夹粉砂薄层；

第⑨层：粉砂（Q_{4-1}^{al+pl}），褐黄色，饱和，密实，成分主要为长石，石英，云母，颗粒级配一般，该层局部为粉土薄层；该层在场地内分布均匀；

第⑩层：粉砂（Q_{4-1}^{al+pl}），褐黄色，饱和，密实，成分主要为长石，石英，云母，颗粒级配一般，该层局部见粉土薄层；该层在场地内分布均匀；

第⑪层：粉土（Q_{4-1}^{al+pl}），褐黄色，湿，密实，干强度低，摇振反应中等，无光泽反应，韧性低，含有小姜石、铁质氧化物，该层局部夹粉砂薄层，底部见粉质黏土薄层；该层在场地内分布均匀；

第⑫层：细砂（Q_{4-1}^{al+pl}），褐黄色，饱和，密实，成分主要为长石，石英，云母，颗粒级配一般，该层下部局部呈半胶结状态。该层在场地内分布均匀；

第⑬层：粉质黏土（Q_3^{al}），褐黄色，饱和，可塑-硬塑，干强度中等，无摇振反应，稍有光滑，韧性中等；含铁质氧化物、小姜石。该层上部见粉土薄层，局部含较多砂颗粒，见中砂薄层。该层在场地内分布均匀；

第⑭层：粉质黏土（Q_3^{al}），褐黄色，饱和，可塑-硬塑，干强度中等，无摇振反应，稍有光滑，韧性中等；含铁质氧化物。该层局部呈半胶结状态。该层在场地内分布均匀；

第⑮层：粉质黏土（Q_3^{al}），褐黄色，饱和，可塑-硬塑，干强度中等，无摇振反应，稍有光滑，韧性中等；含铁质氧化物、小姜石。该层局部呈半胶结状态。该层在场地内分布均匀；

第⑯层：粉质黏土（Q_3^{al}），褐黄色，饱和，可塑，干强度中等，无摇振反应，稍有光滑，韧性中等；含铁质氧化物。该层局部呈半胶结状态。该层在场地内分布均匀；

第⑰层：粉质黏土（Q_3^{al}），褐黄色，饱和，可塑-硬塑，干强度中等，无摇振反应，稍有光滑，韧性中等；含铁质氧化物、小姜石；

第⑱层：粉质黏土（Q_2^{al+pl}），褐黄色，饱和，硬塑，干强度中等，无摇振反应，稍有光滑，韧性中等；含铁质氧化物。该层局部呈半胶结状态。该层在场地内分布均匀；

第⑲层：粉质黏土（Q_2^{al+pl}），褐黄色，饱和，硬塑，干强度中等，无摇振反应，稍有光滑，韧性中等；含铁质氧化物。勘探深度内未揭穿该层。

2）地基土层分层情况及设计参数

地基土层分布及物理力学性质见表 7-57。

地基土层分布及物理力学性质　　　　　　　　　　　　　　表 7-57

层号	类别	层底深度 (m)	平均厚度 (m)	承载力特征值 (kPa)	压缩模量 (MPa)	压缩性评价
⑥	粉土	−9.3	2.1	180	13.3	中
⑦	粉质黏土	−10.9	1.5	120	4.6	高
⑦₁	粉土	−11.9	1.2	120	7.1	中
⑧	粉土	−13.8	2.5	230	16.0	低
⑨	粉砂	−16.1	3.2	280	24.0	低
⑩	粉砂	−19.4	3.3	300	26.0	低
⑪	粉土	−24.0	4.5	280	20.0	低

层号	类别	层底深度 (m)	平均厚度 (m)	承载力特征值 (kPa)	压缩模量 (MPa)	压缩性评价
⑫	细砂	−29.6	5.6	310	28.0	低
⑬	粉质黏土	−39.5	9.9	310	12.4	中
⑭	粉质黏土	−48.40	9.0	320	12.7	中
⑮	粉质黏土	−53.5	5.1	340	13.5	中
⑯	粉质黏土	−60.5	6.9	330	13.1	中
⑰	粉质黏土	−67.7	7.0	350	13.9	中

（3）地基处理方案

考虑到工程经济性及 CFG 桩施工可能造成对周边建筑物的影响，采用多桩型长短桩复合地基。长桩选择第⑫层细砂为持力层，采用直径 400mm 的 CFG 桩，桩身混凝土强度等级 C25，桩长 16.5m，设计单桩竖向抗压承载力特征值为 $R_a = 690kN$；短桩选择第⑩层细砂为持力层，采用直径 500mm 泥浆护壁素凝土钻孔灌注桩，桩身混凝土强度等级 C25，桩长 12m，设计单桩竖向承载力特征值为 $R_a = 600kN$；采用正方形布桩，桩间距 1.25m。

要求处理后的复合地基承载力特征值 $f_{ak} \geqslant 480kPa$，复合地基桩平面布置见图 7-52。

（4）复合地基承载力计算

1）单桩承载力

CFG 桩、素混凝土灌注桩单桩承载力计算参数见表 7-58。

CFG 桩、素混凝土灌注桩复合地基设计参数一览表 表 7-58

层 号	③	④	⑤	⑥	⑦	⑦₁	⑧	⑨	⑩	⑪	⑫	⑬
q_{sia} (kPa)	30	18	28	23	18	28	27	32	36	32	38	33
q_{Pa} (kPa)	—	—	—	—	—	—	—	—	450	450	500	480

CFG 桩单桩承载力特征值计算结果 $R_1 = 690kN$，钻孔灌注桩单桩承载力计算结果：

$$R_2 = 600kN$$

2）复合地基承载力

$$f_{spk} = m_1 \frac{\lambda_1 R_{a1}}{A_{p1}} + m_2 \frac{\lambda_2 R_{a2}}{A_{p2}} + \beta(1 - m_1 - m_2) f_{sk}$$

式中 $m_1 = 0.04$；$m_2 = 0.064$

$\lambda_1 = 0.95, \lambda_2 = 0.85$

$R_{a1} = 690kN, R_{a2} = 600kN$

$A_{P1} = 0.1256, A_{P2} = 0.20$

$\beta = 1.0$，取 $f_{sk} = f_{ak} = 120kPa$（第⑦层粉土）计算：

复合地基承载力特征值计算结果为 $f_{spk} = 480kPa$，满足设计要求。

（5）复合地基变形计算

已知，复合地基承载力特征值 $f_{spk} = 480kPa$，计算复合土层模量系数还需计算单独由

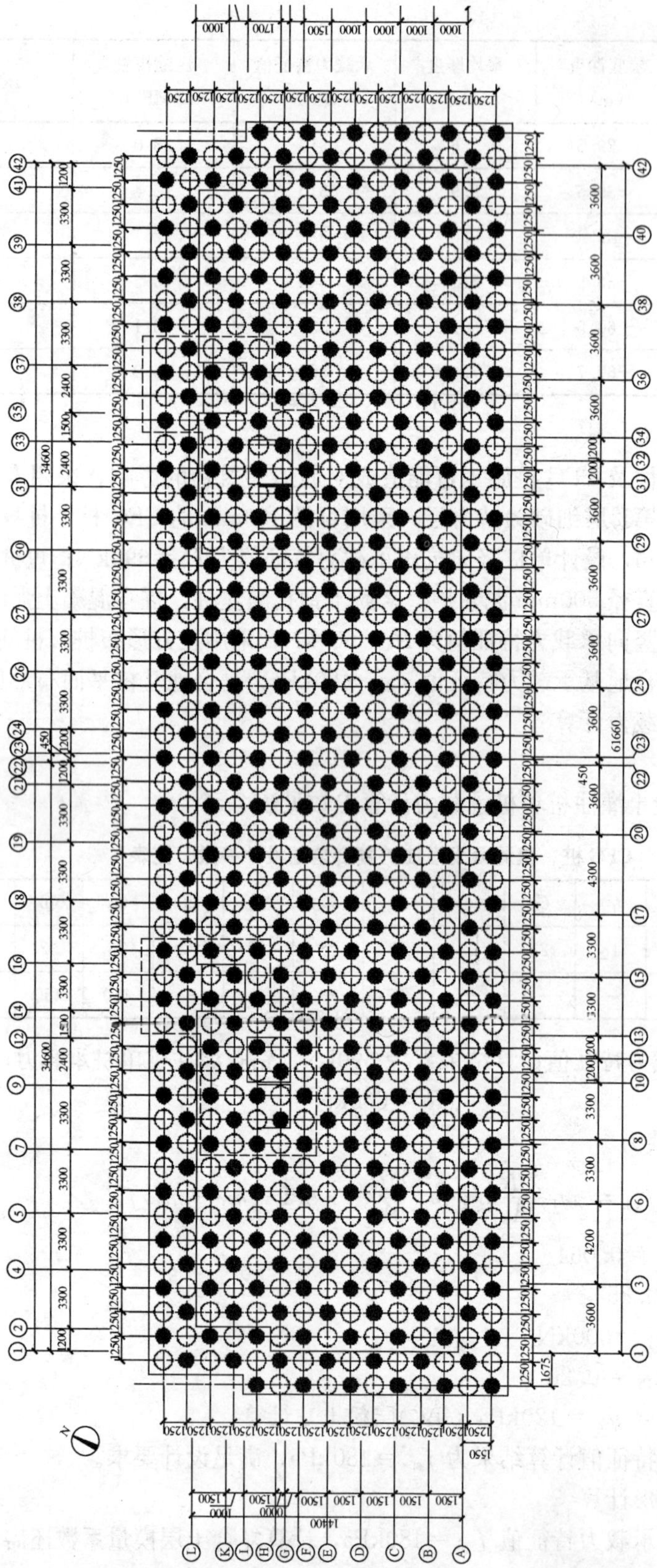

图 7-52　多桩型复合地基平面布置

CFG 桩（长桩）加固形成的复合地基承载力特征值。

有：$f_{spk1} = 0.04 \times 0.95 \times 690 / 0.1256 + 1.0 \times (1 - 0.04) \times 180 = 382$kN

复合土层上部由长、短桩与桩间土层组成，土层模量提高系数为：

$$\zeta_1 = \frac{f_{spk}}{f_{ak}} = 480/120 = 4$$

复合土层下部由长桩（CFG 桩）与桩间土层组成，土层模量提高系数为：

$$\zeta_2 = \frac{f_{spk1}}{f_{ak}} = 382/180 = 2.12$$

复合地基沉降计算深度，按建筑地基基础设计规范方法确定，本工程计算深度：自然地面以下 67.0m，计算参数见表 7-59。

复合地基沉降计算参数 表 7-59

计算土层号	土类名称	层底标高 (m)	层厚 (m)	压缩模量 (MPa)	计算压缩模量值 (MPa)	模量提高系数 (ζ_i)
⑥	粉土	−9.3	2.1	13.3	—	
⑦	粉质黏土	−10.9	1.5	4.6	18.4	4.0
⑦₁	粉土	−11.9	1.2	7.1	28.4	4.0
⑧	粉土	−13.8	2.5	16.0	64.0	4.0
⑨	粉砂	−16.1	3.2	24.0	96.0	4.0
⑩	粉砂	−19.4	3.3	26.0	104.0	4.0
⑪	粉土	−24.0	4.5	20.0	80.0	4.0
⑫	细砂	−29.6	5.6	28.0	58.8	2.1
⑬	粉质黏土	−39.5	9.9	12.4	12.4	1.0
⑭	粉质黏土	−48.40	9.0	12.7	12.7	1.0
⑮	粉质黏土	−53.5	5.1	13.5	13.5	1.0
⑯	粉质黏土	−60.5	6.9	13.1	13.1	1.0
⑰	粉质黏土	−67.7	7.0	13.9	13.9	1.0

按本规范复合地基沉降计算方法计算的总沉降量值：$s = 197.65$mm

取地区经验系数 $\psi_s = 0.2$，沉降量预测值：$s = 39.53$mm。

(6) 复合地基承载力检验

1) 4 桩复合地基静载荷试验

采用 2.5m × 2.5m 方形钢制承压板，压板下铺中砂找平层，试验结果见图 7-53、表 7-60。

4 桩复合地基静载荷试验结果汇总表 表 7-60

编 号	最大加载量 (kPa)	对应沉降量 (mm)	承载力特征值 (kPa)	对应沉降量 (mm)
第 1 组（f1）	960	28.12	480	8.15
第 2 组（f2）	960	18.54	480	6.35
第 3 组（f3）	960	27.75	480	9.46

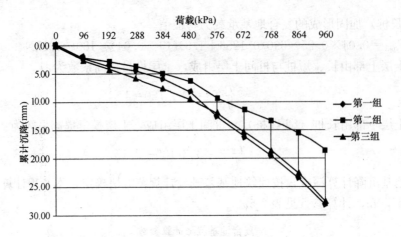

图 7-53　4 桩复合地基静载荷试验曲线

2）单桩静载荷试验

采用堆载配重方法进行，结果见图 7-54、表 7-61。

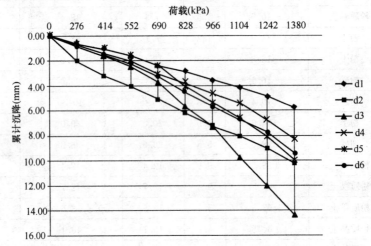

图 7-54　单桩（CFG）竖向抗压静载荷试验曲线

单桩承载力静载荷试验结果汇总表　　　　表 7-61

桩型	编号	最大加载量（kN）	对应沉降量（mm）	承载力特征值（kN）	对应沉降量（mm）	对应沉降量平均值
CFG 桩	d1	1380	5.72	690	5.05	3.73
	d2	1380	10.20	690	2.45	
	d3	1380	14.37	690	3.70	
素混凝土桩	d4	1200	8.31	600/720	3.05/3.80	2.91/4.10
	d5	1200	9.95	600/720	2.41/4.05	
	d6	1200	9.39	600/720	3.28/4.44	

根据《建筑基桩检测技术规范》JGJ 106—2003，3 根 CFG 桩的单桩竖向极限承载力统计值为 1380kN，单桩竖向承载力特征值为 690kN。3 根素混凝土灌注桩的单桩竖向承

载力统计值为 1200kN，单桩竖向承载力特征值为 600kN。

表 7-51 中复合地基承载力特征值对应的沉降量均较小，平均仅为 8mm，远小于本规范按相对变形法对应的沉降量 0.008×2000＝16mm，表明复合地基承载力尚没有得到充分发挥。这一结果将导致沉降计算时，复合土层模量系数被低估，实测结果小于预测结果。

表 7-51 中可知，单桩承载力达到承载力特征值 2 倍时，沉降量一般小于 10mm，说明桩承载力尚有较大的富余，单桩承载力特征值并未得到准确体现，这与复合地基上述结果相对应。

（7）地基沉降量监测结果

图 7-55 为采用分层沉降标监测方法测得的复合地基沉降结果，基准沉降标位于自然

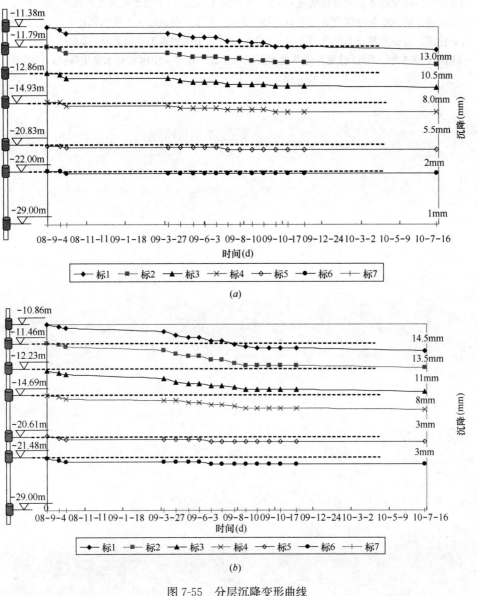

图 7-55　分层沉降变形曲线

(a) FC-2；(b) FC-3

地面以下 40m。由于结构封顶后停止降水，水位回升导致沉降标失灵，未能继续进行分层沉降监测。

"沉降-时间曲线"显示沉降发展平稳，结构主体封顶时的复合土层沉降量约为 13～15mm，假定此时已完成最终沉降量的 50%～60%，按此结果推算最终沉降量应为 20～30mm。

参 考 文 献

[1] 国家规范. 湿陷性黄土地区建筑规范 GB 50025—2004. 北京：中国建筑工业出版社，2004
[2] 国家标准. 建筑地基基础设计规范 GB 50007—2011. 北京：中国建筑工业出版社，2011
[3] 行业标准. 建筑地基处理技术规范 JGJ 79—2012. 北京：中国建筑工业出版社，2013
[4] 行业标准. 建筑桩基技术规范 JGJ 94—2008. 北京：中国建筑工业出版社，2008
[5] 闫明礼，张东刚. CFG 桩复合地基技术及工程实践. 北京：中国水利水电出版社，2001

第八章 注浆加固

第一节 注浆加固技术的应用与发展

注浆加固应包括静压注浆加固、水泥搅拌注浆加固和高压旋喷注浆加固等，它是一种常用的工程处理加固方法，广泛应用于城市地下工程、铁路、公路、水利、港口、矿山、建筑地基处理工程。水泥搅拌注浆加固和高压旋喷注浆加固已在本规范第七章的有关内容规定了设计施工方法，本章内容仅针对静压注浆加固。静压注浆加固是将水泥浆或其他化学浆液注入地基土层中，增强土颗粒间的联结，使土体强度提高、变形减少、渗透性降低的地基处理方法。

注浆加固至今已有近 200 年历史，从其发展可分为四个阶段：

1. 原始黏土浆液阶段（1802～1857 年）：注浆法出现于 19 世纪初，1802 年法国土木工程师查理斯·贝尔格尼采用向地层挤压黏土浆液来修复被水流侵蚀了的挡潮闸的砾土地基，取得了巨大成功。而后用于建筑地基加固，相继传入英国、埃及。但其注入方法简单，浆液也简单。

2. 初级水泥浆液注浆阶段（1858～1919 年）：随着硅酸盐水泥（1826 年英国）的出现，英国人基尼普尔 1858 年，采用水泥注浆试验成功；正是在这时，英国研制出了"压缩空气注浆泵"，促进了水泥注浆法的发展。

3. 中级化学浆液注浆阶段（1920～1969 年）：注浆技术的进一步发展和广泛应用，是在矿山竖井的建设中用于防止竖井开挖时地下水的渗入。1920 年荷兰采矿工程师尤斯登首次采用水玻璃—氯化钙双液双系统二次压浆法，首次论证了化学注浆的可靠性，随后出现多种性质各异的化学浆液。这个阶段，相继产生了注浆理论和工艺，从 1938 年马格提出的球形扩散理论到柱状渗透理论逐步形成渗透注浆、压密注浆、劈裂注浆、复合注浆等理论和工艺。注浆设备和检测仪器也不断更新。

4. 目前注浆技术发展（1969～）：以 20 世纪 60 年代末出现高压喷射注浆技术为标志，使注浆结石体由散体到结构体，注浆材料向渗透性强、可注性好、无污染、固结体强度较高、凝胶时间易于控制、价格便宜和施工方便的超细水泥方向发展，逐步取代化学浆液，减少环境污染和工程造价。

我国的注浆技术研究起步较晚，20 世纪 50 年代前所做工作甚少，50 年代开始初步掌握注浆技术，1953 年开始研究应用水玻璃作为注浆材料。随着水利水电工程建设的发展和我国的化学工业形成，除水泥、黏土等材料外，50 年代末已形成了环氧树脂、甲基丙烯酸甲酯等注浆材料，20 世纪 60 年代形成了丙烯酰胺注浆材料，20 世纪 70 年代末形成了聚氨酯注浆材料。尤其是进入 20 世纪 80 年代后，根据不同的需要，各种材料在种类、性能上得到进一步的发展。除材料品种外，我国配套的施工技术、工艺、注浆机具和检测手段相应地获得了重大的发展。配套注浆的钻孔机具、高压注浆泵、高压耐磨阀门、高速搅拌机、止浆装置、自动记录仪、集中制浆系统等机具设备的出现，也为注浆技术的稳步发展创造了条件。在监测方面，从目测样品、压水试验等常规方法，发展到声波监测、变形检测、电子显微镜等多种宏观和微观的检测手段。注浆工艺技术上，以高压注浆为代表的整套注浆技术、水泥浓浆注浆技术、水泥浆液和化学浆液联合注浆技术等，为工程中复杂地基的防渗加固处理提供了条件。

近十年来，随着我国工程建设全面展开，注浆工艺和注浆设备不断更新，注浆加固在实际工程中应用范围广，如矿山巷道开挖和支护、地下工程开挖和支护、隧道开挖、水坝止水、建筑物纠倾工程、桩基后压浆工程中。注浆加固技术的应用见表 8-1。

注浆加固技术的应用   表 8-1

工程类别	应 用 场 所	目 的
建筑工程	建筑物因地基土强度不足发生不均匀沉降 在基桩侧面和桩端	1. 改善土的力学性质，对地基进行加固或纠偏处理； 2. 提高桩周摩擦力和桩端抗压强度，或处理桩底沉渣过厚引起的质量问题
坝基工程	基础岩溶发育或受构造断裂破坏 帷幕压浆 重力坝灌浆	1. 提高岩土密实度、均匀性、弹性模量和承载力； 2. 切断渗流； 3. 提高坝基整体性、抗滑稳定性
地下工程	在建筑物基础下面挖地下铁道、地下隧道、涵洞、管线路等 洞室围岩	1. 防止地面沉降过大，限制地下水活动及制止土体位移； 2. 提高洞室稳定性，防渗
其他	边坡 桥基 路基等	维护边坡稳定，桥墩防护、处理路基病害等
其他		

注浆加固按照注浆机埋可分为如下几类：

（1）充填注浆。用于坑道、隧道背面、构筑物基础下的大空洞以及土体中大孔隙的回填注浆。其目的在于加固整个土层以及改善土体的稳定性。这种注浆法主要是使用水泥浆、水泥黏土浆等粒状材料的混合浆液。一般情况下注浆压力较小，浆液不能充填细小孔隙，所以止水防渗效果较差。

（2）劈裂注浆和脉状注浆。劈裂注浆或脉状注浆是在较高的注浆压力下，把浆液注入渗透性小的土层中，浆液扩散呈脉状分布。不规则的脉状固结物和由于浆液压力而挤密的土体，以及不受注浆影响的土体构成的地基，可提高地基承载能力，其改善的程度则随脉状分布而不同。在浅层的水平浆脉，由于注入压力作用可使地面隆起，往往影响附近构筑物的稳定性。在建筑工程中使用较为广泛。

（3）基岩裂隙注浆。基岩中存在的裂隙使整个地层强度变弱或形成涌水通道，在这种裂隙中进行的注浆称为裂隙注浆。多用于以止水或加固为目的的岩石坝基防渗和加固，隧洞、竖井的开掘。

（4）渗透注浆。渗透注浆是使浆液渗透扩散到土粒间的孔隙中，凝固后达到土体加固和止水的目的。浆液性能、土体孔隙的大小、孔隙水、非均质性等方面对浆液渗透扩散有一定的影响，因而也就必将影响到注浆效果。

(5) 界面注浆、接缝注浆和接触注浆。界面注浆、接缝注浆和接触注浆是指在层面或界面注浆，向成层土地基或结构界面进行注浆时，浆液首先进入层面或界面等弱面，形成片状的固结体，从而改善层面或界面的力学性能。

(6) 混凝土裂缝注浆。受温度、所承受的荷载、基础的不均匀沉降及施工质量等的影响，所产生的混凝土裂缝和缺陷，往往可通过注浆进行加固和防渗处理，以恢复结构的整体性。

(7) 挤密注浆。当使用高塑性浆液，地基又是细颗粒的软弱土时，注入地基中的浆液在压力作用下形成局部的高压区，对周围土体产生挤压力，在注浆点周围形成压力浆泡，使土体孔隙减小，密实度增加。挤密注浆主要靠挤压效应来加固土体。固结后的浆液混合物是个坚硬的压缩性很小的球状体。它可用来调整基础的不均匀沉降，进行基础托换处理，以及在大开挖或隧道开挖时对邻近土体进行加固。

在建筑地基处理中，注浆加固主要是采用水泥搅拌注浆加固和高压旋喷注浆加固形成复合地基来提高地基承载力，静压注浆加固由于注浆方向和注浆均匀性在实际操作中较难，处理后地基的检测难度也较大，因此在建筑地基处理工程中注浆加固目前主要作为一种辅助措施和既有建筑物加固措施，当其他地基处理方法难以实施时才予以考虑。注浆材料选用水泥浆液、硅化浆液、碱液等固化剂。

第二节　设计、施工和质量检测要求

一、注浆加固设计

(一) 概述

注浆加固设计前应明确加固的对象、目的和任务要求，取得相应工程资料和岩土勘察资料。注浆加固设计是在注浆试验资料基础上，根据工程性质提出的具体要求进行。主要内容包括：

1. 注浆材料的选择：浆液类型、配比建议及浆液组成材料质量要求与制备工艺；
2. 注浆钻孔布置设计；包括注浆钻孔的位置、孔距、排距、成孔方法及成孔工艺参数等；
3. 施工方法的选择：主要有孔口封闭法、GIN法、常规低压注浆法、双液注浆法；
4. 注浆参数设计，包括注浆压力、注浆段长度、注浆结束标准、单位注入量等；
5. 注浆技术要求；包括设备要求、材料性能要求、钻孔要求、浆液制备、注浆要求等；
6. 质量检测要求。

由于地质条件的复杂性，要针对注浆加固目的，在注浆加固设计前应进行室内浆液配比试验和现场注浆试验。浆液配比的选择也应结合现场注浆试验，试验阶段可选择不同浆液配比。现场注浆试验包括注浆方案的可行性试验、注浆孔布置方式试验和注浆工艺试验三方面。可行性试验是当地基条件复杂，难以借助类似工程经验决定采用注浆方案的可行性时进行的试验。一般为保证注浆效果，尚需通过试验寻求以较少的注浆量，最佳注浆方法和最优注浆参数，即在可行性试验基础上进行注浆孔布置方式试验和注浆工艺试验。只有在经验丰富的地区可参考类似工程确定设计参数。

（二）注浆加固试验

注浆加固试验是一项较为细致的工作，常常需要对浆材和工艺反复试验调整；同时又受现场条件所限，需要适时、周密地作出安排。注浆试验一般在建筑物位置确定后的工程设计阶段进行。对重要的工程，或地层条件复杂，地基处理对工程有关键性影响时，在初设阶段即进行注浆试验。注浆加固试验的主要内容包括：

1. 注浆试验组数和试验场地选择的确定：一般情况下，不同地质单元、不同工艺参数不同灌浆材料均须进行试验。重点工程特殊地段的注浆，应有专门试验。注浆试验场地选择首先应充分考虑其水文、工程地质条件的代表性。

2. 浆材性能试验：根据注浆对象选择所需的浆材。选用纯水泥浆液进行防渗和固结灌浆时，可直接按照水泥强度等级选择；当试验选用水泥砂浆、水泥水玻璃黏土浆、化学浆材进行注浆时，须进行浆材配比及物理力学性能试验。试验内容包括细度及颗粒级配、不同配合比及其流变参数、沉降稳定性、凝固时间、浆体密度、结石密度及强度、弹性模量等。根据浆材配比试验成果选择最为适宜灌浆对象的灌浆材料与配比。

3. 注浆试验参数设计：注浆试验参数包括钻孔布置形式，注浆孔径、排距、防渗固结注浆的深度、注浆压力、段长、结束标准、检查手段等。

（1）注浆试验孔的布置形式。注浆试验孔的布置形式应根据地质条件的复杂程度和注浆目的而定。地质条件简单、注浆加固要求较低时，可按单排布置；地质条件复杂和注浆加固、防渗要求较高时，可按双排布置；当地质条件极为复杂和注浆加固、防渗要求极高时，宜布置三排或多排。质量检查孔根据需要，多布置在同一施工参数的两个或三个注浆孔之间，其多少结合试验选定的参数组数确定。

（2）注浆试验孔、排距和孔深的确定。注浆扩散半径是一定工艺条件下，浆液在地层中扩散程度的数学统计的描述值，是确定排数、孔距和排距布置的重要参数。渗入性注浆按注浆扩散理论推导的扩散半径公式来估算；由于地层的不均匀性，浆液扩散往往是不规则的，注浆扩散半径难以准确计算。一般注浆扩散半径与地层渗透系数、孔隙大小、注浆压力、浆液的注入能力等因素有关。可通过调整注浆压力、浆液的注入能力和注浆时间来调整注浆扩散半径。

（3）注浆试验压力确定。地层容许注浆压力一般与地层的物理力学指标有关，与注浆孔段位置、埋深、注浆材料、工艺等也有一定的关系。一般情况下可参照类似工程的经验和有关经验公式初步拟定。

（4）浆材配合比。根据选定的浆材种类和室内配合比试验选择拟进行的浆材和适宜于注浆施工的2~3种配合比进行试验注浆。以便于浆材及配合比注浆效果对比，从而为施工确定经济适宜的浆材及配合比。

（5）注浆结束控制标准。注浆结束控制标准应按照注浆方法、注浆材料、选用的施工工艺和注浆加固的目的、重要性进行选择。

（6）注浆质量检查。可用开挖探槽、标准贯入试验、轻型动力触探试验、静力触探试验、射线检测、弹性波法、电阻率法、压水试验、室内试验、载荷试验等。

根据注浆试验结果，结合场地条件等综合因素，进行具体注浆加固设计，在建筑地基的局部加固处理中，加固材料的选择一般应根据地层的可注性及基础的承载要求而定，优先采用水泥为主的浆液，当地层的可注性不好时，可采用化学浆液，如硅化浆液、碱液等。

（三）水泥为主剂的浆液注浆加固设计

1. 注浆材料

水泥为主剂的浆液主要包括水泥浆、水泥砂浆和水泥水玻璃浆。水泥浆液是地基治理、基础加固工程中常用的一种胶结性好、结石强度高的注浆材料，一般施工要求水泥浆的初凝时间既能满足浆液设计的扩散要求，又不至于被地下水冲走；在砂土地基中，浆液的初凝时间宜为5～20min；在黏性土地基中，浆液的初凝时间宜为（1～2）h；对渗透系数大的地基还需尽可能缩短初、终凝时间。地层中有较大裂隙、溶洞，耗浆量很大或有地下水活动时，宜采用水泥砂浆，水泥砂浆由水灰比不大于1.0的水泥浆掺砂配成，与水泥浆相比有稳定性好、抗渗能力强和析水率低的优点，但流动性小，对设备要求较高。水泥水玻璃浆广泛用于地基、大坝、隧道、桥墩、矿井等建筑工程，其性能取决于水泥浆水灰比、水玻璃浓度和加入量、浆液养护条件。对有地下水流动的软弱地基，不应采用单液水泥浆液；

2. 注浆钻孔布置：应根据处理对象和目的针对性进行布置，重点部位、一般部位应疏密有别，注浆孔间距应通过现场注浆试验确定，无试验资料时宜取1.0～2.0m；

3. 施工方法的选择：需结合建筑物等级标准、地质条件、地层的渗透性和可注性、注浆压力和加固标准、环境条件等因素综合确定。

4. 注浆参数设计：注浆量、注浆压力和注浆有效范围，应通过现场注浆试验确定；在黏性土地基中，浆液注入率宜为15%～20%；注浆点上的覆盖土厚度应大于2m；对劈裂注浆的注浆压力，在砂土中，宜为0.2～0.5MPa；在黏性土中，宜为0.2～0.3MPa。对压密注浆，当采用水泥砂浆浆液时，坍落度宜为25～75mm，注浆压力宜为1.0～7.0MPa。当采用水泥-水玻璃双液快凝浆液时，注浆压力不应大于1.0MPa。

对填土地基，由于其各向异性，对注浆量和方向不好控制，应采用多次注浆施工，才能保证工程质量，间隔时间应按浆液的初凝试验结果确定，且不应大于4h。

（四）硅化浆液注浆加固设计

1. 浆液的选择和配制

（1）砂土、黏性土宜采用压力双液硅化注浆；渗透系数为（0.1～2.0）m/d的地下水位以上的湿陷性黄土，可采用无压或压力单液硅化注浆；自重湿陷性黄土宜采用无压单液硅化注浆。

（2）防渗注浆加固用的水玻璃模数不宜小于2.2，用于地基加固的水玻璃模数宜为2.5～3.3，且不溶于水的杂质含量不应超过2%。

（3）双液硅化注浆用的氧化钙溶液中的杂质含量不得超过0.06%，悬浮颗粒含量不得超过1%，溶液的pH值不得小于5.5。

（4）单液硅化法应采用浓度为10%～15%的硅酸钠（$Na_2O \cdot nSiO_2$），并掺入2.5%氯化钠溶液。

加固湿陷性黄土的溶液用量，可按下式估算：

$$Q = V n d_{N1} \alpha \tag{8-1}$$

式中 Q——硅酸钠溶液的用量（m³）；

V——拟加固湿陷性黄土的体积（m³）；

$\bar{n}$——地基加固前，土的平均孔隙率；

d_{N1}——注浆时，硅酸钠溶液的相对密度；

α——溶液填充孔隙的系数，可取 0.60～0.80。

（5）水玻璃（即硅酸钠溶液）的模数值

水玻璃的模数值是二氧化硅与氧化钠（百分率）之比，水玻璃的模数值愈大，意味着水玻璃中含 SiO_2 的成分愈多。因为硅化加固主要是由 SiO_2 对土的胶结作用，所以水玻璃模数值的大小直接影响着加固土的强度。试验研究表明，模数值 $\dfrac{SiO_2\%}{Na_2O\%}=1$ 的纯偏硅酸钠溶液加固土的强度很小，完全不适合加固土的要求，模数值超过 3.3 以上时，随着模数值的增大，加固土的强度反而降低，说明 SiO_2 过多对土的强度也有不良影响，因此采用单液硅化法加固湿陷性黄土地基，水玻璃的模数值宜为 2.5～3.3。

（6）当硅酸钠溶液浓度大于加固湿陷性黄土所要求的浓度时，应进行稀释，稀释加水量可按下式估算：

$$Q' = \frac{d_N - d_{N1}}{d_{N1} - 1} \times q \tag{8-2}$$

式中 Q'——稀释硅酸钠溶液的加水量（t）；

d_N——稀释前，硅酸钠溶液的相对密度；

q——拟稀释硅酸钠溶液的质量（t）。

2. 注浆孔的布置

（1）注浆孔的排间距可取加固半径的 1.5 倍；注浆孔的间距可取加固半径的（1.5～1.7）倍；外侧注浆孔位超出基础底面宽度不得小于 0.5m；分层注浆时，加固层厚度可按注浆管带孔部分的长度上下各 0.25 倍加固半径计算。

硅化注浆的加固半径应根据孔隙比、浆液黏度、凝固时间、灌浆速度、灌浆压力、灌浆量等试验确定。无试验资料时，对粗砂、中砂、细砂、粉砂、黄土可按表 8-2 确定；

硅化法注浆加固半径　　　　　　　　　　　　　　表 8-2

土的类型及加固方法	渗透系数（m/d）	加固半径（m）
粗砂、中砂、细砂 （双液硅化法）	2～10	0.3～0.4
	10～20	0.4～0.6
	20～50	0.6～0.8
	50～80	0.8～1.0
粉砂（单液硅化法）	0.3～0.5	0.3～0.4
	0.5～1.0	0.4～0.6
	1.0～2.0	0.6～0.8
	2.0～5.0	0.8～1.0
黄土（单液硅化法）	0.1～0.3	0.3～0.4
	0.3～0.5	0.4～0.6
	0.5～1.0	0.6～0.8
	1.0～2.0	0.8～1.0

(2) 采用单液硅化法加固湿陷性黄土地基，注浆孔的布置应符合下列要求：

1) 注浆孔间距：压力注浆宜为 0.8~1.2m，溶液自渗宜为 0.4~0.6m；

2) 对新建建（构）筑物和设备基础的地基，应在基础底面下按等边三角形满堂布孔，超出基础底面外缘的宽度，每边不得小于 1.0m；

3) 对既有建（构）筑物和设备基础的地基，应沿基础侧向布孔，每侧不宜少于 2 排；

4) 当基础底面宽度大于 3m 时，除应在基础下每侧布置 2 排注浆孔外，必要时，可在基础两侧布置斜向基础底面中心以下的注浆孔或在其台阶上布置穿透基础的注浆孔。

3. 注浆工艺

单液硅化法加固湿陷性黄土地基的注浆工艺有两种。一是压力注浆，二是溶液自渗（无压）。压力注浆溶液的速度快，扩散范围大，注浆溶液过程中，溶液与土接触初期，尚未产生化学反应，在自重湿陷性严重的场地，采用此法加固既有建筑物地基，附加沉降可达 300mm 以上，对既有建筑物显然是不允许的，故规定，压力注浆可用于加固自重湿陷性场地上拟建的设备基础和构筑物的地基，也可用于加固非自重湿陷性黄土场地上既有建筑物和设备基础的地基。因为非自重湿陷性黄土有一定的湿陷起始压力，基底附加应力不大于湿陷起始压力或虽大于湿陷起始压力但数值不大时，不致出现附加沉降，并已为大量工程实践和试验研究资料所证明。

压力注浆需要用加压设备（如空压机）和金属注浆管等，成本相对较高，其优点是加固范围较大，不只是可加固基础侧向，而且可加固既有建筑物基础底面以下的部分土层。

溶液自渗的速度慢，扩散范围小，溶液与土接触初期，对既有建筑物和设备基础的附加沉降很小（10~20mm），不超过建筑物地基的允许变形值。

此工艺是在 20 世纪 80 年代初发展起来的，在现场通过大量的试验研究，采用溶液自渗加固了大厚度自重湿陷性黄土场地上既有建筑物和设备基础的地基，控制了建筑物的不均匀沉降及裂缝继续发展，并恢复了建筑物的使用功能。

溶液自渗的注浆孔可用钻机或洛阳铲成孔，不需要用注浆管和加压等设备，成本相对较低，含水量不大于 20%、饱和度不大于 60% 的地基土，采用溶液自渗较合适。

（五）碱液注浆加固设计

1. 浆液的选择和配制

碱液注浆加固适用于处理地下水位以上渗透系数为 (0.1~2.0) m/d 的湿陷性黄土地基，对自重湿陷性黄土地基的适应性应通过试验确定；

当 100g 干土中可溶性和交换性钙镁离子含量大于 10mg·eq 时，可采用单液法，即只注浆氢氧化钠一种溶液加固；否则，应采用双液法，即需采用氢氧化钠溶液和氯化钙溶液交替注浆加固。

由于黄土中钙、镁离子含量一般都较高，故一般采用单液加固即可。有时为了提高碱液加固黄土的早期强度，也可适当注入一定量的氯化钙溶液。

2. 注浆孔的布置

当采用碱液加固既有建（构）筑物的地基时，注浆孔的平面布置，可沿条形基础两侧或单独基础周边各布置一排。当地基湿陷性较严重时，孔距宜为 0.7~0.9m；当地基湿陷较轻时，孔距宜为 1.2~2.5m。

3. 碱液加固地基的深度

碱液加固地基的深度应根据地基的湿陷类型、地基湿陷等级和湿陷性黄土层厚度，并结合建筑物类别与湿陷事故的严重程度等综合因素确定。加固深度宜为 2～5m。

(1) 对非自重湿陷性黄土地基，加固深度可为基础宽度的 (1.5～2.0) 倍；

(2) 对 II 级自重湿陷性黄土地基，加固深度可为基础宽度的 (2.0～3.0) 倍。

4. 碱液加固土层的厚度

碱液加固土层的厚度 h，可按下式估算：

$$h=l+r \tag{8-3}$$

式中　l——注浆孔长度，从注液管底部到注浆孔底部的距离（m）；

　　　r——有效加固半径（m）。

碱液加固地基的半径 r，宜通过现场试验确定。当碱液浓度和温度符合本规范规定时，有效加固半径与碱液注浆量之间，可按下式估算：

$$r = 0.6\sqrt{\frac{V}{nl \times 10^3}} \tag{8-4}$$

式中　V——每孔碱液注浆量（L），试验前可根据加固要求达到的有效加固半径按式 (8-4) 进行估算；

　　　n——拟加固土的天然孔隙率；

　　　r——有效加固半径（m），当无试验条件或工程量较小时，可取 0.4～0.5m。

5. 每孔碱液注浆量

每孔碱液注浆量可按下式估算：

$$V = \alpha\beta\pi r^2(l+r)n \tag{8-5}$$

式中　α——碱液充填系数，可取 0.6～0.8；

　　　β——工作条件系数，考虑碱液流失影响，可取 1.1。

二、注浆施工要求

（一）概述

在注浆加固施工前根据注浆试验资料和设计文件，做好施工组织设计，主要包括工程概况、施工总布置、进度安排、注浆施工主要技术方案、设备配置、施工管理、技术质量保证措施等。

注浆加固施工一般包括以下步骤内容：注浆孔的布置、钻孔和孔口管埋设、制备浆液、压浆、封孔。对于注浆加固地基，一般原则是从外围进行围堵截，内部进行填压，以获得良好的效果，就是先将注浆区围住，再在中间插孔注浆挤密，最后逐步压实。不同地层中所采用的注浆工艺和施工方法是有差异的，如在砂土中和黏性土其注浆工艺就有较大差别。为使浆液渗透均匀，注浆段不宜过长，对黏性土一般 0.8～1.0m，无黏性土 0.6～0.8m，其注浆次序可分为上行式、下行式或混合式。

（二）水泥为主剂的注浆施工

1. 基本要求

(1) 施工场地应预先平整，并沿钻孔位置开挖沟槽和集水坑；

(2) 注浆施工时，宜采用自动流量和压力记录仪，并应及时进行数据整理分析；

(3) 注浆孔的孔径宜为 70～110mm，垂直度偏差应小于 1%；

(4) 封闭泥浆 7d 后立方体试块（70.7mm×70.7mm×70.7mm）的抗压强度应为

0.3～0.5MPa，浆液黏度应为 80～90s；

(5) 浆液宜用普通硅酸盐水泥。注浆时可部分掺用粉煤灰，掺入量可为水泥重量的 20%～50%。根据工程需要，可在浆液拌制时加入速凝剂、减水剂和防析水剂；

(6) 注浆用水 pH 值不得小于 4；

(7) 水泥浆的水灰比可取 0.6～2.0，常用的水灰比为 1.0；

(8) 注浆的流量可取（7～10）L/min，对充填型注浆，流量不宜大于 20L/min；

(9) 当用花管注浆和带有活堵头的金属管注浆时，每次上拔或下钻高度宜为 0.5m；

(10) 浆体应经过搅拌机充分搅拌均匀后，方可压注，注浆过程中应不停缓慢搅拌，搅拌时间应小于浆液初凝时间。浆液在泵送前应经过筛网过滤；

(11) 水温不得超过 30～35℃；盛浆桶和注浆管路在注浆体静止状态不得暴露于阳光下，防止浆液凝固。当日平均温度低于 5℃或最低温度低于－3℃的条件下注浆时，应采取措施防止浆液冻结；

(12) 应采用跳孔间隔注浆，且先外围后中间的注浆顺序。当地下水流速较大时，应从水头高的一端开始注浆；

(13) 对渗透系数相同的土层，应先注浆封顶，后由下向上进行注浆，防止浆液上冒。如土层的渗透系数随深度而增大，则应自下向上注浆。对互层地层，先应对渗透性或孔隙率大的地层进行注浆；

(14) 当既有建筑地基进行注浆加固时，应对既有建筑及其邻近建筑、地下管线和地面的沉降、倾斜、位移和裂缝进行监测。并应采用多孔间隔注浆和缩短浆液凝固时间等措施，减少既有建筑基础因注浆而产生的附加沉降。

2. 花管注浆法施工可按下列步骤进行：

(1) 钻机与注浆设备就位；

(2) 钻孔或采用振动法将花管置入土层；

(3) 当采用钻孔法时，应从钻杆内注入封闭泥浆，然后插入孔径为 50mm 的金属花管；

(4) 待封闭泥浆凝固后，移动花管自下向上或自上向下进行注浆。

3. 压密注浆施工可按下列步骤进行：

(1) 钻机与注浆设备就位；

(2) 钻孔或采用振动法将金属注浆管压入土层；

(3) 当采用钻孔法时，应从钻杆内注入封闭泥浆，然后插入孔径为 50mm 的金属注浆管；

(4) 待封闭泥浆凝固后，捅去注浆管的活络堵头，提升注浆管自下而上或自上而下进行注浆。

4. 在实际施工过程中，常出现如下现象

(1) 冒浆：其原因有多种，主要有注浆压力大、注浆段位置埋深浅、有孔隙通道等，首先应查明原因，再采用控制性措施：如降低注浆压力，必要时采用自流式加压；提高浆液浓度或掺砂，加入速凝剂；限制注浆量，控制单位吸浆量不超过 30～40L/min；堵塞冒浆部位，对严重冒浆部位先灌混凝土盖板，后注浆。

(2) 串浆：主要由于横向裂隙发育或孔距小；可采用加大第 1 序孔的孔距；适当延长

相邻两序孔间施工时间间隔；如串浆孔为待注孔，可同时并联注浆。

（3）绕塞返浆：主要有注浆段孔壁不完整、橡胶塞压缩量不足、上段注浆时裂隙未封闭或注浆后待凝时间不够，水泥强度过低等原因。实际注浆过程中严格按要求尽量增加等待时间。

另外还有漏浆、地面抬升、埋塞等现象，应根据工程具体条件制定工艺控制条件和保证措施。

（三）硅化浆液注浆施工

1. 压力注浆的施工

（1）压力注浆的施工步骤除配溶液等准备工作外，主要分为打注浆管和注浆溶液。向土中打入注浆管和注浆溶液，应自基础底面标高起向下分层进行，先施工第一加固层，完成后再施工第二加固层，达到设计深度后，应将管拔出，清洗干净方可继续使用；在注浆溶液过程中，应注意观察溶液有无上冒（即冒出地面）现象，发现溶液上冒应立即停止注浆，分析原因，采取措施，堵塞溶液不出现上冒后，再继续注浆。打注浆管及连接胶皮管时，应精心施工，不得摇动注浆管，以免注浆管壁与土接触不严，形成缝隙，此外，胶皮管与注浆管连接完毕后，还应将注浆管上部及其周围 0.5m 厚的土层进行夯实，其干密度不得小于 1.60g/cm³。

（2）加固既有建筑物地基时，应采用沿基础侧向应外排，后内排的施工顺序；并间隔 1 孔～3 孔进行打注浆管和注浆溶液。

（3）注浆溶液的压力值由小逐渐增大，最大压力不宜超过 200kPa。

2. 溶液自渗的施工

（1）溶液自渗的施工步骤除配溶液与压力注浆相同外，打注浆孔及注浆溶液与压力注浆有所不同，在基础侧向，将设计布置的注浆孔分批或全部打入或钻至设计深度；不需分层施工，可用钻机或洛阳铲成孔，采用打管成孔时，孔成后应将管拔出，孔径一般为 60～80mm。

（2）将配好的硅酸钠溶液满注注浆孔，溶液面宜高出基础底面标高 0.50m，使溶液自行渗入土中；硅酸钠溶液配好后，如不立即使用或停放一定时间后，溶液会产生沉淀现象，注浆时，应再将其搅拌均匀。

（3）在溶液自渗过程中，每隔 2～3h，向孔内添加一次溶液，防止孔内溶液渗干。

3. 待溶液量全部注入土中后，注浆孔宜用体积比为 2∶8 灰土分层回填夯实。

不论是压力注浆还是溶液自渗，计算溶液量全部注入土中后，加固土体中的注浆孔均宜用 2∶8 灰土分层回填夯实。

硅化注浆施工时对既有建筑物或设备基础进行沉降观测，可及时发现在注浆硅酸钠溶液过程中是否会引起附加沉降以及附加沉降的大小，便于查明原因，停止注浆或采取其他处理措施。

（四）碱液注浆施工

1. 注浆孔施工

注浆孔可用洛阳铲、螺旋钻成孔或用带有尖端的钢管打入土中成孔，孔径宜为 60～100mm，孔中应填入粒径为 20～40mm 的石子到注液管下端标高处，再将内径 20mm 的注液管插入孔中，管底以上 300mm 高度内应填入粒径为 2～5mm 的小石子，上部宜用体积比为 2∶8 灰土填入夯实。

注浆孔直径的大小主要与溶液的渗透量有关。如土质疏松，由于溶液渗透快，则孔径宜小。如孔径过大，在加固过程中，大量溶液将渗入注浆孔下部，形成上小下大的蒜头形加固体。如土的渗透性弱，而孔径较小，就将使溶液渗入缓慢，注浆时间延长，溶液由于在输液管中停留时间长，热量散失，将使加固体早期强度偏低，影响加固效果。

2. 碱液配制

碱液可用固体烧碱或液体烧碱配制，每加固 1m³ 黄土宜用氢氧化钠溶液 35～45kg。碱液浓度不应低于 90g/L；双液加固时，氯化钙溶液的浓度为 50～80g/L。

固体烧碱质量一般均能满足加固要求，液体烧碱及氯化钙在使用前均应进行化学成分定量分析，以便确定稀释到设计浓度时所需的加水量。碱液浓度对加固土强度有一定影响，试验表明，当碱液浓度较低时加固强度增长不明显，较合理的碱液浓度宜为 90～100g/L。

室内试验结果表明，用风干黄土加入相当于干土质量 1.12% 的氢氧化钠并拌合均匀制取试块，在常温下养护 28d 或在 40～100℃高温下养护 2h，然后浸水 20h，测定其无侧限抗压强度可达 166～446kPa。当拌合用的氢氧化钠含量低于干土质量 1.12% 时，试块浸水后即崩解。考虑到碱液在实际注浆过程中不可能分布均匀，因此一般按干土质量 3% 比例配料，湿陷性黄土干密度一般为 1200～1500kg/m³，故加固每 1m³ 黄土约需 NaOH 量为 35～45kg。配溶液时，应先放水，而后徐徐放入碱块或浓碱液。溶液加碱量可按下式计算：

（1）采用固体烧碱配制每 1m³ 浓度为 M 的碱液时，每 1m³ 水中的加碱量为

$$G_s = \frac{1000M}{P} \tag{8-6}$$

式中　G_s——每 1m³ 碱液中投入的固体烧碱量（kg）；

　　　M——配制碱液的浓度（g/L），计算时将 g 化为 kg；

　　　P——固体烧碱中，NaOH 含量的百分数（%）。

（2）采用液体烧碱配制每 1m³ 浓度为 M 的碱液时，投入的液体烧碱体积 V_1 为

$$V_1 = 1000 \frac{M}{d_N N} \tag{8-7}$$

加水量 V_2 为：

$$V_2 = 1000 \left(1 - \frac{M}{d_N N} \right) \tag{8-8}$$

式中　V_1——液体烧碱体积（L）；

　　　V_2——加水的体积（L）；

　　　d_N——液体烧碱的相对密度；

　　　N——液体烧碱的质量分数。

由于固体烧碱中仍含有少量其他杂质成分，故配置碱液时应按纯 NaOH 含量来考虑。式（8-6）中忽略了由于固体烧碱投入后引起的溶液体积的少许变化。现将该式应用举例如下：

设固体烧碱中含纯 NaOH 为 85%，要求配置碱液浓度为 120g/L，则配置每 m³ 碱液所需固体烧碱量为：

$$G_s = 1000 \times \frac{M}{P} = 1000 \times \frac{0.12}{85\%} = 141.2 \text{kg}$$

采用液体烧碱配置每 m³ 浓度为 M 的碱液时，液体烧碱体积与所加水的体积之和为 1000L，在 1000L 溶液中，NaOH 溶质的量为 $1000M$，一般化工厂生产的液体烧碱浓度以质量分数（即质量百分浓度）表示者居多，故施工中用比重计测出液体碱烧相对密度 d_N，并已知其质量分数为 N 后，则每升液体烧碱中 NaOH 溶质含量即为 $G_s = d_N V_1 N$，故 $V_1 = \frac{G_s}{d_N N} = \frac{1000M}{d_N N}$，相应水的体积为 $V_2 = 1000 - V_1 = 1000 \left(1 - \frac{M}{d_N N}\right)$。

举例如下：设液体烧碱的质量分数为 30%，相对密度为 1.328，配制浓度为 100g/L 碱液时，每立方米溶液中所加的液体烧碱量为：

$$V_1 = 1000 \times \frac{M}{d_N N} = 1000 \times \frac{0.1}{1.328 \times 30\%} = 251 \text{L}$$

3. 注浆要求

(1) 应将桶内碱液加热到 90℃以上方能进行注浆，注浆过程中，桶内溶液温度不应低于 80℃；碱液注浆前加温主要是为了提高加固土体的早期强度。在常温下，加固强度增长很慢，加固 3d 后，强度才略有增长。温度超过 40℃以上时，反应过程可大大加快，连续加温 2h 即可获得较高强度。温度愈高，强度愈大。试验表明，在 40℃条件下养护 2h，比常温下养护 3d 的强度提高 2.87 倍，比 28d 常温养护提高 1.32 倍。因此，施工时应将溶液加热到沸腾。加热可用煤、炭、木柴、煤气或通入锅炉蒸气，因地制宜。

(2) 碱液加固施工，应合理安排注浆顺序和控制注浆速率。宜采用隔（1~2）孔注浆，分段施工，相邻两孔注浆的间隔时间不宜少于 3d。同时注浆的两孔间距不应小于 3m；注浆碱液的速度，宜为（2~5）L/min；

(3) 当采用双液加固时，应先注浆氢氧化钠溶液，待间隔 8~12h 后，再注浆氯化钙溶液，氯化钙溶液用量宜为氢氧化钠溶液用量的 1/2~1/4。

采用 $CaCl_2$，与 NaOH 的双液法加固地基时，两种溶液在土中相遇即反应生成 Ca (OH)$_2$ 与 NaCl。前者将沉淀在土粒周围而起到胶结与填充的双重作用。由于黄土是钙、镁离子饱和土，故一般只采用单液法加固。但如要提高加固土强度，也可考虑用双液法。施工时如两种溶液先后采用同一容器，则在碱液注浆完成后应将容器中的残留碱液清洗干净，否则，后注入的 $CaCl_2$ 溶液将在容器中立即生成白色的 Ca (OH)$_2$ 沉淀物，从而使注液管堵塞，不利于溶液的渗入，为避免 $CaCl_2$ 溶液在土中置换过多的碱液中的钠离子，规定两种溶液间隔注浆时间不应少于 8~12h，以便使先注入的碱液与被加固土体有较充分的反应时间。

施工中应注意安全操作，并备工作服、胶皮手套、风镜、围裙、鞋罩等。皮肤如沾上碱液，应立即用 5% 浓度的硼酸溶液冲洗。

三、质量检测要求

注浆施工结束后，应对注浆效果进行检查，以便验证是否达到满足设计要求和地基处理要求，对地基改善一般需通过处理前后物理力学性质对比来进行，对有承载力要求的，必须通过载荷试验，检验数量对每个单体建筑不应少于 3 点。鉴于注浆加固地基的复杂性，加固地层的均匀性检测十分重要，宜采用多种方法相互验证，综合判断处理结果，同时还应满足建筑地基验收规范的要求。

通常的质量检测方法有：标准贯入试验、轻型动力触探试验、静力触探试验、射线检测、弹性波法、电阻率法、压水试验、室内试验、载荷试验等。

水泥为主剂的注浆加固质量检验应符合下列规定：

（1）注浆检验应在注浆结束 28d 后进行。可选用标准贯入、轻型动力触探、静力触探或面波等方法进行加固地层均匀性检测；

（2）按加固土体深度范围每间隔 1m 取样进行室内试验，测定土体压缩性、强度或渗透性；

（3）注浆检验点不应少于注浆孔数的 2%～5%。检验点合格率小于 80% 时，应对不合格的注浆区实施重复注浆。

硅化注浆加固质量检验应符合下列规定：

（1）硅酸钠溶液注浆完毕，应在 7～10d 后，对加固的地基土进行检验；

（2）应采用动力触探或其他原位测试检验加固地基的均匀性；

（3）必要时，尚应在加固土的全部深度内，每隔 1m 取土样进行室内试验，测定其压缩性和湿陷性；

（4）检验数量不应少于注浆孔数的 2%～5%。

碱液加固质量检验应符合下列规定：

（1）碱液加固施工应作好施工记录，检查碱液浓度及每孔注入量是否符合设计要求；

（2）开挖或钻孔取样，对加固土体进行无侧限抗压强度试验和水稳性试验。取样部位应在加固土体中部，试块数不少于 3 个，28d 龄期的无侧限抗压强度平均值不得低于设计值的 90%。将试块浸泡在自来水中，无崩解。当需要查明加固土体的外形和整体性时，可对有代表性加固土体进行开挖，量测其有效加固半径和加固深度；

（3）检验数量不应少于注浆孔数的 2%～5%。

第三节　工 程 实 例 分 析

【工程实例一】 碱液法加固湿陷性黄土

一、工程概况

陕西省焦化厂回收车间鼓风机室是一单层砖石结构建筑，建于 1970 年，建筑面积为 153m²，采用天然地基，灰土基础埋深 0.95m。1972 年因地基浸水湿陷，砖墙严重开裂，最大缝宽达 35mm，累计最大沉降量 34.4cm，平均沉降量为 23.5cm，沉降差为 18.3cm，最大局部倾斜达 18.1‰，沉降长期不能稳定，于 1976 年开始对地基进行加固。

二、地质条件

该场地为Ⅲ级自重湿陷性黄土，表层为新近堆积黄土 Q_4^3，厚度为 4.2～4.5m，其下为 Q_4^1 及 Q_3 黄土，厚度为 10.2m，17m 以下为卵石层。表 8-3 为紧靠建筑物南北两侧的钻孔资料。

两个钻孔土的主要物理力学性质 表 8-3

土样编号	取土深度 (m)	天然含水量	干重度 (kN/cm³)	孔隙比 e	压缩系数 a_{1-2} (MPa⁻¹)	湿陷系数	自重湿陷系数
⑦⑤₁	2.10～2.25	19	13.1	1.02	0.989	0.061	0.027
⑦⑤₂	3.10～3.25	16	12.8	1.08	0.765	0.054	0.007
⑦⑤₃	4.10～4.25	18	12.9	1.05	0.109	0.077	0.052
⑦⑤₄	5.10～5.25	19	12.8	1.08	0.714	0.080	
⑦⑤₅	6.10～6.25	19	12.9	1.07	0.673	0.052	0.024
⑦⑤₆	7.10～7.25	19	12.7	1.12	0.551	0.056	0.023
⑦⑤₇	8.10～8.25	18	12.6	1.12	0.510	0.057	0.077
⑦⑤₈	9.10～9.25	20	13.3	1.00	1.234	0.068	
⑦⑥₁	2.10～2.25	22	12.7	1.11	1.224	0.025	

三、设计概况

由于鼓风机室地基湿陷性土层较厚，如消除全部湿陷性势必造价太大，施工困难，且将妨碍焦炉生产的正常运行，而建筑物荷重也不大，最后加固深度定为基底下 3.6m。这样对建筑物危害最大的新近堆积黄土层可以得到全部加固，而加固体下部土层的附加应力与自重应力之比值小于 0.1，亦即加固深度已达压缩层下限，根据在该厂所作试坑浸水试验表明，该场地自重湿陷属于不太敏感类型，故剩余部分的自重湿陷量对建筑物危害不大，因此采用碱液浅层加固是比较经济的。

为了节约加固材料和费用，只加固裂缝较多，对安全生产影响大，而结构刚度又较薄弱的主机室部分墙基。共布置灌注孔 92 个，孔距为 0.7m，每孔注浆量 720L，平均浓度为 1000N/L，加固半径 0.4m。

四、施工情况

灌注器皿系用汽油桶改装而成，每桶可贮溶液 180L。将烧碱在桶内加水稀释后用蒸汽加温至 90°C 以上开始灌注。为了防止地基产生附加下沉，采用间隔跳跃方式进行灌注，同时注浆的两孔距离不小于 3m，相邻两孔灌注时间间隔在两天以上。灌注一个孔一般需 8～12 小时。

五、效果及评价

整个加固工程耗用烧碱 6.42kg（按 100% 碱量计算），加固土体积 158m³，平均每加固 1m³ 土用烧碱 0.041kg，工料费为 20 元/m³ 土（未包括管理费及烧碱运费和蒸汽加温费在内），比硅化法节约 50% 左右。

加固期间，通过 18 个沉降观测点的观测表明，附加下沉最大为 9mm，平均为 4mm，对每道墙而言，沉降差在 1～4mm 之间，基本上达到均匀加固，迄今建筑物裂缝没有继续发展，生产一直正常进行。

1983 年对墙基外侧加固土体进行取样检验，测得其 7 年平均无侧限抗压强度达到 559～618kPa，比类似土质及相同加固条件下一个月龄期平均强度增长 1.7～2.0 倍，最高达 1265kPa，证明碱液加固法的长期强度是可靠的。

【工程实例二】 高压喷射围封与静压注浆加固软土地基

一、工程概况

某电厂循环水泵房采用沉井结构，位于原海边滩涂，场地土为近代沉积的轻微欠固结土，力学性质较差。沉井平面尺寸为 25.5m× 29.4m，深 17.6m，自封底结束后的 4 个月内最大沉降量达 23.6cm，差异沉降 15.6cm。而且继续以较大的速率沉降，对整个电厂安全运行产生隐患。地基加固前沉降速率为 0.12mm/天，而且还有五千多吨荷载未施加完毕，因此为控制泵房的下沉，必须进行地基加固处理，并在施工全过程中进行岩土工程监测。

沉井区域地层分布如下：

①碎石杂填土：沉井施工结束后，地面回填了一层厚 2.5～3.0m 的碎石，原先①层可塑性粉质黏土在施工时被挖除。

②淤泥质黏土：层厚 17～21m，流塑，底部渐变为软塑，含少量有机质，属欠固结的软黏土，含水量 50%，孔隙比 1.37，压塑模量 2.0MPa，沉井正处于这层土之中。

③淤泥质黏土：软塑，为正常固结土，含水量 40%，孔隙比 1.15，压缩模量 4.0MPa。

④粉质黏土、黏质粉土互层：可塑-硬塑，属超固结土。

二、注浆加固技术要求

(1) 加固深度：④层土层以上的②层土和③层土。

(2) 加固范围：分两部分。沉井和连接段地基为主要加固区，应按下面的加固标准加固；盾构工作井到盾构管为加固过渡段区，使沉降速率由 0.05mm/d 加固标准过渡到盾构管的沉降速率（0.07mm/d）。

(3) 加固标准

施工期间：沉降速率≤0.13mm/d；

最大差异沉降量≤52mm；

加固处理后：沉降速率≤0.05mm/d；

最大差异沉降量较原来加固前有所改善，即≤50mm。

(4) 其他要求

1) 施工期间沉井四角的沉降速率应尽可能保持均衡；

2) 沉井的倾斜方向必须与加固前的倾斜方向一致；

3) 加固施工期间必须确保循环水泵设备安全运行；

4) 加固方案要考虑到循环水泵房前后连接管道（或构筑物）的沉降协调。

三、注浆加固软土地基

1. 加固方案的确定

滨海淤泥质黏土为饱和软土，天然含水量接近液限呈软塑或流塑状态，具有渗透系数小，无侧限强度低，灵敏度高，触变性大等特点。在淤泥、淤泥质土上的许多建筑物产生超常沉降或倾斜是由于地基土受到扰动，土体强度大幅度降低，使土体产生侧向推移造成的，若静压注浆的技术措施不当有可能导致这一现象进一步发展。在基础周围没有围封条件下，为使浆液扩散延伸到需要加固的地基范围，不得不有意识的先灌注地基外围，使浆液先向外推移当浆液不再大量向外推移时，浆液才会向内，即向基础以下扩散延伸，最终起到加固作用。

基于上述认识，结合在滨海软土地基加固长期积累的经验，提出了高喷筑墙围封和静压注浆相结合的加固方案。

注浆加固的目的有两个，即控制沉井的沉降速率在允许范围内，对已经产生的差异沉降进行纠偏，并且在电厂正常运行的条件下进行施工。

2. 高喷筑墙围封

利用高喷注浆在泵房外围筑墙围封，筑墙深度伸入④层土一定深度，可以起到使沉井地基土与外围土体隔离的目的，从而使静压注浆时有效地使浆液注入所需加固的土体内，避免浆液向外流窜，节约浆液材料，同时也可阻挡地基土在加固时可能出现的土体侧向移位。在软土地基上采用高喷灌浆方法，可以按照工程要求，在基本不释放地基应力的条件下，形成所需性状和尺寸的地下桩、板、墙状的凝结体，这是这项技术的突出优点，它与过去的"高压旋喷桩"技术是不同的。施工中使用的喷射压力达 50MPa，可以实现全置换灌浆或部分置换灌浆，形成凝结体的强度可达 3~5MPa，弹性模量可根据工程需要控制在 50~500MPa，因而凝结体具有很好的变形适应性。

3. 静压注浆

在软土地基上进行静压灌浆施工，是利用劈裂作用机理实现劈裂可灌，即灌注浆液在地基应力场中沿最小主应力面或弱应力分布区劈裂延伸，形成浆脉状或不规则形状的凝结体面，对周围土体有挤压密实作用。但是，由于一般淤泥及淤泥质软土的渗透性往往很小，渗透系数常为 10^{-7}~10^{-6} cm/s，排水速度极慢，浆液对周围均匀压密的作用往往很小，因此软土地基的灌浆加固作用主要依靠扩散在软土中成网格状、脉状、树根状、球状等凝结体的综合强度来实现。

4. 注浆加固施工的主要参数

（1）高喷筑墙围封

1）高喷孔间距 1.6m，围封距离沉井四周 10m，围封深度 30m。

2）高压喷射采用水、气、浆三重管施工。气：压力 0.7~0.8MPa，流量 60~80m³/h；水：压力大于 36MPa，流量 75L/min，水泥浆：压力 25MPa，流量 70~80L/min。喷射摆角 18°，提升速度 10cm/min。

（2）静压注浆

静压注浆孔间距 6.4m，采用浓稠的纯水泥浆液，浆液比重大于 1.7g/cm³，注浆段为 1m，由下往上进行注浆，注浆压力与注浆次数及深度有关，深度越深，注浆次数越多，开环压力较大，注浆压力也就越大。

四、注浆加固效果分析

通过实测沉降分析，施工期间分为以下阶段：

（1）1992 年 5 月 7 日至 1992 年 6 月 12 日，进行高压喷射围封施工。由于高压喷射对周围土体产生严重扰动，高喷造孔对侧壁土应力释放，造成下沉，速率达-0.16mm/d。

（2）1992 年 6 月 12 日至 1992 年 7 月 19 日，主要在沉井外围地面进行大量的注浆：静压注浆对土体进行挤压，超孔隙水压力急剧上升，沉井整体上抬，速率为+0.40mm/d。

（3）1992 年 7 月 19 日至 1992 年 8 月 29 日，直接在沉井底板上钻孔注浆。底板造孔释放了大量的地下水，减少了沉井的浮托力，造成下沉，速率为-0.21mm/d。

（4）1992 年 8 月 29 日至 1992 年 10 月 11 日，底板注浆与外围静压注浆结合进行，沉井上抬，速率＋0.21mm/d。

（5）1992 年 10 月 11 日至 1993 年 3 月 3 日，注浆施工停止，上部荷载施加，孔隙水压力开始消散，沉井下沉，但很快趋于稳定，降至－0.03mm/d，至 1993 年 9 月已降至－0.01mm/d。

处理后沉降观测 1993 年 3 月 3 日到 1994 年 7 月，实测沉降量共为 2.1mm，沉降速率降为 0.01mm/d，取得满意的工程效果。

参 考 文 献

[1] 龚晓南. 地基处理手册（第二版）. 北京：中国建筑工业出版社，1999
[2] 工程地质手册（第四版）. 北京：中国建筑工业出版社，2007
[3] 杨晓东. 锚固与注浆技术手册（第二版）. 北京：中国电力出版社，2009
[4] 林宗元. 岩土工程治理手册. 沈阳：辽宁科学技术出版社，1993
[5] 贾国平，黄英波. 地基处理经验集萃. 北京：中国电力出版社，1996

第九章 微型桩加固

第一节 微型桩技术的发展与加固机理

微型桩（Micro piles）或迷你桩（Mini piles），系一种小直径的钻掘桩，桩体主要由压力灌注的水泥浆、水泥砂浆或细石混凝土与加筋材料组成，依据其受力要求筋材可为钢筋、钢棒、钢管或型钢等。微型桩可以是垂直或倾斜，或排或交叉网状配置图 9-1，交叉网状配置之微型桩由于其桩群形如树根状，故亦被称为树根桩（Root Pile）或网状树根桩（Reticulated Roots Pile），日本简称为 RRP 工法。常见灌注微型桩基本形式见图 9-2。

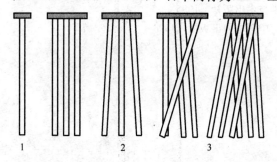

图 9-1 微型桩布置形式

1—微型单桩；2—微型桩群；3—网状微型桩墙

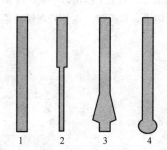

图 9-2 灌注微型桩基本形式

1—钻孔微型桩；2—上部扩大的现场浇筑微型桩；
3—下部扩大的微型桩；4—通过灌浆扩大的桩端微型桩

微型桩是 20 世纪 50 年代初由意大利人 F. Lizzi 所首创，并取得专利，此后，在欧洲等国家多应用于基础托换工程。1972 年微型桩专利期满后，其技术在世界各地获得推广和应用。2005 年，欧盟标准（EN 14199：2005）由"特殊土工工程施工技术委员会"（CEN/TC 288）编制发布。

近年来，微型桩、小桩技术在我国土木工程中有了广泛的应用，由应用于基础托换、边坡稳定性加固，发展到复合地基、基坑支护工程。表 9-1、表 9-2 为编制组于 2010 年通过文献检索出的我国工程领域和地区应用微型桩的情况。

各工程领域微型桩技术应用统计结果（仅限 2010 文献）　　　　表 9-1

交通工程 边坡工程	桥梁基础加固	6
	软土地基加固	3
	边坡抗滑加固	20
建筑地基基础工程 基坑工程	建筑地基纠偏、加固等	33
	建筑基坑支护	12
	建筑基础抗浮	1

	交　通	市　政	建　筑	合　计
山东	1	1	18	20
广东	12	4	4	20
河南	3	1	4	8
四川	6	0	0	6
福建	1	0	5	6
山西	0	0	5	5
江苏	0	0	2	4
湖南	0	1	2	3
浙江	2	0	1	3
湖北	1	0	1	2
陕西	2	0	0	2
上海	0	0	2	2
甘肃	1	0	0	1
河北	0	0	1	1
天津	0	0	1	1

目前全国用于微型桩的工程每年可达数千项以上。

此外，微型桩应用于工程质量事故的处理、路基后处理工程中具有其独特的作用和加固技术效果。

行业标准《建筑桩基技术规范》JGJ 94 把直径或边长小于 250mm 的灌注桩、预制混凝土桩、预应力混凝土桩，钢管桩、型钢桩等称为小直径桩，本规范将桩身截面尺寸小于 300mm 的压入（打入、植入）小直径桩纳入微型桩的范围，借鉴了欧洲规范的对微型桩的定义。

树根桩作为微型桩的一种，一般指具有钢筋笼作配筋、采用压力灌注混凝土、水泥浆、水泥砂浆，形成的直径小于 300mm 的小直径灌注桩，也可采用投石压浆方法形成的直径小于 300mm 的钢管混凝土灌注桩。近年来，树根桩复合地基应用于特殊土地区建筑工程的地基处理已经获得了较好地处理效果。

预制桩包括小断面的预制混凝土方桩、预应力混凝土管桩、钢管桩、型钢等，施工方法包括静压法、打入法、植入法等，也包含了传统的锚杆静压法、坑式静压法。近年来的工程实践中，有许多采用静压桩形成复合地基应用于高层建筑的成功实例。鉴于静压桩施工质量容易保证，且经济性较好，微型静压桩复合地基加固方法得到了较快的推广应用。

注浆钢管桩是在静压钢管桩技术基础上发展起来的一种新的加固方法，近年来注浆钢管桩法常用于新建工程的桩基或复合地基施工质量事故的处理，具有施工灵活、质量可靠的特点。基坑工程中，注浆钢管桩大量应用于复合土钉的超前支护。

本规范纳入了目前我国工程界应用较多的树根桩、小直径预制混凝土方桩与预应力混凝土管桩、注浆钢管桩，其他形式的微型桩复合地基设计施工与质量检测，可参照执行。

第二节　微型桩加固的设计计算

一、复合地基承载力

微型桩复合地基的承载力与变形计算方法与一般刚性桩复合地基的方法相同。单桩承载力的计算有一定变化，主要在单桩承载力和桩身强度方面。

对压浆型微型桩，研究与工程实践表明，二次注浆对桩侧阻力的提高系数与桩直径、桩侧土体类型、注浆材料、注浆量和注浆压力、方式等密切相关，提高系数一般可达1.2~2.0，建议取1.2~1.4。

二次注浆对桩侧阻力的提高系数除与桩侧土体类型、注浆材料、注浆量和注浆压力、方式等密切相关外，桩直径为影响因素之一。一般地，相同压力形成的桩周压密区厚度相等，小直径桩侧阻力增加幅度大于同材料相对直径较大的桩，因此，桩侧阻力增加系数与树根桩的规定有所不同，系数1.3为最小值，具体取值可根据试验结果或经验确定。

对桩身强度，微型桩的桩身一般采用强配筋，应当考虑筋材对桩身承载力的作用，相反，对注浆钢管桩、型钢微型桩等计算桩身承载力时，可以仅考虑筋材的作用。

关于桩土承载力发挥系数，当置换率较低、垫层厚度较大时，微型桩单桩承载力发挥系数应取较低值；反之应取较大值。

二、复合地基变形

微型桩复合地基的变形计算与一般有粘结强度增强体复合地基相同。

三、微型桩复合地基垫层设置

微型桩复合地基的垫层设置，应考虑桩、土承载力的发挥程度，当需要控制软土地基的应力水平时，不应使垫层厚度大于1/2桩径。当需要充分发挥微型桩承载力时，应设计小于1/2桩径厚度的垫层。垫层材料的选择应选择级配砂石。

四、微型桩耐久性设计要求

微型桩的耐久性设计，主要是设计保护层厚度。不同材料的保护层厚度不同，桩的拉拔受力情况不同，保护层厚度不同。水泥浆、水泥砂浆、混凝土保护层的厚度的规定，参照了国内外其他技术标准对水下钢材设置保护层的相关规定要求。

此外，增加一定腐蚀厚度的做法已成为与设置保护层方法并行选择的方法，可根据设计施工条件、经济性等综合确定。

微型桩用型钢（钢管）由于腐蚀造成的损失厚度，可按表9-3选取。

土中微型桩用钢材的损失厚度（mm）　　　　　　　　　表9-3

设计使用年限	5年	25年	50年	75年	100年
原状土（砂土、淤泥、黏土、片岩）	0.00	0.30	0.60	0.90	1.20
受污染的土体和工业地基	0.15	0.75	1.50	2.25	3.00
有腐蚀性的土体（沼泽、湿地、泥炭）	0.20	1.00	1.75	2.50	3.25
非挤压无腐蚀性土体（黏土、片岩、砂土、淤泥）	0.18	0.70	1.20	1.70	2.20
非挤压有腐蚀性土体（灰、矿渣）	0.50	2.00	3.25	4.50	5.75

注：1. 压缩料（水泥浆、砂浆或混凝土）的腐蚀率低于非压缩料，腐蚀率可取表中值的一半；

2. 引用欧洲标准：Execution of special geotechnical works-Micropiles（BS EN 14199：2005），略有删改。

以上未对采用与基础相连接形式的微型桩加固设计作出说明，其承载力与变形计算应按《建筑桩基技术规范》JGJ 94.《既有建筑地基基础加固技术规范》JGJ 123 有关规定执行，本节不再赘述。但关于微型桩耐久性的规定尚应符合本规范相关条文的要求。

第三节 微型桩施工

一、树根桩

树根桩作为微型桩的一种，一般指具有钢筋笼作配筋、采用压力灌注混凝土、水泥浆、水泥砂浆，形成的直径小于 300mm 的小直径灌注桩，也可采用投石压浆方法形成的直径小于 300mm 的钢管混凝土灌注桩。灌注微型桩主要钻孔、灌注工艺见表 9-4、图 9-3。

微型桩钻孔施工方法　　　　　　　　　　　　　　　　表 9-4

钻孔方法	钢筋类型	灌注方法	桩身材料	灌注选项
1. 旋转/冲洗钻钻孔 2. 冲击钻钻孔 3. 凿或洛阳铲等工具挖孔 4. 连续螺旋钻成孔	钢筋笼	1. 投石、灌浆 2. 浇筑 3. 压灌	1. 无砂混凝土 2. 砂浆、混凝土 3. 混凝土	1. 注浆管 2. 套管 3. 导管
	1. 微型桩管材（承重构件） 2. 永久套管	1. 灌浆 2. 浇筑混凝土	1. 水泥浆 2. 砂浆或混凝土	1. 钢管 2. 套管 3. 钻孔过程中灌浆

注：当桩孔不稳定或有明显漏液或需通过套管进行浇注时采用套管成孔方法。

规范中对骨料粒径的规定主要考虑可灌性要求，对混凝土水泥用量及水灰比的要求，主要考虑水下灌注混凝土的强度和质量、可泵送性、耐久性等。

其中可灌性，对于混凝土，骨料的最大尺寸不应大于 16mm，纵筋净距的 1/4，及泵送管或水下浇筑管内径的 1/6，取其中的最小值。

关于注浆压力，工程中往往由于地层或封孔等因素不能施加到指定的灌浆压力时，应等待直至可以施加规定灌浆压力时再进行二次压力灌浆，目的是为了在桩侧形成较好的压密层并配合可能产生的孔壁泥皮，保证微型桩的承载力。

关于桩孔测试和预灌浆，引用欧洲标准：Execution of special geotechnical works-Micropiles（BS EN14199：2005）的规定：

"当微型桩处于风化或有严重裂隙的岩层中时，应进行桩孔测试和预灌浆。其目的是减少水泥浆向周围岩体不可控制的流失，同时保

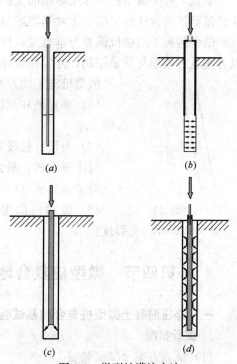

图 9-3　微型桩灌注方法
(a) 注浆管注浆；(b) 利用套管注浆；
(c) 注浆管作加筋材料；(d) 花管注浆

275

证水泥浆保护层能有效保护钢筋和承重构件。

水泥浆流失的可能性可以通过分析注水试验得到。一般在桩孔中或经过塞子的桩孔的一部分上采用水头试验。一般在桩孔中或部分桩孔中渗漏或水体流失速度小于 5L/min 时（超压水头 0.1MPa，测量 10 分钟）不要求进行预灌浆。

预灌浆是在桩孔中灌注水泥浆，一般在砂浆/水泥浆中加入有封闭或开口裂缝的石头以减少泥浆用量。

预注浆完成后，应再次检测桩孔，必要时在再次钻孔后应再次进行灌浆。

有关树根桩处理特殊土地基的设计与施工及质量检验可参照本章的规定执行。

二、预制桩

预制桩包括预制混凝土方桩、预应力混凝土管桩、钢管桩、型钢等，施工方法包括静压法、打入法、植入法等，也包含了传统的锚杆静压法、坑式静压法。

微型预制桩的施工质量应重点保证打桩、开挖过程中桩身不产生开裂、破坏和倾斜。对型钢、钢管作为桩身材料的微型桩，还应重点考虑其耐久性需要。

三、注浆钢管桩

注浆钢管桩法常用于新建工程的桩基或施工质量事故的处理，具有施工灵活、质量可靠的特点。

施工方法包含了传统的锚杆静压法、坑式静压法，对新建工程，注浆钢管桩一般采用钻机或洛阳铲成孔，然后植入钢管再封孔注浆的工艺，采用封孔注浆施工时，应具有足够的封孔长度，保证注浆压力的形成。

基坑工程中微型桩的作用除超前支护作用外，还具有提高支护体基底承载力的作用，注浆微型桩的设计施工应注重对基坑底与基坑侧壁的注浆加固效果。

微型桩施工的桩位偏差与垂直度、桩身弯曲应有规定，本文引用欧洲规范作为参考，以方便进行监理与质量控制，并应在设计和施工过程中应考虑结构的几何承载力。

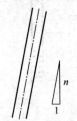

图 9-4 微型桩施工偏差 n 值

微型桩施工偏差要求：

（1）垂直桩和倾斜桩的定位偏差（在工作平面测定）应小于等于 0.05 m；

（2）与设计轴线的偏差，应符合以下要求：

对于垂直桩：最大为桩长的 1‰；

对于倾斜桩（$n<4$），最大为桩长的 2‰。

（3）微型桩曲率半径大于等于 200m 或桩身最大弯曲为 1/150 弧度。

第四节　微型桩复合地基试验研究与工程应用实例

一、静压混凝土微型桩复合地基试验研究

1. 试验概况

（1）试验方案及试验装置

为了检验不同直径、不同桩长、不同置换率的微型桩复合地基工作性状，设计了两组试验，第一组刚性小桩截面尺寸 250mm×250mm，长 12m，共 3 根，荷载板尺寸为 1.3m

方形钢板，刚度相比较稍差些。该3根微型桩（1号、2号、4号）呈线性布置，间距1.7m。桩端位于第5层土。第二组刚性小桩截面尺寸200mm×200mm，长7m，共3根，荷载板尺寸为1m²圆形厚钢板，该3根微型桩（5号、6号、7号）的平面位置呈线性，间距1.5m。桩顶埋深约1m，以第②层砂质粉土为持力层。地质情况见表9-5。

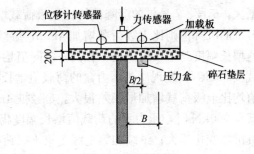

图9-5 试验装置

为了研究垫层的作用，本次试验设置200mm碎石垫层，并在小桩一侧土内安放压力盒，以测出土应力的变化，从而了解桩土应力变化规律，加载板两侧放置位移传感器，测试在各级荷载作用下复合地基的沉降变形 s，其试验装置如图9-5所示。

试验场地土的物理力学指标 表9-5

土层编号 力学指标	土层平均厚度 (m)	含水量 w (%)	天然重度 γ (kN/m³)	孔隙比 e	塑性指数 I_P	液性指数 I_L	压缩模量 E_s	承载力 f_{ak} (kPa)
①杂填土	2	—	—	—	—	—	5.45	110
②砂质粉土	5.5	26.1	19.5	0.747	5.4	0.752	13	160
③粉质黏土	1.5	30.5	19	0.754	7.7	0.9	4.02	90
④杂填土	2.9	33	18.8	0.99	9.8	0.9	4.9	100
⑤粉砂及粉土	2.0	21.5	21.5	0.634	5.5	1.1	7.0	140
⑥粉土	4.8	20.0	20.3	0.594	4.9	0.95	7.73	150
⑦粉砂及粉土	0.7	22.1	20.2	0.638	6.2	0.86	13.8	220

（2）试验过程描述

试验方法与一般刚性静压桩复合地基的试验相同。第一组小桩复合地基（7号、6号、5号）的加载级别为100kN，每级荷载之间间隔一小时，第二组小桩复合地基（4号、2号、1号）的加载级别为150kN，其他同第一组。

1）第一组微型桩复合地基的试验：加第一级荷载150kN，保持压力不变，观测位移计，沉降仅1mm左右，4号桩的沉降稍大达2mm，此时压力盒无荷载反应；一小时后，由所测得的沉降值可看出，沉降值均增加；再加第二级至第四级荷载，每根桩沉降值均匀增加，比上级荷载增加4mm左右，但压力盒仍无荷载反应；当加第五级荷载至750kN时，压力盒中的数值突然增大，沉降值增加仍为4mm左右；继续加第五级至第九级荷载，所测压力盒的荷载值增长率的变化规律与第一组小板加载试验规律相同，沉降值达到40mm左右；该组试验的最大荷载均为1650kN，其沉降值平均为43.5mm。

2）第二组微型桩复合地基的试验：加第一级荷载100kN，保持压力不变，观测位移计，沉降仅1mm左右，6号桩的沉降稍大达2mm，此时压力盒无荷载反应；一小时后，由所测得的沉降值可看出，5号桩沉降值几乎不变，6号、7号桩沉降分别增加0.2mm、1.4mm；再加第二级荷载至200kN，保持一小时后发现，3根桩沉降值均比上级荷载增加3mm左右，但压力盒仍无荷载反应；当加第三级荷载至300kN时，压力盒中的数值突然增大，6号、7号桩的沉降值均比上级荷载增加2mm左右，其增长幅度小于上级荷载；5号桩的沉降值则比上级荷载增加4mm；继续加第四级荷载至400kN，所测压力盒的荷载值增长幅度与上级荷载基本相同，沉降值均比上级荷载增加4mm左右；然后加第五级荷载至500kN，发现所测压力盒的荷载值增长幅度小于上级荷载的增长幅度，3根桩的沉降值均比上级荷载增加量相差很大，5号桩4mm、6号桩2mm，7号桩7mm；加第五级荷载至600kN时，压力盒的荷载值增长幅度仍较小，但7号桩沉降值增至31.4mm，另两根桩沉降变化不大；继续加第七级至第十级荷载，压力盒的荷载增长率又逐渐增大，沉降变化较均匀，每级荷载增加10mm左右；最后5号桩加至1400kN时，沉降达到96.99mm，由于过大变形，荷载下降即达到了极限承载力。6号桩最大承载力为1300kN，但沉降值仅为57.84mm，7号桩极限承载力1200kN，沉降值达92.31mm。

2. 试验结果及分析

（1）垫层与桩土相互作用的分析

图9-6为第一、二组预制混凝土静压小桩复合地基试验中压力盒应变值与荷载关系曲线。

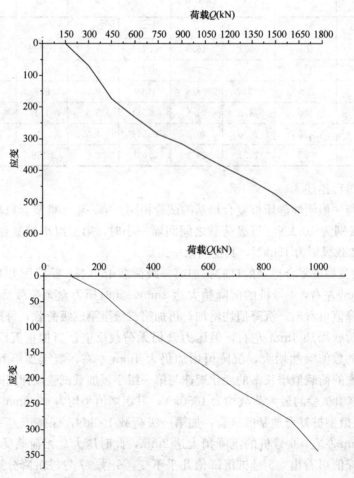

图9-6　微型桩复合地基试验荷载-压力盒应变图
(a) 第一组试验；(b) 第二组试验

从压力盒所测荷载值分析知，当开始加荷第一、二级时，无荷载反应，即此时土不承担荷载，而完全由小桩来承担；继续加第三、四级荷载时，压力盒的荷载增加较大，说明由于桩的下沉，引起土承担荷载，即桩土共同作用开始；但是由于垫层的作用，桩土应力比在发生变化，从以后测出的结果发现，第五、六级荷载作用下，土荷载增长率减小，说明土下沉又进一步引起桩承载力的充分发挥，即土被压缩后提高了桩侧摩阻力，产生了桩土应力重分布；当加至第七级以上荷载时，沉降变形较大，桩承载力几乎达到极限，因此又引起土压力再次明显上升，即产生最大的桩土应力重分布。正是由于此次应力重分布，使复合地基可继续承担荷载，直至变形过大或土达到极限承载力。

以上分析表明，由于垫层的作用，增强体微型桩与桩间土应力增长随荷载增加为非线性。在达到承载力特征值时第一组试验压力盒应变较第二组大，两者应变相差 1 倍，说明桩间土承载力发挥度较高。说明置换率相对较小时桩间土承载力发挥系数可能较大。

（2）复合地基承载力试验结果

复合地基承载力试验 Q-s 曲线见图 9-7，最大沉降量、承载力特征值见表 9-6。

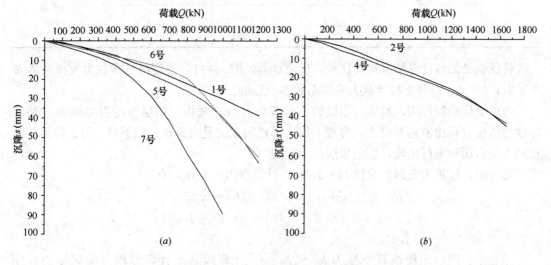

图 9-7　复合地基试验荷载-沉降图

（3）试验结果与计算值的比较与分析

表 9-6 给出了 6 根小桩实测承载力与用规范方法计算的复合地基承载力计算值的比较，显然，二组试验复合地基承载力的基本值（特征值）应取 $s/B=0.01$ 或比例极限对应的荷载。

表 9-7 为试验结果与计算结果的比较，计算时考虑到垫层厚度为 200mm 均大于微型桩直径的 1/2，取 $\beta_1=\beta_2=1.0$；依据修订前规范计算方法，暂取 $\lambda_1=\lambda_2=1$，$f_{sk}=110kPa$，单桩承载力特征值、复合地基承载力特征值经计算为：

第一组，断面为 250mm×250mm，桩长 12m，按桩基规范结合经验，取桩侧阻力平均为 65kPa，桩端阻力 2100kPa

$$R_{a2}=（0.25\times4\times65\times12+0.25^2\times2100）/2=456kN$$

$$m_2=0.25^2/1.69=0.037$$

$$f_{sp2}=m_2\frac{\lambda_2 R_{a2}}{A_{p2}}+\beta_2（1-m_2）f_{sk}=371kPa$$

第二组，断面为 200mm×200mm，桩长 7m，按桩基规范结合经验，取桩侧阻力平均为 70kPa、桩端阻力 1500kPa

$$R_{a1} = (0.2 \times 4 \times 70 \times 7 + 0.2^2 \times 2600)/2 = 248\text{kN}$$

$$m_1 = 0.2^2/1 = 0.04$$

$$f_{sp1} = m_1 \frac{\lambda_1 R_{a1}}{A_{p1}} + \beta_1 (1 - m_1) f_{sk} = 354\text{kPa}$$

复合地基试验结果 表 9-6

试件编号		压板面积 (m^2)	桩距 (m)	桩长 (m)	桩径 (m)	最大加载量 (kPa)	沉降量 (mm)	复合地基承载力特征值 (kPa)	
I	1	1.69	1.7	12	0.25	976	35	385	平均 398
	2	1.69	1.7	12	0.25	976	44	396	
	4	1.69	1.7	12	0.25	976	46	414	
II	5	1	1.5	7	0.2	1400	97	400	平均 360
	6	1	1.5	7	0.2	1300	58	450	
	7	1	1.5	7	0.2	1200	92	320	

将试验结果与计算结果进行比较，反演计算，取 $\lambda_1 = 1$，得到单桩承载力发挥系数 $\beta_1 = 1.21$；$\lambda_2 = 1$，得到单桩承载力发挥系数 $\beta_2 = 1.06$。

考虑垫层扩散作用，对第一组试验，荷载板为 $1m^2$ 圆板，垫层厚度为 200mm，垫层厚度与压板直径比值相对较大，客观上加大了桩间土的受力面积。以下对二组试验实际的桩间土受力面积进行比较，假定垫层按 10°角扩散。

第一组：压板为方形，宽度 $b_2 = 1.3m$，计算受力面积比，有：

$$\mu_2 = [(b_1 + 2h\tan10)^2 - 0.25^2]/(b_1^2 - 0.25^2)$$
$$= [(1.3 + 2 \times 0.2 \times 0.18)^2 - 0.25^2]/1.6275$$
$$= 1.12$$

第二组：圆形压板换算宽度为 $b_1 = 1.13m$，计算地基土计算面积与实际受力面积比，有：

$$\mu_1 = [3.14(b_2 + 2h\tan10)^2/4 - 0.2^2]/(1 - 0.2^2) = 1.14.$$

复合地基承载力试验值与计算值比较及承载力发挥系数 表 9-7

承载力 试件	承载力试验值 (kPa)		计算值 (kPa)	反演发挥系数	
	基本值	平均值		λ	β
1 号	385	398	371	1.0 (0.95)	1.08 (1.19)
2 号	396				
4 号	414				
5 号	400	360	354	1.0 (0.95)	0.93 (1.03)
7 号	320				

考虑垫层扩散作用，假定增强体单桩承载力发挥系数为 1.0，考虑垫层扩散作用后计算得到的桩间土承载力发挥系数结果见表 9-7。

表 9-7 桩间土发挥系数计算结果与试验中二组土压力盒应变结果基本吻合，比值存在一定的差异，其产生的主要原因可能是单桩承载力计算值及其发挥系数取值存在一定的差异。

比较单桩承载力发挥度，由于第一组单桩承载力较高、置换率相对较小，垫层厚度足够（一般大于直径的 1/2），桩将产生较大的上刺入，形成上部负摩阻力，使得单桩承载力发挥度下降。反之，由于第二组单桩承载力较小、置换率相对较大，单桩承载力发挥系数 λ_2 小于 λ_1。

取 $\lambda_1=0.95$、$\lambda_2=1.0$，考虑垫层扩散作用计算得到的桩间土承载力发挥系数分别为 $\beta_1=1.19$、$\beta_2=0.93$。可见桩间土承载力发挥系数在 0.9～1.2 之间。

3. 结论与建议

（1）微型桩复合地基中当增强体桩间距较大、垫层厚度足够时，桩间土承载力发挥系数较高；受到桩上部负摩阻力的影响，对应的增强体单桩承载力发挥度相对下降。反之，增强体桩间距较小时，桩间土承载力发挥度亦小。

（2）采用规范公式进行微型桩复合地基承载力设计时，相同条件下垫层厚度与桩间土承载力发挥度关系密切，当需要降低桩间土应力时，应适当控制垫层厚度。

（3）采用规范建议的垫层厚度（要求小于 1/2 桩径）进行微型桩复合地基的承载力计算时，微型桩单桩承载力的发挥度一般可取 0.9～0.95；桩间土承载力发挥度 β 应根据桩间距、直径、设计的垫层厚度确定，可取 0.9～1.1 的系数。

二、工程应用

1. 工程概况及地质条件

郑州某小区 2 栋 13 层小高层住宅建筑，建筑面积约 25000m^2，筏板基础，埋深 3m。

工程采用预制混凝土小桩复合地基方案，以 7 层粉土作为持力层，处理后复合地基承载力特征值要求达到 180kPa，设计小桩截面尺寸为 250mm×250mm，有效桩长为 $l=6.5$m，桩间距为 1.5m×1.5m，正方形布置，理论计算单桩承载力特征值为：

$$R_a=(0.25\times4\times6.5\times60+0.25^2\times2100)/2=260kN。$$

复合地基承载力特征值，采用下式计算，取 $\lambda=0.95$、$\beta=1.0$，有：

$$f_{spk}=m\frac{\lambda R}{A_p}+\beta(1-m)f_{sk}=0.95\times260/2.25+1.0\times(1-0.028)\times80=188kPa$$

各土层土性及物理指标 表 9-8

层 号	②	③	④	⑤	⑥	⑦	⑧	⑨$_1$	⑨	⑩
土 性	粉土	粉土	粉土夹粉黏土	粉土	粉质黏土	粉土	粉质黏土	粉细砂	粉细砂	粉细砂
层底埋深（m）	4.4～4.8	5.2～6.3	6.2～7.4	6.8～7.8	8.2～9.0	11.0～13.1	14.0～15.3	14.7～16.0	—	27.4～27.6
平均厚度（m）	3.82	1.30	0.7	0.61	1.41	3.58	2.42	0.70		12.84
承载力特征值（kPa）	80	130	100	130	105	160	120	150	280	260
压缩模量	3.1	8.0	5.0	8.0	4.0	11.2	3.7	15.0	20.0	12.0
压缩性评价	高	中	高	中	高	中	高	—	—	—
内聚力（kPa）	6	8	13	13	18	13	25	—	—	—
内摩擦角（°）	12	13	8	15	10	20	16	—	—	—

建筑场地为郑州地区典型软土，地下水位于自然地面下 1.5m，工程地质情况参见表 9-8。

2. 单桩与复合地基承载力载荷试验

（1）增强体单桩静载荷试验

试桩均为工程桩，单桩静载荷测试桩为 3 根。试验最大加载量 400kN（微型桩静压施工中，压力终止值为 420kN）。

（2）单桩复合地基静载荷试验

试验均为工程桩，单桩复合地基静载荷测试 4 组，压板及荷载参数如表 9-9 所示。

单桩复合地基静载荷试验压板与荷载参数 表 9-9

压板形状	压板尺寸（m）	试验最大加载量（kN）	每级荷载量（kN）
方形	1.5×1.5	990	99

（3）检测结果

1）增强体单桩静载荷试验

三根单桩静载荷试验数据汇总见表 9-10（桩号为 427 号、278 号、23 号），其相应的 Q-s 曲线见图 9-8。

单桩静载荷试验数据汇总表 表 9-10

荷载（kN） 沉降值（mm）	80	120	160	200	240	280	320	360	400
s_2	0.32	0.63	1.04	1.71	2.35	3.14	4.08	5.21	6.59
s_3	0.35	0.55	0.94	1.58	2.35	3.28	4.31	5.55	6.81
s_4	0.09	0.22	0.49	1.16	2.30	2.92	3.88	5.27	6.52

2）单桩复合地基静载荷试验

四根单桩复合地基静载荷试验数据汇总见表 9-11（桩号为 334 号、67 号、215 号、143 号），其相应的 Q-s 曲线见图 9-9。

单桩复合地基静载荷试验数据汇总表 表 9-11

荷载（kN） 沉降（mm）	99	198	297	396	495	594	693	792	891	990
s_1	0.88	1.96	3.89	5.53	6.38	8.07	11.21	14.25	16.56	19.60
s_4	0.89	2.68	4.87	7.09	9.40	11.77	14.41	17.21	20.18	24.03
s_5	0.48	1.14	2.35	3.58	4.81	7.03	9.45	11.66	17.03	23.70
s_6	2.03	3.84	5.41	7.07	9.32	11.59	13.95	16.78	20.41	25.35

四组单桩复合地基承载力曲线均无明显的比例极限及比例极限的拐点，按《建筑地基处理技术规范》JGJ 79 的规定，应按相对变形值确定。取 $s/B=0.008$ 所对应的荷载并结合最大加荷值，可判断 4 组单桩复合地基承载力特征值 $f_{sp}=220$kPa。

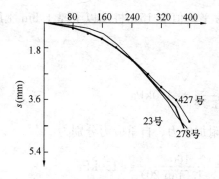
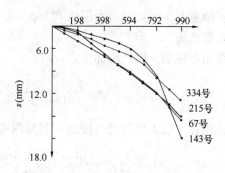

图 9-8　单桩静载荷试验 Q-s 曲线　　图 9-9　单桩复合地基静载荷试验 Q-s 曲线

3）低应变动力测试

单桩低应变动力测试桩数 160 根，分析方法采用时域、频域等方法综合分析，经过对所测桩逐一分析，桩身质量全部完好。

3. 单桩及桩间土承载力发挥系数计算分析

（1）单桩承载力特征值按 $s/B=0.01$ 取值，由试验曲线对应特征值 250kN，与理论计算结果的 250kN 吻合，可以采用。

微型桩静压施工中，压力终止值为 420kN，单桩承载力特征值为 250kN，相关系数为：

$$\alpha = \frac{420}{2 \times 250} = 0.84$$

（2）假定继续加载至以下计算值时复合地基不发生破坏，承载力特征值按 $s/B=0.01$ 取值，实测结果为：

$$f_{\text{spk}} = \frac{792 + 693 + 594 + 594}{4 \times 1.5^2} = 297\text{kPa}$$

（3）采用下式反演增强体桩发挥系数，有：

$$f_{\text{spk}} = m\frac{\lambda R}{A_{\text{p}}} + \beta(1-m)f_{\text{sk}}$$

其中，$R=250$kN，$f_{\text{spk}}=297$kPa，$m=0.0625/1.5^2=0.028$，$A_{\text{p}}=0.0625$，因桩顶标高接近第 3 层土，处理后的地基承载力取 $f_{\text{sk}}=100$kPa。分析系数 λ、β。

若 $\beta=1.0$ 取，有：

$$\lambda = \frac{f_{\text{spk}} - \beta(1-m)f_{\text{sk}}}{mR/A_{\text{p}}} = \frac{220 - 1.0 \times (1-0.028) \times 100}{0.028 \times 250} \times 0.0625 = 1.10$$

取 $\lambda=1.0$，计算桩间土承载力发挥系数，有：

$$\beta = \frac{f_{\text{spk}} - \lambda mR/A_{\text{p}}}{(1-m)f_{\text{sk}}} = \frac{220 - 1 \times 0.028 \times 250/0.0625}{(1-0.028) \times 100} = 1.11$$

以上分析表明，由于复合地基中桩土相互作用的存在，增强体桩和桩间土承载力可能得到一定程度上的提高，或者承载力发挥系数可能大于 1.0。

4. 复合地基下卧层承载力验算

采用实体深基础方法进行下卧层承载力验算。

基础宽度 16m，复合土层按 $\theta_1 = \varphi/4$ 扩散，φ 平均值取 15，桩端以下厚 1.5m 土层扩散角，取 $\theta_2 = 20$，有：

作用在桩端平面处附加应力：

$$p_{z1} = \frac{16 \times 170}{16 + 2 \times 6.5 \tan 3.75} = 160 \text{kPa}$$

作用在 7 层土底面处（按最不利埋深考虑）附加应力、自重应力分别为：

$$p_z = \frac{(16 + 2 \times 6.5 \tan 3.75) \times 160}{(16 + 2 \times 6.5 \tan 3.75 + 2 \times 1.5 \tan 20)} = 150 \text{kPa}$$

$$p_{cz} = 1.5 \times 20 + (11 - 1.5) \times 10 = 125 \text{kPa}$$

作用在 7 层土底面处（按最不利埋深考虑）总应力：

$$p_z + p_{cz} = 275 \text{kPa}$$

与第 8 层土经深宽修正后的承载力进行比较：

$$f_a = 120 + 1.6 \times [(1.5 - 0.5) \times 20 + (11 - 1.5) \times 10] = 304 \text{kPa} < p_z + p_{cz}，满足。$$

该工程主体竣工 2 年后实测基础沉降量为 13.5mm，且比较均匀，使用已近 10 年。

5. 结论与建议

（1）作为刚性桩复合地基的形式之一，静压预制混凝土微型桩复合地基桩土相互作用明显，可充分发挥微型桩单桩承载力和提高桩间土承载力，有较好的控制复合地基变形的能力，技术效果良好。

（2）与其他微型桩复合地基相比，静压桩复合地基承载力计算时，单桩承载力及桩间土承载力发挥系数可能大于 1.0。

参 考 文 献

[1] 葛忻声，龚晓南，张先明. 长短桩设计计算方法和探讨[J]. 建筑结构，2002，32(7).
[2] 马骥，张东刚，张震等. 长短桩复合地基设计计算[J]. 岩土工程技术，2001(2).
[3] 郭院成，许红，周同和等. 刚性长短桩复合地基承载力试验研究[J]. 河南科学，2007，25(4).
[4] 杨军龙，龚晓南，孙邦臣. 长短桩复合地基沉降计算方法探讨[J]. 建筑结构，2002，32(7).
[5] 范跃武，周同和，范永丰. 柔性基础刚性桩复合地基工作性状与变形计算[J]. 建筑结构学报，2007，28(5).
[6] 国家标准. 建筑地基基础设计规范 GB 50007—2011[S]. 北京：中国建筑工业出版社，2012.
[7] 行业标准. 建筑地基处理技术规范 JGJ 94—2012[S]. 北京：中国建筑工业出版社，2013.
[8] 行业标准. 轻骨料混凝土结构设计规程 JGJ 12—99[S]. 北京：中国建筑工业出版社，1999.
[9] 郭院成，周同和等. 静压预制混凝土小桩复合地基试验研究与应用研究报告. 郑州，2001.

第十章　地基处理检验与监测

处理效果检验与施工监测是地基处理的重要环节。随着测试技术水平的不断提高，地基处理检验与监测方法的完善，以及测试结果的评价和应用经验逐渐丰富，在地基处理过程中发挥着越来越显著的作用。地基处理正逐步实现信息化施工，保证了施工的安全性和质量。此外，各种监测与检测成果提高了工程技术人员对各类地基处理方法的加固机理和规律的认识，为地基处理理论与设计计算方法的研究提供了丰富的第一手资料，有力地推动了地基处理技术的发展。

地基处理检测与监测涉及测量学、传感器原理与测试理论、土力学、地基处理、施工技术等多方面的知识，是一门综合性较强的应用技术。

第一节　地基处理检测与监测技术发展现状

在我国地基处理技术得到全面发展的同时，地基处理检测与监测技术也面临着一些新的形势和问题，主要表现在以下几个方面：

（1）新的地基处理方法，特别是多种加固方法联合处理技术不断出现，对监测和检测方法的选择和方案设计提出了更高的要求。对于超出规范未规定的地基处理工程，设计人员须在对各种测试方法技术特点与适用性充分了解的基础上，灵活地根据地基处理方法和工程实际需要实施监测和检测。

（2）目前各种地基处理检测与监测手段日益成熟和丰富，但与之配套的测试结果分析与评价方法以及标准还不够健全，导致某些测试成果的应用价值不高。比如预压地基一般都要求应进行地基竖向变形、分层沉降、孔隙水压力、地下水位等项目的监测，但在实际操作中，除地面沉降的观测结果外，其他监测项目的观测成果一般只用作规律性分析，对地基处理工程的效果评价与验收实际作用并不大。

（3）地基处理检测与监测尚未出台专门的技术标准。虽然现行地基处理规范均对监测和检测有所涉及，但是还不能完全满足工程实践需要，主要表现在测量与测试的技术等级与指标、精度要求等方面不够明确。实际工程中，测试设备和元件的安装与埋设、测试方法与标准和成果应用等一般是参照其他行业监测或测试规范以及个人经验，不同设计人员往往选用技术标准不同。总体上来说，地基处理监测与检测的标准化要落后于技术的发展。

（4）各类检测与监测现场作业的工作量较大，测试结果受现场测试人员的技术水平影响较为明显。地基处理监测与检测工作的特殊性要求测试人员不仅具备相应的测试仪器和设备的操作知识与技能，还需要掌握一定的土力学与地基加固的理论，才能对测试结果与测试过程中的异常情况进行有效的判读和信息反馈。目前，一线测试人员在这方面的素质存在不足之处，影响了测试结果的准确性甚至是可靠性。

第二节 地 基 处 理 检 验

地基处理工后检测（Post-construction Testing）是指采用一定的测试手段获得加固后地基土的密实度、强度、地基承载力以及压缩性等指标的过程。地基处理工后检测的目的主要在于进行地基加固效果评价以及为后续地基基础设计提供相应的参数。地基处理工后检测主要依靠室内土工试验和原位测试两类方法来直接获取加固后地基的各项物理力学指标。

室内土工试验（Soil Test）的实质是构造一个模型，这个模型应尽可能接近于相应的理论或工程原型状态，尽量做到可有效地控制、改变和量测有关的试验条件和物理量，如排水条件、压力、位移等，使不同性质的岩土在试验中表现出不同的测定结果。

原位测试（In-situ Test）是在土体所处的位置，基本保持其原来的结构、湿度和应力状态，对土体进行的测试。与室内试验相比，原位测试最显著的特点是基本在土体的天然应力，即原位应力条件下进行的测试。

如表 10-1 所示，地基处理工后检测的方法种类较多，处理后地基的主要检测内容为承载力、处理后地基的施工质量和均匀性以及复合地基增强体或微型桩的成桩质量等。承载力的检测方法包括复合地基静载荷试验、增强体单桩静载荷试验及处理后地基承载力静载荷试验；处理后地基的施工质量和均匀性的检测方法包括干密度检测、轻型动力触探试验、标准贯入试验、静力触探试验、土工试验和十字板剪切试验等；复合地基增强体或微型桩成桩质量的检测方法包括桩身强度或干密度检测、静力触探试验、标准贯入试验、动力触探试验、低应变试验、钻芯法检测及探井取样法检测等。同一指标通常可以通过多种检测方法获得，但不同的检测方法的适用范围不同，并且都具有一定的优点和不足之处。因此，工后检测方案和方法应根据地基土的性质、地基处理方法和地区经验等条件，统一考虑选取。

处理后地基的检验内容和检验方法选择　　　　　　　　　　　　　　　表 10-1

处理地基类型 \ 检测内容（检测方法）	承载力			处理后地基的施工质量和均匀性							复合地基增强体或微型桩的成桩质量						
	复合地基静载荷试验	增强体单桩静载荷试验	处理后地基承载力静载荷试验	干密度	轻型动力触探	标准贯入	动力触探	静力触探	土工试验	十字板剪切试验	桩身强度或干密度	静力触探	标准贯入	动力触探	低应变试验	钻芯法	探井取样法
换填垫层			√	√	△	△	△	△									
预压地基			√					√	√	√							
压实地基			√		△	△	△	△									
强夯地基			√			√	√		√								
强夯置换地基			√			△	√	△	√								

286

检测内容	承载力			处理后地基的施工质量和均匀性							复合地基增强体或微型桩的成桩质量						
检测方法 ＼ 处理地基类型	复合地基静载荷试验	增强体单桩静载荷试验	处理后地基承载力静载试验	干密度	轻型动力触探	标准贯入	动力触探	静力触探	土工试验	十字板剪切试验	桩身强度或干密度	静力触探	标准贯入	动力触探	低应变试验	钻芯法	探井取样法
复合地基　振冲碎石桩	√		○			√	√	△					√	√			
复合地基　沉管砂石桩	√		○			√	√	△					√	√			
复合地基　水泥搅拌桩	√		○			△		△			√		△	√		○	○
复合地基　旋喷桩	√	√	○			△		△			√		△	√		○	○
复合地基　灰土挤密桩	√		○		√	△	△		√		√		△	△			○
复合地基　土挤密桩	√		○		√	△	△				√		△				○
复合地基　夯实水泥土桩	√		○		○	○	○	○	√		√		△				○
复合地基　水泥粉煤灰碎石桩	√	√	○			√	√				√		√			√	
复合地基　柱锤冲扩桩	√		○			√	√	△			√		√				
复合地基　多桩型	√	√	○	√													
注浆加固			√	√		√	√	√	√								
微型桩加固		√	○			○	○	○			√				√	○	

注：1. 处理后地基的施工质量包括预压地基的抗剪强度、夯实地基的夯间土质量、强夯置换地基墩体着底情况消除液化或消除湿陷性的处理效果、复合地基桩间土处理后的工程性质等；

2. 处理后地基的施工质量和均匀性检验应涵盖整个地基处理面积和处理深度；

3. √ 为应测项目，是指该检验项目应该进行检验；

△ 为可测项目，是指该检验项目为应测项目在大面积检验使用的补充，应在对比试验结果基础上使用；

○ 为该检验内容仅在其需要时进行的检验项目；

4. 消除液化或消除湿陷性的处理效果、复合地基桩间土处理后的工程性质等检验仅在存在这种情况时进行；

5. 应测项目、可选测项目以及需要时进行的检验项目中两种或多种检验方法检验内容相同时，可根据地区经验选择其中一种方法。

地基处理的试验阶段、施工过程以及竣工后，应进行地基处理效果检验。为设计提供依据的试验应在设计前进行。地基处理是一项隐蔽工程，施工时必须重视施工质量监测和质量检验方法。只有通过施工全过程的监督管理才能保证质量，及时发现问题和采取必要措施。当进行工程监理时，应阐明检验和监理的目的要求和相互配合验证的重要性。

施工质量和处理效果关系密切，但施工质量满足要求并不一定处理效果满足设计要求，处理效果除了与施工质量有关系外，还与设计方案的合理性、勘察资料的准确性及现场条件等因素有关，因此本规范各种处理方法的质量检验将施工质量检验和竣工验收检验区分开，便于分析处理效果不满足要求的原因。

承担地基处理检验的工程技术人员必须正确掌握地基处理的目的、加固原理、技术要求和质量控制与标准等。施工单位在施工过程中应有专人担任质量控制和监测工作。保证施工质量的关键在于抓好施工组织和施工管理，并应将测试工作看成是地基处理的组成部分。有时尚应制订监测控制标准和控制不良现象发生的措施。只有具备相应专业知识的检测人员才能对检测数据进行有针对性地分析并作出合理的符合实际的效果评价。

各种地基处理方法中，碎（砂）石桩、水泥土搅拌桩、旋喷桩、土桩、灰土桩、夯实水泥土桩、水泥粉煤灰碎石桩、柱锤冲扩桩等增强体的加固处理后的地基均按复合地基进行设计，处理后的地基由增强体和地基土共同承载，因此在进行静载荷试验时，应按复合地基静载荷试验进行处理效果检验，同时尚应通过增强体单桩静载荷试验对增强体进行检验；换填、预压、压实、强夯、挤密、注浆等方法处理后的地基可以看作为改良后的均质地基或成层地基，因此宜按处理后地基的要求进行地基承载力、地基变形以及均匀性检验；对微型桩、混凝土桩、强夯置换等处理方法主要依靠增强体提高地基性能，重点应控制桩体的施工质量，因此可通过单桩静载荷试验进行检验。

一、密实度检测

砂性土、碎石土以及填土的密实度对其工程性质具有重要的影响，因而密实度是换填垫层、预压、压实、夯实、挤密地基以及砂石桩复合地基等重要的质量控制与评价指标。密实度的检测方法主要有环刀法、灌砂法、灌水法、圆锥动力触探试验、标准贯入试验和静力触探试验等。其中，环刀法对于砂性土、碎石土取样质量不易保证或者难以取样；灌砂法、灌水法现场操作较为复杂。

原位测试方法具有测试方便、效率高、对地基破坏性小等特点，随着相关经验的不断积累应用越来越为广泛，测试结果可靠性增加。

1. 圆锥动力触探试验

圆锥动力触探试验（Dynamic Penetration Test，简称 DPT）是用一定质量的穿心锤，以一定的高度（称为落距）自由下落，将一定规格的圆锥形金属探头打入土中，根据探头贯入土中一定距离（可称为规定贯入量）所需的锤击数，判定土的力学特性。圆锥动力触探试验可分为轻型、重型和超重型三种类型，分别具有不同的规格和适用的岩土类型。

轻型动力触探试验适用于检验换填垫层地基沿深度方向的密实均匀性；对夯实水泥土桩可以用于检验桩身的密实度；由于轻型动力触探具有设备简单、轻便、操作方便等优点，特别适合注浆地基的处理效果检验。注浆加固带有不均匀性，比较适合采用能从宏观上反映的检测手段，例如采用地球物理检测方法等，但目前这些方法均存在难以定量和直接反映的特点。轻便触探的检测方法虽然也存在仅能反映调查孔一点加固效果的缺点，但因其简单实用而得到较多的应用。注浆施工和效果评定的经验性较强，在效果评定时要注重处理前后数据的对比，同时还要注意相似工程的类比，这样才能客观地综合评定注浆效果。由此可见，注浆工程的大量数据收集和分析是十分必要的。轻型动力触探的锤击数 N_{10} 是密实度的主要评价指标，可以根据 N_{10} 沿深度的变化及处理面积内不同点同一深度的 N_{10} 大小评价处理地基的均匀性。

重型和超重型圆锥动力触探试验适用于强夯、强夯置换、碎（砂）石桩、柱锤冲扩桩等粗颗粒地基或增强体施工质量检验。可以检验粗颗粒桩间土和增强体的密实度。重型和超重型圆锥动力触探的锤击数 $N_{63.5}$ 和 N_{120} 是碎石土密实度评价的主要指标。根据现行国家标准《岩土工程勘察规范》GB 50021 的有关规定，可根据经过修正后的锤击数来判定碎石土的密实度。

2. 标准贯入试验

标准贯入试验（Standard Penetration Test，简称 SPT）是用质量为 63.5kg 的穿心锤，以 76cm 的落距，将标准规格的贯入器，自钻孔底部预打 15cm，记录再打入 30cm 锤击数，判定土的力学特性。标准贯入试验适用于砂土、粉土和一般黏性土，不适用于粗颗粒的碎石土及软塑-流塑状态的软土。

标准贯入试验是常用的地基处理效果检测手段之一，适用于强夯法、换填垫层、预压地基、注浆地基、挤密地基等。主要针对复合地基桩间土的检验，以检验桩间土的挤密效果，对细颗粒增强体也可采用该法检验增强体的密实度和施工质量。标准贯入试验击数 N 是砂土密实度和液化判别的最主要判定指标，可根据现行国家标准《岩土工程勘察规范》GB 50021 的有关规定对地基密实度和液化性能进行评定。

3. 静力触探试验

静力触探试验（Static Cone Penetration Test，简称 CPT）是用静力匀速将标准规格的金属探头压入土中，通过量测地基土对探头的贯入阻力，以测定土的力学性质。静力触探试验是地基处理检测中应用较为广泛的技术手段之一。

静力触探试验成果应用十分广泛，特别适用于预压地基和注浆地基的效果检验，也常用于检验桩间土的挤密效果，条件允许也可用于检验水泥土类桩的桩身质量。表 10-2 为采用静力触探试验检验注浆地基处理效果的工程实例。由于处理后的地基与天然地基存在差异，效果评定的经验性较强，在效果评定时要注重处理前后数据的对比，同时还要注意相似工程的类比，这样才能客观地综合评定处理效果。

注浆加固前后静力触探 p_s 值对比情况　　　　　表 10-2

地　名	岩土名称	加固前 p_s 值（MPa）	加固后 p_s 值（MPa）	提高倍数	备　注
上海漕宝路	淤泥质粉质黏土	0.427	≥1	≥1.3	采用十字板调查，通过公式换算而得
上海万体馆	粉细砂夹薄层黏土	5	8	0.6	浆液充填率 20%，调查时邻近在降水
上海漕宝路	粉细砂夹薄层黏土	0.35	≥1	≥1.85	浆液充填率<20%
上海杨高路	淤泥质黏土、黏土	0.94~1.19	1.5	≥0.26	浆液充填率<20%
上海河南中路	粉质黏土、淤泥质粉质黏土、淤泥质黏土	0.5~0.52	≥1.2	≥1.3	浆液充填率 20%，水泥水玻璃双液注浆
上海中山公园	淤泥质黏土、黏土	0.49~0.62	1.5	≥1.42	浆液充填率 23%，两次注浆
上海人民公园	淤泥质黏土	0.35	1.5	3.29	浆液充填率 18%，水泥水玻璃双液注浆
宁波北仑	淤泥质黏土	0.274	0.64	1.3	浆液充填率 20%

4. 应用实例

上海地铁 M8 线鞍山路车站基坑长约 149m，标准段宽 19.6m，挖深约 13.12m；两侧端头井宽约 23.8m，挖深约 14.27~14.97m。该车站基坑为二级环境保护基坑，采用明挖法施工，地下连续墙围护，基坑底部处于灰色淤泥质黏土和灰色黏土中。

为了提高基坑底部的土体强度和基床系数，增强坑底脚趾稳定和围护结构的刚度，减少基坑围护变形和坑外土体变形，端头井、标准段与部分连续墙外侧实施了注浆工法加固。设计强度为静力触探试验 p_s 平均值 1.2MPa，设计注浆形成的砂浆体直径为 ϕ600mm，间距为 1.3m，长度为坑底下 3~3.4m，部分连续墙外侧砂浆体直径为 ϕ600mm，长度 16.8m。在注浆施工同时，基坑内进行了井点降水。

在注浆区龄期超过 28d 后，依据规范要求，采用静力触探试验法，对注浆加固区进行了强度测试，共测试 8 个孔，加固后的土体强度较原状土有很大的提高，坑底灰色淤泥质黏土的静力触探试验 p_s 值由原来的 0.46MPa 提高到 0.8~1.4MPa；坑底灰色黏土的静力触探试验 p_s 值由原来的 0.59MPa 提高到 1.0~1.5MPa，抽检孔位的加固区土体 p_s 平均值达到 1.24MPa。基坑开挖时，可见一个个压密注浆后形成的砂浆结石体，基坑底板浇筑完成后，地下墙围护位移为 1.5cm，基坑周围的建筑、地下管线均安全。

5. 填土压实质量控制

根据土的压实机理，填土在压实过程中存在最优含水率 w_{op} 和最大干密度 ρ_{dmax}，由《土工试验方法标准》GB/T 50123 中规定的标准击实试验确定。对于现场填土压实质量检验，一般以压实系数 λ_c（土的控制干密度 ρ_d 与最大干密度 ρ_{dmax} 之比）和施工含水量（最优含水率 w_{op} ±2%）为控制指标。

干密度试验适用于换填垫层和压实等地基的施工质量和均匀性检验，也适用于灰土挤密桩、土挤密桩和多桩型等复合地基的桩间土挤密效果检验及桩身质量检验。填土压实质量检测必须分层进行，在每层的压实系数符合设计要求后铺填上层土。采用环刀法检验垫层的施工质量时，取样点位于每层厚度的 2/3 深度处。检验点的数量，对于条形基础每10~20m 不少于 1 个点；独立柱基、单个基础不应少于 1 个点；其他基础每 50~100m²不应少于一个点。采用贯入仪或动力触探法检验垫层的施工质量时，每分层检验点的间距应小于 4m。

二、地基土强度检测

地基土强度是评价地基稳定性以及承载力的主要参数。采用预压法处理软土地基时，随着地基土超孔压消散，土体强度逐渐增长。通过室内或现场测试获得加固前后地基强度的变化，也可对地基处理的效果进行评价。地基土强度检测方法主要包括室内剪切试验与现场剪切试验两大类。

1. 室内土工试验

土的抗剪强度试验有多种方法，室内试验常用的有直接剪切试验、三轴剪切试验和无侧限抗压强度试验等。土的抗剪强度指标除了与土本身的特性，包括土的种类、性状及应力历史等因素有关外，还与试验方法与条件、破坏标准、土样质量等因素有关，以及受土的各向异性、应力历史、蠕变等的影响。

土的强度特性在实际工程问题的情况是千变万化的，用实验室的试验条件去模拟现场条件难以完整实现。因此，对于具体工程问题，现场剪切试验确定的强度指标往往更为合理、有效。

由于室内土工试验需在现场取样后进行，已改变了其应力环境和状态，因此试验结果往往很难与实际效果完全吻合，主要适用于预压地基、强夯地基和挤密型复合地基中桩间土的检验。通过室内试验获得加固前后地基力学性质的变化，对地基处理的效果进行评价。

2. 十字板剪切试验

十字板剪切试验（Vane Shear Test，简称 VST）是将一定规格的十字板头插入土中预定的试验深度，在地面施加扭转力矩使十字板头绕轴杆旋转，最后将土体剪切破坏。通过测定土体抵抗扭转的最大抵抗力矩，经换算得到土的抗剪强度值，称为土的十字板强度。十字板剪切试验主要用于测定饱和软黏性土（$\varphi \approx 0$）的不排水抗剪强度和灵敏度。

十字板剪切试验适用于预压地基的施工质量和均匀性检验。预压地基一般在加固前后在相同位置分别进行十字板试验，可获得地基加固前后的强度变化和沿深度的分布。对于以抗滑稳定控制的重要工程，可在预压区内选择代表性地点预留孔位，在加载不同阶段进行十字板剪切试验和取土进行室内土工试验。

十字板剪切试验的检测点数量每个处理分区不少于 3 个，对于斜坡、堆载等按稳定性控制的场地，应增加检验点数量。

表 10-3 为真空-堆载联合预压处理前后地基的十字板试验检验结果。

加固前后十字板强度的变化

表 10-3

深度（m）	土层名称	加固前（kPa）①	真空后（kPa）①	联合后（kPa）③	增率 $\frac{②-①}{①}$（%）	增率 $\frac{③-①}{①}$（%）
2.0~5.8	淤泥夹淤泥质粉质黏土	12	28	40	133	233
5.8~10.0	淤泥夹淤泥质粉质黏土	15	27	36	80	14
10.0~15.0	淤泥	23	28	33	22	43

图 10-1 为某工程堆载前后地基的十字板试验检验结果。

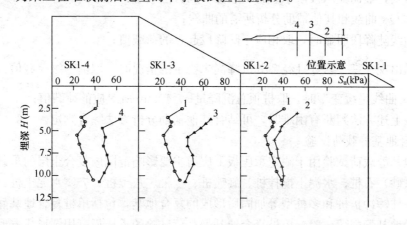

图 10-1　某工程堆载前后地基的十字板试验检验结果

三、承载力检测

地基承载力是地基处理工后检测的最重要指标之一，天然地基在加固后通常都需要检测其承载力。地基承载力的检测方法中，平板载荷试验是最常用和最直接的方法；地基承载力也可结合地区经验利用其他原位测试方法测试结果进行评价。

平板载荷试验（Plate Load Test，简称 PLT）是在一定面积的刚性承压板上向地基土逐级施加荷载，测定承压板下应力主要影响范围内天然或人工地基、单桩、复合地基的承载力和变形特性的原位测试方法。由于与建筑物基础工作条件相似，一般认为载荷试验确定的地基承载力相比其他测试方法更接近实际。在实际工程中，静载荷试验的检测点数量不应少于 3 个，各试验实测值的极差不超过其平均值的 30% 时，取平均值作为该处理地基承载力的特征值；极差超过平均值的 30% 时，应分析离差过大的原因，结合工程具体情况确定地基的承载力特征值，必要时增加试验数量。载荷板的受力面积对检验土层的厚度有较大的关系，处理地基的检验应采用能代表需检验加固土层性质的载荷板尺寸，否则应采用分层检验方法进行评价。

1. 处理后地基承载力静载荷试验

处理地基静载荷试验是测定加固后地基的承载力和变形模量的最重要的方法，适用于换填垫层、预压地基、夯实地基、挤密地基、注浆加固法等。处理地基静载荷试验的技术要求和操作过程与常规的天然地基载荷试验基本相同。处理后地基的承载力特征值可按下列条件进行确定：

（1）当压力-沉降曲线上有比例界限时，取该比例界限所对应的荷载值。

（2）当极限荷载小于对应比例界限的荷载值的 2 倍时，取极限荷载值的一半。

（3）当不能按上述 2 款要求确定时，可取 $s/b=0.01$ 所对应的荷载，但其值不应大于最大加载量的一半。承压板的宽度或直径大于 2m 时，按 2m 计算。

2. 复合地基增强体单桩静载荷试验

复合地基增强体单桩静载荷试验主要适用于复合地基、强夯置换法加固后形成的墩体等。

在复合地基增强体单桩静载荷试验中，单桩承载力特征值是将单桩极限承载力除以安全系数 2 得到，竖向抗压极限承载力一般按下列方法确定：

（1）作 $Q\text{-}s$ 曲线和其他辅助分析所需的曲线；

（2）曲线陡降段明显时，取相应于陡降段起点的荷载值；

（3）当出现 $\dfrac{\Delta S_{n+1}}{\Delta S_n} \geqslant 2$ 且经 24h 沉降尚未稳定的情况时，取前一级荷载值；

（4）$Q\text{-}s$ 曲线呈缓变型时，取桩顶总沉降量 $s=40\text{mm}$ 所对应的荷载值；

（5）按上述方法判断有困难时，可结合其他辅助分析方法综合判定。

3. 复合地基静载荷试验

复合地基静载荷试验用于测定承压板下应力主要影响范围内复合土层的承载力，主要适用于碎（砂）石桩、水泥土搅拌桩、旋喷桩、土桩、灰土桩、夯实水泥土桩、水泥粉煤灰碎石桩、柱锤冲扩桩和多桩型等加固后形成的复合地基，包括单桩复合地基静载荷试验与多桩复合地基静载荷试验。单桩复合地基静载荷试验的承压板可用圆形或方形，面积为一根桩承担的处理面积；多桩复合地基静载荷试验的承压板可用方形或矩形，其尺寸按实际桩数所承担的处理面积确定。

在复合地基静载荷试验中，承压板上的荷载由增强体和土体共同承担。根据试验获得的 p-s 曲线确定复合地基承载力特征值是一个较为复杂的问题，涉及承压板-桩-土的相互作用、复合地基破坏模式、褥垫层的影响等。

当 p-s 曲线上极限荷载能确定时，而其值不小于对应比例界限的 2 倍时，复合地基承载力特征值可取比例界限；当其值小于对应比例界限的 2 倍时，可取极限荷载的一半。

在 p-s 曲线是平缓的光滑曲线的情况下，一般是根据相对变形值确定承载力特征值：

（1）对砂石桩、振冲桩和柱锤冲扩桩复合地基，可取 s/b 或 s/d 等于 0.01 所对应的压力；

（2）对灰土挤密桩、土挤密桩复合地基，可取 0.008 所对应的压力；

（3）对水泥粉煤灰碎石桩或夯实水泥土桩复合地基，当以卵石、圆砾、密实粗中砂为主的地基，可取 s/b 或 s/d 等于 0.008 所对应的压力；当以黏性土、粉土为主的地基，可取 s/b 或 s/d 等于 0.01 所对应的压力；

（4）对水泥土搅拌桩或旋喷桩复合地基，可取 s/b 或 s/d 等于 0.006～0.008 所对应的压力，桩身强度大于 1.0MPa 且桩身质量均匀时可取高值；

（5）对有经验的地区，可按当地经验确定相对变形值，但原地基土为高压缩性土层时相对变形值的最大值不应大于 0.015；

（6）复合地基荷载试验，当采用承压板边长或直径超过 2m 的大承压板进行试验时，b 或 d 按 2m 计；

（7）按相对变形值确定的承载力特征值不应大于最大加载压力的一半。

此次规范明确了换填垫层和压实地基的静载荷试验载荷板面积不应小于 1m²，是根据地基处理的特点和工程经验提出的。如某典型工程采用降水强夯法处理后在地表（基底标高）分别采用了 0.707m×0.707m，1.0m×1.0m，1.5m×1.5m 载荷板进行静载试验，结果如图 10-2 所示。地基处理后表层往往形成一硬壳层，载荷板较小时结果的离散性较大，故本次明确规定地基处理静载试验的载荷板不应小于 1.0m²。对强夯地基或强夯置换地基，由于处理后地基往往在表层形成一硬壳层，强夯地基处理效果随深度增大逐渐变弱，强夯置换地基的置换墩面积往往较大，因此静载荷试验的压板面积不宜小于 2.0m²。

一般情况下载荷试验均在成桩后 28 天时进行，而对于水泥土搅拌桩设计要求为 90 天，随着龄期的增长，桩身强度也随之增长，但其增强体和复合地基承载力对于龄期的换算关系完全不同于室内水泥土强度的换算关系。根据作者的经验及资料分析，认为 28 天单桩承载力推算到 90 天的单桩承载力，可以乘以 1.2～1.3 的系数，主要与单桩试验的破坏模式有关。28 天单桩复合地基承载力推算到 90 天的承载力，可以乘以 1.1 左右的系数，主要与桩土模量比等因素有关。

四、桩身质量检测

各种类型的桩被广泛地应用于地基加固工程中形成复合地基，能有效地提高地基承载力和减少沉降。桩身质量对地基处理的总体效果起着关键性的作用，因此，在施工结束后必须对其桩身完整性、强度、密实度或均匀性等桩身质量指标进行针对性的检测和评价。

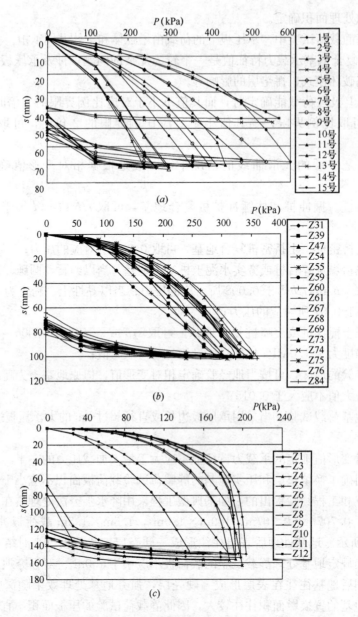

图 10-2 不同大小载荷板面积试验结果示意图

(a) 0.707m×0.707m；(b) 1m×1m；(c) 1.5m×1.5m

对于钢筋混凝土桩的完整性，低应变反射波法应用广泛且技术较为成熟；钻芯法与标准贯入试验等原位测试方法是水泥土搅拌桩桩身工后检测的常用手段；圆锥动力触探是碎石桩、砂石桩等散体材料桩密实度的常用评价方法。

1. 刚性桩桩身质量检测

地基处理中刚性桩大致可分为预制桩和灌注桩两大类，预制桩的贯入过程中和灌注桩的成桩阶段造成的桩身质量缺陷有如下几类：断裂、破碎、夹泥、缩径、扩径、空洞以及混凝土离析等，造成单桩承载力降低，甚至出现废桩。

刚性桩桩身质量的检测可采用钻芯法、低应变反射波法等无损检测法。其中，低应变反射波法是目前比较实用和普及的桩身完整性检测方法，可用以地基处理中刚性桩～半刚性桩桩身完整性的普查。

对于微型桩、静压桩等具有黏结强度的增强体，桩身完整性检测中检测桩数一般不少于总桩数的 10％，且不得少于 10 根，每根柱下承台的抽检桩数不应少于 1 根。

2. 水泥土搅拌桩桩身质量检测

水泥土搅拌桩在地基处理工程中应用较为广泛，其桩身施工质量检验可采用浅部开挖、钻孔取芯以及原位测试等方法进行检测。

（1）浅部开挖

开挖浅部桩头部位可观察其成桩情况，比如成桩直径、搅拌均匀程度等。该法简单易行，可在施工过程中随时检查，及时发现问题，及时处理。

（2）轻型动力触探试验

可用轻型触探器中附带的勺钻，在水泥土桩桩身钻孔，取出水泥土桩芯，观察其颜色是否一致；是否存在水泥浆富集的结核或未被搅拌均匀的土团。也可用轻便触探击数判断桩身强度。

轻型动力触探应作为施工单位施工中的一种自检手段，以检验施工工艺和施工参数的正确性。同时在实际操作过程中也存在很难贯入及对设备损坏严重的缺陷。

（3）标准贯入试验

用这种方法可通过贯入阻抗，估算土的物理力学指标，检验不同龄期的桩体强度变化和均匀性，所需设备简单，操作方便。用锤击数估算桩体强度需积累足够的工程资料，在目前尚无规范可作为依据时，可借鉴同类工程，或采用 Terzaghi 和 Peck 的经验公式：

$$f_{cu} = \frac{1}{80} N \tag{10-1}$$

式中　　f_{cu} ——桩体无侧限抗压强度（MPa）；

　　　　N ——标准贯入试验的贯入击数。

（4）静力触探试验

静力触探可连续检查桩体长度内的强度变化。用比贯入阻力 p_s（MPa）估算桩体强度 f_{cu}（MPa）需有足够的工程试验资料，在目前积累资料尚不够的情况下，可借鉴同类工程经验或用下式估算桩体无侧限抗压强度：

$$f_{cu} = \frac{1}{10} p_s \tag{10-2}$$

水泥土搅拌桩制桩后用静力触探测试桩身强度沿深度的分布图，并与原始地基的静力触探曲线相比较，可得桩身强度的增长幅度；并能测得断浆（粉）、少浆（粉）的位置和桩长。整根桩的质量情况将暴露无遗。

静力触探可以严格检验桩身质量和加固深度，是检查桩身质量的一种有效方法之一。但在理论上和实践上尚须进行大量的工作，用以积累经验。同时在测试设备上还须进一步改进和完善，以保证该法检验的可行性。

根据工程经验，采用轻型动力触探、静力触探和标准贯入试验检验水泥浆（湿法）搅拌桩是可行的，且能取得一定效果。但用于检验粉喷桩的施工质量时，则存在很大问题，因为粉喷桩中心普遍存有 50～100mm 的软芯，而直径只有 500mm，检测时很难保证触探点在深度范围内一直位于桩身上，触探杆不易保证垂直，很容易偏移至中心强度较低部位，造成假象的测试数据。

（5）钻芯检验

用钻孔方法连续取水泥土搅拌桩桩芯，可直观地检验桩体强度和搅拌的均匀性。取芯通常用 $\phi 106$ 岩芯管，取出后可当场检查桩芯的连续性、均匀性和硬度，并进行无侧限抗压强度试验。但由于桩的不均匀性，在取样过程中水泥土很易产生破碎，取出的试件做强度试验很难保证其真实性。使用本方法取桩芯时应有良好的取芯设备和技术，确保桩芯的完整性和原状强度。正常情况下，现场水泥土强度 $f_{cu,f}$ 与室内水泥土试块强度 $f_{cu,k}$ 是不同的，不能用室内水泥土试块强度指标直接作为现场水泥土强度的要求。由于影响因素诸多，到目前为止，两者之间的关系较为复杂，现场水泥土强度有低于室内水泥土试块强度的文献报道，也有高于室内水泥土试块强度的文献报道。一般情况下，现场水泥土强度 $f_{cu,f}$ 与室内水泥土试块强度 $f_{cu,k}$ 的关系为：$f_{cu,f} = (0.2 \sim 0.5) f_{cu,k}$。因此如何确定检验标准是关键。

目前国内有少数地区已经制定了由钻孔取芯和标准贯入试验结合的水泥土搅拌桩施工质量判定方法，该方法以标贯击数为主要指标，并考虑芯样无侧限抗压强度和芯样状态制定评分细则，用以判定桩身质量。

（6）截取桩段作抗压强度试验

在桩体上部不同深度现场挖取 500mm 桩段，上下截面用水泥砂浆整平，装入压力架后千斤顶加压，即可测得桩身抗压强度及桩身变形模量。这是值得推荐的检测方法，它可避免桩横断面方向强度不均匀的影响；测试数据直接可靠；可积累室内强度与现场强度之间关系的经验；试验设备简单易行。但该法的缺点是挖桩深度不能过大，一般为 1～2m。

（7）静载荷试验

对承受垂直荷重的水泥土搅拌桩，静载荷试验是最可靠的质量检验方法。

一般搅拌桩的载荷试验均在成桩后 28 天时进行，而设计要求均为 90 天，静载荷试验测得的单桩承载力是否应该进行龄期换算，或者如何根据 90 天龄期的设计值确定检验标准是值得进一步研究的问题。可以肯定的是其关系完全不同于室内水泥土强度的换算关系，主要与单桩试验的破坏模式有关，一般情况下 28 天后单桩承载力会略有增长。

3. 散体材料桩桩身质量检测

碎石桩、砂石桩等散体材料桩桩身施工质量检验，常用的方法为动力触探试验，具有成本低、见效快、施工简单等特点。根据不同深度处理的锤击数，可以判断各深度处桩身的密实程度和均匀性。桩身质量检验应在施工结束后，除砂土地基外，一般都应间隔一定时间进行质量检验，黏性土地基间隔时间可取 3～4 周，粉土地基可取 2～3 周。

五、地基处理工后检测工程实例

【工程实例一】 某水库拦河大坝工程

1. 工程概况

某水库拦河大坝为沥青混凝土心墙土石坝，整个河床台地段有较深的松软第四纪冲积层分布，最深达 10m，在冲洪积层内有中粗砂、细砂、粉砂、淤泥和淤泥质黏土，各层分布厚度不一，分布规律较差，抗剪强度低，压缩性大，地基承载力不能满足设计要求，并且在地震作用下大坝地基可能会发生液化，致使不能满足其稳定性要求。

该工程采用振冲碎石桩对大坝地基进行加固，振冲器功率为 55kW。在正式施工前，通过现场试验确定来实际施工参数。现场试验桩位于坝基中轴线附近，如表 10-4 所示，试验分三个试验区，即 A 区、B 区、C 区。每个试验区施工 25 根试验桩，正三角形布置，设计参数为：桩径为 1000mm，A、B、C 三个区的桩间距分别为 1600mm、1800mm、2000mm，桩长深入全风化不少于 1m。

载荷试验方案   表 10-4

试验区	试验编号	承载板尺寸（m）	桩长（m）
A 区	AP-1	$\phi=1.0$	8.0
	AP-2		8.6
	AP-3		7.5
	AC-1	1.6×1.6	8.8
	AC-2		7.2
	AC-3		7.2
	AS-1	$\phi=0.8$	—
	AS-2		—
	AS-3		—
B 区	BP-1	$\phi=1.0$	8.7
	BP-2		8.8
	BP-3		6.5
	BC-1	1.8×1.8	8.9
	BC-2		8.9
	BC-3		9.2
	BS-1	$\phi=0.8$	—
	BS-2		—
	BS-3		—
C 区	CP-1	$\phi=1.0$	8.0
	CP-2		7.6
	CP-3		7.5
	CC-1	2.0×2.0	8.2
	CC-2		7.2
	CS-3	$\phi=0.8$	—

注：AP—、BP—、CP—分别表示各区单桩载荷试验对应的编号；AC—、BC—、CC—分别表示各区复合地基载荷试验对应的编号；AS—、BS—、CS—分别表示各区桩间土载荷试验对应的编号。

2. 现场测试方案

现场测试包括平板载荷试验和振冲碎石桩桩身质量检验，以及桩间土加固效果检验等。平板载荷试验包括单桩承载力试验、单桩复合地基承载力试验和桩间土地基承载力，在每个试验区分别选 3 个试验检测点。各试验区检测点平面布置见图 10-3。各试验方案的具体承载板尺寸、桩长见表 10-4。

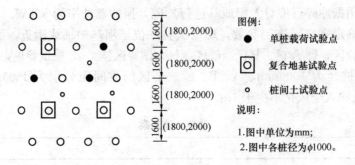

图例：
● 单桩载荷试验点
▣ 复合地基试验点
○ 桩间土试验点

说明：
1. 图中单位为mm；
2. 图中各桩径为φ1000。

图 10-3　碎石桩平面及检测点布置平面图

3. 载荷试验结果分析

图 10-4（a）为单桩载荷试验、单桩复合地基载荷试验和桩间土载荷试验的 $Q\text{-}s$ 曲线。从图 10-4 中可以看出，加固处理后的复合地基可以有效减小地基沉降，并且对于直径相等碎石桩，在相同荷载作用下，沉降量随着桩间距的减小而减小。此外，由图 10-4（b）中 $Q\text{-}s$ 曲线上比例极限确定的复合地基承载力平均值均大于设计值 300kPa，说明碎石桩复合地基能较好地改善软土地基的承载特性，并且桩间距越小承载力提高幅度越大。

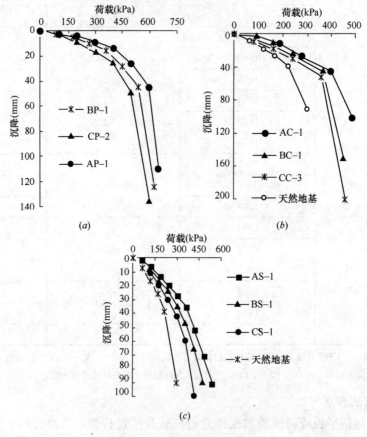

图 10-4　静载荷试验 $Q\text{-}s$ 曲线

（a）单桩载荷试验；（b）复合地基载荷试验；（c）桩间土载荷试验

图 10-5 为碎石桩身的重型动力触探（$N_{63.5}$）试验曲线图，从图中可看出，在被检测桩中，随着触探深度的增加，击实数明显升高，并在距地表 2.5m 以下的部位，其锤击数已大于 15 击，这表明碎石桩桩身质量良好。

图 10-6 是各试验区碎石桩处理前后桩间土的标准贯入试验（N）结果曲线，从图中可以看出，地基处理前后土性有了明显的改善，碎石桩对桩间土挤密效果明显，通过粉砂层标贯击数的提高可以知道地基的抗液化能力也提高了，达到了设计预期处理软基的目的。

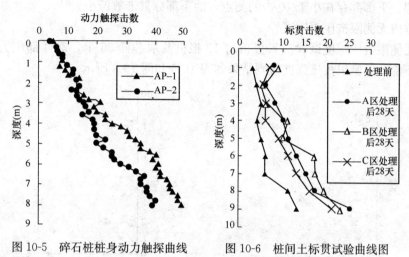

图 10-5 碎石桩桩身动力触探曲线　　图 10-6 桩间土标贯试验曲线图

【工程实例二】 某工程闸基水泥土搅拌桩质量检测

1. 工程概况

某工程闸基水泥土搅拌桩设计为单头搅拌桩，桩径 60cm，有效桩长 9.0m，水泥掺量为 18%，水灰比为 0.5，设计单桩承载力特征值为 168kN，复合地基承载力特征值为 138kPa。

2. 水泥土桩桩身质量检测方法

对水泥土搅拌桩采用标准贯入试验（N）和对整个桩身进行钻孔取芯及芯样室内无侧限抗压强度试验，通过标贯击数、取芯察看水泥土状态、实测桩长以及芯样无侧限抗压强度等综合评价搅拌桩的施工质量。

3. 检测结果与分析

（1）钻孔取芯

钻孔取芯桩身水泥土状态描述共选取有代表性的 12 根桩进行取芯，龄期均在 70d 左右，实测桩长与设计桩长（9.0m）吻合，没有发现短桩现象。4～5m 以上搅拌较均匀，水泥土胶结良好，取芯成柱；5～8m 部位桩身水泥土轻微胶结，芯样局部破碎或夹泥；8～9m 桩身水泥土状态为可塑至软塑状，水泥含量偏少，夹一定粉土、极细砂，水泥土搅拌欠均匀。

（2）标准贯入试验

标准贯入试验成果分析在 12 根桩中做了 75 个标准贯入检测点，沿桩顶向下每 1.5m 贯入 1 次，检测结果如图 10-7 和表 10-5 所示。

标贯击数	<10	10~20	>20
标贯测点数（个）	18	47	10
百分比	24%	63%	13%

表 10-5 中可以看出，水泥土标贯击数大于 20 击的占总测点的 13%，水泥土状态属坚硬或稍硬；有 24% 的测点小于 10 击，水泥土状态属可塑至软塑。在测试过程中发现桩身上部、中部、下部都存在小于 10 击的测点，而下部标贯击数偏小。

（3）室内无侧限抗压强度试验

室内无侧限抗压强度试验成果分析对 12 根桩共取芯样 36 个，取样部位为每根桩的上、中、下部，无侧限抗压强度检测结果如表 10-6 和图 10-8 所示。

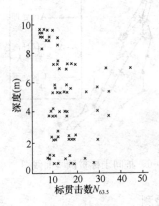 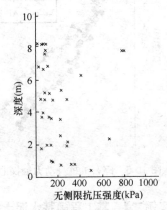

图 10-7　标贯击数沿桩身的分布　　　图 10-8　无侧限抗压强度沿桩身的分布

桩身水泥土无侧限抗压强度统计　　　　表 10-6

无侧限抗压强度（kPa）	100~200	200~400	>400
试样数量（个）	23	10	3
百分比	64%	28%	8%

可以看出，桩身水泥土抗压强度最高值为 778.6kPa，最低值为 22.4kPa，强度小于 100~200kPa 的占 64%，强度在 200~400kPa 的占 28%，只有 8% 桩身强度大于 400kPa，而且只有 3 个点，其中有 2 个点在 1 根桩上，这表明绝大部分桩桩身水泥土的强度很低，且上、中、下部位不均匀，这一结果与标准贯入结果相吻合。

第三节　地基处理工程监测

地基处理工程监测（Construction Monitoring）是指在地基处理施工阶段，采用一定的仪器和设备对加固区及周边环境变形、应力场、地下水位，以及主要施工参数等实施的监控工作。概括起来，地基处理施工监测的目的主要为：

（1）施工安全性控制

地基在荷载连续快速作用下，特别是饱和软土地基上的工程，存在地基失稳的风险，一般是通过监测边坡或坡脚位置的变形控制加荷速率，保证施工过程的安全性。

（2）施工质量控制

采用真空预压法、降水预压法等处理软弱地基时，为了控制和保证施工质量，需要对一些关键施工参数进行监控，比如膜下及真空管内的真空压力、地下水位等。

（3）监控施工对周边环境的影响

地基处理施工会对周边环境造成一定影响，如地基加固影响范围内既有建（构）筑物倾斜与开裂、地下管线变形、施工振动与噪声污染等，必要时须采取针对性的监控措施，特别是在加固区周边有重要建（构）筑物或市政管线密集的情况下，并根据监测结果调整施工工况与进度以减小对周边环境带来的不良影响。

（4）地基加固效果的评价

地基处理施工监测可获得加固过程中地基沉降、孔隙水压力等参数的变化情况，一方面可以实时了解和控制地基处理的施工进程；另一方面作为评价地基处理效果的指标。比如根据预压地基的沉降观测成果可推算地基最终沉降，进而可以获得实时的地基平均固结度和残余沉降，判断地基是否达到卸载标准和评价地基处理的效果。

地基处理的监测指标较多，相应的监测方法较为丰富。总结起来，地基处理施工过程中的监测主要包括以下几类：①加固区与周边环境的变形；②地基应力；③地下水位、真空压力、振动速度等特殊性监测项目。目前，常见的地基处理监测项目如表 10-7 所示。不同处理工法关注的施工参数和监测指标的侧重点不同，因此监测方法应根据施工工法、现场条件和工程实际需要灵活选用。

地基处理常用监测方法与成果应用　　　　　　　　　　　　　　表 10-7

分类	监测项目	监测设备与元件	监测成果及其应用	适用范围
变形监测	地面变形	水准仪、水准尺、沉降板	获得变形-时间曲线、变形速率-时间曲线，计算地基平均固结度、推算地基最终变形和工后沉降，评价地基加固效果等	预压地基、夯实地基等
	深层变形	分层沉降管、磁环、分层沉降计	获得地基变形随深度的变化规律，评估深部土体的加固效果	预压地基等
	边桩	经纬仪、舰牌、边桩	监控地表土体，如路堤坡脚的水平位移，监控堆载过程中地基稳定性	堆载预压地基等
	测斜	测斜管、测斜仪	监控深部土体或灌注桩的深层水平位移	预压地基等
	建（构）筑物、管线等变形	水准仪、经纬仪、全站仪等	监控建（构）筑物、管线等沉降、水平位移、倾斜等，评价施工对周边环境的影响	预压地基法、夯实地基等
应力监测	土压力	土压力盒、频率仪	监控施工过程中地基土或结构构件表面的压力变化，如可确定桩土应力比	复合地基、预压地基等
	孔隙水压力	孔隙水压力计、频率仪	监控施工过程中超孔压的变化，可计算测量点处的固结度以及地基平均固结度	预压地基、强夯地基等
	刚性桩桩身内力	钢筋计、混凝土应变计、频率仪等	获得刚性桩桩身的应力或应变，并计算轴力和弯矩，对刚性桩的安全性进行监测	多桩型、微型桩加固等

分类	监测项目	监测设备与元件	监测成果及其应用	适用范围
其他监测	地下水位	水位管、水位计	观察施工过程中地下水位变化情况	降水预压法、真空预压法等
	真空压力	真空表	真空预压法中，获得膜下和真空管内真空压力分布，以确定密封系统是否存在漏气现象	真空预压法
	振动速度	速度传感器等	监控强夯、冲击碾压等动力处理方法施工对周边的影响	强夯法、冲击碾压法等

地基处理监测贯穿于地基处理工程的设计、施工与验收，其实施的全过程包括以下几个阶段：

（1）监测方案设计

根据地基处理方法和工程实际需要进行监测方案的设计，设计内容包括：监测项目、测量方法及相应的仪器设备要求、监测点布置方案与技术要求、监测期与监测频率、各项测量技术指标、人员安排情况等。

（2）监测前期准备工作

前期准备工作是为后续观测作业的正常进行创造工作条件。根据监测方案完成测量基准点和监测点的布置、监测设备与元件的安装和埋设，以及初始值测量等工作。监测点的布置应不妨碍监测对象的正常工作，并应减少对施工作业的不利影响。在实际操作中，监测单位应与建设单位、施工单位等进行有效沟通，保证在大规模施工前获得各监测项目的初始值，一般取施工前至少连续三次稳定值的平均值作为测量的初始读数。

（3）现场测试与资料整理

按照监测方案中的监测频率完成现场测试工作，整理观测结果和提交监测报告。监测过程中出现异常情况时，及时分析原因和向建设单位与施工单位反馈信息，必要时适当加密监测频率，以便实时观测异常情况的变化趋势。每次现场测试工作完成后，撰写监测日志，必要时可采用拍照、录像等方法记录有关信息。

（4）监测成果总结与应用

按周（月）汇总与分析该时间段内的各项监测成果，编制、提交阶段性监测报告（监测周报、月报等），对地基处理的施工质量和加固效果进行评价，提出施工建议；根据监测成果，判断地基处理施工是否达到设计要求和满足卸载标准；工程竣工后，编制并提交监测总结报告。

一、加固区与周边环境变形监测

地基处理施工过程中变形监测的对象包括地面沉降和地表水平位移，深部土体的沉降与水平位移，以及施工对周边环境造成的影响。地面沉降和地表水平位移以及建（构）筑物、管线的变形一般是采用光学仪器进行测量，测量仪器设备与精度等须满足《工程测量规范》GB 50026—2007、《建筑变形测量规范》JGJ 8—2007等规范中相应的技术要求。此外，测量的基准点一般至少为 3 个，布置在加固区影响范围以外，在监测期内定期联测，以确保基准点稳定、可靠。土体深层变形与深层水平位移为土体的内部变形，分别采用专门的仪器即分层沉降仪和测斜仪进行观测。

1. 地面变形监测

地面变形是预压法、强夯法处理软弱地基施工过程中最重要的监测项目之一。地面变形一般是利用水准测量获得监测点的高程，两次高程测量结果之差即为该时间段内的地基发生的变形量。水准测量主要使用水准仪和水准尺等仪器设备，其精度应能满足监测方案中水准测量等级的要求，并具备相应的检定或校准证书，监测期内定期检查水准仪的 i 角。

预压地基的变形观测点一般是在处理分区均匀埋置沉降板，沉降板间距可取 20～30m，加固区中心及对称轴线等为重点监测区域。地面变形的监测期应包括整个施工期，在插板施工之前完成沉降板的布设和初始高程测量。地面变形监测的频率一般在加载初期每天测量一次，在中后期每 2～4d 观测一次，出现异常情况时应适当加密。

地面变形观测结果的应用较为广泛。根据观测结果绘制的荷载-变形-时间曲线，可控制加荷速率、推算地基最终变形、计算地基固结度及工后沉降，判断地基处理是否达到卸载标准等。

2. 地表水平位移监测

在堆载预压工程中，附加荷载大、施加速率快，地基存在失稳的风险。坡趾侧向位移是地基稳定性监控的一个重要指标，一般要求其位移速率不大于 5mm/d。

地表水平位移监测点一般由木桩或混凝土桩制成，沿加固区边线布置，主要采用经纬仪、舰牌等仪器设备观测施工过程中垂直边线方向的水平位移，其测量方法可采用视准线法、小角度法、前方交会法等。地表水平位移监测的频率一般在堆载施工阶段每天测量一次，出现异常情况时应适当加密。

地表水平位移速率是的观测数据分析的重点，进一步可判断堆载期地基的稳定性和控制加荷速率。

3. 土体深层变形监测

土体深层变形是指加固区地基土在不同深度处的竖向变形，其监测目的主要是获得地基深部土体的竖向变形发展过程，观测结果反映了不同深度处地基土的加固效果。

土体深层变形量测系统包括分层沉降仪、分层沉降管、磁环等。在地基处理施工前埋设分层沉降管和安装磁环，分层沉降管包括多个测点，测点数量与软土层厚度和磁环间距有关。施工开始前测读各磁环的初始标高，地基处理施工过程中测得的标高与初始标高之差即为各磁环的累计沉降值。土体分层沉降的监测频率一般在加载初期 1～2d 观测一次，中后期 3～5d 观测一次。

根据观测数据，可绘制测孔内各磁环的变形-时间曲线，也就是不同深度处土体的变形—时间曲线，以及获得某时刻的地基变形沿深度的变化规律，进一步推算不同深度处土体的最终变形和某时刻的固结度，以及确定相邻两个磁环之间土体的压缩量和地基压缩层厚度。

4. 深层水平位移监测

深层水平位移是指不同深度处地基土在水平方向上的位移，其观测结果是分析施工的安全状态与对周边环境影响的重要参数。

深层水平位移的监测是预先在坡脚处埋入测斜管，采用测斜仪观测地基处理施工过程测斜管的变形间接获得深部土体的水平位移，因此测斜管与钻孔之间孔隙应保证填充密实。此外，地基处理工程中测斜数据处理一般为管底起算，因此测斜管的埋置深度要求进入不动土层。

测斜资料整理主要包括计算各测试深度处的水平位移，绘制水平位移-深度曲线、水平位移—时间曲线，并分析最大累计位移量、水平位移速率等内容，评价地基的稳定性和控制加荷速率。

5. 周边环境变形监测

加固区影响范围内建（构）筑物以及地上地下各类管线的变形、扰度、裂缝等是评价地基处理施工对周边环境影响的主要监测项目。一般采用经纬仪、水准仪或其他专门仪器进行量测。建（构）筑物变形监测点应布置在外墙墙角、外墙中间部位的墙上或柱上、裂缝两侧以及其他有代表性的部位，监测点间距视具体情况而定，一侧墙体的监测点不宜少于 3 点。管线监测点布置在管线的节点、转角点和变形曲率较大的部位，在无法埋设直接监测点的部位，可设置间接监测点，对于供水、煤气、暖气等压力管线应尽可能设置直接监测点。

二、地基应力监测

地基处理施工过程中，根据需要可采用传感器可对地基的应力进行监测，包括土压力与孔隙水压力监测等。

根据有效应力原理，作用于饱和土体内某截面上总的正应力由孔隙水压力和有效应力两部分组成。在实际工程中，总应力和孔隙水压力可分别采用土压力盒和孔隙水压力计进行观测，理论上同一位置某方向上土压力盒读数与孔隙水压力计读数之差即为该方向上的有效应力。

土压力盒与孔隙水压力计按传感元件性质可分为电阻应变片式、振弦式等。振弦式传感器抗干扰能力强，防水性好，不受导线长度影响，稳定性较好，使用相对广泛。传感器在使用前应经过标定，量程应满足被测压力范围的要求，其上限可取最大设计压力的1.2~1.5 倍，下限应能满足测试须达到的分辨率。

地基处理工程中土压力盒与孔隙水压力计一般采用钻孔法埋设，土压力盒还可于用于量测土体与结构体间的接触压力，如桩顶应力等。土压力盒在埋设过程中，其受力面应与观测压力方向垂直，并均匀、密实地回填以细砂等填充料。孔隙水压力计埋设前应浸泡饱和，排除透水石中的气泡；当单个钻孔内埋设多个孔隙水压力计时，相邻探头的间隔不应小于 1m，并采用干的黏土球隔断上下探头之间的水力联系。

地基处理工程中，土压力和孔隙水压力的观测成果应用较广，可用于固结计算、桩土应力比分析、稳定性分析等。根据现场测量结果可获得地基中某点的总应力、超孔压、有效应力的时程变化曲线，以及获得某时刻地基内部应力场的分布情况。此外，预压地基中孔隙水水压力计的测量结果反映了地基的排水固结状态，可计算测量位置处土体的固结度和地基平均固结度。

三、其他监测项目

地基处理的施工监测除变形、应力等常规监测项目外，还应结合地基处理方法的特殊性对其他一些对象如地下水位、真空压力、振动速度等进行监测。

地下水位一般通过在钻孔内设置水位管，采用水位计进行量测。水位管滤管段以上须用黏土球封至孔口。对于真空预压地基的地下水位监测，早期采用敞口式水位管，现在多数已改为用密封膜密封水位管口，仅在测试时打开密封膜，测试完毕又立即密封复原。

采用真空预压法处理软土地基时，施工过程中需要对膜下及真空管内大气压力进行监控，以保证加固质量。真空压力的监测，一般是将加固区测点引出塑料软管接入真空表，可直接读出真空压力。

四、预压处理地基现场监测设计

（一）监测内容

预压加固地基属于隐蔽工程，施工中经常进行的质量检验和检测监测项目有：孔隙水压力观测、变形观测、边桩水平位移观测、真空度观测等。

1. 孔隙水压力观测

孔隙水压力现场观测时，可根据测点孔隙水压力-时间变化曲线，反算土的固结系数、推算该点不同时间的固结度，从而推算强度增长，并确定下一级施加荷载的大小，根据孔隙水压力和荷载的关系曲线可判断该点是否达到屈服状态，因而可用来控制加荷速率，避免加荷过快而造成地基破坏。

在堆载预压工程中，一般在场地中央、载物坡顶部处及载物坡脚处不同深度处设置孔隙水压力观测仪器，而真空预压工程则只需在场内设置若干个测孔。测孔中测点布置垂直距离为1～2m，不同土层也应设置测点，测孔的深度应大于待加固地基的深度。

2. 变形观测

变形观测是最基本、最重要的观测项目之一。观测内容包括：荷载作用范围内地基的总变形，荷载外地面变形或隆起，深层变形以及变形速率等。

利用实测变形资料可推算出最终变形量 s_∞ 和由于侧向变形而引起的瞬时变形量 s_d，从而可求得固结沉降量 s_c 以及变形计算经验系数 ψ_s。另外，可根据变形资料计算地基的平均固结度，解出 β 值，然后求出地基的平均固结系数。通过深层变形的观测资料可分析和研究土层的压缩性，确定变形计算中土层的压缩层深度。荷载外地面的变形资料可用以分析变形的影响范围以确定对邻近建筑物的可能影响。

堆载预压工程的地面沉降标应沿场地对称轴线上设置，场地中心、坡顶、坡脚和场外10m范围内均需设置地面沉降标，以掌握整个场地的变形情况和场地周围地面隆起情况。

真空预压工程地面沉降标应在场内有规律地设置，各沉降标之间距离一般为20～30m，边界内外适当加密。

深层变形一般用磁环或沉降观测仪在场地中心设置一个测孔，孔中测点位于各土层的顶部。

3. 水平位移观测

水平位移观测包括边桩水平位移和沿深度的水平位移两部分。它是控制堆载预压加荷速率的重要手段之一。

由于真空预压的水平位移指向加固场地，因而不会造成加固地基的破坏。

地表水平位移标一般由木桩或混凝土桩制成，布置在预压场地的对称轴线上于场地边线不同距离处，深层水平位移则由测斜仪测定，测孔中测点距离为1～2m。

4. 真空度观测

真空度观测分为真空管内真空度、膜下真空度和真空装置的工作状态。膜下真空度则能反映整个场地加载的大小和均匀程度。膜下真空度测头要求分布均匀，每个测头监控的

预压面积为 $1000 \sim 2000 m^2$，抽真空期间一般要求真空管内真空度值大于 $90kPa$，膜下真空度值大于 $80kPa$。

现场观测的测试要求如表 10-8 所示。

动态观测的测试要求

表 10-8

观测内容	观测目的	观测次数	备 注
变形	推算固结程度 控制加荷速率	1. 4次/日 2. 2次/日 3. 1次/日 4. 4次/年	1—加荷期间，加荷后一星期内观测次数 2—加荷停止后第二个星期至一个月内观测次数 3—加荷停止一个月后观测次数 4—若软土层很厚，产生次固结情况
坡趾侧向位移	控制加荷速率	1, 2. 1次/日 3. 1次/2日	
孔隙水压力	测定孔隙水压增长和消散情况	1. 8次/昼夜 2. 2次/日 3. 1次/日	
地下水位	了解水位变化计算孔隙水压	1次/日	

（二）加荷速率控制

1. 地基破坏前的变形特征

地基变形是判别地基破坏的重要指标。对软土地基一旦接近破坏，其变形量就急剧增加，故根据变形量的大小可以大致判别破坏预兆。

在堆载情况下，地基破坏前有如下特征：

（1）堆载顶部和斜面出现微小裂缝；

（2）堆载中部附近的沉降量 s 急剧增加；

（3）堆载坡趾附近的水平位移 δ_H 向堆载外侧急剧增加；

（4）堆载坡趾附近地面隆起；

（5）停止堆载后，堆载坡趾的水平位移和坡趾附近地面的隆起继续增大，地基内孔隙水压力也继续上升。

2. 控制加荷速率的方法

加荷速率可通过理论计算。但在一般值况下，加荷速率可以在土中埋设仪器，通过现场测试控制。如果埋设仪器有困难，也可根据某些经验值加以判别。

（1）现场测试

通过现场测试，判别地基破坏的具体方法有：

1）根据沉降 s 和侧向位移 δ_H 判别

①利用 s 和 δ_H 关系，即同时测试堆载中部的沉降量 s 和堆载坡趾侧向位移 δ_H。日本富永和桥本指出：当 δ_H/s 值急剧增加时，意味着地基接近破坏（图 10-9）。当预压荷载较小时，s-δ_H 曲线应与 s 轴有个夹角 θ，测点在 E 线上移动。预压荷载接近破坏荷载时，δ_H 增加要比 s 增加显著，如图 10-9 中的 Ⅰ、Ⅱ 所示。

②尽管影响地基稳定的因素很复杂，条件不相同，但地基破坏时 s 和 δ_H/s 关系大致在一条曲线上，如图 10-10 中 $q/q_f = 1.0$ 的曲线，该曲线称为破坏基准线。

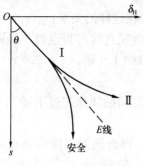

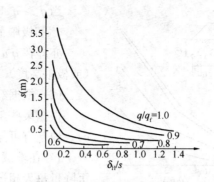

图 10-9　s 和 δ_H 关系曲线　　　　　图 10-10　判别堆载安全图

q—任意时刻的荷载；q_f—地基土破坏时的荷载

将堆载过程中实测到的变形值绘制在 s-δ_H/s 图上，视其规律是接近还是远离破坏基准线，如接近破坏基准线，则表示接近破坏；远离则表示安全稳定。根据国外工程实例，堆载各位置上出现的裂缝，其 q/q_f 值大多为 0.8～0.9。

2）根据侧向位移速率判别

该法是以堆载坡趾侧向位移速率 $\Delta\delta_H/\Delta t$ 不超过某极限值作为判别标准。$\Delta\delta_H/\Delta t$ 的极限值是随荷载大小、形状、土质等不同而变化。日本栗原和一本在泥炭土上进行试验：当 $\Delta\delta_H/\Delta t$ 为 20mm/d 时，在堆载顶面上就发生裂缝，所以将该值作为控制堆载速度的标准。

3）根据侧向位移系数判别

图 10-11 是荷载 q（或堆高 h）、时间 t 和侧向位移 δ_H 的关系图。堆载按图中所示的分级进行。在某级荷载的 Δt 时间内，侧向位移增量为 $\Delta\delta_H$（Δt 取等间隔），有一个 Δq 就有一个相应的 $\Delta\delta_H$ 值，就可绘制出 $\Delta q/\Delta\delta_H - q$（或 h）曲线（图 10-12）。

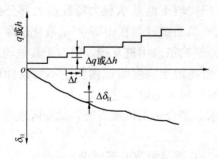

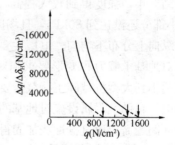

图 10-11　q、δ_H-t 关系曲线　　　　　图 10-12　$\Delta q/\Delta\delta_H$-q 关系曲线

由图 10-12 可知，当 q（或 h）值较小时，$\Delta q/\Delta\delta_H$（或 $\Delta h/\Delta\delta_H$）值就较大。当 q 达到某值后，q 则和 $\Delta q/\Delta\delta_H$ 成直线关系，将直线延长与横轴 q 相交，则该交点为极限荷载 q_f（或堆载极限高度 h_f）。$\Delta q/\Delta\delta_H$ 为侧向位移系数，它是表示地基稳定性的一个指标。

4）根据土中孔隙水压力判别

图 10-13 为测定的孔隙水压力 u 和荷载 q 的曲线，1、2、3 三个测点的曲线有明显的转折点，对应于转折点荷载为 q_y：

当 $q < q_y$ 时，地基土处在弹性阶段；

当 $q = q_y$ 时，设置孔隙水压力计测头处的土发生塑性挤出；

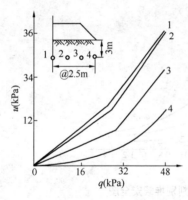

图 10-13 q-u 关系曲线

当 $q > q_y$ 时，塑性区扩大。

q_y 和极限荷载 q_f 间存在这样的关系：$q_f/q_y = 1.6$

亦即在 q-u 图中，当出现直线的折点时. 极限荷载（或极限高度）为该点荷载的 1.6 倍。

（2）根据经验值判别

根据某些工程经验，加荷期间如超过下述三项指标时，地基有可能破坏：

1）在堆载中心点处，埋设地面沉降观测点的地面沉降量每天超过 10mm；

2）堆载坡趾侧向位移（在坡趾埋设测斜管或打入边桩）每天超过 5mm；

3）孔隙水压力（在地基不同深度处埋设孔隙水压力计）超过预压荷载所产生应力的 50%～60%。

（三）卸荷标准

预压到某一程度后可卸载，卸载标准为：

1. 地面总沉降量大于预压荷载下最终计算沉降量的 90%；

2. 地基总固结度大于 90%；

3. 地面沉降速率小于 0.5～1.0mm/d，沉降变化曲线趋于平缓；

4. 预压时间大于 90 天。

五、地基处理监测工程实例

【工程实例一】　无填料振冲法加固吹填粉细砂现场试验

某电厂拟建场地为海堤外滩涂，围滩造地建厂，整个滩地向海倾斜。试验区施工时吹填土已固结 3 年，强度得到较大提高，但大面积吹填土地基承载力特征值大部分仍仅为 80kPa，小部分还没达到 80kPa，且场区第一层吹填粉细砂存在中等-严重液化现象，土质在横向和纵向上分布不均匀。电厂主要建（构）筑物拟采用桩基础，但对于其他辅助及附属设施，对地基承载力和变形要求相对较低，而场地土强度短期内仍达不到设计荷载要求，甚至达不到大型机械施工荷载需要，因此必须对场地地基进行处理。

根据电厂辅助及附属设施对地基的设计要求，结合施工机械需要，试验区地基土存在以下两方面问题需要通过振冲法加固得以解决：

（1）地基承载力特征值等于或大于 130kPa，并满足规范变形要求。

（2）消除地基土的地震液化现象。

1. 场区地层

根据工程勘察资料，场区上部地层砂土的颗粒组成及基本物理性质详见表 10-9。

地基土物理性质　　　　　　　　　　　　　　　表 10-9

土层名称	平均厚度 (m)	颗粒组成百分数（%）					天然含水量 (%)	天然重度 (kN/m³)
		>0.25mm	>0.075mm	>0.05mm	>0.005mm	<0.005mm		
①₁ 粉砂	4.0	0.5	24.6	27.8	41.3	5.8	27.9	18.2
①₁ 粉细砂	4.5	0.7	70.6	14.8	11.8	2.2	28.6	19.2
①₂ 粉砂	4.8	0.1	33.8	20.5	39.2	6.4	30.0	19.1

2. 试验方案

试验区面积为 30m×30m，按正三角形布置振冲点，间距 2.0m，振冲深度 7m。

振冲法施工采用振冲器型号为 ZCQ-30，功率为 30kW，转速 1450r/min，振幅 4.2mm，额定电流 60A，外形尺寸 $\phi351×2150mm$，双点协迫式振冲施工。

振冲法施工时，水压、水量的控制，对于无填料振冲法加固粉细砂地基的成功与否最为关键。与中粗砂相比，粉细砂的颗粒组成更为细小，如果水压和水量较大的话，在振动中达到液化的细颗粒易形成流态区，随着水流返出地面。这样砂土地基不仅没有得到加固，反而由于细颗粒的流失而趋于更加松散。所以无填料振冲法加固吹填粉细砂地基时，尽量采用干振或低水压振冲成孔，但要保证管口不被堵塞。

由于不加填料，为避免成孔时形成塌孔，振冲器下沉速度较快，成孔速度控制在 8～10m/min。至孔底后留振一段时间，上提 0.5m，如此逐步振密至孔口。周健等[2]认为，对于人工吹填的松砂，在一定的振动频率和功率下进行振冲加固时，存在一个"最优密度"，砂土密度在达到这个"最优密度"后，就在这个"平衡位置"摇摆，再继续振动下去对于提高砂土的密度意义已经不大。由此分析，留振时间存在优化设计的问题，可根据振动深度的不同而做相应调整。笔者认为，当某深度处砂土达到液化状态后，继续振动，砂土层的液化现象仅向深部发展，自身不再有明显变化，此位置即为"平衡位置"。故可参考相应深度处砂土达到液化所需时间作为振冲法施工时留振时间的参考。液化时间可根据埋设的孔隙水压力计实时记录，并进行计算判断；也可根据理论公式进行推导计算[6]。由两者的推导结果，均可得到随深度的增加，留振时间增加的结论。

3. 效果检测

为检验和研究无填料振冲法加固效果，在施工结束进行了一系列的现场量测及测试工作，并与加固前地基土性状进行对比。

（1）孔隙水压力

饱和粉细砂在振动作用下，土体内超孔隙水压力急剧上升，达到上覆有效压力时发生液化。振动停止，部分超孔隙水压力由于跟周围土体形成水力梯度而消散到周围土体里，还有一部分超孔隙水压力由于地下水冲破上覆土层涌出地表而消散。

试验区振冲施工时对孔隙水压力变化情况进行了实时监测，以研究振冲的水平影响范围。孔压计共埋设两组，每组埋设深度均为 4m、7m、10m 及 15m。孔压计具体布置示意图如图 10-14 所示，均在未施工时开始记录数据。振冲器首先从 A 点向 U1 点靠近，然后再由 B 点向 U2 点靠近，其具体的停留距离为：15m、13m、11m、9m、7m、5m、3m、1m。

两处超孔隙水压力变化曲线详见图 10-15 及图 10-16。

从图中可见，在振动点距离孔压计埋设点 5～7m 之前，超孔隙水压力变化比较平缓，且维持在一个较低值

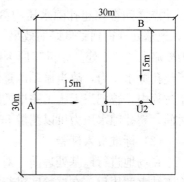

图 10-14 振冲影响范围量测示意

的范围内；进入到 5～7m 之间，超孔隙水压力有一个急剧上升的阶段；在距离小于 5～7m 之后，超孔隙水压力变化再次趋于平缓，且维持在一个较高值的范围内。由此进行分

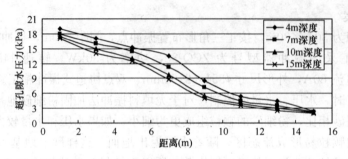

图 10-15　U1 超孔隙水压力变化曲线

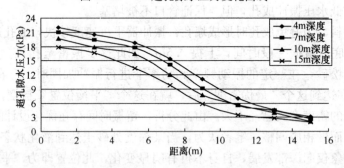

图 10-16　U2 超孔隙水压力变化曲线

析，当振动点距离孔压计较远时，对该处影响不大，反映在超孔隙水压力上表现为曲线平缓且其值较低；随着振动点慢慢移近，至振动影响范围内后，超孔隙水压力急剧升高；随着振动点再次移近，由于依然在振动影响范围内，超孔隙水压力变化趋于稳定并维持在一个较高的水平。据此，可初步判定此次振冲施工的水平影响范围为 5～7m。根据现场测得的最大孔压比（超孔隙水压力与上覆有效压力之比）等于 1 时的振源距，确定振冲点间距应为此时振源距的两倍。从图 10-15 及图 10-16 可知，当振源距为 1m 时，U2 处最大的孔压比仅为 0.568，由此可知，最大孔压比等于 1 的振源距应小于 1m，而本文中试验区振冲点间距为 2.0m。根据原位测试的结果，试验区地基处理仍取得了良好的效果。分析其原因，就在于振冲法施工时振动的水平影响范围。由于振冲点间距小于振动影响范围，故振冲点之间存在超孔隙水压力叠加的效应，使得原来最大孔压比达不到 1 的位置达到了 1，地基处理得到了良好的效果。由图 10-15 及图 10-16 可知，U2 处量测的最大孔隙水压力要略大于 U1 处。分析其原因，U1 处施工时，由于 U2 处于其影响范围内，已经存在了超孔隙水压力，故当振动源逐渐靠近 U2 时，测得的超孔隙水压力要大于 U1 处。在施工过程中，曾把当天施工完毕的超孔压与第二天还未施工时的超孔压作过对比，经过一夜时间，超孔隙水压力可以消散 50%。

（2）标准贯入试验

在场地进行地基处理前，对其进行了标准贯入试验。为了检验地基加固效果，振冲法施工结束两周后，在试验区进行了 6 组标准贯入试验。地基处理前后场地土的标贯试验数据如表 10-9。

根据表 10-10 中地基处理前后标准贯入试验的检测结果来看，振冲法加固地基的效果还是比较明显的，尤其是地层上部的吹填粉砂，标贯击数平均值提高了 2.61 倍。

地层编号	地层名称	处理前平均值（击）	处理后平均值（击）	提高倍数
①₁	粉砂	3.7	11.5	3.11
①₁	粉细砂	12.4	14.5	1.17
①₂	粉砂	12.2	24	1.97

根据建筑抗震规范饱和粉砂液化判别公式，本场地吹填粉砂的液化判别标准贯入锤击数临界值 N_{cr} =6；地基加固后，实测标贯击数最少为8击，由此判别已消除了地基土液化现象。

在试验区地基处理后，共进行了6组标准贯入试验。经统计，同一地层深度范围内锤击数的变异系数为0.22，考虑人工操作的误差，经无填料振冲法处理的吹填粉细砂地基均匀性已得到较大的改善，与有填料的振冲法相比，当处理对不均匀沉降要求敏感的建（构）筑物地基时，具有较大的优越性。

（3）平板载荷试验

考虑到地基土的时间效应，在振冲施工结束四周后，对试验区进行了平板载荷试验，载荷试验的 p-s 曲线见图 10-17。

从图 10-17 可以看到，终止载荷为 300kPa，其累积沉降为 34.78mm。处理后地基承载力特征值为 150kPa（＞130kPa），相对于处理前提高了 1.87 倍。这说明采用无填料振冲法处理饱和吹填粉细砂地基能够达到预期的目的，满足设计的要求。

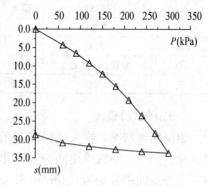

图 10-17 平板载荷试验 P-s 曲线

4. 加固效果分析

本次试验区采用的是无填料振冲法加固吹填粉细砂地基。根据施工结束后，对试验区现场试验监测及检测结果进行对比可发现，无论是要求地基土承载力特征值等于或大于 130kPa，还是要求消除地基土地震液化现象，在地基处理后均能满足。根据现场标准贯入试验和平板载荷试验结果，地基加固后不仅地基土强度及抗液化能力得到了较大程度的提高，而且场地的均匀性得到了优化，振冲加固效果显著。

根据孔隙水压力监测结果，试验区施工时振动影响半径为 5～7m，而振冲点间距为 2m，这样就存在超孔隙水压力相互叠加效应，使得原来最大孔压比达不到1的位置也能达到1。这说明振冲点间距也存在优化设计的问题，最佳振冲点间距应大于最大孔压比等于1时振源距的两倍。

在无填料振冲法施工过程中，要注意留振时间。由于粉细砂孔隙比相对中粗砂要小，超孔隙水压力的消散比较缓慢，达到液化所需要的时间也较长，同时液化的影响范围也比较广，因此为了使振冲法加固地基土得到最大程度的发挥，应有足够的分段留振时间，使得每段留振范围内的土体得到充分液化，这样才能最大程度的加固地基土体。可根据现场孔隙水压力监测结果，计算求得液化时间；或由理论公式推导、计算求得液化时间，以此作为振冲法施工时留振时间的参考。

由于粉细砂地基的孔隙水压力消散比较缓慢，而且孔压完全消散以后，在一个相当长的时期内，地基土强度仍会有不同幅度的增长，即存在一个时间效应问题。所以在进行地基加固效果检测时，应注意时间问题。由孔隙水压力监测结果可知，经过一夜的时间，超孔隙水压力可消散 50％。而试验区的标准贯入试验是在施工结束两周后进行的，平板载荷试验是在施工结束后四周进行的，基本上可以说明地基处理达到的最终效果。

【工程实例二】 降水联合强夯法处理吹填土浅基现场试验研究

1. 场地工程地质条件

某电厂 2 年前完成围堤吹填，目前回填土经过固结后强度提高很大，大面积吹填地基承载力特征值达到 80kPa，且存在中等-严重液化现象。根据电厂设计要求，需要使该吹填砂地基承载力特征值大于等于 130kPa，因此需要对该层土进行地基处理以提高承载力。根据厂区勘察资料，厂区地基土层分布情况如表 10-11 所示。

土 层 分 布 表　　表 10-11

地层编号	岩土名称	厚度（m）	岩性描述	平均标贯击数
1	粉砂	2.8～5.9	为吹填土，松散，上部潮湿，下部饱和	3.7
①₁	粉细砂	3.4～5.8	灰、灰绿色，饱和，稍密	12.4
①₂	粉砂	3.6～6.9	灰色，饱和，稍密	12.2
②	粉质黏土夹粉土	3.9～7.3	灰、褐灰色，可塑，粉砂、粉土含量较大	10.6
③	粉砂	6.2～8.7	青灰、灰色，中密，饱和	16.5

2. 现场试验概况

根据场地情况，在大规模施工前，对两个 30m×30m 的试验区域进行了降水联合强夯试验。两个试验区采用同一夯锤和能量（锤重 16.5t，落距 16.97m，能量 2800kN·m）夯实，夯点间距分别为 3.0m 和 3.5m，分别记为试验一区和试验二区。

施工区内降水井管深浅间隔布置，深管 6～7m，浅管 3～4m，外围采用井点封水，井点间距约 1.75m，共设 2 排，以防止试验区停止降水强夯期间外部地下水涌入场地。验场区在第一次降水达到要求后，拔出降水管进行第一遍强夯，第一遍强夯完毕后插入降水管进行第二次降水，第二次降水完毕后拔出降水管进行第二遍强夯，第二遍强夯后进行搭接满夯。在降水和强夯期间，外围井点封水始终处于工作状态。

3. 现场监测结果

（1）土体沉降监测

两个试验区均按 5m×5m 网格对处理前和处理后的场地地面标高进行了测量，具体结果详见表 10-11。由表 10-11 可以看出，二遍夯后和满夯后皆有较为明显的沉降发生，这说明二夯和满夯都是很有必要的。一区沉降要大于二区，这与一区夯点布置较为密集相符合。但是，二区的二夯和满夯后沉降要比一区的二夯和满夯后沉降相对小一些。这也说明二区的一夯就已经产生了相对较大的影响。

地表沉降监测数据　　表 10-12

试验区域	一遍夯后沉降（cm）	二遍夯后沉降（cm）	满夯后沉降（cm）	累计沉降（cm）
试验一区	37.9	14.9	8.6	61.4
试验二区	30.5	15.6	9.1	55.2
平均值	34.2	15.25	8.85	58.3

（2）地下水监测

试验中对地下水位进行了监测，施工第一次降水水位深度达到 2.3m 左右，用时 3 天，第二次降水达到 2.1m 左右，用时 2 天。

同时，试验中对土体超孔隙水压力进行了监测，由于降水的原因，此次孔隙水压的监测并不能如实反映地下水受夯击时产生的孔压上升以及消散的情况，但是从局部来看还是可以反映出夯击的影响深度和加固效果，如图 10-18 和图 10-19 所示。从孔隙水压力监测上来看，一区孔隙水压力上升得比二区高，这个与一区夯间距比二区小符合。而且由于降水的原因，试验区内孔压呈幅度比较大的波动状态。

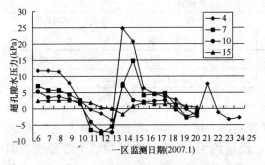

图 10-18　一区超孔隙水压力变化规律　　　图 10-19　二区超孔隙水压力变化规律

4. 地基处理效果检验

（1）标准贯入试验检验

为更好的研究其处理效果以及加固效果的增长趋势，地基加固完毕后，在两个试验区分别进行了标准贯入试验，为减少偶然误差每个分区试验做两组。根据初勘地层的划分，整理出处理后各层土的平均标贯击数，如表 10-13 所示。从标贯试验对比结果可以看出本次地基处理达到了设计要求，取得良好的加固效果。而且两个分区的加固效果相差不多，而且试验一区加固效果稍微好于试验二区。

标准贯入试验结果　　　　　　　　　　　　　　　　表 10-13

土层编号	土层名称	处理前	处理后					
			一区		二区		一、二区平均值	
		击数	击数	增长率	击数	增长率	平均值	增长率
⓪₁	粉砂	4.4	23.0	5.2	21.0	4.7	22.0	5.0
①₁	粉细砂	13.7	16.2	1.2	15.7	1.1	16.0	1.1
①₂	粉砂	15.7	19.5	1.2	19.7	1.3	19.6	1.2

（2）静力触探试验

为比较地基加固效果，在场地平整完毕地基处理之前进行了一组静力触探试验，地基处理完毕后再次作了静力触探检测，对检测范围内的锥尖阻力 q_c 和侧壁摩阻力 f_s 进行了加权平均，试验结果见表 10-14 和表 10-15。

锥尖阻力 q_c 平均值 　　　　　　　　　　表 10-14

土层编号	土层名称	处理前	处理后					
		MPa	五区		六区		五、六区平均值	
			MPa	增长率	MPa	增长率	MPa	增长率
①₁	粉砂	1.63	7.28	4.5	4.24	2.6	5.76	3.5
①₁	粉细砂	3.97	7.74	1.9	6.89	1.7	7.32	1.8
①₂	粉砂	4.47	4.53	1.0	4.12	0.9	4.34	1.0

侧壁摩阻力 f_s 平均值 　　　　　　　　　　表 10-15

土层编号	土层名称	处理前	处理后					
		kPa	一区		二区		一、二区平均值	
			kPa	增长率	kPa	增长率	kPa	增长率
①₁	粉砂	15.4	67.4	4.4	40.9	2.7	54.2	3.5
①₁	粉细砂	45.7	91.0	2.0	77.8	1.7	84.5	1.8
①₂	粉砂	58.1	62.1	1.1	54.8	1.0	58.7	1.0

从静力触探数据分析和静力触探曲线可以看出，一区上部吹填土锥尖阻力 q_c 从处理前的 1.63MPa 增加到 7.28MPa，增幅很明显，增量约为 350%；二区吹填土部分锥尖阻力增幅约为 160%。一区吹填土侧壁摩阻力 f_s 从原来的 15.4kPa 增加到 67.4kPa，增幅明显，增量约为 340%；六区吹填土部分侧壁增幅约为 170%。①₁ 和①₂ 土层加固效果远没有吹填部分加固效果明显，甚至是①₂ 土层的 q_c 和 f_s 值还有下降的趋势，分析原因是①₂ 已经为非吹填部分，这层土为原浅海表层砂，这部分砂土长年在海浪的冲刷下，已经变得相当密实且具有相当的强度，这次强夯的能量传递到该部分土层的时候破坏了原土体结构，但是又没有足够的能量使其变得更加致密，从而使得该部分土锥尖阻力和侧壁摩阻力变小。虽然此两部分土并非本次地基加固的重点，但是如何在既加固吹填部分，又尽量的减少了施工过程中对非吹填部分的坏的影响，是一个值得考虑的方面，这就需要合理地选取工艺参数。

（3）载荷试验

利用降水联合强夯法所确定的承载力，根据各试验区各点载荷试验 P-s 和 s-$\lg t$ 曲线，确定各区域地基承载力特征值见表 10-16。由于误差的存在，使得每个载荷试验点所确定的地基承载力特征值不相同，但是每个试验点所确定的承载力特征值均大于设计承载力（130kPa），这说明采用降水联合强夯法处理饱和吹填土地基能够达到期望的目的，满足设计要求。

载荷试验结果 　　　　　　　　　　表 10-16

试验区域	试验点号	s/b＝0.01～0.015 所对应荷载（kPa）	最大加载量（kPa）	载荷板面积（m²）	承载力特征值（kPa）
一区	L10	152	390	1.21	152
	L11	150	390	1.21	150
	L12	162	390	1.21	162
二区	L13	157	360（破坏）	1.21	157
	L14	165	360（破坏）	1.21	165
	L15	180	360（破坏）	1.21	165

【工程实例三】 某沿海下卧软弱夹层碎石回填土地基15000kN·m高能级强夯试验研究

1. 场地工程地质条件

工程场地处于陆域低山丘陵与海域水下岸坡之间,且已通过人工回填方式形成陆域,回填料为素填土,含较多碎块石,最大粒径在40cm以上,个别达1.0m左右。填土成分不均匀,填土表面略有起伏,厚度变化较大,平均在8m左右,最大回填厚度为14m。地下水位受海潮影响,在地面以下3.0~5.0m间波动。根据试验区夯前钻孔揭露,场地地层自上而下划分为5层:

①素填土。稍湿-湿,松散-稍密,主要由石英岩、辉绿岩与板岩碎块及少量黏性土组成,碎块含量60%左右,土的颗粒级配极差,承载力较低。

②粉细砂或含砾粉细砂。饱和,松散-稍密,含少量石英质砾石及贝壳碎片,分布较连续,层厚在0.5~3.5m不等,为海相成因,工程地质性质较差,局部存在可液化点。

③粉质黏土。饱和,软塑-可塑状,含少量砂和砾。分布连续,层厚在0.8~3.0m不等,为海陆交互相成因,其工程地质性质较差,承载力较低,此层即为下卧软弱夹层。

④碎砾石。饱和,稍密-中密,碎石以石英质为主,次棱角状,粒径为2~4cm,碎砾石含量为50%~60%,孔隙间充填黏性土及少量砂。分布连续,层厚在0.5~5.0m,工程地质性质较好。

⑤强-中风化板岩。岩芯呈碎块状,用手可折断,具散体结构,岩体基本质量等级为Ⅴ级。

2. 强夯施工与试验方案

本试验是国内针对沿海下卧软弱夹层的碎石回填土地基首次进行的15000kN·m高能级强夯试验,强夯主机采用最新研制的CGE-1800系列强夯机,额定重为900kN(最大重为1200kN),采用自动遥控装置系统,安全可靠;夯锤选用直径2.5m,重量达45t的铸钢锤,底面静压力约为90kPa;夯锤落距为33.3m,单击夯击能为15000kN·m。

设计要求经处理后各土层的地基承载力特征值不小于以下数值:素填土为270kPa,粉细砂为170kPa,粉质黏土为180kPa。

强夯施工工艺流程为:场地整平——测量放线——第1遍主夯点施工——场地整平——测量放线——第2遍主夯点施工——场地整平——测量放线——第3遍加固夯施工——场地整平——测量放线——第4遍满夯施工——场地整平——测量——竣工验收。

强夯试验方案:试验区为20m×20m的正方形,采用正方形布点形式,15000kN·m能级第1遍、第2遍夯点间距为10m×10m,收锤标准为最后2击的平均夯沉量不大于20cm,夯击次数为25击,中间适时采用开山碎石土回填夯坑再强夯。然后采用8000kN·m能级强夯1遍,收锤标准为最后2击的平均夯沉量不大于10cm,夯击次数约为20击,其夯点布置是在第1、2遍相邻两个主夯点中间插点。满夯采用3000kN·m能级,每点夯击数为2击,要求夯印彼此搭接1/3。试验区夯点平面布置见图10-20。

3. 强夯施工监测

图10-21所示为15000kN·m能级试夯A5B5、A4B4夯点与8000kN·m能级试夯A4B1夯点夯沉量与夯击数关系曲线。

从图10-21可以看出,15000kN·m与800kN·m能级强夯都是在第一击时出现最大

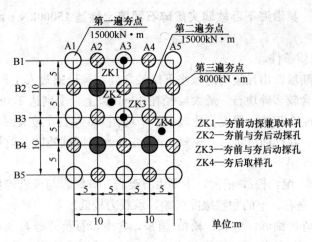

图 10-20　15000kN·m 试验区夯点及监测与检测点布置图

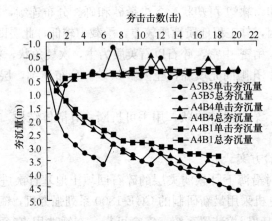

图 10-21　A5B5、A4B4 与 A4B1 夯点夯沉量与夯击数关系曲线

单击夯沉量，随着夯击数的增加单击夯沉量减小，并逐渐趋于定值。其中两条15000kN·m单击夯沉量-夯击数曲线（A5B5 与 A4B4）上分别出现了 2 个尖点（突变点），为强夯过程中两次填料所致；填料后夯击仍然是第 1 击夯沉量最大，而后逐渐减小并趋于定值。8000kN·m能级在试夯过程中不再向夯坑内添加填料，曲线未出现类似的突变点。对比分析3 条单击夯沉量-夯击数曲线可见，总体上第 1 遍 15000kN·m夯击点（A5B5）的单击夯沉量大于第 2 遍 15000kN·m夯击点（A4B4）的，二者均大于第 3 遍 8000kN·m夯击点（A4B1）的单击夯沉量。分析地面总夯沉量曲线可知，两次15000kN·m能级主夯的总夯沉量分别为 4m、4.87 m，而 8000kN·m 能级的总夯沉量为 3.25m。

　　强夯施工过程中除了测定夯沉量与夯击数的关系曲线，同时还对夯坑周边地面进行了变形监测，具体结果如图 10-22 所示。

　　图 10-22 监测结果表明，第 1 遍 15000kN·m单点夯击过程中周边地面表现为沉降，靠近夯锤的 2 个观测点下沉较为显著，远离夯锤各点下沉逐渐减小，到远处观测点下沉已不明显。夯击过程中填料 2 次，累计加料厚度约为 1.19m，最终夯坑深度为 4.87m；夯坑范围超过 2 倍夯锤直径，达到 6.2m。此点夯击至 18 击时已达到连续 2 击的平均夯沉量不大于 20cm 的要求，为安全起见，将夯击数增至 20 击，最后 2 击平均夯沉量为 18.5cm。

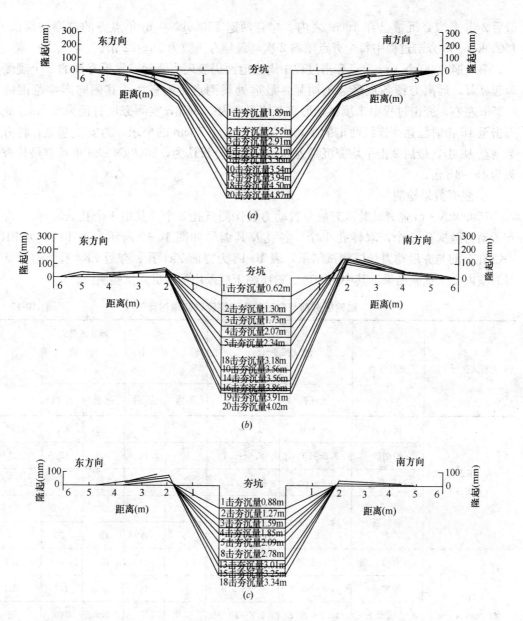

图 10-22　主夯点周边地面变形示意图

（a）15000kN·m 强夯试验区夯点 A5B5 周边地面沉降、隆起示意图；（b）15000kN·m 强夯试验区夯点 A4B4 周边地面沉降、隆起示意图（c）8000kN·m 强夯试验区夯点 A4B1 周边地面沉降、隆起示意图

第 2 遍 15000kN·m 单点夯击过程中周边地面表现为隆起，靠近夯锤的两个观测点隆起显著，远离夯锤各点隆起不明显。第 1、2 击隆起量显著，以后各击变化不明显；至第10 击隆起量明显回落，表现为整体沉降，但夯坑远处监测点隆起量有所增加。原因分析：第一遍强夯已使下部土体较密实，第二遍强夯时夯击能先作用于地表土体使之隆起；随着夯坑的加深，夯间土体也得到密实，夯击能转而作用于更深部土体，表现为地基土体整体下沉，从而引起下卧软土层的侧移、隆起。夯击过程中填料 2 次，加料厚度为 0.82m，形成夯坑深度为 4m，实测夯坑直径为 5.2m。此点第 17 击因故障停夯，后补充夯至 20 击，

最后 2 击平均夯沉量已在 15cm 之内。综合两遍 15000kN·m 单点夯的监测结果认为，15000kN·m 夯击过程中每个夯点填料 2 次，最佳夯击数为 18～22 击。

第 3 遍 8000kN·m 单点夯击过程中周边地面仍表现为隆起，靠近夯锤的 2 个观测点隆起显著，远离夯锤各点隆起不明显，最远处观测点影响极小。其侧向影响范围应在 5.25m 左右。夯击过程中未填料，形成夯坑深度为 3.34m，实测夯坑直径为 5.0m。此点夯击至 16 击时已达到连续两击的平均夯沉量不大于 10cm 的要求，为安全起见，将夯击数增至 18 击，最后 2 击平均夯沉量为 3cm。综合分析认为，8000kN·m 单点夯最佳夯击数为 16～18 击。

4. 强夯效果检测

15000kN·m 强夯试验区夯前布置动力触探测试孔 3 个（其中 1 个孔兼取样），夯后布置动力触探孔 2 个，取样孔 1 个，各孔及其编号如图 10-19 所示。表 10-17 为 ZK2、ZK3 孔夯前与夯后动力触探测试结果，表 10-18 为夯前 Zk1 孔、夯后 ZK4 孔（夯后 3 个月）室内土工试验结果。其中粉细砂、粉质黏土层采用标准贯入试验测试。

试验区夯前与夯后动力触探测试结果对比　　　　　　　　　表 10-17

测试孔号	土层分类	测试深度（m）		修正击数（击）		地基承载力特征值 f_{ak}（kPa）		增幅（%）
		夯前	夯后	夯前	夯后	夯前	夯后	
ZK2（夯间点）	素填土	0～8.6	0.4～8.0	3	8	120	320	167
	粉细砂	8.6～10.9	8.0～9.7	10	14	140	172	23
	粉质黏土	10.9～12.7	9.7～11.2	4	7	125	190	52
	碎砾石	12.7～13.4	11.2～11.7	8	9	320	360	13
			11.7～13.2	8	8	320	320	0
ZK3（15000kN·m夯点）	素填土	0～8.3	0.4～8.5	3	11	120	440	275
	粉细砂	8.3～10.2	8.5～9.8	10	14	140	172	23
	粉质黏土	10.2～11.8	9.8～10.9	4	7	125	190	52
	碎砾石	11.8～12.4	10.9～11.5	8	10	320	400	25
			11.5～12.5	8	8	320	320	0

> 注：表中粉质黏土含少量砂和砾，其夯后地基承载力特征值由现场标贯试验并参考强夯结束 3 个月后钻孔取样室内土工试验结果综合给出。

分析表 10-17 中位于夯点的 ZK3 孔夯前夯后动力触探测试结果可知：强夯后素填土的地基承载力特征值提高了近 3 倍，位于夯间的 ZK2 孔地基承载力特征值也有明显提高，但增幅只有前者的 60%；位于夯点的 ZK3 孔强夯后的粉质黏土地基承载力特征值提高了 50%，粉细砂与碎砾石的承载力也均有 20% 以上的增幅，位于夯间的 ZK2 孔强夯后的数据与前者基本相同。

粉质黏土夯前与夯后物理力学性质差异

表 10-18

孔 号	取土深度(m)	含水量 w (%)	密度 ρ_0 (g/cm³)	孔隙比 e_0	饱和度 S_r (%)	液限 w_L (%)	塑限 w_p (%)	塑性指数 I_P	液性指数 I_L	压缩系数 a_{1-2} (MPa⁻¹)	压缩模量(MPa)		特征值 f_{ak} (kPa)
											E_{s1-2}	E_{s3-4}	
ZK1 (夯前)	9.7~11.3	34.7	2.01	0.95	98.7	37.3	21.4	15.9	0.84	0.58	2.45	4.75	120
ZK4 (夯后3个月)	9.0~10.2	32.3	2.06	0.82	100	37.0	21.5	15.6	0.69	0.44	4.55	8.84	180

由表 10-18 夯前 ZK1 孔与夯后 ZK4 孔粉质黏土土工试验结果的对比分析可见，夯后粉质黏土的孔隙比、液性指数、压缩系数均有明显改善，其对应 300~400kPa 压力时的粉质黏土的压缩模量提高了 86%，同时地基承载力特征值提高了 50%，由此说明强夯加固收到了显著成效。

5. 高能级强夯试验结果

通过研究下卧软弱夹层的碎石回填土地基 15000kN·m 高能级强夯试验，得出以下结论：本次高能级强夯的作用力穿过下卧粉细砂与黏土夹层，并使粉细砂与黏土层变薄且位置下移，其影响深度已达到碎砾石层，有效加固为 11.5m 左右；本次高能级强夯的主夯点间距宜为 12.5m，夯击数宜为 18~22 击，以最后两击平均夯沉量不大于 20cm 作为收锤标准。

【工程实例四】 15000kN·m 高能级强夯在大厚度湿陷性黄土地区的应用

1. 工程概况及场区地质条件

某石化搬迁改造项目位于甘肃省庆阳市西峰区董志镇，场地面积约 80hm²，地貌为黄土塬，地形平坦开阔，起伏较小，黄土覆盖厚度达 200~300m，地下水位埋深 29.5~33.5m。钻孔最大揭示深度 40m，揭示地层 13 层，自上至下依次为：第①层粉质黏土（黑垆土）为 Q_4；第②、③、④层粉质黏土（马兰黄土）为 Q_3，第⑤~⑬层粉质黏土（离石黄土上段）为 Q_2。湿陷性黄土包含第②、③、④、⑤层粉质黏土，湿陷程度自上向下逐渐减弱，最终变为非湿陷性黄土，湿陷性黄土的底界深度在 16m 左右。场地黄土湿陷等级为Ⅱ级，湿陷性类型为自重湿陷性黄土。

本工程采用 15000kN·m 高能级强夯处理的最终要求为：地基有效加固深度≥15m，地基承载力特征值 f_{ak}≥250kPa，压缩模量 E_s≥20MPa。

2. 强夯施工与试验方案

试夯区面积为 36.0m×49.5m，第 1、2 遍主夯采用 15000kN·m 能级，夯锤直径为 3.0m，采用正方形布点，主夯点间距 9m，第 1 遍夯击数一般在 20 击左右，第 2 遍一般在 18 击左右；第 3 遍为加固夯，在第 1、2 遍主夯点之上进行 3000kN·m 能级原点加固夯，在第 1、2 遍主夯点之间进行 8000kN·m 能级插点加固夯，3000kN·m 和 8000kN·m 能级的夯击数均为 8 击；第 4 遍为 2000kN·m 能级满夯，第 5 遍为 1000kN·m 能级满夯。以上各能级强夯每遍间隔时间为 7~9d。

3. 强夯效果检测

为确定强夯效果，在试夯区进行了探井取样与室内土工试验、静力触探试验、静载试验。

(1) 探井取样与室内土工试验

夯前、夯后地基土平均干密度对比曲线见图10-23，湿陷性系数对比曲线见图10-24。图中土层深度是从起夯面算起的，夯后土层平均沉降量为1.43m。

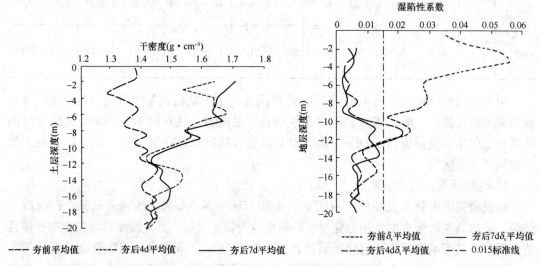

图 10-23 试夯前后干密度对比曲线   图 10-24 试夯前后湿陷性系数对比曲线

图10-23可知，16m范围内的地基土体干密度均有不同程度的改善，其中10m以上的土体加固效果显著，干密度平均值由1.4g/cm³上升到1.6～1.7 g/cm³，10～16m处的干密度平均值在1.5g/cm³左右。同时对比夯后4d平均值与夯后7d平均值曲线，发现后者取值略大于前者（在5m以上尤为突出），而且比前者均匀性好，说明强夯法处理该湿陷性黄土地基的时效性比较明显，检测间隔时间宜大于7d。

图10-24表明10m以内，地基土体的湿陷性系数均小于0.015，湿陷性消除显著，10～16m处的湿陷性系数波动较大，夯后4d个别点的湿陷性系数大于0.015，但7d后均小于0.015，均满足消除地基土湿陷性的要求，同时又说明了湿陷性黄土地基的时效性比较显著。

根据图10-23和图10-24的湿陷性系数和干密度曲线综合确定该地基的有效加固深度在16m。

(2) 静力触探试验

考虑到夯点处土体的性能要好于夯间土体，试验中对夯点间地基土进行了静力触探试验。夯前、第一遍夯后、满夯后静力触探锥尖阻力 q_c 平均值对比曲线如图10-25所示，侧壁阻力 p_s 平均值对比曲线如图10-26所示。

静力触探结果表明，强夯处理后8.0m以内的土体加固效果显著，8.0～15.0m处的 q_c、p_s 值有一定的提高，15.0m以下增幅较小。分析图中满夯曲线，可知满夯对于表层（8m以内）土体加固效果显著，这也凸显了的强夯施工过程中满夯环节的重要性。

(3) 平板载荷试验

试验中共进行了4组平板载荷试验，编号分别为Z1（2遍夯点）、Z2（夯间）、Z3（夯间）、Z4（1遍夯点），试验结果见表10-19。

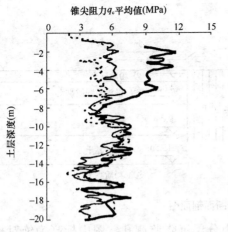

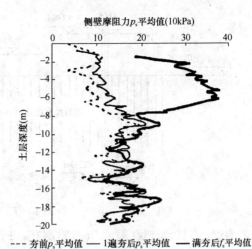

图 10-25　静力触探锥尖阻力 q_c 平均值对比曲线　　图 10-26　静力触探侧壁阻力 p_s 平均值对比曲线

--- 夯前 q_c 平均值　—— 1遍夯后 q_c 平均值　—— 满夯后 q_c 平均值　--- 夯前 p_s 平均值　—— 1遍夯后 p_s 平均值　—— 满夯后 f_s 平均值

平板载荷试验结果　　　　　　　　　　　　　　　　表 10-19

试验点号	最大加载量 (kPa)	是终沉降量 (mm)	地基承载力特征值 (kPa)	变形模量 (MPa)
Z1	500	14.31	≥250	35
Z2	500	14.1	≥250	38
Z3	500	10.04	≥250	52
Z4	500	10.99	≥250	51

由表中结果可知，试验区经 15000kN·m 高能级强夯处理后地基土承载力特征值 f_{ak} ≥250kPa，变形模量平均值达 44MPa。

4. 高能级强夯试验结果

由各项测试结果综合分析可知，该场地经 15000kN·m 高能级强夯处理后，夯坑平均深度在 4.2m，夯坑平均直径为 4.72m，有效加固深度＞15m，地基承载力特征值＞250kPa，压缩模量＞20MPa。

【工程实例五】　某山体填筑工程监测分析

1. 工程概况

(1) 工程背景

拟建某植物园一期项目山体设计平面图见图 10-27。最高堆土标高为 13.0m，原地表标高 3.0m，实际堆土高度最高处达 12.1m。场地土体构成主要为饱和软黏性土。②层褐黄～灰黄色黏土，③₁ 灰色淤泥质粉质黏土，③₂ 灰色黏土，④₁ 暗绿-草黄色粉质黏土，④₂ 草黄色粉质黏土，⑤₂ₐ 灰色粘质粉土，其中③₁、③₂ 层地基土承载力低，孔隙比大，压缩性高。软土地基采用的塑料排水板进行地基处理，板长 11m。山体中每隔 2m 铺设 4 层土工格栅，第一层土工格栅标高 5.1m。填土分层填筑。

(2) 监测系统

监测断面上监测点布置位置见图 10-27。其中 BP 代表边桩监测点，DZ 为原地表沉降

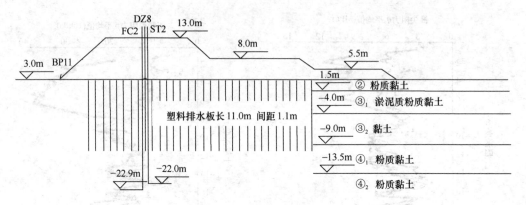

图 10-27　监测断面剖面图

监测点，ST2 为超孔隙水压力监测孔，FC2 为分层沉降监测孔。图中标高为绝对标高，单位为 m。其中 DZ8 点位于设计标高 13m 堆载中心处。设计预警值沉降速率＞15mm/d，边坡水平位移速率＞5mm/d。

（3）地基失稳工况描述

自 2007 年 6 月 18 日开始一期西南部分绿环堆筑施工。2008 年 5 月 6 日 DZ9 点堆筑从标高 12.0m 到 12.5m，同日夜间 DZ7、DZ8、DZ9 监测点附近绿环顶面开裂，并且出现局部坍塌，沉陷后平均标高为 11.37m，沉陷区面积为 1435m²，沉陷区土方量为 980m³。坡脚监测边桩 BP11 和 BP13 最大隆起量约为 165mm。靠近边坡一临时建筑受到影响，坡脚处电线杆出现歪斜。

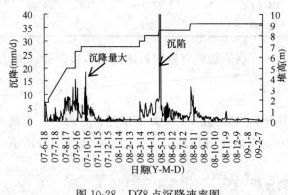

图 10-28　DZ8 点沉降速率图

2. 监测数据分析

（1）原地表沉降

原地表沉降观测点 DZ8 沉降速率见图 10-28。由图可见，2008 年 3 月 12 日堆筑高度从 7.0m 到 7.5m，DZ8 点沉降趋势增大，沉降速率最大值为 8mm/d，未发现异常。4 月 28 日沉降速率开始增大，2008 年 5 月 1 日填筑施工暂停至 5 月 5 日，沉降速率在 6～8mm/d，同样未超过规范规定的预警值。5 月 6 日在由 8.0m 高度填筑至 8.5m，5 月 6 日夜间山体顶部 DZ7、DZ8、DZ9、DZ10 处开裂并沉陷，沉降最大增加了 581mm。

上述沉降监测资料表明，塑料排水板处理后软土地基上堆载过程中稳定性的控制，以沉降速率 15mm/d 作为控制指标具有一定的局限性，应该考虑沉降速率与堆筑的速率及堆载大小及地基土强度有关。经计算，相应的阶段的极限堆高分别为 7.3m 和 8.2m。堆载前期，在达到地基稳定性极限强度之前，堆筑速率快，堆载量大，但未达到整体破坏时的荷载，故虽然沉降速率大，但也不会破坏，此阶段沉降预警值可以适当放宽至 15mm/d。地基土接近极限强度时，在无堆载施工的情况下沉降速率仍持续高于一定的值（DZ6、DZ7、DZ8、DZ9 沉降速率均处于在 5～10mm/d 之间），仍然会因地基不能继续承载而发

322

生破坏，此时的沉降预警值要取小值，工程沉降速率需控制在 5mm/d 之内。可见，堆载过程沉降预警值应该同时考虑堆载速率及大小对监测预警值的影响进行动态调整。

（2）分层沉降

DZ8 点附近 FC2 分层沉降孔 2 点沉降随时间的变化曲线见图 10-29。由图可见，自 2008 年 4 月 28 日起至 2008 年 5 月 6 日破坏，FC2 孔分层沉降存在明显的向上陡升段，地表下深度 3.4m、8.3m 范围（③$_1$ 灰色淤泥质粉质黏土）沉降速率持续在 4～10mm/d 之间，总沉降量增大趋势很明显，继续加载后发生沉陷。规范[1]

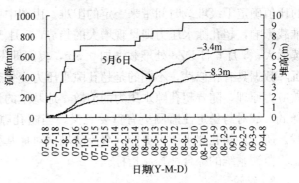

图 10-29 FC2 孔分层沉降图

中未将分层沉降作为稳定性控制指标，一般是作为计算各土层沉降量的一种手段。但是鉴于分层沉降能够得到地基深部各软弱土层的沉降变化情况，是对原地表沉降观测的一个有效补充，监测系统布置时可以考虑作为稳定性控制项目，在地基接近极限强度时，其控制标准需要比原地表沉降速率更严格，应该小于 5mm/d。

（3）边桩水平及竖向位移

2008 年 5 月 6 日在 DZ8 沉陷处坡脚边桩 BP11、BP13 处隆起量为 15～45mm，边坡外地表隆起最大位置为坡脚外 5m 处。破坏前 3 天的隆起速率均在 0.3～1.1mm/d 之间，隆起为突然发生，坡脚处边桩竖向位移监测未有明显的破坏前兆。坡脚处边桩水平位移图见图 10-30。BP13 在堆载体发生沉陷之前水平位移速率为 1～3mm/d，小于规范规定的 5mm/d。坡脚边桩的水平位移存在突变，破坏之前的水平位移速率表现不明显。这与一般的软土地基上填筑速率应以水平位移控制为主[6]的认识并不矛盾，因为边坡水平位移速率与竖向位移速率均受边桩布置位置的影响，并且不同的地基处理方式造成的水平位移发展模式也是不同的。因此在监测方案布置时，要考虑到不同地基处理形式造成的边桩位移发展模式的不同以及边桩布置的合理位置。

（4）孔隙水压力

超孔隙水压力随时间变化见图 10-31。图中所示为原地表下深度 -2.0m 及 -7.0m 处的超孔隙水压力变化曲线。

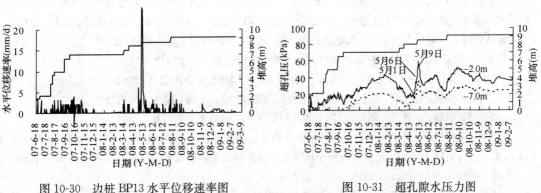

图 10-30 边桩 BP13 水平位移速率图　　　　图 10-31 超孔隙水压力图

由图 10-31 可以看出，堆载过程中超孔隙水压力与堆载之间存在滞后现象，即加载后孔压先增长到最大值，再消散。由于超孔隙水压力存在滞后现象，这给通过判断 $\Delta u / \Sigma \Delta P$ 的比值确定下级堆载时间带来一定的困难。由图中可见，从 2008 年 4 月 28 日起，受临近堆载影响，超孔隙水压力即呈现增大的趋势；5 月 1 日停止堆载后，超孔隙水压力仍然持续增大；5 月 6 日 DZ8 处堆载增加 0.5m，夜间即发生破坏。这与原地表沉降速率及深层沉降数据具有相似性，不同的是超孔隙水压力变化趋势较其他两项更显著。又因为根据有效应力原理，随着超孔隙水压力的消散，地基土的强度会增长，孔压增大，地基土强度会降低，故对与稳定性监测更有重要意义，当超孔隙水压力出现陡增时，需要立即停止加载。所以，超孔隙水压力更能综合反映堆载对地基稳定性的影响，可以作为软土地基堆筑工程监测系统的综合性控制指标。

3. 结论

（1）堆载过程沉降预警值应该同时考虑堆载速率及大小对监测预警值的影响进行动态调整。需要首先确定相应施工阶段的极限堆高。达到极限堆高之前控制速率可以根据堆载量的大小适当放宽至 15mm/d，接近极限堆高时，无堆载施工时沉降速率须不能连续高于5mm/d。

（2）塑料排水板处理的软土地基破坏时坡脚水平位移速率及竖向隆起均存在突变，未有明显征兆，这与不同的地基处理方式造成的边桩位移发展模式不同有关，因此边桩水平位移预警值的确定需要考虑地基处理方式。边桩埋设位置对监测效果的影响，需要进一步研究。

（3）超孔隙水压力在堆载施工过程中存在滞后现象，超孔隙水压力在未堆载情况下出现持续的增长，是地基破坏征兆。

参 考 文 献

[1] 国家标准. 岩土工程勘察规范 GB 50021—2001. 北京：中国建筑工业出版社，2009
[2] 国家标准. 建筑地基基础设计规范 GB 50007—2011. 北京：中国建筑工业出版社，2012
[3] 行业标准. 真空预压加固软土地基技术规程 JTS 147—2—2009. 北京：人民交通出版社，2009
[4] 行业标准. 岩土工程监测规范 YS 5229—96. 北京：中国计划出版社，1996
[5] 行业标准. 铁路工程地质原位测试规程 TB 10018—2003. 北京：中国铁道出版社，2003
[6] 国家标准. 建筑基坑工程监测技术规范 GB 50497—2009. 北京：中国计划出版社，2009
[7] 国家标准. 建筑地基基础工程施工质量验收规范 GB 50202—2002. 北京：中国计划出版社，2002
[8] 地基处理手册编写委员会. 地基处理手册[M]. 北京：中国建筑工业出版社，2008.
[9] 叶观宝，高彦斌. 地基处理(第三版)[M]. 北京：中国建筑工业出版社，2009
[10] 夏才初，潘国荣. 土木工程监测技术[M]. 北京：中国建筑工业出版社，2001.
[11] 徐超，石振明，高彦斌，赵春风. 岩土工程原位测试[M]. 上海：同济大学出版社，2005
[12] 顾孝烈，鲍峰，程效军. 测量学(第三版)[M]. 上海：同济大学出版社，2006
[13] 童中，汪建斌. 软土路基真空联合堆载预压位移监测与分析[J] 岩土力学，2002，23(5)：661-666
[14] 陈兰云，朱建才. 真空-堆载联合预压加固高等级公路软基的工程实例分析[J]. 岩石力学与工程学报，2004，23(s1)：4628-4633
[15] 徐超，叶观宝. 水泥土搅拌桩复合地基的变形特性与承载力[J]. 岩土工程学报，2005，27(5)：

600-603

[16]　余震，张玉成，张玉平. 振冲碎石桩加固软土地基试验研究[J]. 重庆建筑大学学报，2007，29(6)：57-61

[17]　崔伯华，何开胜，范明桥. 施工中闸基水泥土搅拌桩质量检测与评估[J]. 施工技术，2004，33(10)：51-52